가금 영양과 사양

대표저자 강창원

강경래 · 권순관 · 김용란 · 김은집 · 남기택 · 심재민

안병기 · 유선종 · 임규섭 · 임호중 · 주용진 공저

yh 도서출판 유한문화사

머리말

지난 반세기 동안 과학과 기술은 참으로 빠르고 눈부시게 변화해 왔으며 이에 힘입어 가금학과 가금 관련 산업 역시 놀라운 발전을 기록하고 있다. 여러 산업 동물 가운데 닭과 오리를 포함한 가금류로부터 얻어지는 고기와 알은 맛과 영양면에서 우수할 뿐만 아니라 종교나 인종에 관계없이 가장 선호되는 동물성 단백질로 자리매김해 왔다. 게다가 가장 저렴한 비용으로 생산할 수 있는 동물성 단백질로서 맛과 영양 및 경제성 면에서 우수하기에 국내는 물론 전 세계적으로 그 수요가 지속적으로 증가하고 있다.

경제성 있는 가금산물 생산에는 가금 육종분야에서의 생산성 향상을 위한 끊임없는 선발개량 노력과 유전적 능력을 극대화하기 위한 영양과 환경관리에 대한 연구 개발이 있었기 때문이다. 그러나 한편 생산성 제고를 위한 대량 밀집 사육은 환경과 동물 복지 문제를 유발하고 있다. 이처럼 가금산업에 관련된 과학과 기술은 물론 산업 환경의 빠른 변화를 선도하기 위해서는 이 분야에 종사하는 전문가는 물론 앞으로 이 분야를 이끌어 나갈 전공 학생들에게 전문지식을 체계적으로 서술하는 전공서적의 집필이 절실히 요구되어 왔다. 그리하여 이러한 시대적 상황과 요구에 부응하기 위해 가금영양과 사양관리를 공부하고 연구해 왔고 현재 관련분야에서 일하고 있는 저자들이 뜻을 모아 본서를 집필하게 되었다.

따라서 본서의 첫 번째 장에서는 한국 가금산업과 사료영양 부분의 발달과정을 다루었고 이어서 기초적인 가금 소화생리와 영양에 대한 최근 연구결과들을 종합하였다. 그리고 이들을 생산에 적용하기 위한 사양표준, 사양관리를 다루었다. 뿐만 아니라 대량 밀집 사육에 따른 기계화·자동화에서 필요한 환경관리와 동물복지를 고려한 가금사육에 대하여서도 최근 정보를 수록하였다. 그리고 최근 사료원료의 증가하는 수요에 비해 공급의 불안정에서 오는 가격 상승과 품질에 대한 우려가 높아지고 있고 안전 가금 산물을 생산하기 위해서 사료 내 항생제 사용금지에 따른 각종 사료첨가제에 대한 관심이 높아지고 있기에 사료원료와 첨가제에 대해서도 자세히 기술하였다. 마지막 장에서는 가금류의 성장 단계에 적절한 사료배합과 가공 생산에 대하여 설명하였으므로 전공학생들은 물론 현장 실무자에게도 좋은 참고서로 활용되기를 바란다.

끝으로 이 책이 출간 될 수 있도록 격려와 재정적 지원을 아끼지 않으신 협찬사 대표님들과 처음부터 끝까지 출간에 노고를 아끼지 않으신 유한문화사 천승배 사장님께 감사드린다.

2014년 3월
건국대학교 일감호반에서
저자 일동

차 례

제 1 장 가금산업 발전과 사료 · 영양 연구 / 15

제 2 장 가금 소화 생리 / 29

제3장 가금 영양 / 61

제 4 장 영양소 요구량과 사양표준 / 113

제 5 장 가금 사양관리 / 133

제6장 환경과 복지 / 203

제 8 장 가금 사료의 배합과 생산 / 325

제 1 장

가금산업 발전과 사료 · 영양 연구

1. 한국 가금산업의 발전

1.1 1945년 이전

1945년 이전에는 농업을 주업으로 하면서 닭을 방사 사육하는 형태로, 1개 농가당 10여 수 이내의 소규모 부업의 모습이었다. 이때는 주로 재래 토종닭으로서 각 농가에서 자급자족 형태로 사육되고 소비되었다(한국가금발달사, 1985).

1.2 1946년~1960년

1946년에서 1950년의 전국 닭 사육수수는 5년 평균으로 111만수 정도로 지금과 비교하면 매우 적은 숫자였지만 이조차도 6.25동란(1950~1953년)을 거치면서 크게 줄어들어 국내의 가금산업은 거의 몰락한 상황이었다. 1953년부터 1960년까지는 전시 후 회복기간이며, 1960년에는 닭 사육수수가 1,203만수로 정도로 급증하였다. 이 시기에는 지방에서 농사와 닭 사육을 병행하는 형태의 양계업이 태동되었다(표 1-1).

1.3 1961년~1980년

1961년부터 1980년까지는 국내 양계산업이 급성장하였으며 전업화 된 시기라고 할 수 있다. 1960년 이전에는 상업적인 실용계가 도입되기 이전으로 재래 닭 중심의 사육이었다면, 1960년 중반에는 외국에서 실용종 병아리가 먼저 수입되고, 그 이후 1965년에는 실용계 종계(parent stock, PS)가 수입되면서(한국가금발달사, 1985) 양계규모가 확대되고 사육수수가 급격히 증가되었다.

특히 1960년대는 우리나라 사료산업의 태동기였으며(한과 조, 1984), 부족한 배합사료용 원료를 해외로부터 수입하고, 배합사료 공장의 신축 및 증축을 적극 권장하였다. 사료산업의 규모가 확대되고 배합사료 생산 기술이 향상되면서 양계산업의 전업화가 가능하게 되었다.

육계와 산란계 사업이 구분되어 운영된 것은 1970년부터이다. 1970년부터 산란계에서 케이지 사육이 급격하게 증가되면서 1980년에는 산란계 사료 생산량이 1970년 대비 3배 이상(1970년 316,000톤; 1980년 1,126,000톤) 증가되었다(표 1-2).

표 1-1. 닭 사육 호수 및 사육 수수 (단위: 천 호, 천 수)

연 도	사육 호수	사육 수수
1945	759	1,516
1950	-	715
1960	1,211	12,030
1970	1,338	23,633
1980	692	40,130
1985	303	51,081
1990	161	74,463
1995	203	85,800
2000	218	102,547
2005	136	109,627
2010	3.6	149,200
2011	3.4	149,511
2012	3.1	146,835

* 농협중앙회, 2013.

표 1-2. 양계용 배합사료 생산량 (단위:천 톤)

연 도	육 추	산 란	육 계	합 계
1970	74	316	69	460
1975	104	371	93	569
1980	295	1,126	450	1,872
1985	276	1,373	660	2,310
1990	347	1,785	1,143	3,274
1995	390	3,016	1,360	3,766
2000	335	2,044	1,488	3,867
2005	314	2,167	1,722	4,203
2010	316	1,981	2,361	4,658
2011	314	2,010	2,424	4,748
2012	343	2,029	2,450	4,822

* 농협중앙회, 2013.

1.4 1981년~현재

1981년부터는 전업 양계 수준에서 기업화 양계로 변화되는 시기라 할 수 있다. 이때부터 양계산업의 부문별 전문화가 진행되어 채란 양계에 있어서는 종계 부화사업, 육추사업의 분업화와 달걀을 등급, 포장하는 GP(grading and packing) 센터가 설립 운영되고 있다. 또한 1980년대 후반에는 생산농장의 상표가 부착된 달걀과 요드란, 영양란, 오메가란 등의 여러 종류의 특수란 또는 고부가란이 생산 판매되어 소비되기 시작하였으며, 2000년대에 들어서는 난황항체(IgY)를 활용한 사료첨가제, 식품 및 화장품 생산이 시작되었다(강, 2012).

육계 산업은 종계 부화업과 도계 및 계육 가공사업을 주류로 하는 수직 계열화와, 그리고 육계 생산자 단체 간의 수평 계열화가 확산되었다. 현재는 농기업화 된 소수의 계열 주체를 중심으로 총 닭고기의 80% 이상을 생산하고 있다. 1997년부터 해외

표 1-3. 닭고기 수입량과 자급률 (단위: 년, 천 톤)

구 분	1997	1999	2001	2004	2007	2010	2011	2012
국내산	261	237	265	287	380	436	456	463
수입산	18	46	85	32	60	106	131	130
합 계	279	283	350	319	439	538	582	593
자급률(%)	94	84	76	90	86	80	75	78

* 농협중앙회, 2013.

표 1-4. 오리의 사육호수 및 사육수수 (단위: 호 수, 천 수)

연 도	사육 호수	사육 수수
1969	13,239	199
1971	22,232	252
1975	63,722	490
1980	66,686	404
1985	32,303	689
1990	13,804	717
1995	9,485	2,357
2000	12,986	5,134
2001	12,845	6,716
2002	4,697	7,824
2005	8,921	8,389
2007	7,184	10,513
2008	5,192	9,702
2010	5,126	14,397
2011	4,569	15,053
2012	4,337	17,203

* 농협중앙회, 2013.

로부터 닭고기가 수입되었으며, 2001년도에는 약 85,000 M/T의 닭고기가 수입되어 닭고기 자급률이 76%이었으며, 2004년도에는 약 32,000 M/T의 닭고기가 수입되어 닭고기 자급률이 90%이었다. 2007년도에는 약 60,000 M/T의 닭고기가 수입되어 닭고기 자급률이 86%이었으며, 2011년도에는 약 1,310,000 M/T의 닭고기가 수입되어 닭고기 자급률이 75%이었다(표 1-3).

오리의 사육 수수도 1990년에는 717,000수이었으나, 1995년도에는 2,357,000수로 약 3배가량 증가되었다(표 1-4). 특히 오리 사육 수수는 2001년 6,716,000수에서 2002년에는 7,824,000수로 크게 증가하였다. 또한 2007년에는 7,184 농가에서 10,513,000수의 오리가 사육되어 오리 사육 수수가 10,000,000수를 상회하였다.

표 1-5. 오리 국내 생산, 수입 및 수출량, 소비량

년 도	국내 생산 (A, M/T)	수입량 (B, M/T)	수출량 (C, M/T)	총 소비량 (D, M/T)	1인당 소비량 (g)
2001	42,594	6,133	446	48,281	1,020
2002	49,003	1,335	630	49,708	1,070
2003	37,067	2,210	365	38,912	850
2004	35,076	394	91	35,379	720
2005	46,430	31	582	45,879	970
2006	60,539	80	359	60,260	1,230
2007	73,822	1,562	3	75,381	1,530
2008	85,540	1,155	0	86,696	1,750
2009	104,639	383	2	105,021	2,110
2010	118,891	2,385	39	121,238	2,400
2011	154,514	4,305	20	158,798	3,130
2012	169,568	3,662	0	173,224	3,400

* 한국오리협회, 2013.

D = (A + B) - C

표 1-6. 축종별 생산액 비교 (단위: 억 원, %)

연 도	축산업 생산액	닭	계 란	오 리
1999	79,366	7,680 (9.7)	6,547 (8.2)	3,614 (4.6)
2000	80,824	8,208 (10.2)	6,512 (8.1)	4,744 (5.9)
2003	88,696	6,412 (7.2)	6,950 (7.8)	4,595 (5.2)
2006	116,763	13,300 (11.4)	8,674 (7.4)	6,480 (5.5)
2009	164,840	20,229 (12.3)	13,590 (8.2)	12,323 (7.5)
2011	149,909	21,860 (14.6)	15,600 (10.4)	13,966 (9.3)
2012	160,225	20,900 (13.0)	13,662 (9.7)	10,451 (6.5)

* 통계청, 2013.

오리 배합사료 생산 실적에 있어서도 2002년 대비 2012년은 약 2배 정도 증가되었다. 국내 오리 총 소비량 역시 2002년 대비 2012년 약 3.5배가 증가되었으며, 국민 1인당 소비량도 2002년 대비 2012년에 3배 이상 증가되었다(표 1-5).

이와 같이 2002년 이후 오리산업은 괄목할 만한 양적 성장을 이루었다. 오리는 이와 같이 특수 가금육으로서 기호성 증가와 웰빙 축산물 선호 및 오리의 다양한 요리 및 조리법 개발이 서로 간의 상승작용을 일으켜 오리산업을 지속적으로 성장을 하게 하였다. 이를 뒷받침하듯 오리의 연간 생산액은 1999년 대비 2009년은 무려 3.4배나 고도성장하였다(표 1-6).

1.5 앞으로의 가금산업

최근 도시 근교에서 하는 가금산업은 계사 인근 주민들의 환경문제에 대한 민원 및 계분처리 및 계분냄새 등의 문제를 빈번하게 제기함에 따라 한적한 시골로 계사를 이전해야 하고, 이에 따른 엄청난 시설 이전 비용이 투입되어야 하는 부담이 발생하였다. 또한 계사 자동화 설비를 도입하여야 하므로 많은 투자가 필요해 해가 거듭될수록 초기 투입자금에 대한 부담이 가중 되리라고 생각된다.

각 여러 나라들과 체결한 FTA 영향으로 축산물 수입 개방이 활발해지고 있고, 날이 갈수록 축산물의 고급화 요구가 증대되고 있다. 이러한 시점에 동물 복지를 겨냥한 축사시설도 고려하여야 할 상황이다. 따라서 축사시설에 적절한 투자와 가금의 생산성 향상, 웰빙 가금 산물의 생산 및 동물보호법을 충족시키는 또 다른 가금산업의 모델 개발이 시급하다고 할 수 있다.

한편 닭고기 및 닭고기 가공제품의 해외 수출은 극히 미미하였으나, 2008년부터 정부의 적극적인 지원 아래 서서히 수출량이 증가되기 시작하였으며, 가열제품인 삼계탕의 해외수출, 특히 미국 시장이 곧 열리게 되면 가금 산물의 해외 수출은 물론 국내 가금산업 전반의 안정화에 기여할 것이다(강, 2014).

2. 가금 영양 · 사료 연구

2.1 동물영양학 및 가금 영양 · 사료 연구의 발전

동물 체내로 들어온 사료 영양소는 체성분의 합성, 성장, 산란 등 생산에도 이용되지만 대부분은 체내에서 산화 분해되어 다량의 열에너지를 생산하며, 이것이 생명 현상의 유지와 생산 활동의 원동력이 된다. 사료 영양소가 동물의 체내에서 산화 분해되어 열을 발생하는 과정은 매우 복잡하지만 궁극적으로는 사료가 가지는 화학에너지를 열에너지로 바꾸는 과정이다.

1780년대에 Lavoisier가 양초가 탈 때 발생하는 탄산가스의 양과 열량을 측정하고 몰모트가 호흡할 때 발생하는 탄산가스의 양과 몸에서 발산되는 열량을 측정하였을 때 양쪽의 결과가 거의 비례한다는 결과를 관찰한 바 있다. 그는 호흡이란 동물의 체성분이 천천히 연소되는 과정이라 추론함으로 에너지 대사의 기초를 제공하는 발견을 하게 되었다. 이러한 추론이 제시된 후 약 100년이 지나서 동물 체내의 대사 역시 화학적 반응에서 벗어나지 않음을 실험적 방법으로 입증되어 에너지 불변의 법칙이 생물체에서도 적용됨이 증명되었다.

1900년대 초반부터 식품 내 단백질을 구성하는 아미노산을 처음으로 정량하였고 식품의 종류에 따라 영양적인 차이가 있다는 점을 예측하고 동물실험을 통해 이를 증명하는 연구가 진행되었고, 필수아미노산의 개념이 정립되었다. 이후 아미노산 합성 방법이 개발되어 대량의 아미노산을 얻을 수 있게 되었고 동물실험을 통해 요구량이 결정되기에 이르렀다. 영양학의 연구는 각 영양소의 발견으로부터 영양소의 질적인 차이, 더 나아가 필요한 양에 대한 연구로 발전하였고, 영양소 상호작용으로 발전하였으며, 영양학만이 아닌 다른 학문 분야와의 융·복합된 형태로 자리 잡게 되었다.

가금은 영양학 연구를 위한 동물 모델로서 몇 가지 장점을 가지는데, 깃털과 같은 질적 형질의 변화를 쉽게 관찰할 수 있어서 초기에는 무기질과 비타민과 같은 미량 필수영양소 연구에 주로 활용되었다. 가금은 기후조건에 관계없이 거의 동일한 사육 조건에서 사육되며, 성장단계 및 생산 단계별로 유사한 사료 및 영양소를 공급받는다는 점에서 영양소 요구량을 결정하는데 유리한 동물이기도 하다(표 1-7).

유전학과 가축사양 기술의 발전 역시 영양학 연구 발전에 일조하였는데, 실용계가 개발되어 유전적 통일성이 높은 개체를 대량 생산할 수 있게 되어 실험 성적을 도출하거나 결과 검증이 용이하게 되었다.

표 1-7. 가금에서 주요 영양소와 사료의 중요한 발견

년 도	주요 내용
1909	• 비타민의 역할에 대한 관심, 비타민 A와 카로틴의 발견
1910	• 어린 병아리와 산란계에서 Ca와 P 요구량 규명
1913	• 지용성 및 수용성 비타민에 대한 구별 및 중요성 인지
1916	• 어린 병아리에서 성장을 위한 라이신의 필수성 인지
1922	• 어류의 간유에서 활성 성분이 비타민 D로 밝혀짐
1928	• 비타민 B군에 속하는 대부분의 비타민의 선정
1930	• 유제품의 활성 인장인 리보플라빈이 어린 병아리에서 'curled toe' 예방효과가 있음이 밝혀짐
1934	• Ca / P 균형에 대한 개념 정립
1935	• 비타민 K의 발견
1936	• Mn 결핍에 의한 각약증 발견 • 비타민 B_1 동정 • 사료원료로서 대두박의 품질 개선을 위한 연구 • 가장 마지막 필수아미노산으로 트레오닌 발견
1937	• 사료 원료로서 어분의 적용
1938	• 판토텐산 동정

(계속)

년 도	주요 내용
1939	• 비타민 B_6 합성 • 합성 리보플라빈, 나이아신, 비타민 E, K, 콜린, 바이오틴 판매
1942	• 바이오틴 결핍증 확인 및 요구량 설정
1944	• 사료 펠렛팅 기술의 발전 • NRC 요구량 제정 • 미생물학 연구 기술을 이용한 비타민과 아미노산의 평가
1945	• 합성 메티오닌의 판매
1946	• 엽산 발견 • 합성 비타민 A 판매
1947	• 항콕시듐제의 출시 • 육계에서 위한 고에너지 사료의 배합
1948	• '동물성 단백질 인자'로 알려진 비타민 B_{12}의 발견
1950	• 가금생산 분야에서 항생제의 첫 적용
1954	• 합성 메티오닌의 일반적 적용
1955	• 최소 비용 배합비를 기초로 사료배합에 아날로그 컴퓨터 사용
1957	• 가금에서 필수 미량영양소로서 Zn의 발견
1958	• 라이신의 상업적 판매 개시 • 가금영양에서 대사에너지 개념의 첫 적용
1968	• 개인용 컴퓨터에서 사료배합이 가능하도록 선형 프로그램을 사용 • 왜소(dwarf) 종계의 상업적 판매 개시
1970～1980	• 요구량 예측 방정식 적용 • 가금에서 요구량 설정을 위한 모델링 적용 • 가금에서 진정 소화율 개념의 발전 • 칠면조, 오리 등 기타 가금류의 영양에 대한 관심 • 원료의 신속한 분석을 위한 NIR(near-infrared spectroscopy) 적용
1980～1990	• 합성 트립토판과 트레오닌의 상업적 판매

(Larbier와 Leclercq, 1994)

2.2 가금영양의 분야별 연구

20세기의 지난 10년간 가금의 성장 성적과 산란능력은 유전적, 영양 및 사양관리 기술의 발달에 의해 10% 이상 향상되었다. 생산의 효율성 외에도 최근의 가금산업에서는 환경 친화적 생산을 위해 폐기물을 감소시켜야 하고, 위생적인 생산 시스템을 갖추면서 동물의 복지에 더 주의를 기울이는 방향으로 진행되고 있다. 특히 2000년대에 들어 사료 내 항생제 사용이 전면 금지되면서 항생물질을 대체할 수 있는 기능성 보조사료의 개발 및 적용 효과와 관련된 연구가 국내외에서 다수 수행되었다.

2.2.1 원료의 가치평가 및 새로운 사료자원의 개발

가금 산물에 대한 소비가 증가하면서 공급하는 사료의 양 역시 빠르게 증가하고 있다. 사람의 식량자원과 경합되지 않으면서 현재 이용되는 원료를 대신하여 성공적으로 이용할 수 있는 대체 원료의 개발이 역시 필요하다. 대부분의 대체 원료들은 에너지가가 낮고 섬유소 함량과 비중이 지나치게 높을 뿐 아니라 에너지 및 아미노산의 생체 이용률이 낮으며, 항영양인자를 함유하는 등 몇 가지 문제점을 가지고 있다. 이러한 문제점은 사료 내 첨가 수준의 조절, 화학적 및 물리적 처리기술의 개발, 생체 이용률의 정확한 평가를 통해 부족한 영양소를 합성 아미노산 등으로 보충해 주는 방법을 동원하여 해결할 수 있다.

국내에서는 1960년대 이전에는 주로 단미 원료의 가치 및 배합사료의 급여 방식에 대한 연구가 일부 수행되었으며, 1970년대 이후에는 본격적으로 곡류 및 에너지 사료에 관한 연구, 단백질 사료자원에 관한 연구 결과가 일부 보고된 바 있다. 농수산물 부존자원과 한약재 및 한방 부산물, 동물 및 식물성 유지사료에 관한 연구도 수행되었다.

2000년 중반과 비교하면 옥수수와 대두박 가격이 2.5배 이상 높아짐으로써 이들 원료에 대한 사료적 가치를 정확하게 평가하기 위한 새로운 시도가 이루어지고 있다. 해외에서는 유전자 전환 사료원료, 유지와 라이신 함량을 높인 옥수수, 발효 대두박의 가금 사료로서의 이용 가능성을 시험한 바 있다.

유전자 전환 품종과 기존의 품종 간에 영양소 함량과 이용성은 차이가 없지만 대부분의 국가에서는 사람의 건강과 생태 보호라는 면에서 가축사료로서 유전자 전환 품종의 이용에 반대하는 움직임이 있다. 실제로 미국에서는 유전자 전환 사료작물의 이용량이 70%를 넘어서고 있으며, 국내에 도입되는 옥수수는 거의 전량 LMO(living modified organism) 수입 승인을 하고 있는 실정이다. 해외 양계 연구와 비교하면 원료 및 부산물의 활용, 영양소 요구량 및 평가에 대한 연구가 매우 미흡한 상태이므로 영양소 요구량, 신규 및 경제 원료의 개발 및 원료 가공방법 개선 등을 통한 가치 향상 연구가 더 이루어져야 할 것이다.

2.2.2 영양소 요구량 및 권장 수준에 관한 연구

가금은 실용종을 생산하는 육종회사를 중심으로 개량된 품종들이 생산되고 있어서 영양소 요구량 및 권장수준에 대한 연구가 끊임없이 이루어지고 있다. 국내에서도 1970년대 중반부터 1990년 중반까지 산란계 육성기 사료와 영양 수준 및 산란계 사료의 에너지 및 단백질 수준에 대한 연구와 육계 사료의 적정 에너지 및 영양소 수준과 육용종계에서 산란기의 영양소 공급 수준에 관하여 연구 결과들이 보고되었다.

이상과 같이 국내 및 해외에서 발표된 연구 결과들을 바탕으로 하여 닭은 물론 오리와 메추리 등 가금류의 영양소 요구량을 한국사양표준(가금) 내에 수록하여 출간하게 되었다(한국사양표준-가금, 2002 ; 2007 ; 2012).

2.2.3 효소제

고분자 영양소는 위장관 내에서 소화효소에 의해 작은 입자로 소화된다. 가금은 셀룰로스, 피틴태(phytate) 염, 일부 단백질을 분해하는 소화효소가 적거나 결손되어 있다. 따라서 이러한 효소를 사료 내에 첨가하였을 때 영양소의 이용률이 증가하고 성적이 개선되는 결과를 얻을 수 있다.

가금 사료 내의 소맥, 대맥 및 호밀 등에 함유된 비전분 탄수화물(non-starch polysaccharide, NSP)가 항영양적으로 작용한다. 조류의 소장 내에서 가용성 올리고 사카라이드는 끈끈한 점성물질을 형성하여 영양소의 소화를 감소시킨다. 따라서 대맥이나 소맥을 위주로 하는 사료에 β-glucanase와 xylase를 첨가하면 육계의 성적 및 사료 내 영양소의 효율이 증진된다. 가금은 셀룰로스를 이용하지 못하며, 조섬유는 소화효소가 영양소에 부착되는 것을 방해한다. 따라서 셀룰라제(cellulase)의 첨가는 셀룰로스의 소화를 도울 뿐 아니라 영양소의 소화를 증진시킨다. 효소제는 다양한 원료의 사료적 가치를 향상시킴으로써 에너지와 영양소의 수준을 낮춘 경제사료 생산에도 도움이 된다.

1990년대 중반부터 인 분해효소(phytase)의 첨가 및 무기태인 대체 효과에 대해 국내에서도 다수의 연구가 수행되었다. 가금사료에 주로 사용되는 곡류, 종실 및 박류 원료 내에 들어 있는 인(phosphorus, P)의 대부분(61～80%)은 피틴태 형태로 존재하며, 인 이외에도 단백질, 전분, 무기질과 같은 다양한 영양소가 결합되어 있어 단위가축에서는 이들 영양소의 소화율을 낮추는 부정적인 결과가 나타날 수 있다. 무기태 인 공급원은 값비싼 원료이기 때문에 적절한 피타제(phytase)를 사용하면 무기태 인 공급원의 사용량을 줄임으로써 사료비를 절감하고 닭의 성적을 향상시킬 수 있을 뿐 아니라 분으로 배설되는 인의 양을 효과적으로 감소시킬 수 있다.

2.2.4 항생제 대체물질 및 기능성 첨가제의 개발 및 활용

과거에는 가금 질병의 예방 및 치료를 위해서 항생물질이 광범위하게 사용되었으나 무분별한 항생제의 오용 및 남용은 추후 더욱 강력한 항생제를 필요로 하게 되고 새로운 내성균의 출현에 의한 질병 확산을 유발할 수 있다. 또한 항생제의 사료 내 첨가 또는 치료제로서의 사용으로 인한 항생제 내성균의 출현 뿐 아니라 축산식품 내 잔류에 의한 인체의 항생제 내성에 대해서도 우려되고 있다. 따라서 동물과 인체에 부정적인 영향을 미치는 항생제를 대체하여 성장 촉진, 사료요구율의 개선 및 면역 증진을 목적으로 생균제(probiotics), 효모제(yeast), 효소제(enzymes), 호르몬제(hormones) 그리고 고효율 무기질제(highly available minerals), 천연 생리활성물질제(natural bioactive materials) 등 다양한 물질들에 관련된 연구가 활발히 수행되고 있다(Wenk, 2000).

이와 같이 항생제 대체제로서 다양한 기능성 첨가제 관련 연구 결과가 지속적으로 발표되고 있으며, 특히 식물 추출물 등 천연물질에 대한 연구가 집중되고 있다. 그러나 이들 물질에 대한 작용기전에 대해서는 여전히 불분명한 부분이 매우 많아서 향후 효과에 대한 재현성과 작용 기전을 밝히는 기초 연구에 더 집중할 필요가 있을 것이다(강, 2011).

2.2.5 가금산물의 품질

계란은 가장 우수하고 값싼 단백질 공급원이며 비타민과 미네랄 균형이 매우 뛰어나지만 난황의 섭취에 의해 콜레스테롤 수준이 높아진다는 일부 인식 때문에 계란 소비가 정체되어 있다. 다른 식품에 비하여 계란 내에는 콜레스테롤이 많이 함유되어 있음은 주지의 사실이어서 계란 내 콜레스테롤을 줄이고자 하는 연구가 폭 넓게 수행되어 왔다(Lim 등, 2006). 그러나 저 콜레스테롤 계란 생산을 위한 유전적 선발과 육종, 사료 및 약물 처리에 의해서도 큰 성공을 거두지 못하였거나 약간의 감소 효과밖에 얻지 못하였으며, 여기에는 난 생산성의 감소가 동반된다.

난황은 여러 형태의 처리에 의한 영향을 쉽게 받는데 계란 내 비타민 함량은 특히 쉽게 조절된다. 가장 중요한 요인은 사료 내 비타민 농도와 계란으로의 이행 효율이다. 정도의 차이는 있지만 비타민이 강화된 사료를 급여하면 거의 모든 비타민이 난황 내로 이행된다. 사료 내 지방산에 의한 근육 및 지방조직 내 지방산의 변화에 대해서도 많은 연구가 수행되었다. 총 지질 및 콜레스테롤의 함량은 변화하지 않았지만 근육 및 난황 내 지방산 조성은 현저하게 변화하였다. 아마종실, 아마유, 어분 및 어유 등 오메가-3 지방산 공급원을 사료에 첨가하여 급여함으로써 가금산물 내 지방산 조성을 변화시킬 수 있다는 연구 결과가 다수 보고되었다(안과 강, 1999 ; 강, 2012).

닭의 주령, 체중, 사료 내 칼슘 수준 및 칼슘 공급원에 따라 난각질은 변화하는 것으로 알려져 있다. 산란계에서는 큰 입자의 칼슘 공급원이 미세 입자에 비해 난각질 강화에 효과적인 것으로 알려져 있으며 오전, 오후의 별도 사료급여를 통해서도 다소의 효과를 기대할 수 있다. 계란 등급제 실시 이후 오·파란율이 높아짐으로써 난각질 강화를 위한 연구가 지속적으로 수행될 것으로 예상된다.

2.3 미래의 가금 영양·사양 연구 방향

전 세계의 자유 무역화에 의해 동물의 복지와 HACCP에 대한 관심이 확대되고 있다. 동물의 복지는 고통 받는 동물에 대한 동정에서 출발해서 윤리 및 도덕적인 문제로 발달하였으며, HACCP는 안전한 축산물 생산을 위한 지침이다. 현재의 가금 생산은 상대적으로 낮은 복지 환경에 높은 생산만을 지향하고 있다. 가금의 영양소 요구에 맞춰 꼭 필요한 양의 영양소를 함유한 균형 잡힌 경제 사료를 공급함으로써 생산비를 낮추기 위한 연구와 환경 친화적 가금 생산을 목표로 하는 다양한 접근과 개선 방법을 위한 연구가 요구되고 있다.

참고문헌

1. Lim, K. S., You, S. J., An, B. K. and Kang, C. W. 2006. Effects of dietary garlic powder and copper on cholesterol content and quality characteristics of chicken eggs. Asian-Aust. J. Anim. Sci. 19:582-586.
2. Larbier, M. and Leclercq, B. 1994. Nutrition and feeding of poultry. Nottingham University Press.
3. Wenk, C. 2000. Recent advances in animal feed additives such as metabolic

modifiers, antimicrobial agents, probiotics, enzymes and highly available minerals - review - Asian-Aust. J. Anim. Sci. 13:86-95.

4. 강창원. 2011. 축산에 있어서 성장촉진용 항생제 대체물질 연구 현황과 전망. 제 43차 정기학술대회. 한국축산식품학회.
5. 강창원. 2012. 기능성 계란 생산과 사료. 제 14회 영양사료 단기과정 pp 261-277. 한국동물자원과학회. 영양사료연구회.
6. 강창원. 2014. 닭고기 수출전략. 현대양계 1월호(통권 540호).
7. 농협중앙회. 2013. 축산물 가격 및 수급자료.
8. 안병기, 강창원. 1999. ω-3 및 ω-6계 다가불포화지방산을 함유하는 유지의 급여가 난황 내 지방산 조성에 미치는 영향. 한축지. 41:293-310.
9. 통계청. 2013. 축종별 생산액 비교.
10. 한국가금발달사. 1985. 한국가금발달사 편찬위원회. 선진문화사.
11. 한국가금학회 30년사. 2003.
12. 한국사양표준(가금). 2002. 농림부. 농촌진흥청. 축산기술연구소.
13. 한국사양표준(가금). 2007. 농촌진흥청. 국립축산과학원.
14. 한국사양표준(가금). 2012. 농촌진흥청. 국립축산과학원.
15. 한국오리협회. 2013. 통계자료.
16. 한인규, 조홍래. 1984. 한국사료산업 발달사. 한국사료협회.

제 2 장

가금 소화 생리

1. 가금 소화기관의 구조와 기능

1.1 가금 소화기계의 특징과 먹이감 찾기

1.1.1 소화기계의 특징

닭을 포함한 가금류의 소화기관은 입에서부터 총배설강까지와 부속장기를 포함한다. 이들의 소화기관은 포유류와는 달리 입술 대신 부리가 있고, 입안에는 치아가 없으며, 식도에는 소낭(모이주머니)이라는 변형된 조직이 있고, 위 역시 근위(모래주머니, 사낭)를 가지는 등 조류로서의 생존에 필요한 구조적 특징을 지니고 있다. 또한 방광이 없기 때문에 신장에서 만들어진 질소 화합물인 요산은 대장에서 계분과 함께 총배설강을 통해 배설한다. 이처럼 가금류의 소화기관이 포유류보다 복잡한 형태를 가지고 있으나 전체 길이가 짧아 날이다니기에 편리하게 되어 있다.

1.1.2 먹이 찾기

조류의 특성상 먹이를 일정한 장소에 보관할 수 없기 때문에 필요에 따라 넓은 장소에서 빨리 먹이를 구할 수 있도록 감각기관이 잘 발달되어 있다. 눈은 먹이를 쉽게 찾을 수 있는 구조적 형태를 지니고 있다. 머리에서 눈이 차지하는 부위가 크고 넓으며 얼굴의 양면에 위치하고 머리를 전후좌우 사방으로 자유자재로 돌려 먹이를 찾아내기가 용이하다. 뿐만 아니라 눈의 시신경 또한 단위면적당 세포의 수가 많아 눈에 보이는 것을 뇌로 빠르게 알려줄 수 있다. 따라서 다소 어두운 장소 즉 밝기가 1촉광만 되어도 먹이를 찾아 쪼아 먹을 수 있다.

색깔을 쉽게 구별할 수 있어서 부화 후 병아리가 빨리 먹이를 먹을 수 있도록 하기 위해서는 색깔이 있는 사료를 급여하는 것도 도움이 된다. 특히 녹색이 나는 먹이를 보았을 때 쉽게 눈에 띄어 병아리의 사료섭취를 촉진시킬 수 있다. 그리고 병아리가

표 2-1. 병아리와 성계의 소화기관 부위별 길이 비교

부 위	병아리(20일령)		성계(1.5년)	
	cm	%	cm	%
상부 식도	7.5	8.3	20.0	9.8
하부 식도	4.0	4.4	15.0	7.4
십이지장	12.0	13.3	20.0	9.8
공장 + 회장	49.0	54.1	120.0	58.9
맹 장	5.0	5.5	17.5	8.6
대장 + 총배설강	4.0	4.4	11.3	5.5
합 계	90.5	100.0	203.8	100.0

(Calhoun, 1954)

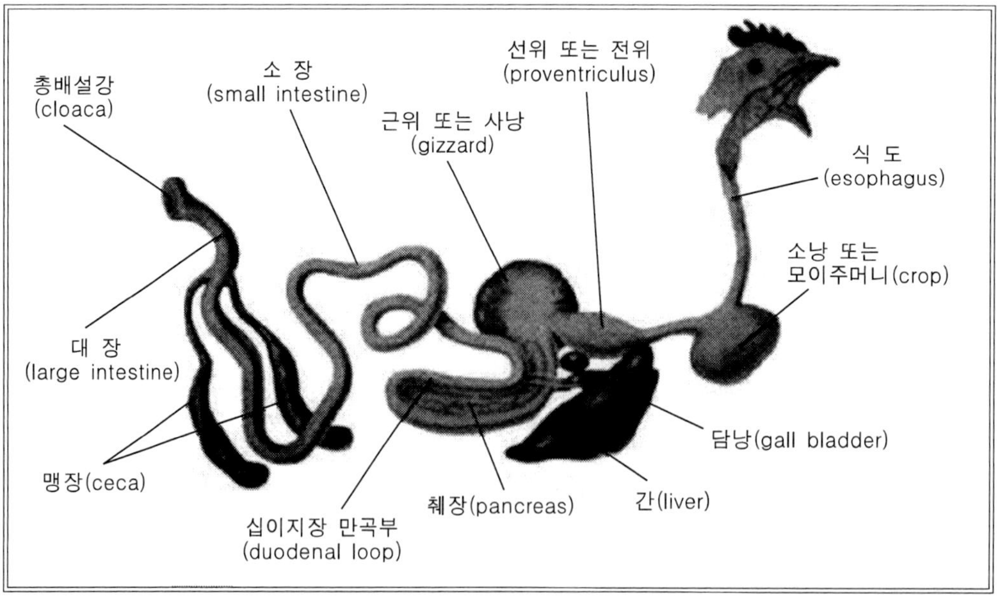

그림 2-1. 가금의 소화기관

성장함에 따라 먹이의 입자도에 더욱 민감해진다. 즉 닭이 자라면서 먹이의 입자도가 작은 것보다는 큰 쪽을 선호하게 된다. 좋아하는 입자의 크기는 가금류의 부리의 크기에 따라 달라지며, 먹이를 부리로 쪼아서 목에 넘기기에 쉬운 정도를 선호한다.

한편 조류의 후각은 매우 미약하며 사료섭취에 별로 영향을 미치지 않는다. 해부학상으로 보아도 후각세포가 적을 뿐만 아니라 있는 것들도 코의 뒤쪽 멀리 위치한다. 후각과는 달리 닭의 청각은 매우 발달되어 있다. 어린 병아리나 오리들도 어미의 성대에서 나오는 소리에 따라 어미의 위치나 먹이를 찾게 된다. 한편 소리에 예민하기 때문에 익숙하지 않은 소리에 잘 놀라고 도망가므로 스트레스로 인하여 사료섭취를 기피한다.

닭의 품종에 따라 먹이를 섭취하기 위한 행동양식에도 차이가 있다. 즉 육용계는 산란계에 비해 사료섭취에 소요되는 시간이 절반에 가까울 정도로 짧다. 그러나 육용계는 사료를 먹을 때는 한 번에 많은 양을 섭취하고 활동량이 적기 때문에 사료의 이용효율이 좋다.

1.2 구 강

1.2.1 구강(mouth)의 특징

입술, 연구개, 뺨, 치아가 없고 부리로 알려진 각질의 상・하악이 입을 둘러싸고 있다. 부리는 섭식행동을 하기 좋게 되어 있고, 경구개는 중앙에 길고 좁은 홈이 비강으로 열려 있어 물을 섭취할 수 없어 머리를 쳐들고 중력에 의하여 물을 식도로 흘러 들어가게 한다. 혀에는 비늘 같은 것이 빗장처럼 매우 거친 면이 형성되어 있어 먹이를 식도로 쉽게 밀어 넣을 수 있도록 되어 있다. 포유류에 비해 적은 수의 미뢰(taste bud)를 갖고 있고 음식물에 대한 미각 식별능력은 비교적 낮은 편이다. 또한 천정에는 주름 같은 돌기가 있어 물을 담는 역할을 한다.

1.2.2 먹이 섭취

조류는 부드러운 입술 대신 각질화 된 부리를 가지고 있어서 먹이를 쪼아 먹기에 편리하다. 그렇기 때문에 부리로 집어 삼키기에 너무 작거나 큰 것은 기피하게 되고 입자가 고운 것은 입을 빠져 나오거나 물에 헹구게 되어 사료의 손실이 발생한다. 뿐만 아니라 고운가루를 어려서부터 오래 먹이게 되면 부리가 기형적으로 발달하게 되어 성장이 부진하게 된다(그림 2-2).

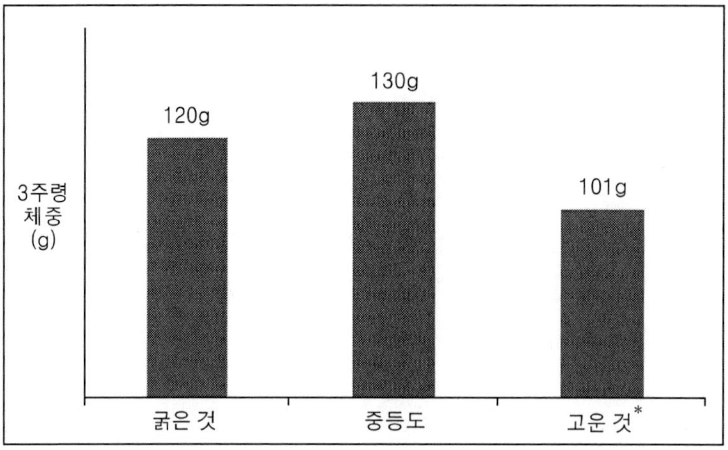

* 기형적인 부리발달 75%

그림 2-2. 사료입자도가 육계의 증체량에 미치는 영향 (Poly, 1938)

먹이에 대한 구강 내 촉감 또한 사료섭취에 영향을 미친다. 예를 들면 오리의 부리와 혀는 온도 감지기능이 예민해서 따뜻하거나 뜨거운 먹이는 기피한다. 특히 물의 온도에는 상당히 민감한데 병아리의 경우 물의 온도가 체온보다 5℃ 이상으로 높으면 음수 기피현상이 나타나면서 탈수현상이 나타나기도 한다. 뿐만 아니라 물의 온도가 10℃ 이하가 되어도 음수량이 감소한다.

1.2.3 치아와 혀 및 침샘

가금류는 치아가 없어서 먹이를 씹지 않고 삼킨다. 그리고 혀가 좁고 짧으며 미뢰의 수도 적고 혀의 뒷부분 즉 목구멍 쪽에 놓여 있다. 따라서 가금류는 먹이의 맛에 대한 분별력이 전혀 없는 것은 아니지만 포유류에 비해 맛의 선호도는 매우 낮다.

예를 들어 닭에게 설탕, 맥아당, 자일로스 등 여러 가지 당류를 탄 용액을 주었을 때 자일로스당을 녹인 용액을 기피하는 것으로 연구 보고되었다. 가금류의 구강 내에는 5개의 주요 침샘(아랫턱 샘 2, 혀샘 2, 부리끝 샘 1)이 있고 이 밖에도 입천장과 인두부위에 작은 침샘이 있다. 여기서 분비되는 침(saliva)은 포유동물과는 달리 분비량이 적고 진하고 끈적임이 심하다. 타액 내에는 아밀라제(amylase)와 같은 소화효소의 양이 적은데다 먹이가 입안에 머무르는 시간도 짧아서 가금류의 타액은 소화기능보다는 먹이를 삼키기 쉽도록 하는 윤활제 기능이 강하다.

표 2-2. 동물별 미뢰 수

조 류	수(개)	포유류	수(개)
닭	24	고양이	473
비둘기	37	박 쥐	800
핀 취	46	사 람	9,000
메추리	62	돼 지	15,000
찌르레기	200	토 끼	17,000
오 리	200	송아지	25,000
앵무새	350		

(Kare와 Ficken, 1963)

1.3 식도와 소낭

삼킨 먹이가 입에서 위까지 내려갈 수 있도록 목구멍에서 선위(proventriculus)까지 관(duct)으로 연결된 식도(esophagus)가 있으며 식도의 중간에는 얇은 벽이 팽대되어 이루어진 소낭(모이주머니, crop)이 있다. 소낭을 기준으로 윗부분을 상부식도(upper esophagus), 아랫부분을 하부식도(lower esophagus)로 나눈다. 식도 팽대부는 환형동물, 곤충류, 연체동물 등에서도 볼 수 있는데 이것은 먹이의 일시적인 저장소로서 먹이가 여기에 체류하는 동안 먹이가 수분을 흡수하여 연해지고 약간의 미생물 활동과 소화작용이 일어난다.

소낭은 식도가 변화된 것으로 소의 제1위와 유사하여 사료를 연화시켜 선위로 보내는 것이 가장 중요한 기능인 것이다. 소화기능은 매우 미미하지만 전분의 가수분해와 혐기성 미생물에 의해 휘발성 지방산(volatile fatty acids)인 초산(acetic acid)과 유산(lactic acid)이 만들어지는 것으로 알려지고 있다. 뿐만 아니라 나트륨(Na)이나 글루코스(glucose)와 같은 영양소도 소량이 여기서 흡수된다. 이처럼 곡류를 주식으로 하는 닭, 오리, 비둘기 등은 소낭이 잘 발달되어 있으나 곤충이나 육류를 주식으로 하는 육식조류에는 소낭이 잘 발달되어 있지 않다.

1.4 위

비반추 포유동물에서는 위(stomach)가 하나이지만 가금류의 위는 선위(진위, proventriculus, true stomach, gland stomach)와 근위(gizzard)로 나누어져 있다. 선위에서는 위액이 분비되기 때문에 진위(true stomach)라고도 불리운다. 위액에는 단백질 분해효소인 펩신(pepsin)과 염산(HCl)이 함유되어 있으나 사료가 선위에 머무르는 시간이 짧은데다가 선위의 수축운동도 적어 소화효소의 작용은 주로 근위에서 이루어진다.

선위에서 분비되는 중요한 호르몬으로 가스트린(gastrin)이 있는데 이 호르몬은 위액의 분비를 촉진시킨다. 선위의 기능을 저해하는 요인으로는 섬유질 성분 함량이 낮으며 곱게 분쇄된 가루사료를 지속적으로 급여하거나 미생물 발효가 일어난 부패한 어분을 급여하게 되면 진위 비대증이 발생한다.

근위는 두껍고 강한 근육으로 이루어진 원반형의 소화기관이다. 옥외 사육 시 가금류가 모래나 작은 자갈 등 단단한 물질들을 섭취하여 근위에서 단단한 곡식류를 기계적으로 잘게 부수고 혼합하는데 적합하다. 따라서 일명 모래주머니(사낭)라고도 불리우며 근위 안쪽은 두텁고 각질화 된 상피세포로 되어 있다. 근위는 공복 시에는 수축운동이 일어나지 않지만 먹이가 들어오면 수축운동으로 먹이를 분쇄하고 선위에서 분비된 소화액을 잘 혼합으로써 소화액의 작용이 일어난다. 이 수축운동은 규칙적(분당 2.5～3회)인데 사료 입자가 클수록 속도가 빨라지며 모래와 같은 연마물질이 혼합되어 있으면 분쇄가 더욱 잘 되며 소화율을 증진시킨다.

이 실험은 성계에게 딱딱한 아마종실을 미분쇄 상태로 급여했을 때에 비교해서 미분쇄 종실과 모래를 같이 급여하면 아마종실의 순대사에너지 수준이 40% 이상 증가했음을 보여주고 있다. 이 증가폭은 아마종실을 분쇄하여 급여했을 때보다 훨씬 높게 나타났다. 뿐만 아니라 양계사료 생산 시 알곡의 분쇄와 입자도가 중요시됨을 보여주기도 한다(표 2-3).

표 2-3. 닭에 있어서 아마종실 급여 시 모래 혼합급여가 아마종실 대사에너지 평가에 미치는 영향

처 리	순대사에너지(TME) (MJ / kg)
미분쇄 아마종실	15.84 (100)
미분쇄 아마종실 + 모래	22.61 (143)
분쇄 아마종실	18.35 (116)
분쇄 아마종실 + 모래	22.23 (140)

(Nam 등, 1998)

근위의 내벽이 헐어서 발생하는 근위궤양(gizzard erosion)은 영양소 결핍 또는 독성물질 섭취에 기인한다. 주요 병인으로는 함유황 아미노산이나 비타민 B_6의 결핍, 구리(Cu) 독성, histamine 농도가 높은 어분 섭취 등이다. 특히 품질이 좋지 않은 어분은 영양소 이용율을 저하시킬 뿐만 아니라 근위궤양을 일으켜 생산성을 저하시킨다.

1.5 소장과 부속기관

1.5.1 소 장

섭취된 먹이가 위에서 이루어진 이화학적인 소화 작용을 받고 소장(small intestine)에서도 지속적인 소화가 일어나며 소화된 영양소의 대부분은 소장에서 흡수 이용된다. 장의 길이는 육식동물처럼 짧아서 몸길이의 5～6배(초식동물의 경우 20～25배) 정도이다. 소장은 부위와 기능에 따라 십이지장(duodenum), 공장(jejunum), 회장(ileum)의 세 부위로 구분된다. 십이지장은 근위에서부터 췌장(pancreas)을 U자관 모양으로 싸고도는 부위이고, 공장은 십이지장 이후부터 맥켈연골(Mackel's cartilage)까지 이고, 회장은 여기로부터 맹장이 시작되는 소장의 끝부분이다.

소장에서는 췌장과 담낭(gall bladder)에서 분비된 췌액과 담즙(bile juice)이 혼합되어 소화효소의 분해 작용이 일어난다. 소장의 내벽에는 가늘고 긴 융모(villus)가 촘촘히 솟아 있어서 영양소를 흡수하는 장의 표면적을 넓게 함으로써 효율적으로 영양소 흡수가 일어난다.

1.5.2 췌 장

췌장은 U자형으로 구부러진 십이지장의 안쪽에 위치하며 탄수화물, 단백질 및 지방을 분해하는 소화효소를 함유한 췌장액(pancreatic juice)을 분비한다. 분비된 췌장액은 십이지장과 위에서 내려온 음식물과 혼합되어 소화작용을 돕는다.

1.5.3 간과 담낭

간(liver)은 닭의 체내에서 생리적 물질을 분비하는 기관 중에서 가장 큰 것으로 담즙(bile)을 생산하여 담낭(gall bladder)에 보관하였다가 2개의 관을 통하여 십이지장 하부에 분비한다. 담즙에는 두 종류의 담즙산(bile acid)이 함유되어 있는 바 이는 taurocholic acid와 glycocholic acid이며 이들의 중요한 기능은 다음과 같다.

① 지방질의 유화작용으로 지방 소화 촉진
② 지방산, 콜레스테롤, 지용성 비타민의 흡수 촉진
③ 담즙의 분비 촉진
④ 췌장 내 지방분해 효소인 리파제(lipase) 기능 촉진

담즙 내에는 담즙산 이외에 다른 물질들이 들어 있어서 위로부터 분비된 염산을 중화시키는 기능도 수행한다. 간은 소화기관으로부터 흡수된 각종 영양소와 소화기관 내에서 생선된 대사산물들이 간문맥(portal vein)을 통하여 유입되어 저장되거나 생화학적 변화를 거쳐 체내의 각 장기 조직으로 이동되는 동적 평형(dynamic equilibrium)이 일어나는 중요한 기관이다.

따라서 간 조직에 공급되는 혈액 중 약 70%는 간문맥을 통해서 그리고 나머지 30%는 간동맥으로부터 유입된다. 담즙 생산 이외에 간이 수행하는 생리적 기능은 무수히 많으며 이를 요약하면 표 2-4와 같다.

표 2-4. 간이 수행하는 주요 생리적 기능

항 목	생리적 기능
단백질 대사	• 아미노산 대사 - 탈아미노반응(deamination), 아미노기 전이반응 (transamination), 단백질 합성 • 혈장단백질 합성 - prothrombin, albumin, α-globulin, fibrinogen 등 • 요산 합성
지방 대사	• 지방산 합성, 상호전환, 산화 • Ketone 생성 • 콜레스테롤의 에스테르화(esterification) • 지방저장
탄수화물 대사	• 글루코스로부터 글리코겐 합성 • 글리코겐 저장
비타민 대사	• 지용성 비타민 저장
해독작용	• 각종 유독물질을 산화, 접합(conjugation), 환원, 메틸화반응 (methylation), 아세틸화반응(acetylation) 등을 통하여 해독 • 중금속이나 체내 생성 유독물질 배설
담즙분비	• 담즙의 주요성분인 담즙산염, 담즙색소, 콜레스테롤, 레시틴 등
성호르몬 대사	• Estrogen을 파괴하여 배설

1.6 대 장

일반 포유동물에 있어서는 대장(large intestine)을 부위와 기능에 따라 맹장(cecum), 결장(colon), 직장(rectum)의 3부분으로 나누고 있으나 가금류의 대장은 결장이라 할 만한 부분은 없고 직장도 짧다. 맹장은 소장과 직장이 구분되는 점에서 두 갈래로 나누어져 있고, 길이는 10~15cm 정도로 다른 동물의 체중 대비 상대적 중량으로 볼 때 매우 큰 편이다.

직장은 소화기관의 끝 부분으로서 배설물의 최종 단계에서 수분을 흡수함으로써 분괴를 형성한다. 맹장의 기능에 대해서는 확실하게 알려져 있지 않지만 각종 미생물이 서식하고 있어서 섬유질의 소화를 돕는 것으로 알려져 있다. 그러나 직장에서는 영양소 흡수가 일어나지 않으므로 실용적인 면에서는 영양소 이용률에 미치는 효과는 의문시 된다. 한편 맹장 내부에는 진한 갈색의 점액성 물질이 들어 있는데 간혹 분과 함께 배설되는데 이를 맹장변이라 한다.

1.7 총배설강과 항문

가금의 배설구는 항문(vent)이 하나이며 이곳을 통해 분과 뇨가 배설될 뿐만 아니라 산란계에 있어서는 계란까지 이곳을 통하여 방란 된다. 이처럼 여러 가지 기능을 하기 위한 배설구 안쪽에는 작은 공간이 있으며 이를 총배설강(cloaca)이라 한다. 여기에는 분을 수송하는 직장, 뇨를 운반하는 요도, 산란계에서는 난관의 끝부분인 질, 그리고 수탉에 있어서는 정액을 운반하는 정관이 연결되어 있다. 즉 이들 각각이 총배설강까지는 따로따로 운반되어 오며, 체외로 배출되는 항문까지의 통로는 하나이다.

가금류의 오줌은 크림색의 진하고 끈적이는 점액으로서 요산이 다량 함유되어 있다. 총배설강에 연결된 요관과 항문관 사이에 괄약근이 있어서 배뇨관을 타고 내려온 오줌이 항문관으로 들어가면 수분은 체내로 재흡수 되고 요산이 남아 계분 표면에 흰색으로 덮여 계분과 함께 항문을 통해서 체외로 배출된다. 이 과정에서 수분과 염분(NaCl)이 체내로 재흡수 된다.

1.8 섭취사료의 장내 통과

가금류에 있어서 섭취한 먹이가 장내를 통과하는데 소요되는 시간은 비교적 짧아서 4시간이 채 소요되지 아니한다. 그러나 몇 가지 요인에 의해서 통과시간이 영향을 받는다. 즉 사료섭취량이 많으면 통과시간이 단축되고 곱게 분쇄된 것이나 물에 쉽게 풀어지는 먹이는 거칠고 조악한 것들보다 빨리 장을 통과하게 된다. 그리고 어린 가금류의 통과 속도는 나이가 많은 가금류에 비해 빠르다. 예를 들면 4~5개월령의 칠면조의 섭취사료 장내 통과시간은 불과 2.27시간인데 비해 2년생 칠면조의 먹이 장내 통과시간은 3.45시간이나 된다(Patrik과 Schaible, 1981).

1.9 소화액과 소화효소의 기능

각 소화기관의 주요 기능은 물리적인 운동과 소화액 분비로서 먹이의 소화흡수를 돕는다(표 2-5).

2. 가금의 소화 생리

2.1 가금류 소화기관의 핵심 기능

가금류는 척추동물 가운데 비교적 성장발달이 빠르고 소화기관의 길이가 짧은 편에 속한다. 따라서 이들이 먹이를 구하고 섭취하여 소화시키는 소화체계가 매우 효율적이다. 효율적인 소화체계가 작동되기 위해 가금류의 소화기관의 핵심기능을 요약하면 다음과 같다.

(1) 굵은 입자를 작게 부수는 물리적 행동
(2) 소화효소를 포함한 소화액의 작용을 용이하도록 먹이를 연화시킴
(3) 소화효소들의 효율적인 소화작용을 돕기 위한 먹이의 이동과 혼합
(4) 소화된 영양소의 흡수 및 소화관내 분비물의 재활용
(5) 비소화성 물질의 배출
(6) 소화기내 미생물 활동을 위한 환경 조성
(7) 유해물질로부터 보호를 위한 면역체계 유지

2.2 구강내 소화 생리

조류의 입구조의 특성은 즉 부리가 있고 치아가 없는 관계로 입자도가 큰 먹이는

표 2-5. 소화기관의 주요 기능과 분비액

기관명	주요 기능	분비액	분비액의 기능	pH
입	연하	아밀라제 타액	탄수화물 소화 윤활작용	7～7.5
식 도	연하	점액	윤활작용	
소 낭	사료정장, 약간의 소화	점액	윤활작용	4～5
선 위	화학적 소화	펩신 염산 점액	단백질 소화 단백질 소화보조 용매와 윤활작용	3～4
근 위	기계적 소화			2～3
십이지장	화학적 소화	아밀라제 리파제 펩티다제 탄수화물 분해효소	탄수화물 소화 지방 소화 단백질 소화 탄수화물 소화	5～6
췌 장	십이지장에서 화화적 소화	아밀라제 리파제 키모트립신 트립신	탄수화물 소화 지방 소화 단백질 소화 단백질 소화	5～7
회 장	흡수	점액	용매 및 윤활작용	6
맹 장	섬유질의 미생물적 분해	점액	용매 및 윤활작용	5
직 장	수분과 이온의 흡수	점액	용매 및 윤활작용	6
총배설강	배설물 함유			

부리로 잘게 부수어 씹지 않고 삼키는 과정이 비교적 짧은 시간에 이루어진다. 따라서 침샘으로부터 침이 분비되고 침에는 아밀라제가 소량 존재하지만 침의 소화기능보다는 먹이를 삼키는데 필요한 윤활제로서 역할을 한다.

2.3 소 낭

제비처럼 부화된 새끼의 발육이 더딘 만숙성(non-precocius) 조류에 있어서는 소낭은 새끼를 기르는데 있어서 중요한 역할을 수행한다. 그러나 닭처럼 병아리가 부화하자마자 곧 먹이를 구해 나가는 조숙성(precocious) 조류에 있어서는 소낭의 기능은 먹이의 소화 작용보다는 딱딱한 먹이가 부스러지는데 필요한 수분 흡수를 위해 잠시 머무르는 저장소에 불과하다.

그러나 소낭에는 상당량의 미생물이 기생하면서 먹이에 따라서는 전분의 가수분해와 함께 혐기성 미생물에 의한 휘발성 지방산 생성이 이루어질 뿐만 아니라 소량의 나트륨과 글루코스의 흡수도 이루어진다. 섭취된 사료가 소낭에 머무르는 시간은 사료의 특성에 따라 달라지는데 가루사료는 펠렛사료 보다 머무르는 시간이 짧다.

2.4 위

섭취한 먹이가 위에 들어가면 근위의 유문(pylorus) 부위로부터 가스트린(gastrin)이라는 호르몬이 분비되고 이 호르몬의 작용으로 선위의 oxynticopeptic cell로부터 염산과 펩시노겐(pepsinogen)이 만들어진다. 분비되는 염산으로 인해 선위 내의 pH는 2.7 정도로 낮아지고(Long, 1967) 산성화된 위 내용물 때문에 펩시노겐은 단백질 분해효소인 펩신으로 전환된다. 이때 염산에 의해서 내용물 중에 들어 있는 단백질의 변성이 일어나면 펩신이 단백질에 작용해서 단백질 분해가 일어난다. 뿐만 아니라 선위에서 분비되는 가스트린 분비 펩타이드(gastrin-releasing peptide)는 소낭의 수축과 췌장의 소화효소 분비를 촉진시키는 역할을 한다.

내용물이 선위에 머무르는 시간은 1시간이 채 못 될 만큼 비교적 단시간 내에 통과한다. 두터운 근육으로 만들어진 근위의 수축운동은 부드러워진 사료 내용물을 잘게 분쇄하면서 구강으로부터 섞여 들어온 침 그리고 선위의 위액들을 고루 잘 혼합시키는 역할을 한다.

2.5 소 장

근위와 십이지장의 접속점(gizzard-duodenal junction)은 접혀진 유문과 같아서 굵은 입자의 내용물을 통과하지 못하게 하고 점액질 층이 두터워 근위로부터 산성 내용물이 흘러 내려와도 상피세포가 보호된다. 한편 강한 산성을 띤 근위 내용물은 중탄산염(bicarbonate) 성분이 함유된 췌장액에 의해서 강한 산성이 희석되고 중화되어 소장의 상피세포가 보호를 받고 췌장에서 분비되는 소화효소들이 정상적으로 작용할 수 있다.

췌장에서 분비되는 췌장액에는 완충제인 중탄산염 이외에도 각종 소화효소가 함유되어 있어서 탄수화물, 단백질, 지방질 등 영양소들을 가수분해 시킨다. 한편 췌장액은 소장에서 생산되는 cholecystokinin-pancreozyme(CCK-PZ)와 secretin이라는 펩타이드 호르몬의 자극에 의해서 분비가 촉진된다. 그리고 췌장액의 분비는 somatostatin과 glucagon에 의해서 중지된다.

간에서 만들어지는 담즙은 녹색을 띠는 약산성 액체로서 콜레스테롤로부터 만들어지는 담즙산염과 지방질인 콜레스테롤과 인지질(phospholipid)을 함유하고 있으며 CCK-PZ의 자극에 의하여 분비된다. 담즙의 소화생리상 기능은 섭취한 지방질이 물에 녹을 수 있도록 유화제(emulsifier)로서 역할을 한다. 즉 소화관 안에서 덩어리처럼 엉겨있는 지방질을 교질입자인 미셀(micelle)로 전환시킴으로써 췌장에서 분비되는 지방질 효소인 리파제의 소화작용이 효과적으로 이루어지도록 한다.

미셀은 분자량이 대략 15,000 정도이고 직경이 1.6～2.0 nm이며 지방산과 콜레스테롤이 중앙에 위치하고 담즙산염이 이들을 둘러싼 형태를 지니고 있다(Larbier와 Leclerco, 1994). 한편 갓 부화되어 아직 미성숙 상태의 병아리나 어린 가금류에 있어서는 담즙분비가 미약하므로 이때에 포화지방산의 함량이 높은 지방질은 소화이용률이 낮다. 지방질의 소화는 리파제와 지방분해조효소(colipase)인 인지질가수분해효소(phospholipase) 및 에스테라제(esterase)에 의해서 이루어진다.

리파제는 중성지방(triglyceride)을 글리세롤(glycerol), 지방산 그리고 모노글리세리드(monoglycerid)로 분해시킨다. 지방분해 조효소는 효소인 리파제가 중성지방과 잘 연결될 수 있도록 도와주는 역할을 한다. 췌장에서 분비되는 주요 단백질 소화효소는 트립신(trypsin), 키모트립신(chymotrypsin), 카복시펩티다제(carboxypeptidase) A와 B, 엘라스타제(elastase), 그리고 아미노펩티다제(aminopetidase) 등이 있다. 이 중에서 트립신과 키모트립신은 효소기능 전단계 즉 프로효소(proenzyme) 형태인 트립시노겐(trypsinogen)과 키모트립시노겐(chymotrypsinogen)으로 분비된다.

트립시노겐은 자가촉매(autocatalysis) 즉 트립신에 의하여 소화효소인 트립신으로 전화되어 칼슘이온의 존재 하에 단백질 내의 연결고리 가운데 라이신(lysine)과 아르기닌(arginine) 사이에 분해작용을 유발한다. 또한 트립신은 키모트립시노겐에 작용해서 키모트립신으로 활성화 시킨다. 그리고 키모트립신은 방향족 아미노산인 페닐알라닌(phenylalanine), 티로신(tyrosine) 그리고 트립토판(tryptophan)의 위치에서 분해기능을 나타낸다.

그리고 엘라스타제는 지방족사슬(aliphatic chain) 구조를 가진 아미노산들 즉 글리신(glycine), 세린(serine) 그리고 알라닌(alanine)이 연결된 곳에서 효소기능을 수행한다. 이처럼 단백질 내부의 아미노산 연결고리에서 작용하는 효소를 펩타이드 내부 가수분해효소(endopeptidase)라 부르고, 카복시펩티다제와 아미노펩티다제처럼 단백질 또는 펩타이드 사슬의 끝에 붙은 아미노산에 작용하는 효소를 펩타이드 외부 가수분해효소(exopeptidase)라 한다.

탄수화물의 소화는 췌장에서 분비되는 아밀라제 중의 α-1-4 글루코시다제(glucosidase)가 1-4 결합을 이루고 있는 글루코스를 가수분해 시키고 또 다른 당 단백질 효소는 1-6 결합에 작용하여 이루어진다. 췌장에서 분비되는 소화효소 이외에도 소장의 장 세포 말단에 나있는 미세융모(microvillus)에서 분비되는 소화효소들이 있어서 맥아당(maltose)나 사카로스(saccharose)와 같은 이당류나 올리고당을 분해한다.

다만 가금류의 소장에서는 포유동물과 달리 락토스(lactose)를 소화시킬 수 있는 락타제(lactase)가 분비되지 않는다. 소장 내에서 소화된 영양소는 장세포(enterocyte)를 통하여 체내로 흡수된다. 소장의 표면은 점액질로 덮인 융모들이 있으며 융모들을 구성하는 것이 장세포이고 장세포 말단에는 다시 손가락 모양으로 보이는 미세융모(microvillus)들이 촘촘히 서 있어서 이들을 미소융털 또는 브러시 보더(brush border)라고 부른다.

소장 내에서 영양소가 흡수되는 경로는 크게 두 가지로 설명할 수 있는데, 그 중 대부분은 장세포를 직접 통과하는 것이고, 다른 한 경로는 장세포가 아닌 다른 부위를 통해서 이루어지는 영양소의 이동이다. 보편적인 영양소 흡수 경로인 장세포 통과 현상을 영양소 이동 측면에서 세 가지로 나누어 볼 수 있는데, 이는 능동운반(active transport), 수동확산(passive diffusion), 그리고 촉진확산(facilitated diffusion)이다.

능동운반은 영양소 농도가 낮은 쪽에서 높은 쪽으로 이동하는데, 이를 위해서는 특정 수송체계가 존재하며 ATP(adenosine triphosphate)로부터 운반에 필요한 에너지를 공급 받는다. 한편 수동확산에는 특정 수송체계도 에너지도 필요 없이 농도가 높은 쪽에서 낮은 쪽으로 영양소가 운반된다. 끝으로 촉진 확산의 경우는 영양소의 이동이 농도에 관계없이 낮은 곳에서 높은 곳으로 이동하는데 이때 에너지를 필요로 하지 않는다.

2.6 대장과 총배설강

대장과 총배설강 내의 소화작용은 극히 적다. 미생물 발효가 일어나지만 발효산물의 흡수 및 이용은 극히 미약하다. 총배설강에 연결된 수뇨관(ureter)으로부터 흘러나온 오줌은 대장으로 역류하여 맹장이 위치한 곳까지 올라와 수분과 전해물질은 체내로 재흡수되고, 요산염은 분의 표면에 흰색으로 남아 분과 함께 배출된다. 닭은 하루에 5~8회 배변을 한다.

3. 영양소의 소화

3.1 탄수화물의 소화

3.1.1 탄수화물 소화과정

가금류에 있어서도 탄수화물의 소화는 하루에 15~20 ml 가량 분비되는 침에 들어있는 탄수화물 분해효소인 아밀라제에 의해서 시작된다고 할 수 있다. 그러나 먹이가 구강에 머무르는 시간이 짧기 때문에 구강내의 소화 작용은 무시할 정도이고 침이 섞인 먹이가 소낭에 들어와 머무르는 동안에 아밀라제의 소화 작용이 시작된다고 보는 것이 타당하다. 다만 소낭내의 탄수화물 소화 또한 소낭내의 미생물 발효와의 구별이 명확하지 않다. 따라서 대부분의 탄수화물의 소화흡수는 소장 특히 공장 부위에서 일어난다.

소장내의 탄수화물 소화는 췌장에서 분비되는 아밀라제 효소에 의해서 이루어진다. 이 효소는 탄수화물의 α-1-4 연결고리와 1-6 연결고리를 가수분해 시켜 이탄당인 말토스(maltose)과 올리고당(oligosaccharide)으로 분리시킨다. 여기서 만들어진 맥아당은 다시 소장의 브러시 보더(brush border)에서 분비되는 말타제(maltase)에 의하여 글루코스(glucose)로 분리되어 흡수된다. 소장 상피막에 있는 브러시 보더에서는 말타제 이외에도 슈크라제(sucrase)가 분비되어 설탕을 글루코스와 과당(fructose)으로 분해한다.

이 밖에도 이소말타제(isomaltase) 또한 장세포에서 만들어져 아밀라제에 의한 탄수화물 소화시 만들어진 이소말토스(isomaltose)와 같은 과당류를 가수분해 시킨다. 탄수화물 소화의 최종 산물인 단당류(monosaccharide)들은 장세포에서 능동운반에 의해서 흡수되는 이 과정은 나트륨 이온에 의존적이며 운반에는 에너지가 필요하다. 그러나 일부 단당류는 단순 확산에 의한 운반이 이루어지지만 전체 열량 공급에 차지하는 비중은 매우 낮다(Leeson과 Summers, 2001).

3.1.2 탄수화물의 소화에 영향을 미치는 요인

가금류의 소장에 분비되는 탄수화물 소화효소들은 탄수화물의 구조상 단당류간 α 연결고리에만 작용한다. 따라서 이러한 구조를 가진 전분은 이용될 수 있으나 그 밖의 복합다당류인 셀룰로스(cellulose)나 리그닌(lignin) 등은 소화효소의 작용을 받지 않는다. 이밖에도 사료 내 헤미셀룰로스(hemicellulose), 펜토산(pentosan), β-글루칸(β-glucan)과 같은 다당류나 라피노스(raffinose)와 같은 과당류 또한 분해효소의 결핍으로 소화되지 않는다.

이와 같이 소화효소의 작용을 받지 않는 복합다당류를 비전분성 다당류(non-starch polysaccharides, NSP)라고 불리우기도 한다. 특히 가금 사료에 있어서 중요시되는 NSP로는 밀에 많이 들어 있는 아라비노자일란(arabinoxylan), 보리의 β-글루칸 및 대두박의 올리고당 등이 있다. 이들은 미소화성 탄수화물로서 장내에서 물 분자들과 결합하여 끈적끈적한 점액성 계분을 형성한다. 이와 같이 형성된 점액성 분괴는 소장내 소화효소의 작용을 방해하고 내용물의 장내 통과시간을 촉진시켜 사료내 각종 영양소의 소화이용률을 저하시킨다. 한편, α 연결고리 구조를 가진 전분은 쉽게 소화이용되어 소화율은 90% 이상이다. 다만 포유류의 소화관과는 달리 가금류에서는 유당분해 효소인 락타제의 결핍으로 락토스의 이용률은 매우 낮다.

사료 내 전분의 소화율은 높이는 방법으로 널리 쓰이고 있는 사료가공 방법으로는 고온의 증기와 압력을 이용하여 곡류 내 전분과립을 파쇄 시키는 펠렛팅이 효과적이다. 그리고 NSP와 같은 미소화성 복합다당류의 이용률을 높이기 위해서는 이들을 소화시킬 수 있는 효소제를 사료에 첨가하는 것이 효과적이다.

3.2 지방질의 소화

3.2.1 지방질의 소화과정

가금류에 있어서 지방질의 소화 및 흡수는 주로 소장에서 일어난다. 소장내 지방분해 효소인 리파제(lipase)는 췌장에서 분비되는데 어린 병아리일 때에는 효소 분비가 적다가 점차 늘어나는데 4일령에 비해 21일령 병아리의 리파제 활성도가 무려 100배나 된다(Noy와 Sklan, 1994). 리파제는 중성지방에 작용해서 모노글리세리드(monoglyceride) 지방산 그리고 글리세롤(glycerol)로 분해한다.

췌장에서는 리파제 이외에도 콜레스테롤 에스터라제(cholesterol esterase)가 분비되어 콜레스테롤과 지방산이 결합된 결합체를 유리콜레스테롤과 지방산으로 분해한다. 분리된 단쇄지방산(short-chain fatty acid)과 글리세롤은 소장의 장세포를 통해서 흡수되어 간의 문맥으로 들어간다.

이와는 달리 중·장쇄 지방산(medium, long-chained fatty acid)들과 모노글리세리드 그리고 콜레스테롤 분자들이 담즙염의 작용을 받아 미셀(micelle)을 형성하고 물에 녹지 않은 지방산이나 모노글리세리드들은 담즙염과 결합하여 소장의 점막세포로 이동한다. 췌장 리파제는 주로 중성지방 내의 1과 3에 위치한 지방산에 작용하고 2의 위치에 있는 지방산에는 작용하지 않으므로 글리세롤 분자의 2번 탄소에 지방산이 결합된 2-모노글리세리드는 있는 그대로 흡수된다.

사료내 지방질은 중성지방인 트리글리세리드(triglyceride)는 십이지장에서 담즙산염과 결합하여 입자도가 비교적 큰 지방구를 형성하는데 이때 글리세롤 1,3번 탄소에 결합된 지방산이 수용액 방향으로 위치하기 때문에 리파제가 쉽게 작용할 수 있다. 여기서 분리된 모노글리세리드 및 포화지방산들이 담즙산염의 작용으로 소형 지방구인 미셀을 형성하여 쉽게 수용액에 퍼져 있으며 장점막의 미세융모(microvilli)에 쉽게 접근할 수 있게 된다.

미세융모 표면에 도착한 지방산과 모노글리세리드는 단순확산 운반으로 장점막세포로 들어간다. 일단 장세포에 들어간 지방질 성분들은 여기서 다시 지방산, 콜레스테롤, 지단백질(lipoprotein), 그리고 인지질(phospholipid)과 결합해서 킬로미크론(chylomicron)을 형성한다. 포유류와는 달리 가금류의 장세포에는 특별히 분화된 유미관(lacteal vessel)이 없어서 킬로미크론이 간의 문맥을 통하여 간으로 이동된다. 따라서 가금류의 킬로미크론을 portomicron이라고 부르기도 한다.

3.2.2 지방질의 소화에 영향을 미치는 요인

가금류에 있어서 지방질의 소화율은 지방산의 조성과 지방질의 특성에 따라 큰 차이를 보이고 있다.

지방질 소화에 영향을 미치는 요인은 다음과 같은 것들이 있다.

① 지방산의 구조(사슬의 길이, 이중결합 존재 여부 등)
② 유리지방산 및 중성지방의 지방산 수
③ 중성지방 내 포화지방산과 불포화지방산의 배열
④ 지방질 내 불포화지방산과 포화지방산 비율
⑤ 사료 내 지방질 혼합 비율
⑥ 사료지방의 조성
⑦ 가금류의 나이

사료 내 지방질의 소화율을 높이기 위해서는 지방질 내 불포화지방산 대 포화지방산의 비율(U : S ratio)이 4 : 1 이상인 것이 좋다(Ketels와 De Groote, 1989).

이 밖에도 사료 내 지방질의 소화율에 영향을 주는 요인으로 지방의 품질관리 항목으로 주의해야 할 것은 M.I.U.(moisture, impurities and unsaponiables)의 함량이다. 즉 수분(moisture)과 불순물(impurities) 그리고 비검화물(unsaponiables)들은 에너지원 또는 지방질의 생리적 기능을 하지 않기 때문에 소화율을 낮추게 된다. 뿐만 아니라 콕시듐(coccidium) 원충에 감염된 가금류에 있어서는 지방질 소화율이 저하된다. 그리고 사료 내 NSP와 같은 비소화성 섬유질이 다량 함유되어도 지방질 소화율이 저하된다.

3.3 단백질의 소화

3.3.1 단백질 소화의 과정

가금류에 있어서 섭취한 단백질의 소화는 진위(proventriculus)로부터 시작된다. 먹이를 삼키면 위 점막에 있는 미주신경(vagus nerves)의 반사작용으로 진위 내에서 위액(gastric juice)이 분비된다. 위액에는 염산과 펩시노겐(pepsinogen)이 들어 있는데, 염산의 산성으로 인하여 펩시노겐이 펩신(pepsin)으로 전환되어 단백질 소화작용이 시작된다. 섭취한 사료가 위로 들어가기 직전에는 위속의 pH가 1.5~2.0 정도까지 낮아지지만 사료가 들어가 섞이면서 pH는 3.5~5.0까지 상승하게 된다(Leeson과 Summers, 2001). 그리고 위 내용물이 소장에 흘러 들어가면 소장에서는 가스트린(gastrin) 호르몬이 분비되고 이 호르몬은 다시 위 내 염산분비를 촉진하게 된다.

염산은 펩시노겐의 활성화 역할도 하지만 이에 더하여 사료 내 단백질의 구조적 변성을 일으켜 단백질 분해 효소의 소화작용을 용이하게 해준다. 펩신은 방향족 아미노산(phenylalanine, tyrosine, tryptophan)의 펩타이드 결합(peptide bond)을 선택적으로 분해하지만 이 밖에도 류신과 발린 펩타이드 결합처럼 여러 가지 펩타이드 결합에 작용하는 것으로 알려지고 있다.

이처럼 펩신 소화의 비특이성으로 인하여 다양한 폴리펩타이드가 만들어지고 이들은 소장내로 이동하여 소장내 단백질 소화효소인 트립신, 키모트립신, 엘라스타제에 의하여 단백질 분해가 계속된다. 생성된 폴리펩타이드 끝 부위에 있는 아미노산들이 소장내 엑소펩티다제(exopeptidase)인 카복시펩티다제 A와 B나 아미노펩티다제(aminopeptidase)의 분해작용에 의하여 최종 소화산물인 유리 아미노산으로 분리되어 흡수된다. 이 밖에도 췌장에서는 콜라게나제(collagenase)가 분비되어 콜라겐이 펩타이드로 나뉘게 한다. 그리고 소장(주로 공장) 벽에서는 에렙신(erepsin)과 같은 펩티다제가 분비되어 펩타이드를 아미노산과 디펩타이드(dipeptide)로 분해하고 폴리뉴

클레오티다제(polynucleotidase) 분비로 핵산의 분해가 일어난다.

소장내 단백질 소화의 최종 산물인 아미노산과 디펩타이드는 소장 점막세포 끝의 미세융모에 도달한다. 미세융모가 돋아나있는 브러시 보더 부위를 덮고 있는 점액에는 아미노펩티다제, 알칼린 포스파타제 등이 존재하며 여기서 최종산물로 전환되어 영양소들이 체내로 운반하기 위한 마지막 접촉점이라 할 수 있다. 단백질의 최종 분해산물인 유리 아미노산과 디펩타이드들이 장세포 내로 흡수되는 것은 나트륨 이온에 의존적인 능동운반에 해당되며 ATP로부터 에너지를 공급받아 이루어진다.

소장 내 부위에 따라서는 아미노산과 펩타이드에 대한 친화성이 달라 공장에서는 펩타이드의 흡수가 회장에서는 아미노산의 흡수가 더 잘 일어나는 것으로 알려지고 있다. 그러나 장세포로 흡수된 펩타이드일지라도 대부분은 장세포에 있는 펩티다제에 의하여 아미노산으로 분해되어 혈액 내로 들어간다. 또한 아미노산의 구조나 특성에 따라 선별적 운반이 일어나는데 D형 아미노산 보다는 L형 아미노산의 흡수가 더 빠르다. 그리고 아미노산 운반체계가 몇 가지로 구분이 되는데 하나는 중성 아미노산(neutral amino acids) 운반체계이고, 두 번째는 아르기닌, 라이신 그리고 시스틴과 같은 염기성 아미노산(basic amino acids), 끝으로 산성 아미노산(acidic amino acid) 운반체계로 분류할 수 있다. 그리고 글루타민산과 아스파틴산 또한 같은 운반체계를 활용하는 것으로 보인다.

그런데 분류된 아미노산 운반체계 내에서는 속한 아미노산 간에 경쟁관계가 있음도 밝혀졌다. 즉 어느 특정한 운반체계 내에서 어느 한 아미노산의 양이 지나치게 많으면 다른 아미노산의 흡수를 경쟁적으로 방해하는 결과를 낳는다. 이와 같이 해서 흡수된 아미노산은 대부분 문맥을 통하여 간으로 이송되지만 일부는 장세포에 남아서 단백질 합성에 이용되거나 아미노산 내사과정을 거치게 된다.

3.3.2 단백질 소화에 영향을 미치는 요인

가금류가 섭취하는 사료 내에는 여러 가지 소화 저해물질이 들어 있다. 일반적으로 항영양인자(anti-nutritional factor)로 불리우는 성분 가운데 대표적인 것은 수수에 들어있는 탄닌(tannins), 대두박에 들어있는 트립신 저해물질(trypsin inhibitor) 그리고 면실박에 들어 있는 고시폴(gossypol) 등이 있다. 이 중에서 트립신 저해물질과 같은 것들은 펠렛팅이나 가열처리에 의하여 파괴되지만 고시폴과 같은 항영양 인자는 열처리를 해도 파괴되지 않는 것도 있다. 한편 증기 등을 활용한 사료 가공 시 지나친 가열로 인해서 사료 내에 들어있는 올리고당과 단백질의 라이신과의 결합으로 이루어지는 갈변화 반응(Maillard reaction)에 의하여 라이신의 이용률이 저하된다.

3.4 비타민

3.4.1 비타민의 소화과정

비타민의 이화학적인 특성, 즉 지용성과 수용성에 따라 소화흡수는 완전히 다르다. 우선 지용성 비타민인 A, D, E, K는 지방질의 소화과정과 유사하다. 다만 섭취하는 비타민의 공급원에 따라 소화효소의 작용이 달라진다. 비타민 A는 β-카로틴(β-carotene) 또는 다른 지방산과 에스테르(ester) 결합을 이룬 형태로 섭취하게 되므로 이들을 분해시키는 데는 췌장에서 분비되는 레티닐에스테라제(retinylesterase)가 필요하다.

비타민 A의 흡수는 수동운반에 해당되며, 카로틴은 장세포 내에서 분리되어 지단백질(lipoprotein)과 결합하여 지방질과 함께 이송된다. 비타민 E의 소화 또한 비타민 A와 유사하여 장세포 내에 흡수되기 위해서는 지방산과의 에스테르 결합이 분해되어야 한다. 마찬가지로 비타민 D의 소화흡수는 비타민 A와 유사하며 장세포 내에서 비타민 D의 수산화(hydroxylation)가 이루어진다. 비타민 K는 형태에 따라 차이가 있는데 비타민 K_1은 능동운반으로 K_2와 K_3는 수동운반에 의해서 영양소 흡수가 일어난다.

수용성 비타민의 경우는 비타민에 따라 각각 다른 운반체계로서 장내 흡수가 이루어진다. 비타민 B_1, B_2, 나이아신(niacin), 판토텐산(pantothenic acid) 등은 능동운반에 의해서 그리고 B_6는 수동운반에 의하여 흡수된다. B_{12}의 경우는 매우 복잡하여 B_{12}의 섭취량이 많을 때는 수동운반이 이루어지나 일반적인 섭취량의 경우에는 위에서 분비되는 단백질과 결합되어 미생물이 분해 작용을 피할 수 있고 공장과 회장에서는 장세포막에 있는 수용체와 결합하여 운반된다.

그러나 운반에는 에너지 공급이 필요하지 않으나 Ca^{++}과 Mg^{++}과 같은 2가 양이온을 필요로 한다. 바이오틴(biotin)의 흡수는 글루코스와 유사하며 바이오틴 분자에 들어 있는 카르복실기가 운반체에 결합되어 흡수된다. 엽산(folate)은 운반체인 folate binding protein과 결합하여 능동운반에 의해서 흡수된다.

3.4.2 비타민 소화에 영향을 미치는 요인

사료내 비타민의 소화 이용률은 사료 내 비타민의 결합 여부 즉 이용성과 사료 내에서 비타민의 파괴 정도에 따라 달라진다. 비타민 자체의 이용성 여부를 결정짓는 것 중 하나는 다른 유기물과의 결합 여부에 따라 달라진다. 예를 들면 밀에는 상당량의 바이오틴이 함유되어 있으나 닭의 생체 이용성은 매우 낮다.

또한 해바라기씨박이나 땅콩박에 있는 바이오틴의 이용률은 각각 40% 및 53%이다(Leeson & Summers, 2001). 그리고 대부분의 곡류에 들어 있는 나이아신(niacin) 또한 이용률이 매우 낮다. 비타민 E의 이용성 또한 매우 낮아서 밀에서는 17%, 옥수수 14%, 그리고 보리의 비타민 E 이용률은 11%에 불과하다. 비타민의 외부 환경이나 사료 내 혼합물에 따라 쉽게 파괴되기 쉽다. 비타민의 안정성에 가장 큰 영향을 미치는 요인은 고온, 습도, pH, 광선, 다른 무기질과의 혼합 등이다. 펠렛팅과 같은 사료 가공 시에도 상당한 비타민 파괴가 일어난다(표 2-6).

3.5 무기질

3.5.1 무기질의 소화과정

무기질은 소화기관 내에서 전해물질이 되어 흡수된다. 소낭이나 대장에서도 소량 흡수되기도 하지만 이온화 된 무기질 대부분이 소장 내 공장과 회장 부위에서 일어난

표 2-6. 외부 환경과 비타민의 안정성

비타민	열	공기(산소)	습 도	햇 빛
A	매우 약함	매우 약함	약함	매우 약함
D_3	약함	매우 약함	약함	약함
E	안정	약함	안정	약함
K	약함	약함	매우 약함	안정
B_1	약함	약함	약함	안정
B_2	안정	안정	약함	약함
B_6	안정	안정	약함	약함
B_{12}	약함	약함	약함	약함
판토텐산	약함	안정	매우 약함	안정
나이아신	안정	안정	안정	안정
엽 산	매우 약함	안정	약함	매우 약함
C	약함	매우 약함	약함	약함

(주) 우성양행 제공

다. 그리고 흡수되는 과정도 무기질에 따라 다양하다. 나트륨(Na)의 경우 세포내 농도가 소화관내 농도보다 훨씬 낮기 때문에 농도가 높은 곳에서 낮은 곳으로 수동운반이 되지만 이 밖에도 아미노산이나 단당류와 함께 흡수되기도 한다. 이처럼 전해물질이 분자량이 적은 유기물과 같이 운반되는 것을 중화성 운반(neutral transport)이라 부르기도 한다. 소금이 물에 녹아 Na^+와 Cl^-로 이온화 되는 것도 소화관 내 흡수는 동시에 이루어지므로 이 또한 중화성 운반이라 할 수 있다. 칼륨(K)의 흡수 또한 수동운반으로 이루어진다.

칼슘의 소화 흡수는 여러 가지 요인 변화에 따라 달라진다. 체내 칼슘 결핍 또는 수요가 높을 때는 능동운반에 의해서 흡수되지만 체내 수요가 크지 않고 사료를 통한 칼슘 공급이 충분할 때는 단순한 수동운반에 의한 흡수가 일어난다.

체내 칼슘 수요가 높아지면 부갑상선 호르몬(parathyroid hormone)의 자극으로 25-OH-cholecalciferol이 1, $25(OH)_2$-cholecalciferol로 전환되어 칼슘의 능동운반이 촉진된다. 이와 동시에 장세포와 혈액 내에 칼슘이온과 결합력이 높은 단백질인 calcium binding protein 농도가 높아진다(Kang 등, 1996). 그 밖의 무기질들은 양이온 형태이거나 그렇지 않으면 유기물과 킬레이트 결합을 이루어 단순 수동운반으로 흡수된다.

3.5.2 무기질 소화에 영향을 미치는 요인

가금류의 사료내 무기질이 소화 이용되는 정도는 공급원에 따라 그리고 생체내 영양상태에 따라 영향을 받는다. 일반적으로 무기질은 장 내에서 용해도가 높은 것이 흡수가 잘 되고 용해도가 높은 것은 곧 양이온으로 해리되어 전해질, 즉 이온상태로 되어 있음을 의미한다. 그리고 대부분의 미량 무기질들은 유기화합물과 결합되어 있을 때 흡수가 촉진되는데 무기질과 결합된 유기화합물을 리간드(ligand)라고 부르며 아미노산이나 유기산 등이 리간드가 되기 쉽다.

그리고 무기질과 유기화합물의 결합된 상태를 킬레이트(chelate)라고 한다. 그런데 킬레이트화한 복합물 중에는 무기질의 소화 흡수를 방해하는 것도 있다.

(1) 흡수 저해 킬레이트: 무기질의 흡수나 생리적 기능을 저해하는 흡수 저해인자로서 대표적인 예가 아연(Zn)과 피틴산(phytic acid)의 결합으로 Zn-phytate는 불용성이 되어 흡수되지 않는다.

(2) 무기질 운반 및 저장 킬레이트: 아미노산, nicotinate, picolinate, EDTA(ethylene diamine tetra acetic acid) 등과 같이 무기질의 세포막 통과를 촉진시킨다.

(3) 생리적 기능을 위한 킬레이트, 헤모글로빈의 철분(Fe), cytochrome의 철분(Fe), 비타민 B_{12}의 cobalt 등과 같이 체내 생리물질이 정상적인 기능을 수행하기 위해서 필요한 킬레이트이다.

무기질 가운데 소화이용률에 관한 연구가 가장 많이 수행된 것은 인이다. 곡류나 박류 사료원료에는 상당량의 인 성분이 함유되어 있다. 그러나 이들은 쉽게 소화되지 않는 피틴태(phytate) 인으로 존재한다. 피틴태 인은 피타제(phytase)에 의해서 쉽게 분해될 수 있다.

가금사료 배합 시 사용하는 무기질 공급원은 이화학적인 특성에 따라 장내 소화율에 크게 영향을 미친다. 칼슘 공급원인 석회석 중에는 마그네슘 함량이 10%나 되는 백운석회석(dolomitic limestone)이 있는데 여기에 들어 있는 마그네슘이 칼슘의 흡수를 방해하여 칼슘 결핍증을 야기한다. 특히 미량 무기질의 공급원은 무기질의 종류에 따라 소화이용률에 많은 차이를 보인다.

일반적으로 무기질이 황산염으로 공급될 때 가장 잘 이용된다. 그러나 탄산염이나 산화물의 소화이용률은 낮다(표 2-7). 최근 미량 무기질의 소화이용률을 높이기 위해 간단한 유기산이나 아미노산과 결합된 복합물이나 킬레이트화 된 미량 무기질의 공급이 늘어나고 있다(표 2-8).

표 2-7. 병아리의 망간(Mn) 결핍증세인 각약증(perosis)으로 본 망간 공급 형태와 생체이용률[a]

망간 공급원(10ppm 첨가)	각약증(다리 기형도)[b]
Mn 무첨가	3.20
황산염($MnSO_4 \cdot H_2O$)	0.35
탄산염($MnCO_3$)	0.43
산화물(MnO)	
• 불순물 극소량 포함	1.01
• 불순물 소량 포함	1.18
• 불순물 다량 포함	2.03

[a] 자료 : Ammerman과 Miller(1972), Watson 등(1971)

[b] 각약증 : 높은 수치일수록 기형도가 높고 망간 생체이용률은 낮음.

표 2-8. 미국 사료품질위원협회(AAFCO)의 유기태 미량 무기질 분류

① 특정 아미노산 복합무기질(metal specific amino acid complex) : 특정한 한 분자의 아미노산과의 1:1 개별적인 결합
② 비특정 아미노산 복합무기질(metal amino acid complex) : 여러 종류의 아미노산과 금속이온과의 1:1 개별적인 결합
③ 아미노산 킬레이트 무기질(chelated mineral) : 한 종류의 다가금속 양이온과 음전하 아미노산이 분자량 기준으로 1대 1~3의 비율로 등가 결합을 이룬 것으로 가수분해 될 아미노산의 중량이 최대 800dalton으로 제한됨
④ 단백질 복합무기질(metal proteinate) : 부분적으로 가수분해 된 단백질, 펩타이드 및 아미노산과의 결합체
⑤ 다당류 피막 무기질(metal polysaccharide) : 다당류가 금속염을 둘러싸서 피막을 형성한 것
⑥ 유기산염 무기질(metal organic acid) : 수용성 유기산과 결합된 무기질의 염

3.6 물의 흡수

포유류와 마찬가지로 가금류의 소화기관 내에서도 물이 체내로 이동하는 것은 단순한 수동확산에 의해서 일어나고 수동운반은 삼투압에 따라 결정된다고 보여진다. 그러나 가금류의 소화기관 내 삼투압을 보면 포유류는 소화기관 모두가 305~360 mOs 정도로 비교적 일정한데 비해 가금류의 경우에는 근위의 삼투압이 340 mOs이고, 소장은 670 mOs까지 차이가 크며 이것은 혈액보다도 삼투압이 높다(Larbier and Leclerco, 1994). 따라서 가금류 소화관 내 수분흡수에는 특정 부위에 능동수송이나 촉진확산이 존재하는 것으로 추정된다.

4. 사료와 물의 섭취

4.1 사료섭취와 음수의 중요성

다른 가축에 있어서도 마찬가지이지만 가금류에 있어서 사료와 물의 섭취가 중요

시 되는 것은 이들이 단순한 영양소 섭취에 국한되지 않고 현대 가금생산 체계상 농장의 손익에 직접적인 영향을 미치기 때문이다. 따라서 다음과 같은 몇 가지 측면에서 그 중요성을 인식하고 세밀한 관찰과 관리 및 기록이 필요하다.

(1) 가금류의 생존과 생산 및 질병에 대한 방어체계는 섭취하는 먹이, 즉 사료와 물을 통하여 이루어진다.
(2) 식이 내 영양소 함량은 사료 섭취량에 따라 결정하고, 역으로 사료 내 영양소 함량에 따라 각 개체의 섭식 행동이 달라진다.
(3) 사료와 물의 섭취가 가금류의 생산성과 생산효율에 영향을 미치는 가장 큰 요인이 된다.
(4) 사료와 물의 섭취 변화는 가금류의 영양상태는 물론 가금류의 질병 감염이나 환경에 의한 생리적 스트레스를 나타낸다.
(5) 사료의 부패나 곰팡이 및 유해물질의 오염 여부나 정도를 사료 섭취량의 변화로 감지할 수 있다.
(6) 현대 가금 생산 시스템의 특징인 기계화·자동화로 인한 집약적인 대규모 생산으로 개체 관찰 및 관리가 어렵기 때문에 철저한 급이기 및 급수 관리는 물론 기록 관리가 필요하다.

4.2 사료의 섭취

4.2.1 가금류의 식욕 조절

가금류는 물론 포유류의 식욕조절에 관해서는 여러 가지 이론이 제시되어 있는 만큼 매우 복잡한 작용기전이 혼재되어 있는 것으로 보인다(Larbier와 Leclercq, 1994). 이를 종합해 보면 가금류의 신체 내외부 자극이 뇌의 시상하부(hypothalamus)에 도달하면 시상하부에 연결된 각종 장기나 조직이 자극되어 사료나 물을 섭취하게 되고, 생리적 욕구가 충족되면 체내 조직과 기관으로부터의 피드백(feed back) 작용에 의하여 섭취 행위가 중단된다(그림 2-3).

식욕을 일으키는 외부자극으로는 우선 먹이, 즉 사료와 물의 특징, 모양, 입자도, 색깔, 냄새 등이 있고 환경온도 변화에 따른 체온의 변화, 빛의 밝기로서 감지되는 시간변화 등이 있다. 그리고 뇌에 전달되는 신체 내부의 변화로는 소화기관의 조직에 분포된 수용세포에서 보내온 이화학적 자극, 즉 미각, 포만감, 삼투압, 대사물질 그리고 호르몬 변화 등이 감지되어 시상하부에 전달됨으로써 섭식행동 변화로 나타난다.

특별히 포유동물과 다른 점이 있다면 가금류는 먹이의 모양이나 크기 즉 물리적 특성에 매우 민감하다는 점이다. 따라서 먹이의 형태 변화에 적응하는데도 시간이 걸린다. 예를 들면 급여하던 펠렛 형태의 사료를 가루사료로 바꾸면 새로운 사료형태의 변화에 쉽게 적응되지 않기 때문에 사료급여 관리를 위해서는 이 점에 유의할 필요가 있다. 그러나 포유동물에 비해 가금류는 먹이의 색깔, 냄새, 맛에 덜 민감하다. 예를 들면 수수나 채종박에 들어 있는 쓴맛을 포유류는 예민하게 감지하고 섭취량이 저하되지만 가금류의 사료섭취량은 크게 변화하지 않는다. 그러나 자기보호를 위한 감지 능력은 충분하므로 사료가 부패했거나 유해성분이 함유된 것은 섭취량 감소가 뚜렷이 나타난다.

신체 내부로 전달되는 섭취량 조절 자극 가운데 가장 대표적인 것은 소화관 특히 소낭과 위가 받는 물리적 압력, 즉 팽배감으로 이 부분에 압력이 커지면 포만감을 느끼게 된다. 그리고 신체 내의 영양소나 대사물질 가운데 뚜렷한 반응을 보이는 것은 전해질에 의한 삼투압과 글루코스로, 이러한 영양소들을 혈액 내로 주사하면 사료섭취량이 감소한다. 이는 다른 포유류와 마찬가지로 시상하부의 복내층 시상하부(ventromedial hypothalamus, VMH)에서는 배부름을 그리고 외측 시상하부(lateral hypothalamus)에서는 배고픔을 감지하며, 이들을 각각 포만중추(satiety center)와 배

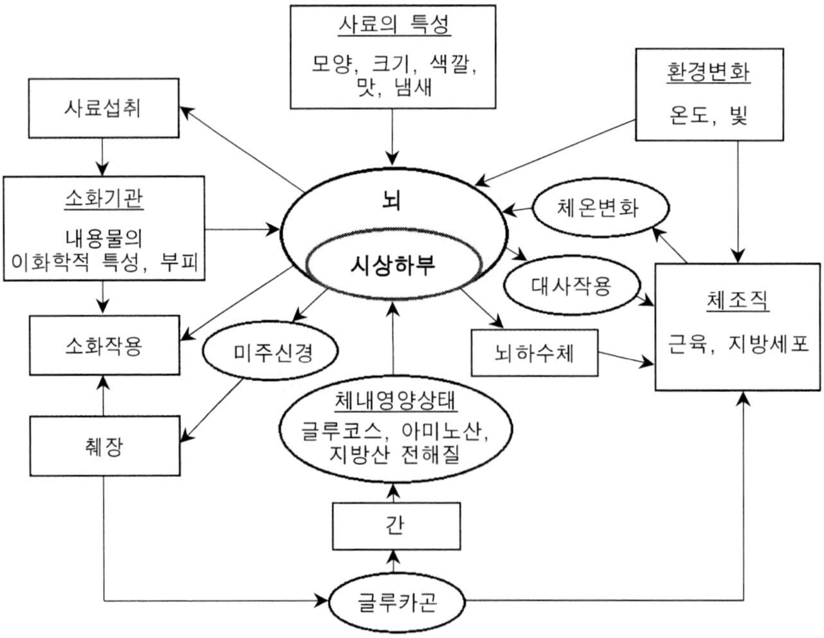

그림 2-3. 사료섭취 조절 개요

고픔중추(hunger center)라고 부르기도 한다.

이밖에도 혈액 내 유리지방산이나 아미노산의 함량도 사료섭취에 영향을 미치는 것으로 알려져 있다. 특히 사료내 아미노산의 부족으로 인한 결핍(deficiency)이나 아미노산 간의 불균형(imbalance)은 사료섭취량을 저하시킨다. 대표적인 예로서 라이신과 아르기닌 간에 비율이 적당치 못해 그 중 한 가지의 함량이 지나치게 높을 때 나타나는 아미노산 불균형(amino acid imbalance) 현상은 곧바로 사료섭취량 감소로 나타나고, 그 결과 생산성 저하를 가져온다(Leeson과 Summers, 2001). 그러나 실제 가금류의 사육에서는 아미노산이나 지방산의 영향은 글루코스에 비해 크지 않은 편이다.

이와 같이 감각이나 사료와 같은 외부 환경요인 그리고 사료섭취에 따른 대사물질들이 중추신경계는 물론 소화기관과 뇌를 자극하고 자극을 받은 기관에서는 각종 체액성 물질이 발생하여 사료섭취 조절기능에 관여한다. 이들 체액성 물질들은 아미노산으로 이루어진 펩타이드들이 대부분이다. 잘 알려진 성분으로는 인슐린(insulin), 콜레시스토키닌(cholecystokinin, CCK), 봄베신(bombesine), 소마토스타틴, 췌장 폴리펩타이드(pancreatic polypeptide) 등이 있다. 이 중에서 십이지장에서 분비되는 CCK와 소장과 뇌조직에서 분비되는 봄베신 그리고 췌장에서 분비되는 인슐린 등은 식욕을 저하시킨다.

빛 또한 섭식행동에 영향을 미친다. 가금류들은 먹이를 식별할 수 있는 약간의 빛만 있어도 상당량의 사료를 섭취하지만 날이 밝기 시작하거나 어두워지기 직전에 사료섭취량이 증가한다. 그러나 24시간 종일 점등 시에는 먹이 섭취가 시간에 관계없이 꾸준히 진행된다. 한편 사료급여 시간이나 양을 제한하면 짧은 시간에 필요로 하는 양을 모두 섭취하기 위해 섭식행동에 빠른 적응이 일어난다. 뿐만 아니라 산란계에 있어서는 난각 형성이 이루어지는 서녁을 내비해서 소등에 들이가기 전에 사료섭취량이 증가하고 특히 난각 형성을 위해 생리적 욕구가 높은 칼슘을 충분히 준비하기 위해서 오후에 칼슘함량이 높은 사료가 선호된다.

영양소의 선택적 섭취여부를 조사한 결과를 보면 계사내 소등전 5~6시간 동안에 칼슘 섭취량이 다른 때보다 유난히 높은데 이 시간대는 밤에 주로 이루어지는 난각 형성을 위한 준비기간으로 보여진다(chah, 1972).

4.3 사료섭취량에 영향을 미치는 요인

다른 척추동물과 마찬가지로 가금류 또한 개체의 영양소 요구량, 그 중에서도 특히 에너지 요구량을 충족시키고 소화기관에서 느끼는 포만감을 충족시키기 위해 먹이를 섭취한다. 따라서 사료의 섭취량은 성장단계, 품종, 활동성, 번식기간, 질병감염 등의 생리적인 요구와 환경온도, 사료의 특성, 음수여부 등 외부환경에 따라 달라진다.

4.3.1 사료의 특성

가금류를 비롯한 조류는 먹이의 맛이나 냄새 보다는 사료의 색깔, 크기, 사료의 형태, 촉감 등 물리적 특성에 더 크게 영향을 받는다. 특히 갓 부화한 병아리에 있어서는 주황색에서 파랑색 범위의 색깔이 있는 먹잇감을 선호하며 빨간색 보다는 초록색이 선호되므로 갓부화한 병아리 초이 먹잇감으로 초록색 사료를 주는 것도 좋은 방법이다. 그리고 부리와 입구조상 입자도가 너무 고운 분말형이나 너무 큰 것을 기피한다. 따라서 체중 및 사료섭취량 증진을 위해서는 크럼블이나 펠렛형 사료를 급여하는 것이 좋다(표 2-9).

가루사료를 급여할 경우에도 사료의 입자도가 지나치게 곱거나 굵으면 사료섭취량이 저하되고 성장과 발달에도 좋지 않은 영향을 미친다(Nir 등, 1994)(표 2-10).

표 2-9. 사료의 형태가 육성계의 성장과 사료섭취량에 미치는 영향

조사항목	가루사료	펠렛사료	차이(%)
체 중 70일령	967g	1,001g	+34g, +35%
99일령	1,326g	1,395g	+69g, +5%
123일령	1,562g	1,639g	+77g, +5%
123일간의 총 사료섭취량	6,638g	6,950g	+312g, +5%

(ISABROWN-Technical News, 1999)

표 2-10. 가루사료의 입자도와 육계성장(7~21일령)

조사항목	사료 입자의 크기(mm)		
	0.6	1.1	2.3
증체 (g)	357	427	401
사료섭취량 (g)	591	662	645
근위무게 (% 체중)	2.22	2.80	3.13

(Nir 등, 1994)

표 2-11. 산란계 사료의 입자도가 생산성에 미치는 영향

조사항목	거친사료	고운 가루사료
일당 사료섭취량	100	89.1
산란율	100	97.9
난 중	100	95.3

(Summers와 Leeson, 1979)

산란기간에도 사료의 입자도는 사료섭취량 및 산란율 그리고 난중에 영향을 미치는데 다소 거칠게 분쇄한 곡류를 원료로 제조된 사료를 급여하면 고운 가루사료보다 생산성이 향상된다(표 2-11).

4.3.2 사료내 영양소 수준

가금류의 사료섭취량 조절에 가장 크게 영향을 미치는 요인은 에너지 요구량과 사료내 에너지 수준이다(강, 1988). 그리고 각 개체의 에너지 요구량을 결정하는 요소는 체중, 환경온도, 산란율, 난중, 우모상태 등이다. 빠른 성장률을 보이는 브로일러의 경우 개체의 에너지 요구량을 추정하는 방법에 관한 연구가 많이 수행되어 왔다. 이 중에서 INRA연구소에서 발표한 육계의 에너지 요구량 추정 식은 다음과 같다(Larbier와 Leclencg, 1994).

$$E = 105 \times W^{0.75} + 14 \times \delta P + 10.4 \sim 12 \times \delta L$$

$$\left(\begin{array}{l} E = \text{에너지 요구량, Kcal ME/일} \\ W = \text{생체중(g)} \\ \delta P = \text{단백질 축적량(g)} \\ \delta L = \text{지방질 축적량(g)} \end{array} \right)$$

산란계의 경우에도 여러 연구자들에 의한 에너지 요구량 추정식이 제안되었고 그 중 Emmans(1974) 공식이 자주 이용된다. 그리고 우모상태에 따른 유지에너지의 보정이 필요하다(표 2-12).

산란계의 사료섭취량을 조사해 보면 추정된 에너지 요구량과 거의 일치한다. 그러나 육용종계의 경우는 사료 내 에너지 수준을 높여도 사료섭취량이 낮아지지 않는다.

표 2-12. 우모상태에 따른 유지에너지 보정

우모등급	유지에너지 보정	우모상태
1	0.94	병아리의 우모상태
2	1.00	햇닭의 우모상태
3	1.08	머리, 목 부위 약간 탈모
4	1.20	머리, 목 부위 심한 탈모
5	1.40	머리, 목, 등, 가슴부위 탈모

육용종계의 사료섭취량은 소화기관을 채우는 정도 즉, 물리적 포만감에 따르는 것으로 보인다. 한편 사료내 단백질 수준이 사료섭취량에 미치는 영향은 에너지 함량에 비해 낮다. 다만 단백질 함량이 지나치게 높거나 한 가지 아미노산이 과다 첨가되어 생기는 아미노산 불균형 경우에는 섭취량이 다소 감소된다.

무기질과 비타민의 경우 이들 영양소가 결핍된 사료를 먹인 후 이들이 강화된 사료를 주게 되면 결핍된 사료보다는 강화된 사료를 선호하게 된다. 특히 비타민 B_1, 소금, 인, 아연 그리고 칼슘에 대한 선호도는 매우 뚜렷하다. 그러나 사료에 칼슘이나 소금을 과다하게 첨가하면 사료섭취량이 감소된다. 이 밖에도 질병 감염, 부패한 사료 및 곰팡이 독소에 오염된 사료급여 또한 사료섭취 저하의 원인이 된다.

4.3.3 음수량과 사료섭취

다른 가축과 마찬가지로 가금류에 있어서도 사료 섭취량 저하를 방지하기 위해서는 개체가 필요로 하는 물의 양을 충분히 마실 수 있도록 급수 관리를 해야 한다. 개체의 물 요구량은 환경온도와 사료의 특성에 가장 크게 영향을 받는다. 특히 더운 여름 날씨나 계사 내 온도가 높을 때에는 체온의 상승을 막기 위해 다량의 물을 섭취한다. 그리고 사료 내 나트륨(Na)이나 칼륨(K)이 높으면 음수량이 높아진다. 뿐만 아니라 사료 내 단백질 함량이 높으면 수분 섭취량 또한 증가한다.

참고문헌

1. Calhoun, M. L. 1954. Microscopic anatomy of the digestive system of the chicken. Iowa State university Press.
2. Chah, C. C. 1972. A study of the hen's nutrient intake as it relates to egg formation. M. Sc. Thesis, Univ. Guelph, Guelph, Ontario, Canada
3. Emmans, G. C. 1974. The effect of temperature on the performance of layinghens. In: Energy Requirements of Poultry. Br. Poult. Sci. Ltd. p79-90.
4. Kang, C. W., Nam, K. T., Olson, O. E. and Carlson, C. W. 1996. Relationship between eggshell quality and biochemical parameters of calcium metabolism. Asian-Aust. J. Anim. Sci. 9:715～722.
5. Kare, M. R. and Ficken, M. S. 1963. Comparative studies on the sense of taste. In Olfaction and taste. Zotterman Pergamon Press, New York pp. 285-297.
6. Ketels, E. and De Goote, G. 1989. Effect of ratio of unsaturated fatty acids in the dietary lipid fraction on utilization and metabolizable energy of added fats in young chicks. Poult. Sci. 68:1506-1512.
7. Larbier, M. and Leclerco, B. 1994. Nutrition and Feeding of Poultry, translated by J. Wiseman. Nottingham, University Press.
8. Leeson, S. and Summers, J. D. 2001. Nutrition of the Chicken, 4th ed. University Books, Ontario.
9. Long, J. F. 1967. Gastric secretion in anesthetized chickens. Am. J. Physiol. 212:1303-1307.
10. Nam, K. T., Lee, H. A., Joo, Y. J., Kim, K. H. and Kang, C. W. 1998. Influence of builder's sand on the TME of linseed for poultry. Anim. Feed Sci. Technol. 72:199-201.
11. Nir, I., Melcion, J. P. and Picard, M. 1990. Effect of particle size of sorghum grains on feed intake and performance of young broilers. Poult. Sci. 69:2177-2184.
12. Noy, Y. and Sklan, D. 1994. Enzyme secretion and small intestinal passage time in the young chick. proc. 9th European Poultry Conf, Glasgow, UK 2:451-452.
13. Patrick, H. and Schaible, P. J. 1981. Poultry : Feeds and Nutrition, 2nd ed. AVI Publishing Co, INC., Westport, Connecticut

14. Poley, W. E. 1938. The utilization of wheat and wheat by-products in feeding young chickens. Poult. Sci. 12:331.

15. Summers, J. D. and Leeson, S. 1979. Rate of food passage in broilers. Proc. Poultry Indust. Sch., University of Guelph, Guelph, Ontario.

16. 강창원. 1988. 산란계 사료의 영양수준과 개선대책. 한국가금학회지 15:115-145.

제 3 장

가금 영양

1. 6대 영양소와 종 특이적 특징

1.1 탄수화물

1.1.1 탄수화물의 특징

탄수화물(carbohydrate)은 단백질, 지방과 함께 6대 영양소 중의 하나로써 가금류가 섭취하는 열량의 60% 정도를 차지하는 주된 에너지 공급원이다. 또한 polyhydroxy-aldehydes와 polyhydroxy-ketones, 또는 가수분해에 의하여 생성되는 물질을 말하기도 한다. 탄수화물은 가용무질소물과 섬유소로 분류되는데, 효소, 산 및 알칼리 등의 작용에 의해 최종적으로 글루코스로 분해되어 닭이 이용하게 된다(Moran 등, 1985). 탄수화물은 탄소, 수소 및 산소로 이루어진 화합물로서 대개 $(CH_2O)n$ 형태이며, 원소의 비율이 C : H : O = 1 : 2 : 1로 이루어져 있다. 지방질보다 가격이 저렴하여 체온 유지와 각종 생산을 위한 에너지 공급원으로 경제적 가치가 높다. 특히, 체온 유지를 함에 있어서 닭은 다른 동물과 비교해 체중당 열 발생량이 높기 때문에 사료내 옥수수나 소맥과 같은 곡류의 함유량이 많은 것이 특징이다.

또한 닭은 탄수화물 섭취량이 부족하면 축적되어 있는 체지방을 분해하여 에너지원으로 이용하고, 반대로 탄수화물 섭취가 과하면 체지방으로 축적시키는 특징을 가지고 있다(NRC, 1994). 하지만 가금류는 식물이 합성한 탄수화물을 이용하게 되는데 식물체 내에 존재하는 모든 형태의 탄수화물을 이용하는 것은 아니다. 가금류가 쉽게 이용할 수 있는 탄수화물은 주로 전분(starch)으로 구성되어 있으며, 대부분의 섬유소는 이용성이 낮은 탄수화물이다(Leeson과 Summers, 2001).

전분은 가금의 소화기관 내의 효소들에 의해 분해되어 단당류인 글루코스 형태로 소화되어 흡수되는데 반해 섬유소들에 대한 분해효소가 거의 존재하지 않기 때문에 식이 내 섬유소를 영양소로서 이용하지 못하게 된다.

1.1.2 탄수화물의 구조

탄수화물은 구성하고 있는 분자가 몇 개의 단당류로 구성되어 있느냐에 따라 단당류(monosaccharide), 이당류(disaccharide), 다당류(polysaccharide)로 구분된다. 가금의 사료에 가장 많이 들어있는 단당류는 6탄당으로 대표적으로 글루코스가 있으며, 이당류는 단당류 두 분자가 결합된 형태를 말한다.

여러 개의 단당류들이 결합하여 이루는 탄수화물을 다당류 또는 복합 탄수화물이라고 한다. 가금 사료의 알곡에 많이 들어 있는 전분은 저장성 다당류로 분류되고, 잎과 줄기부분에 많이 들어 있는 셀룰로스는 구조성 다당류에 속하게 되며, 이들은 결합된 단당류들의 종류와 결합 형태에 따라 다당류의 이화학적 성질이 달라진다.

1.1.3 탄수화물의 역할

탄수화물의 가장 중요한 역할은 에너지의 공급이다. 탄수화물은 닭의 체내에서 분해되면서 1g당 약 4kcal(16.7 kJ)의 에너지를 공급하게 된다. 다른 영양소인 단백질이나 지방도 에너지 공급원으로 사용할 수 있지만 경제성 및 원료 수급 측면에서 가장 저렴하고 풍부한 에너지 공급원이라 할 수 있다.

또 하나의 중요한 역할은 탄수화물을 닭이 섭취하여 이용함에 있어서 에너지 발생 이외에도 생리적인 요구에 따라 지방산 또는 비필수 아미노산 합성의 원료로 사용된다는 것이다. 뿐만 아니라 탄수화물은 단백질이나 지방과 결합하여 당단백질이나 당지방의 합성 성분이 되어 닭의 세포막에 존재하고 생물학적 특성을 부여한다. 또한 산란계가 생산하는 계란을 구성하는 성분 중 난각을 형성하는 데 있어 Ca의 흡수를 돕는 역할을 하기도 한다(Ohta 등, 1995).

탄수화물은 단백질 절약작용(protein sparing action)을 가지게 되는데 이는 단백질이 에너지를 공급하는 역할이 아닌 단백질 고유의 기능을 수행할 수 있도록 가금의 사료 중 에너지 공급원이 부족하지 않게 해야 한다. 탄수화물 중 세포막 구성 물질이 되는 섬유질에는 셀룰로스, 헤미셀룰로스, 리그닌, 펙틴, 검 등이 있는데, 이러한 물질들은 닭의 장 내에서 물을 흡수하여 장을 통과하기 쉬운 형태로 만들고, 소화기관 근육의 수축을 자극하여 장 내에서 식괴가 이동하기 용이하도록 연동작용을 돕는 역할을 한다(deVries, 2003). 이밖에도 탄수화물은 윤활물질이나 손톱, 골격, 피부 등의 구성요소이며, DNA와 RNA의 중요한 구성성분으로 작용한다.

한편, 식이 내 섬유소는 소화관 내에서 기타 영양소와 결합하여 이들의 소화 흡수를 방해할 수 있다. 따라서 식이 내 섬유질 분해효소 등을 첨가하면 탄수화물의 소화뿐만 아니라 다른 영양소의 이용성을 증대시킬 수 있다(조, 2010).

1.1.4 탄수화물의 분류

1) 단당류

탄수화물은 결합한 탄소의 수에 따라 분류할 수 있는데, 가장 기본적이고 간단한 삼탄당(triose)으로부터 사탄당(tetrose), 오탄당(pentose), 육탄당(hexose) 등으로 분류된다. 예를 들면 삼탄당은 하나의 분자(단당류) 내에 탄소 3개가 결합되어 있다는 뜻이다. 특히 가금 사료 중에는 주로 오탄당과 육탄당이 많이 배합되어 있다. 그 중 육탄당의 대표적인 글루코스는 사료 중 가장 많이 함유되어 있다. 각 탄소수에 따라 분류된 단당류들을 구체적으로 분류하면 다음과 같다.

(1) 삼탄당(trioses, $C_3H_6O_3$)

자연계에서는 식물이나 동물 체내에서 탄수화물 대사과정에서 생성되는 글리세르알데히드(glyceraldehyde)와 디하이드록시아세톤(dihydroxyacetone) 등이 있다.

(2) 사탄당(tetroses, $C_4H_8O_4$)

사탄당 또한 자연계에서 잘 발견되지 않으며 생체 내의 당질대사의 중요한 중간산물인 에리트로스(erythrose)는 아라비노스(arabinose)를 화학적 처리를 하여 만들어 낼 수 있다.

(3) 오탄당(pentoses, $C_5H_{10}0_5$)

오탄당은 주로 pentosan과 같은 다당류의 구성성분으로 존재하며, 리보스(ribose), 아라비노스(arabinose), 자일로스(xylose) 등이 있다. 리보스는 닭의 핵단백질이나 비타민 B_2의 구성성분으로 존재한다. 또한 아라비노스는 고무나무에 많이 함유되어 있고, 자일로스는 자일란(xylan)의 구성성분으로 목당(wood sugar)이라고도 하며, 목재 및 볏짚 등에 많이 함유되어 있다.

(4) 육탄당(hexoses, $C_6H_{12}O_6$)

가금에 있어 육탄당은 가장 중요한 탄수화물이다. 자연계에서 가장 많이 존재하는 탄수화물 구조로 이당류 또는 다당류의 구성성분이 되고, 체내에서 중간대사물로 중요한 역할을 한다. 글루코스(glucose), 과당(fructose), 갈락토스(galactose), 만노스

(mannose) 등이 있으며, 그 중 글루코스와 과당만이 자연계에서 유리상태로 존재하고 갈락토스와 만노스는 복합물 형태로 존재하고 있다.

글루코스는 탄수화물의 최종 분해산물로서 혈액 내를 순환하며 산화되면서 에너지를 공급하므로 가금의 에너지 대사에서 가장 중요하고, 자연계에 가장 많이 분포되어 있다. 과일당이라는 의미의 과당은 과일이나 벌꿀에 많이 존재하며, 육탄당 중에서 감미도가 가장 높은 것으로 알려져 있다. 갈락토스는 글루코스와 함께 락토스(lactose)의 구성성분이 된다. 마지막으로 만노스는 만난(mannan)에 들어 있는 알도헥소스(aldohexose)의 하나이며, 자연계에 유리된 상태로는 거의 존재하지 않는다.

2) 이당류

이당류는 단당류 두 분자가 결합된 형태로 서당(sucrose), 맥아당(maltose), 유당(lactose), 셀로비오스(cellobiose) 등이 있다. 서당은 한 분자의 글루코스와 과당이 결합되어 있으며, 사탕수수나 사탕무 등에 다량 함유되어 있다. 맥아당은 두 개 분자의 글루코스로 이루어진 당류로 말타제(maltase)나 산에 의해 글루코스로 분해되며, 전분의 분해로부터 생성된다. 유당은 일명 젖당이라고도 하는데 한 분자의 글루코스와 갈락토스로 구성되어 있고, 락타제(lactase)에 의해 단당류로 분해된다.

닭의 소화기관에서는 락타제가 분비되지 않아서 유당 외 소화이용이 어렵지만 장내에서 산성을 증가시켜 이로운 미생물의 증식을 도우며, Ca의 흡수를 도와 이용성을 증가시키는 역할을 한다. 셀로비오스는 글루코스가 두 개 분자로 결합된 형태로 셀룰로스가 분해되는 과정에서 나타난다.

3) 삼당류 및 올리고당

삼당류에는 라피노스(raffinose)가 있으며, 글루코스, 갈락토스 및 과당이 세 개의 단당류가 결합되어 있고, 사탕무와 면화씨 등에 분포되어 있다. 라피노스에 갈락토스 한 분자가 결합하면 사당류인 스타키노스(stachynose)가, 그리고 여기에 갈락토스 한 분자가 더 결합하면 오당류인 버바스코스(verbascose)가 된다. 이러한 당류들을 raffinose family 당류라고 하는데 일반 소화효소로는 분해되지 않지만 가금류의 대장 및 맹장 내 미생물에 의해 빠르게 분해되므로 과발효의 원인이 되기 때문에 과다섭취 시 닭의 소화를 저해시킨다.

4) 다당류

10개 이상의 단당류 또는 수천 개의 단당류가 결합된 형태의 탄수화물을 다당류라고 한다. 주요 다당류에는 전분(starch), 셀룰로스, 헤미셀룰로스(hemicellulose), 글리코겐, 덱스트린(dextrin), 펙틴(pectin) 등이 있다. 전분은 식물의 축적 영양소의 대부분을 이루고 있고 가용성인 아밀로스(amylose)와 불용성인 아밀로펙틴(amylopectin)으로 구성되어 있다. 가금의 체내에서 분비하는 아밀라제(amylase)에 의해서 분해된다.

글리코겐은 가금의 근육과 간에 있는 저장 탄수화물로 동물전분(animal starch)라고도 불린다. 덱스트린은 호정이라고도 불리며, 전분이 맥아당으로 가수분해 될 때 중간에 생성되는 중간화합물이다. 셀룰로스는 자연계에 가장 많이 존재하는 탄수화물의 하나로 식물세포막의 주요 구성물질이며 글루코스가 직선으로 연결된 다당류이다. 헤미셀룰로스는 셀룰로스와 함께 섬유질(fiber)의 대표적인 성분으로 자일로스, 글루코스, 만노스 및 아라비노스 등이 결합된 탄수화물이다.

펙딘은 갈락토스의 유도체인 galacturonic acid로 결합된 식물체의 비목질 부분에 많이 함유되어 있다. 마지막으로 리그닌(lignin)은 탄수화물이 아닌 페놀(phenol) 화합물로 식물의 목질부에서 셀룰로스와 결합하여 리그노셀룰로스(lignocellulose)를 형성하기 때문에 가금류에서 소화 방해요인으로 작용한다.

1.2 지 질

1.2.1 지질의 특징

지질(lipid 또는 fat)은 탄수화물과 마찬가지로 탄소, 수소, 산소로 이루어져 있고 몸을 구성하는 주요 성분으로써 물에는 불용성이나 에데르와 벤젠 및 클로로폼 등과 같은 유기용매에 가용성인 유기화합물이다. 지질은 가금의 체내에서 분비되는 효소와 산 및 알칼리 등에 분해되어 열을 발생하여 체온의 유지 및 생산을 위한 에너지로 사용된다. 지방은 1g이 완전 연소될 때 약 9.45kcal의 열량을 생산할 수 있는데, 이는 탄수화물에 비해 매우 낮은 산소 함량을 가지고 있기 때문에 다른 영양소에 비해 열량이 높다. 지질의 총지방산 함량 중 유리 형태의 비율과 구성 지방산의 형태를 알면 소화율을 예측할 수 있다. 지방산의 사슬길이, 불포화도 및 에스테르 성질은 장내 흡수에 영향을 미친다(Moran, 1989). 지질은 지방산(fatty acid)의 에스테르 결합 형태로서 닭이 이용할 수 있는 중성지방(triglyceride), 인지질(phospholipid), 당지질(glycolipid) 등이 있다. 이들 중 중성지방이 영양상 중요하게 취급되는데, 모든 동물과 마찬가지로 가금류는 에너지로 이용되고 남은 여분의 지질을 체지방으로 축적하고 이러한 지방 축적 능력은 거의 무제한으로 작용한다. 에너지 형태의 지질은 탄수화물이나 단백질에 비해 높은 열량을 발생하게 된다.

닭에서는 주로 췌장에서 분비되는 리파제에 의해 지질이 분해되고 소장에서 흡수된다(Noy와 Sklan, 1994). 중성지방은 지방산과 글리세롤로 나눌 수 있는데 지방산은 포화지방산, 불포화지방산 및 필수지방산으로 구분된다. 포화지방산에는 우지와 계유와 같은 동물성 지방이 많이 포함되어 있고, 불포화지방산에는 식물성 기름에 많이 포함되어 있다. 가금류들이 성장을 하거나 산란을 할 시기에는 필수아미노산과 마찬가지로 필수지방산도 가금류 체내에서 합성할 수 없기 때문에 필수지방산을 사료를 통해 충분히 공급해 주어야 한다.

1.2.2 지방산의 구조

중성지방(triglyceride)은 한 분자의 글리세롤과 세 분자의 지방산이 에스테르 결합을 이루고 있다. 중성지방은 가금류 췌장에서 분비하는 리파제(lipase)에 의해 지방산과 글리세롤로 분해되어 흡수된다. 이처럼 가금 영양에서 중요한 지방산은 2~24개, 혹은 그 이상의 탄소골격에 카르복실기(-COOH)와 메틸기(-CH_3)가 결합되어 있는 구조를 가진다. 탄소골격에 이중결합이 없는 지방산을 포화지방산(saturated fatty acid, SFA)이라 하며, 이중결합이 없는 완전 포화된 알킬기에 카르복실기가 결합된 지방산이다. 불포화지방산(unsaturated fatty acid)은 분자 내의 탄소골격이 하나 이상의 이중결합을 가지는 지방산을 뜻하며, 이중결합이 한 개인 불포화지방산은 단순불포화지방산(monounsaturated fatty acid, MUFA) 그리고 두 개 이상인 것은 다가불포화지방산(polyunsaturated fatty acid, PUFA)이라고 부른다.

1.2.3 지질의 역할

지질은 영양소 중 g당 최대량의 에너지를 발생할 수 있어서 닭 체내에 효율적인 에너지 공급원이다. 조류의 지질 생합성은 약 90% 이상이 간에서 이루어지며(Griffin과 Hermier, 1988), 식이 내 중성지방은 소화관의 점막세포에서 가수분해, 흡수 및 재합성되어 portomicron이라고 불리는 매우 큰 지단백질 입자로 만들어져 간 문맥계로 바로 이동한다(Bensadoun과 Rothfield, 1972 ; Griffin 등, 1982). 지질은 가금류가 필요로 하는 에너지를 공급하고 남은 여분은 글리코겐 형태나 체지방 형태로 저장하게 된다. 주로 지방세포 내 중성지방 형태로 저장되며, 닭의 피하나 복강 등에 축적되고, 체내 에너지가 부족하게 되면 산화되어 열을 발생한다.

또 하나의 역할은 바로 세포막의 구성성분으로 작용하는 것이다. 인지질, 당지질 및 콜레스테롤 등의 물질들이 세포막 구성의 기본물질이다. 또한 성장과 유지 및 생산에 필요한 필수지방산의 공급원으로 중요한 역할을 하는데(Simopoulos, 1991), 특히 리놀산, α-리놀렌산, arachidonic acid는 닭의 체내에서 합성되기 어려운 동시에 다른 영양소로부터 전변되기 않기 때문에 반드시 사료로 공급해야 한다. 닭의 경우, 성장단계 및 생산단계에 따른 구분 없이 리놀산 요구량이 사료 내 1% 이상으로 모든 축종 중에서도 요구량이 높은 편에 속한다.

또한 유지는 지용성 비타민의 좋은 공급원으로서 유지 섭취량에 따라 지용성 비타민의 섭취량이 변화될 수 있다. 이는 지용성 비타민은 지질에 녹아 있는 상태로 지방의 소화 및 흡수작용과 유사한 대사과정을 거치기 때문이다. 지질은 사료의 먼지 발생을 막아주고 에너지 절약효과가 있어서 가금류의 사료섭취량에 영향을 미치기도 한다(Leeson 등, 1996 ; Dozier 등, 2008). 마지막으로 지질은 동물의 피하에 축적되어 닭의 체열 발산을 막아 기온이 낮을 때 체온의 유지 및 보온에 관여하게 되고, 각 장기를 보호하는 역할도 갖는다.

1.3 단백질

1.3.1 단백질의 특징

단백질(protein)이라는 단어는 1838년 Mulder에 의해 명명되었으며, 생명체를 구성하는 필수적인 고분자의 복잡한 유기물로서 닭의 몸을 형성하고 조직, 근육, 깃털, 장기 및 효소와 호르몬, 면역기능 및 체내 항상성 유지, 성장 및 산란에 중요한 역할을 수행한다. 단백질은 탄소, 산소, 질소, 수소, 유황 및 소량의 인, 철, 아연 등으로 구성되어 있다. 기본적으로 단백질은 22종에 달하는 아미노산이 펩타이드(peptide)결합으로 연결된 구조를 가지고 있으며, 종류에 따라 분자량이 다르고 아미노산 배열과 화학적인 상관관계에 의해 입체적인 구조를 이루고 있다. 단백질은 평균적으로 16%의 질소성분을 가지고 있어 단백질을 정량할 때에는 평균 질소 함량에 6.25를 곱해줌으로써 단백질량을 정량할 수 있다.

단백질 사료는 동물성 원료와 식물성 원료로 나눌 수 있는데 동물성 원료에는 어분 및 육분 등이 식물성 원료는 대두박을 포함한 박류 원료들이 여기에 속한다. 대체로 동물성 원료에는 필수아미노산이 다량 함유되어 있나. 사료 중의 단백질들은 체내에서 효소 등의 작용으로 아미노산으로 분해되어 흡수되는데, 체내에서 합성이 불가능한 아미노산이 존재하며, 이를 필수아미노산(essential amino acid)라고 하고 합성이 가능한 아미노산을 비필수아미노산(nonessential amino acid)라고 한다. 닭에서 필요한 필수아미노산으로는 10종(아르기닌, 라이신, 메티오닌, 트립토판, 히스티딘, 페닐알라닌, 류신, 이소류신, 발린, 트레오닌)이 있는데 3주령 이하의 병아리에서는 글리신 또는 세린, 프롤린의 두 가지 아미노산이 추가되어 12종의 필수아미노산이 요구된다.

어린 일령의 가금일수록 단백질 요구량이 높으며, 성숙할수록 단백질 요구량은 감소하게 된다(NRC, 1984). 하지만 산란을 하는 개체에서 생산을 위해 사용되는 단백질의 양은 증가하기 때문에 가금 사료 내 단백질 함량과 아미노산 비율을 결정하는 것은 매우 중요하다. 단백질은 서로 결합한 상태에서 특이적인 구조를 이루고 있으나, 열이나 pH 등 외부적인 요인에 따라 변성이 일어나 단백질 특유의 성질을 잃어버릴 수 있다.

1.3.2 단백질의 구조

단백질은 아미노산이 펩타이드 결합(peptide bond)이라는 고유의 연결고리를 통해 연결되어 있는 구조를 가지고 있다. 단백질 분자의 가장 기본적인 단위는 아미노산으로 아미노산의 구조는 한 개의 탄소에 아미노기(-NH_2)와 카르복실기(-COOH)가 붙어 있으며, 여기에 수소 한 분자와 R기가 붙어 있는데 R기는 아미노산의 종류에 따라 달라지고 어떤 분자가 결합하느냐에 따라 개개의 아미노산의 성질과 기능이 달라진다.

단백질은 한 아미노산의 아미노기(-NH_2)와 다른 아미노산의 카르복실기(-COOH)가 물분자를 버리고 펩타이드 결합을 하여 여러 개의 아미노산으로 결합되는데, 펩타이드 결합은 아미노기와 카르복실기 간에 탈수축반응을 통하여 생긴 결합으로, 아미노산 2개가 결합하면 디펩타이드(dipeptide), 세 종류의 아미노산이 결합하면 트리펩타이드(tripeptide), 4개 이상의 아미노산이 결합하게 되면 폴리펩타이드(polypeptide) 등으로 구분된다.

1.3.3 단백질의 역할

가금에 있어서 단백질은 체내 모든 세포에서 발견되며, 대부분의 모든 세포에서 단백질을 합성할 수 있다. 즉, 단백질은 세포의 구성성분일 뿐만 아니라 닭이 생명체로써 살아가는 기본 물질로 중요하다. 성장이나 상처의 치료나 끊임없는 새로운 조직이 만들어지기 위해서는 단백질의 합성이 이뤄져야 한다.

체내에서 가장 풍부한 단백질은 콜라겐(collagen)으로 세포의 구조를 유지시키고, 골격이나 피부 등의 기본 단위가 된다. 대사조절에도 단백질은 중요한 기능을 가지고 있는데 바로 효소와 호르몬 및 유전인자의 구성성분이 된다. 이런 물질들은 닭이 섭취하는 사료를 통해 소화 및 흡수한 아미노산들로부터 단백질을 합성하여 만들어지게 된다. 또 하나 중요한 역할은 병원균과 같은 여러 가지의 항원(antigen)이 체내에 들어 왔을 때 신체를 보호하고 방어하기 위한 항체(antibody)가 단백질로부터 만들어지며 면역(immunity) 체계를 형성하는데 중요한 기능을 하게 된다.

단백질은 사료 중에서 비교적 높은 비율을 차지하는 영양소이며 상대적으로 가격도 비싸서 지질과 더불어 사료 내에서 가장 비용이 많이 드는 영양소이다. 사료 중에 함유되어 있는 단백질은 모두 동일한 가치를 가지는 것은 아니다. 가금에서 단백질의 궁극적인 가치는 이것을 먹였을 때 얼마만큼이나 효율적으로 체단백질 합성에 이용되는가에 좌우된다. 따라서 궁극적으로 그 단백질을 구성하고 있는 아미노산의 조성과 소화율에 의해서 사료 원료 내 단백질의 품질이 결정된다.

1.3.4 단백질의 분류

단백질은 일반적으로 동물성 단백질과 식물성 단백질로 나누지만 분자구조에 따라서 단순단백질, 복합단백질, 유도단백질로 나눌 수 있다. 또한 가수분해 되면 순단백질과 비단백태 질소화합물(non-protein nitrogen, NPN)로 구분하기도 하며 화학구조에 따라 구상단백질과 섬유상단백질로 분류하기도 한다.

1) 단순단백질

(1) 알부민(albumin) : 알부민은 수용성이며 열에 의하여 쉽게 응고되고 계란과 혈액 등에 존재한다. 혈청알부민, 락토알부민, 오브알부민 등이 있다.

(2) 글로불린(globulin) : 단백질 중에 물에 용해되지 않는 단백질군을 의미하며, 강산과 강염기의 묽은 용액에는 잘 녹는다. 종류에는 혈청 글로불린, 근육 내의 마이오신(myosin), 튜베린(tuberin) 등이 있다.

(3) 글루텔린(glutelin) : 물에 잘 용해되지 않고 상대적으로 불안정한 단백질이다. 곡류의 내배유에 함유되어 있는 단백질로 사료 원료 중 밀에 들어있는 글루텔린이 대표적이고, 쌀에는 오리제닌(oryxenin), 보리에는 호르데닌(hordenine)이 함유되어 있다.

(4) 히스톤(histone) : 수용성이지만 열에 의해 변성되지 않으며 갑상샘이나 췌장에 많이 존재하고 있다. 염기성 아미노산인 히스티딘, 라이신, 아르기닌 등을 함유하고 있다.

(5) 프롤라민(prolamine) : 물과 알콜에 불용성이나 70% 알콜에는 용해된다. 옥수수의 제인(zein), 밀이나 호밀의 글리아딘(gliadin), 보리의 호르데인(hordein) 등이 있으며 글루탐산, 프롤린, 아르기닌, 류신을 많이 함유하고 있다.

(6) 프로타민(protamine) : 수용성이지만 열에 의하여 응고되지 않으며, 강한 염류성 단백질로 아르기닌을 함유하고 있다.

(7) 콜라겐(collagen) : 골격 결체조직이나 뼈, 연골, 젤라틴을 구성하는 물질로 총 단백질의 약 30%를 차지하고 있다. 소화효소에는 저항성을 가지지만 물이나 약산으로 끓이면 젤라틴으로 전환된다.

(8) 엘라스틴(elastin) : 동맥이나 탄력이 있는 닭의 결합조직에 많이 함유되어 있는 단백질로 콜라겐과 비슷하나 젤라틴으로 전환되지는 않는다.

(9) 케라틴(keratin) : 깃털이나 피부, 발톱 등을 구성하는 단백질로 물에 불용성이고 매우 단단하며 분해가 어려워 분해효소에 대한 저항력이 강한 물질이다.

2) 복합단백질

(1) 핵단백질(nucleoprotein) : 핵산과 한 분자 또는 그 이상의 단백질이 결합한 복합단백질로 세포질 내의 리보핵단백질(ribonucleoprotein), 염색체 핵 안의 디옥시리보핵단백질(deoxyrebonucleoprotein) 등이 속한다.

(2) 당단백질(glycoprotein) : 2~6개의 단당류와 결합된 단백질로서 헥소사민(hexosamine)이 4% 이하이다.

(3) 점액단백질(mucoprotein) : 탄수화물과 결합된 형태로 침속에 함유된 뮤신단백질, 난백 속의 오보뮤코이드(ovomucoid) 등이 있으며, 헥소사민(hexosamine)이 4% 이상이다.

(4) 지단백질(lipoprotein) : 단백질과 지방이 결합된 것으로, 수용성 단백질과 지방이 결합된 상태이며, 모든 세포에 널리 퍼져 있는 형태이다. 지방의 운반과 기타 생리적인 중요한 기능을 담당하고 있다.

(5) 인단백질(phosphoprotein) : 인산과 단백질이 에스테르 결합을 하고 있으며 1% 정도의 핵산을 함유하고 있으며, 우유의 카제인(casein), 난황의 오보비텔린(ovovitellin) 등이 있다.

(6) 기 타 : 금속원자와 결합된 금속단백질(metalloprotein)과 헤모글로빈, 미오글로빈 및 카로티노이드단백질이 포함된 색소단백질(chromoprotein) 등이 있다.

1.4 무기질

동물의 체내에는 약 3~5%의 무기질이 함유되어 있는데, 이들 무기질은 체내에 들어있는 양은 적지만 모든 유기 영양소가 체내에서 제대로 이용될 수 있도록 도와줄 뿐만 아니라 무기질 자체의 고유한 역할 또한 중요하다.

1.4.1 무기질의 일반적인 중요성 및 역할

(1) 골격의 구성물질이다.
(2) 체액의 삼투압을 조절한다.
(3) 세포액의 투과성을 조절한다.
(4) 신경과 근육간의 자극 전달을 매개한다.
(5) 체액의 산-염기 평형 상태를 조절한다.
(6) 효소의 활성제이다.
(7) 에너지 발생을 위한 작용을 조절한다.
(8) 혈액 응고에 관여한다.

1.4.2 무기질의 분류

무기질은 체내에서의 그 기능에 따라서 필수, 준필수, 비필수 그리고 중독 무기질 등으로 분류할 수 있다.

1) 필수 무기질 요건

(1) 건강한 생물의 체조직에 꼭 존재할 것
(2) 동 종류 생물의 특정 부위에서의 함량이 거의 비슷하거나 같을 것
(3) 이것의 결핍에 의해서 고유한 생리화학적 이상이 동물의 종류에 관계없이 발생할 것
(4) 이러한 생리화학적 이상은 반복해서 똑같은 증상으로 나타날 것
(5) 결핍됨이 없게 해주면 정상으로 회복되며, 어린 동물의 성장촉진 효과가 있을 것

2) 다량 무기질

필수 무기질의 요건을 만족시킬 수 있는 무기질들을 필수 무기질이라고 하고, 이들 중에서 체내 분포나 요구량이 많은 Ca, Mg, Na, K, P, Cl, S 등 7종을 다량 무기질이라고 한다.

3) 미량 무기질

체내 분포나 요구량이 극히 적은 Mn, Fe, Cu, I, Zn, Co, Se, F, Mo, As, Si, Cr 등 12가지 무기질들을 의미 한다.

1.4.3 다량 무기질의 기능

1) 칼슘(calcium, Ca)과 인(phosphorus, P)

가금에서 칼슘과 인은 요구량이 많으며, 생리적 기능도 다양하다. 산란을 하는 양계에서 칼슘은 골격뿐만 아니라 난각의 주성분으로 가장 많이 필요로 하며, 생리적인 조건이나 주령 등에 따라 변동 폭이 가장 많다(Al-Batshan 등, 1994). 산란계에서는 산란 주령과 산란율에 따라서 칼슘과 인의 비율이 중요하며 항상 변하기 때문에 요구량에 따른 이상적 비율을 유지하는 것이 중요하다.

사료 중 포함되어 있는 인 중 약 70%가 피틴태 염과 결합된 형태로 존재하는데 가금류의 소화기관에서는 이를 분해할 수 있는 효소가 없어서 인의 이용률이 낮다. 피틴태 염과 결합하지 않은 인을 비피틴태 인(non-phytate P)이라고 부르며, 소화율이 높은 특징을 가진다. 최근에는 피틴태(phytate) 인을 분해할 수 있는 효소를 이용하여 인의 소화율을 높이고 있다(Mullaney 등, 2000).

2) 나트륨(sodium, Na), 칼륨(potassium, K), 염소(chloride, Cl)

나트륨과 칼륨은 양이온, 염소는 음이온으로 전해질의 주성분으로 삼투압과 산-염기 균형 즉 전해질 균형 유지에 중요하다(Mongin, 1980). 염소와 나트륨, 칼륨은 세포 내액과 외액에서 일정 농도를 유지시키는 기능을 가지는 중요한 다량 무기질이다(Mongin, 1981). 가금에서의 전해질 균형은 골격 발달, 난각질, 아미노산 대사, 성장 등에 중요한 영향을 미친다.

3) 마그네슘(magnesium, Mg), 황(sulfur, S)

가금의 체내에 존재하는 마그네슘 함량의 절반 정도가 뼈에 존재하고, 뼈의 회분 함량의 0.5~0.7%를 차지한다. 마그네슘은 난각에 존재하며 병아리 부화와 관련이 높다. 황은 가금의 우모와 근위 외벽 등에 시스틴(cystine) 형태로 많이 들어 있지만 칼슘과 길항작용으로 인해 과다하게 급여할 시에는 칼슘의 흡수를 방해할 수 있다(Leeson과 Summers, 2001).

1.4.4 미량 무기질의 기능

미량 원소들인 구리, 요오드, 철, 망간, 셀레늄과 아연은 닭의 영양소 요구량을 충족시키기 위해 필요하나, 사료 내에는 극히 미량이 첨가되거나 첨가시키지 않는다. 예를 들어, 코발트는 영양소 요구량을 충족시키기 위해 필요하지만 비타민 B_{12}의 성분이기 때문에 미량 무기질로 공급하지 않는다. 실제로 구리와 철은 사료에는 추가 보충하지 않아도 충분한 양이 함유되어 있다.

미량 원소들은 더 큰 유기분자의 구성성분으로 존재하는데, 철은 헤모글로빈과 시토크롬, 요오드는 타이록신의 구성성분이다(Mertz, 1986). 구리, 망간, 셀레늄과 아연은 효소의 필수 보조인자로써 이들 중 하나가 부족하게 되면 무기질을 필요로 하는 유기분자의 기능적 활성이 저하된다. 미량 무기질의 요구량은 대부분 사료 원료내의 함량으로 충족되나, 사료 작물이 재배되는 지역의 토양 내 미량 무기질 조성에 따라 사료 원료 내의 미량 무기질 함량이 달라지며, 지역에 따라 특정 무기질이 부족하거나 결핍될 수도 있기 때문에 미량 무기질의 적절한 공급을 위해서는 사료배합 제조시 사료첨가제로서 무기실을 별도 혼힙시기는 것이 안전하다.

1.5 비타민

일반적으로 비타민은 동물의 체내에서 합성되지 않거나 소량 합성되고, 미량으로 생명 유지, 대사, 생리조절에 관여하는 유기화합물이며, 반드시 사료를 통해 섭취되어야 하는데 그렇지 못할 경우 특이한 결핍증을 일으키는 필수 영양소를 말한다. 현재에 이르기까지 그 존재가 인정된 비타민 및 유사물질은 약 20여 종 정도이며, 대부분의 비타민은 조절소의 역할로서 극히 소량이 필요하지만 비타민 자체가 에너지를 발생하거나, 세포의 지주물이 되는 것은 아니다. 또한 모든 비타민은 생리적 기능을 위해서는 꼭 필요하지만 비타민에 따라서는 사료로 공급할 필요성이 있는 것은 아니다. 왜냐하면, 가금 종마다 특유의 특정한 비타민을 체내에서 합성하여 이용할 수도 있기 때문이다.

1.5.1 비타민의 역할

(1) 시각, 골격 형성, 번식 등의 고유한 생리현상을 좌우한다.
(2) 조효소의 구성성분으로 탄수화물 대사 작용 및 에너지 발생에 관계한다.
(3) 여러 가지 영양소의 효율적인 이용을 돕는다.
(4) 피부병, 빈혈증, 신경증세, 근육 위축병 등을 막아 준다.
(5) 어떤 비타민은 항산화제로써 여러 가지 영양소의 산화를 막아 준다.
(6) 성장률, 사료효율, 번식활동 등 생산성을 향상시킨다.

1.5.2 비타민의 분류

1) 지용성 비타민

지용성 비타민은 주로 사료의 지방과 함께 섭취되며 비타민 A, D, E, K가 이에 속한다. 이들 비타민은 지용성이기 때문에 상당량이 간에 축적이 가능하며, 과다하게 급여했을 경우에는 심한 비타민 중독증(hypervitaminosis)을 유발하기도 한다. 지용성 비타민은 다양한 기능을 갖는데, 주로 비타민 A는 시각, 비타민 D는 칼슘과 인의 대사, 비타민 E는 항산화제, 비타민 K는 혈액 응고에 각각 관여한다.

2) 수용성 비타민

수용성 비타민은 주로 탄수화물, 지방 및 단백질의 대사 작용에 있어서 조효소로써 활약하는데 크게 비타민 B군과 C로 나뉠 수 있다. 이들 비타민들은 저장성이 낮고 요구량이 많은 특징을 지녔으며 피부병, 각약증, 빈혈증 등에 관여하는 것으로 알려져 있다. 수용성 비타민은 지용성과 달리 체내 축적이 잘 되지 않으므로 더 자주 공급해 주어야 한다. 비타민 C는 가금에서 합성되기 때문에 사료 영양소로 요구되지는 않는다. 그러나 스트레스를 받는 가금에서는 비타민 C 첨가에 의해 좋은 반응이 나타난다(Pardue 등, 1985).

3) 비타민 요구량

비타민의 요구량은 가금의 종류, 능력, 주령, 체중, 성별 등에 따라서 달라질 수 있고, 특히 환경적인 요인에 따라서 그 요구량이 많이 좌우된다(McKee와 Harison, 1995 ; Chung 등, 2005). 일반적으로 닭이 더위, 추위, 질병 등 각종 스트레스가 쌓여 있거나 사료의 에너지 및 단백질 함량이 높을 때에는 사료 내의 비타민 공급량도 늘려 주면 효과가 있다. 닭의 경우에는 특히 비타민 결핍에 예민한 반응을 나타내는데 닭은 장내 미생물에 의한 비타민 합성이 거의 없고, 닭의 대사 작용이 매우 활발하므로 원활한 영양대사를 위해서는 촉매 또는 활성제의 역할을 하는 비타민과 무기질의 요구량이 높다. 특히 현대 가금류 생산에서는 밀집 사양이 일반화 되면서 많은 스트레스 요인이 발생하여 비타민 요구량이 증가하였기 때문이다.

1.6 물

물은 동물의 체내에서 가장 많은 부분을 차지하고 있는 체구성 성분으로서 거의 모든 체내 대사에서 필수적인 기능을 하며 혈액, 세포 내액, 세포 외액의 기본 구성물질이다. 체 세포에서 영양소, 대사산물, 노폐물의 운반을 담당하며, 체온 유지, 체액의 pH, 삼투압, 혈압, 전해물질의 농도조절 작용 등에 관여한다. 땀샘이 없는 닭의 경우 고온 스트레스를 받을 때 호흡에 의해 수분을 배출하면서 체온을 유지하는 것은 매우 중요하다.

물의 요구량은 환경온도, 상대습도, 사료의 조성, 성장률, 산란율 및 각 개체의 신장에서의 물 재흡수율에 따라 달라진다(Bartow 등, 1974 ; Medway 등, 1959). 대개 성계의 경우 수분함량은 50～70%, 병아리의 경우 80% 정도를 차지한다. 또한 체내에 존재하는 지방의 대부분과 단백질의 반 이상이 소실된 경우에도 생존할 수 있지만, 수분은 체내함량의 약 10% 정도를 손실하면 폐사할 수 있다.

가금은 체수분의 보수 능력이 뛰어난 생리적인 구조를 갖고 있다. 뇨로 배설되는 수분의 60～70%가 총배설강에서 역운동에 의해 직장으로 들어와 맹장에서 흡수된다. 소장과 맹장에서의 수분 흡수는 전해질인 Na와 Cl의 흡수와 밀접한 비례 관계가 있다. 가금에서 단백질의 최종 분해산물로 요산(uric acid)이 배출되며, 요소(urea)가 아니라는 것도 가금의 체수분 보유에 큰 도움을 주고 있다. 요산은 불용성이기 때문에 콩팥의 세뇨관을 통과할 때 삼투압을 높이지 않아 체수분의 배출을 야기하지 않기 때문이다.

2. 영양소의 대사

2.1 탄수화물 대사

2.1.1 해당작용(glycolysis)

글루코스의 분해가 이뤄지는 해당작용은 단당류로 분해된 탄수화물이 혈액으로 흡수되고 세포 내로 운반되면서 시작된다. 세포 내의 세포질에서 해당작용이 일어나므로 산소가 없는 상태에서 글루코스가 피루브산(pyruvate)으로 전변되는 과정을 의미한다. 글루코스 한 분자가 피루브산으로 전변되는 과정을 나타내면 다음과 같다.

$$\text{Glucose} + 2\text{NAD}^+ + 2\text{ADP}^+ + \text{Pi} \Rightarrow \\ 2\text{pyruvate} + 2\text{NADH}_2 + 2\text{ATP} + 2\text{H} + 2\text{HO}$$

이러한 해당과정에서 실제로 4개의 ATP가 생산되지만 furctose-6-phosphate가 1,6-fructose-biphosphate로 전변될 때와 글루코스가 glucose-6-phosphate로 전변되면서

ATP 한 분자씩 사용되므로 실제 생성되는 ATP의 개수는 2개이다. 게다가 NADH 2 분자가 해당과정 중 생성되어 미토콘드리아로 이동되어 6분자의 ATP를 생성하게 되어 총 ATP는 8개가 생겨나게 되는 것이다.

2.1.2 TCA 회로(tricarboxylic acid cycle, kreb's cycle)

TCA 회로는 구연산 회로(citric acid cycle)라고도 하는데, 글루코스, 지방 및 단백질로부터 유리되어 나오는 acetyl-CoA가 미토콘드리아로 운반되고 일어나는 생화학적 반응을 말한다. 해당과정을 거친 글루코스가 2개의 분자의 피루브산을 합성하게 되는데, 피루브산이 미토콘드리아로 들어가 에너지를 생산하는 효율은 해당과정 중 에너지를 생산하는 것보다 훨씬 효율적이다.

한 분자의 피루브산은 미토콘드리아 내에서 피루브산 분해효소에 의해서 조효소를 사용하며 acetyl-CoA로 합성된다. 그 다음 미토콘드리아 내의 oxaloacetate와 결합하여 citrate를 생성한다. Citrate는 aconitase의 도움을 받아 isocitrate로 전변된다. Isocitrate는 isocitrate 분해효소의 도움을 받아 $NADH_2$를 생산하면서 α-ketoglutarate로 전변되고 이는 다시 succinyl-CoA를 합성하면서 $NADH_2$를 생산하게 된다. Succinyl-CoA는 succinate thiokinase에 의해 succinate로 전변되면서 GTP 1분자를 합성하고 succinate는 fumarate를 합성하면서 1분자의 $FADH_2$를 생산한다. Fumarate는 fumarase에 의해 malate로 전변된 후 다시 oxaloacetate를 합성하면서 $NADH_2$ 1분자를 합성한다.

요약하자면 전변되고 합성되는 과정 중 회로를 돌면서 많은 양의 에너지(GTP, NAD, NADH)와 전자를 방출하게 되는데, 전자전달계와 산화적 인산화 과정을 통해 많은 양의 ATP를 생산하고, 결국 이산화탄소와 물로 분해되게 된다.

2.1.3 글리코겐(glycogen)의 합성과 분해

가금이 사료를 통해 소화 흡수되어 글루코스로 분해되면 체내의 간과 근육에 저장 탄수화물인 글리코겐의 형태로 저장된다. 글루코스에서 전변된 glucose-6-phosphate가 phosphoglucomutase에 의해 glucose-1-phosphate로 합성되고, UTP(uridyl triphosphate)를 사용하여 UDP-glucose를 만들게 되고 glycogen synthase Ⅰ에 의해 글리코겐이 조직에 저장된다.

글리코겐은 닭의 체내에 축적되어 있는 저장물질이므로 혈액 중의 글루코스가 소진되어 일정한 수준 이하로 감소하면 분해되어서 글루코스를 생성하게 된다. 인슐린의 분비 없이 글루카곤의 분비가 왕성하므로 cAMP의 합성이 증가되어 phosphorylase의 활성이 증가되면서 글리코겐이 분해된다. 글리코겐의 합성과 분해는 서로 다른 효소에 의해 조절되므로 글리코겐의 합성과 분해가 동시에 일어나는 경우는 없다.

2.1.4 오탄당 인산염 회로(pentose phosphate pathway, PPP)

해당작용을 거치지 않고 글루코스가 직접 산화되는 과정을 말한다. 즉, 오탄당 인산염 회로는 해당과정을 거치지 않고 대신하는 글루코스의 대사경로로서 핵산(nucleic acid)의 생합성을 위해 리보스를 합성하고, 지방산 등의 물질을 생합성 할 때 탄소골격에 중요한 역할을 하는 이산화탄소와 수소를 공급할 수 있는 NADPH를 생성한다.

2.1.5 글루코스 신합성(gluconeogenesis)

닭이 섭취하는 사료에 들어있는 탄수화물이 체내 요구량보다 부족하게 될 때, 탄수화물이 아닌 체내의 다른 영양소나 중간대사 산물을 통해 글루코스를 합성하는 과정을 말한다. 체내 혈액 속에 녹아 있는 혈당은 신경계통과 적혈구에 에너지를 공급해야 하므로 일정 농도가 유지되어야 한다.

글루코스는 지방조직의 지방합성에 필요한 글리세리드(glyceride), 글리세롤의 공급을 위해서도 필요하고, TCA 회로의 정상적인 유지를 위해 반드시 필요하다. 즉, 외부로부터의 탄수화물 공급 부족으로 간이나 신장에서 아미노산, 글리세롤, 프로피온산 등으로부터 글루코스로 합성되는 과정을 글루코스 신합성이라고 한다. 글루코스의 합성은 미토콘드리아 내에서 시작되며, 일부 다른 경로를 통해서도 진행된다.

글루코스 신합성은 주로 간이나 신장에서 이루어지는데 합성경로는 해당과정의 역과정을 거치며, 합성되는 도중에 다시 분해되는 것을 방지하기 위해 몇몇 특이적인 효소들이 작용하게 된다.

2.2 지질 대사

2.2.1 지방산 생합성(fatty acid synthesis)

가금을 포함한 모든 생명체에서 포화지방산이 합성되며, 특히 닭에 있어서는 주로 간에서 합성된다. 체내의 지방산은 사료를 통해 섭취된 지방이 직접적으로 축적된 형태이지만, 탄수화물과 단백질로부터도 합성될 수 있다. 지방산의 합성은 주로 세포질(cytosol)에서 주로 일어나며, 주로 지방이 아닌 탄수화물, 아미노산에서 유도된

acetyl-CoA로부터 시작되는데, 조효소와 결합하여 acetyl-CoA를 형성하는 것이다. 하지만 CoA의 특성상 미토콘드리아에서 세포질로 이동하지 못하기 때문에 oxaloacetate와 결합한 citrate 형태로 미토콘드리아막을 통과한다. 그 후 malonyl-CoA로 전변되어 acetyl-CoA와 만나 지방산 합성효소의 작용에 의해 지방산이 합성된다.

7단계의 효소반응에 의해 최종적으로 생성되는 팔미틴산(palmitic acid, C16:0)은 주로 세포질에서 반응하고, 불포화지방산의 사슬 연장(elongation)과 불포화화(desaturation) 반응은 microsome에서 일어난다. 미토콘드리아에서는 C16에서 C24까지 합성하는 효소들에 의해 β-oxidation의 역반응과 유사한 과정을 통해 지방산이 합성된다. 여러 지방합성에 관여하는 효소는 호르몬에 의해 조절되는데, 사료 내 함수 탄소를 조절하여 효소 합성량이 바뀔 수 있다. 산란 개시를 위해 점등자극을 하게 되면 에스트로겐이 분비되고 산란이 지속되는 동안 일정 수준으로 유지되는데, 이때는 에스트로겐의 영향으로 간에서의 지방산 생합성이 몇 십 배 항진되고 난황의 전구물질인 난포의 성숙이 빠르게 일어난다.

2.2.2 중성지방 합성(triglyceride biosynthesis)

가금류의 체내에 축적되어 있는 대부분의 지방인 중성지방은 간이나 지방세포에서 합성된다. 사료를 통해 섭취된 중성지방은 장내의 리파제에 의해서 지방산과 2-monoacylglycerol로 가수분해되고 monoacylglycerol은 융모를 통해 흡수된 후 acyl-CoA에 의해 acylation 되어 중성지방으로 합성된다. 해당작용 중 aldolase에 의해서 생성된 phosphatidic acid가 phosphatidase에 의해 가수분해 되면 diacylglycerol과 무기인산이 된다. 그리고 acylation에 의해 한 번 더 반응하면 중성지방이 된다. 해당과정에서 생성된 글리세롤이 acylation에 의해 위와 같은 반응을 통해 중성지방으로 합성되어진다.

2.2.3 지방산 분해(fatty acid catabolism)

유리지방산은 산화적 에너지원으로 여러 조직에 혈액을 통해 운반된다. 긴 사슬을 가진 지방산의 분해는 카르복실기 말단에서 시작되는 2개의 탄소가 단계별로 제거되면서 진행된다. β-oxidation이라고 하는 카르복실기 말단의 β위치에 있는 탄소에서 이뤄진다. 즉 α와 β 탄소 사이가 분리되어 산화되는 것으로 지방산의 β-oxidation은 acetyl-CoA를 생성하는데 간세포 내의 미토콘드리아에서 acetyl-CoA를 이용하여 케톤체를 합성한다. 케톤체는 acetoacetic acid, β-hydroxybutyric acid, aceton을 말하고, 혈액 내를 자유롭게 이동하며 에너지원으로 이용된다. 하지만 케톤체가 너무 많이 세포 내에 축적되면 케톤증(ketosis)을 유발한다.

2.2.4 중성지방 분해(triglyceride catabolism)

중성지방으로 구성된 지방조직은 계속해서 합성과 분해가 반복되며, 여기서 지방분해는 내분비조절에 의해서 이뤄진다. 지방분해는 epinephrine, isoproterenol, adreno-corticotropin 등과 같은 합성 β-adrenergic agonist를 포함하는 호르몬들에 의해서 자극되어 진행된다. 지방분해는 인슐린에 의해 억제된다.

2.3 단백질 대사

2.3.1 아미노산의 분류

1) 화학적 분류

(1) 지방족 아미노산(aliphatic amino acid)

① Monoamino-monocarboxilic acid

- Glycine(aminoacetic acid) : $C_2H_5NO_2$
- Alanine(α-amino-propionic acid) : $C_3H_7NO_2$
- Valine(α-amino-β-methyl-butyric acid) : $C_5H_{11}NO_2$
- Isoleucine(α-amino-β-methyl-butyric acid) : $C_6H_{13}NO_2$
- Leucine(α-amino-γ-methyl-valeric acid) : $C_6H_{13}NO_2$
- Serine(α-amino-β-hydroxypropionic acid) : $C_3H_7NO_3$
- Threonine(α-amino-β-hydroxybutyric acid) : $C_4H_9NO_3$

② Monoamino-dicarboxylic acid

- Aspartic acid(amino succinic acid) : $C_4H_7NO_4$
- Asparagine(α-amino succinic acid) : $C_4H_8N_2O_3$
- Glutamic acid(α-amino glutaric acid) : $C_5H_9NO_4$
- Glutamine(α-amino glutamic acid) : $C_5H_{10}N_2O_3$

③ Diamino-monocarboxylic acid

- Lysine(α-ε-diamino-caproic acid) : $C_6H_{14}N_2O_2$
- Hydroxylysine(α-ε-diamino-2-hydroxy caproic acid) : $C_6H_{14}N_2O_3$
- Citrulline(α-amino-δ-carbamido caleric acid) : $C_6H_{13}N_3O_3$

- Arginine(α -amino- δ -guanidine-valeric) : $C_6H_{14}N_4O_2$

④ 함유황아미노산(sulfur-containing amino acids)

- Cysteine(α -amino- β -thio-propionic acid) : $C_3H_7NO_2S$
- Cystine(2(α -amino- β -thio-propionic acid) : $C_6H_{12}N_2O_4S_2$
- Methionine(α -amino- γ -methylthio-butyric acid) : $C_5H_{11}NO_2S$

(2) 방향족 아미노산(aromatic amino acid)

① Phenylalanine(α -amino- β -phenyl-propionic acid) : $C_9H_{11}NO_2$

② Tyrosine(α -amino- β -parahydroxyphenyl-propionic acid) : $C_9H_{11}NO_3$

③ 3,5-diiodotyrosine(β -[3,5-diiodo-4-hydrxy]) : $C_5H_{13}Br_2NO_3$

④ 3,5-dibromotyrosine(β -[3,5-dibromo-4-hydroxy]phenylalanine : $C_5H_{13}Br_2NO_3$

(3) 지환식 아미노산(heterocyclic amino acid)

① Tryptophan(1- α -aminoindol-3-propionic acid) : $C_{11}H_{12}N_2O_2$

② Proline(2-pyrolidine-carboxylic acid) : $C_5H_9NO_2$

③ Hydroxyproline(4-hydroxy-2pyrolidine-carboxylic acid) : $C_5H_9NO_3$

④ Histidine(α -amino-4-imidazole-propionic acid) : $C_6H_9N_3O_2$

2) 영양학적 분류

(1) 필수아미노산

① Arginine, Histidine, Leucine, Isoleucine, Lysine, Methionine, Valine, Phenylalanine, Threonine, Tryptophan(3주령 이하의 어린 병아리에서 glycine 또는 serine, proline 포함)

(2) 준필수아미노산

① Cystine, Tyrosine

(3) 비필수아미노산

① Alanine, Aspartic acid, Glutamic acid, Hydroxyproline 등

2.3.2 아미노산 대사

1) 아미노산 합성

사료로 섭취하지 않은 아미노산이나 비필수 아미노산을 아미노기 전이반응을 통해 닭의 체내에서 합성할 수 있다. 아미노기 전이반응이란 아미노산이 아미노기 전이효소(transaminase)를 통해 α-keto acid와 반응하여 아미노기를 옮기는 것을 뜻한다. 주로 TCA 회로의 내에 α-ketoglutarate라는 중간산물이 이용되어 새로운 아미노산이 합성된다. α-keto acid가 없으면 아미노산의 합성이 이뤄지지 않으므로 아미노산 합성을 위해 α-keto acid가 요구된다.

일부 비필수 아미노산의 합성 경로를 살펴보면 알라닌은 피루브산이 NH_3와 결합 환원되어 합성된다. 글루코스 분해과정에서 생기는 중간 생성물인 α-keto acid에 NH_3가 결합되는 amination에 의한 작용이다. 또한 acetyl 유도체 분열, trance-methylation으로 아미노산이 합성된다. 이와 같은 경로들을 통해서 글루타믹산을 통해 프롤린, 하이드록시프롤린, 히스티딘, 오니닌이 합성되고, 피루브신을 통헤 알라닌, 세린, 호모시스테인, 메티오닌, 이소류신이 합성된다.

방향족의 아미노산들은 합성 경로가 매우 복잡한데, 세린 또는 anthranilic acid를 경유하며 α-aminoadipic acid와 α-diaminopimelic이 전구물질로 사용된다. Lysine의 합성 경로는 2가지로 나뉘는데 가금류에서는 α-aminoadipic 경로를 거쳐 물 분자를 잃으면서 2,3-dihydrodipicolinic acid를 형성하고 mesoform으로 변환한 후 탈탄산반응을 거쳐 라이신이 합성된다. 세린과 글리신은 3-phosphoglyseric acid에서 오며 알라닌은 pyruvic acid에서 온다. Oxaloacetate와 α-ketoglutarate는 각각 아스파틱산과 글루타믹산을 합성한다. 시스틴을 합성하기 위해서는 황을 공급받아야 하고 메티오닌이 필요로 하게 된다. 또한 티로신의 hydroxy compound를 합성하기 위해 페닐알라닌이 필요로 한다.

2) 아미노산 분해

(1) 아미노산의 탈아미노 반응

아미노산은 아미노기 전이반응 후에 탈아미노 반응을 통해 분해된다. 일부 아미노산은 아미노기가 산화되어 아미노산이 된 다음 가수분해 되어 탈아미노 반응이 일어난다. 단백질 합성에 이용되지 않는 과잉의 아미노산들은 에너지 생산이나 지방 축적 등 단백질 합성 이외의 다른 용도로 활용되는데 그러기 위해서는 아미노산이 분해되는 과정이 있어야 한다.

이러한 과정은 아미노산 탈수소효소에 의해 아미노기가 암모니아 형태로 제거되고 남은 아미노산은 keto acid로 변화되는 탈아미노 과정을 거친다. 닭은 요소회로(urea cycle) 기능이 없기 때문에 요소에서 생성되는 아르기닌이 합성되지 않아 닭에게는 필수아미노산이라 할 수 있다.

(2) 아미노기 전이반응

탈아미노 반응과 아미노화 반응을 겸한 반응으로 한 개의 아미노산으로부터 α-keto acid의 탄소골격과 아미노기가 형성되며 여기서 분리된 아미노기가 다른 α-keto acid와 결합하여 새로운 아미노산이 되는 일련의 화학반응을 일컫는다. 아미노기 전이반응은 transaminase의 조효소인 pyridoxal phosphate에 대한 의존성 반응이다. Pyridoxal phosphate는 아미노산 대사에서 trasaminase, glutamate decarboxylase, glutamate racemase 등의 조효소로 되어 아미노기 전이반응, 탈탄산 반응, 라세미화 반응에 관여하고 있다.

(3) 아미노산 요구량과 가소화 아미노산

단백질의 요구량은 실제로는 단백질에 함유된 아미노산의 요구량이다. 사료 단백질로부터 얻어진 아미노산은 가금에서 여러 가지 생리적 기능을 담당한다. 예를 들면, 아미노산은 피부, 우모, 골격과 같은 구조적, 보호조직뿐만 아니라 장기와 근육을 포함한 연조직의 주성분이다. 또한 소화, 흡수된 아미노산과 작은 분자의 펩타이드는 다양한 대사기능과 중요한 비단백질 체구성 성분의 전구물질로 이용된다. 사료 아미노산이 부족하면 성장이나 생산이 감소 또는 중단되는데, 이는 중요한 조직의 기능 유지를 위해 생명유지에 덜 필수적인 체조직에서 아미노산이 동원된다.

닭의 아미노산 요구량을 구하는 방법으로 최근에는 ideal protein이라고 하는 이상단백질 개념을 이용한 방식이 많이 사용되고 있다. 아미노산 요구량을 결정하는 기본적인 개념으로 제시된 이상단백질이란 닭에게 필요한 필수아미노산들 간의 최적의 비율을 제시하는 것이다. 이러한 이상단백질 방식에서는 우선 라이신의 요구량을 결정하고 라이신의 요구량을 기준해서 다른 필수아미노산의 요구량을 백분율로 나타나게 된다.

닭의 필수아미노산 요구량과 사료 아미노산 함량을 표현하는 방법은 실험기기 분석을 통해 측정한 화학적 분석 데이터를 그대로 사용하는 것과 소화율을 적용한 가소화 함량으로 나타내는 방법으로 나눌 수 있다. 아미노산 분석기를 통해 측정된 값을 그대로 사용하게 되면 각 개체마다의 아미노산 소화율이 사료마다 달라지기 때문에 실제 닭이 필요로 하는 아미노산의 요구량과는 차이를 나타나게 된다. 반면에 가소화 아미노산 함량을 적용한 사료를 급여하게 되면 닭이 실제로 소화할 수 있는 값이 반영되어 있기 때문에 필요로 하는 요구량에 근접할 수 있다.

소화율을 측정하는 방법에는 여러 가지가 있는데 닭의 경우 총배설강으로 배설된 영양소를 있는 그대로 소화율을 측정한 일반소화율과 사료에서 유래된 영양소만을 측정하기 위해 내생 손실량을 제외시킨 소화율을 측정한 순소화율이 있으며, 순소화율 값이 일반소화율의 값보다 정확도가 높아 순소화율을 값을 많이 사용하며, 가소화 아미노산 요구량도 순소화율 방법으로 구한 값을 사용하고 있다. 사료의 가소화 아미노산 함량을 정확히 파악해야 실제 가금의 아미노산 요구량을 정확히 결정할 수 있는 것이다.

(4) 아미노산 요구량의 변화

가금의 단백질과 아미노산의 요구량은 품종, 생육단계, 생산성 등에 따라 크게 다르다. 칠면조 병아리와 육계는 빠른 성장을 위해 필요량을 충족시키기 위하여 아미노산의 요구량이 높다. 성계 수탉은 산란계보다 체격이 크고 사료 섭취량은 비슷하지만 아미노산 요구량은 낮다. 가금의 체중, 성장속도 및 산란은 유전적으로 결정되기 때문에 아미노산 요구량은 형태, 품종 및 계통에 따라 다르다.

아미노산 요구량에 대한 유전적 차이는 소화율, 영양소 흡수율 및 흡수된 영양소의 대사 효율의 차이에서 기인한다(NRC, 1994). 사료 내 아미노산과 단백질 요구량은 사료 중 백분율 값으로 표시하지만 최대의 생산성을 얻기 위해서는 필요로 하는 아미노산간의 균형 또한 중요하다. 따라서 사료 섭취량에 영향을 주는 요인은 아미노산과 단백질의 섭취량에 영향을 미치며, 궁극적으로 사료 내 이들 영양소 함량에도 영향을 미친다. 즉 사료 내 단백질과 아미노산 함량의 조절은 사료의 에너지 함량의 차이를 고려해야 한다.

환경온도는 가금의 사료 섭취에 영향을 미치기 때문에(Hwwitz, 1980) 온도가 낮을수록 사료 섭취량이 많아지고, 그 반대의 경우 사료섭취량이 감소한다. 사료 내 단백질 함량은 필수아미노산 요구량에 영향을 미칠 수 있는데, 사료 내 단백질 수준이 높아지면 필수아미노산 요구량이 높아진다. 이는 가금 사료에서 필수아미노산과 비필수아미노산 함량의 균형 유지가 필요한 이유이다.

2.4 무기질 대사

2.4.1 나트륨(Na), 칼륨(K) 및 염소(Cl)

1) 전해질 조절

전해질이란 어떤 물질과 융합되거나 용액에 녹을 때 이온으로 해리되는 물질 또는 이온상태의 용해물로써 전기를 전달할 수 있는 능력을 지닌 물질을 말한다. 여러 가지 전해질 중 1가 이온 전해질인 나트륨, 칼륨, 염소는 주로 신장에서 직접 처리되는 반면 2가 이온 전해질인 칼슘, 마그네슘 등은 소화 흡수과정에서 조절된다. 신장에서 직접 배설되는 전해질들이 혈액의 산, 염기 균형에 보다 직접적인 영향을 미칠 가능성이 크다. 따라서 실질적으로 전해질 균형 조절에 중요한 것은 나트륨, 칼륨과 염소이다.

일반적으로 전해질 균형이 필요로 하게 되는데 양이온과 음이온의 균형이 맞아야 한다. 전해질 균형은 (나트륨 + 칼륨 - 염소)의 공식을 써서 사료 중의 mEq/kg으로 나타내고(Mongin, 1980), 대체로 정상적인 생산과 생리기능을 위해 전체적인 이온 균형은 사료 1kg 중 250 mEq가 정상적인 균형이라 할 수 있다. 체내의 항상성 유지를 위한 완충 시스템으로 인해 정상적인 pH에 가깝도록 유지되기 때문에 실제 전해질 불균형은 나타나지 않는다. 즉, 대부분의 경우 닭들은 양이온과 음이온의 균형을 유지시켜 체내 pH가 유지되도록 한다(Hurwitz와 Bar, 1968).

조절 메카니즘이 항상 적절한 세포의 pH와 삼투압을 조절하기 때문에 불균형 자체는 잘 일어나지 않는 것이다. 전해질 균형을 유지하기 위해서는 사료의 배합비에 적절한 양이온과 음이온의 비율을 맞추는 것이 필요하다. 닭 사료에서는 나트륨이나 칼륨의 염산염과 황산염에 대한 균형이 유지되어야 한다. 이것은 사료에 들어있는 염산염이나 황산염이 사료의 산도를 증가시킬 때 특히 중요하다.

육계의 연골 기형은 사료 내 염산염 과잉과 밀접한 관계가 있으며 혈중의 산·염기 평형을 교정해주기 위해 충분한 나트륨·칼륨과 같은 양이온을 사료에 첨가해주면 예방할 수 있다. 따라서 아미노산이 염산염 형태로 들어있는 양계용 정제사료에는 나트륨이나 칼륨은 대략적으로 몰(mole) 농도가 같아야 하며 탄산염이나 초산염과 같은 대사를 하는 음이온을 함유하고 있는 염으로 공급되어야 한다. 나트륨이나 칼륨이 과잉일 때는 염소나 기타 음이온과의 균형을 이루어야 한다.

2) 나트륨, 칼륨 및 염소 요구량

(1) 나트륨(sodium, Na) 요구량

닭이 성장, 번식하는 데 필요로 하는 나트륨 요구량은 닭에서 사료의 약 0.1～0.2% 범위이다(Mongin, 1980). 육계에서 Na : Cl의 가장 좋은 비율은 1 : 1(w/w)이고 분자의 비율로는 1.5 : 1이다. 육계 초기 일령에 가장 증체를 잘 하고 사료 이용률이 효율적으로 되기 위해서는 나트륨이 0.20%, 염소가 0.20%가 필요하다. 육계 후기 이후에는 나트륨은 0.15%, 염소도 0.15%가 최상의 성적을 내는데 적절하다(NRC, 1994).

산란계에 대한 나트륨, 염소 및 칼륨의 사료 내 수준과 혈액의 pH와 HCO_3^-는 Na : Cl의 비율과 관계가 있고 두 가지 이온의 사료 내 수준과는 관계가 없다. 사료 내 염소의 수준이 일정하면 사료 내 NaHCO, Na_2SO_4 및 CH_3COONa와 Na_2HPO_4에 의해 알칼리증이 형성된다. 나트륨의 수준이 일정할 때는 $CaCl_2$, $FeCl_3$, KCl 및 염화콜린에 의해 산성혈증(acidosis)이 생긴다.

(2) 칼륨(potassium, K) 요구량

칼륨 결핍상태의 병아리는 폐사율이 높고 성장이 느리게 된다. 가금 사료에는 0.17%의 칼륨이 들어 있어야 한다. 어린 일령에서 폐사를 예방하기 위해서는 칼륨 함량이 0.16%가 요구되고, 인이 0.6%일 때는 최대성장을 하는데 0.2%의 칼륨이 필요하고, 인이 0.35%일 때는 0.24%의 칼륨이 요구된다. 닭의 칼륨 요구량은 0.23~0.4%이고, 최대 성장을 위해서는 이 부다 더 필요하다. 인 함량이 0.68%인 고에너지 사료를 먹인 닭이 빠르게 성장하는 데 필요한 칼륨의 최소 요구량은 0.3% 정도가 적절하다(Austic과 Calvert, 1981). 성장한 수탉은 칼륨을 절식시켰을 때 칼륨을 유지할 수 있는 생리적 기능이 탁월해지는 경향을 보인다.

칼륨 수준이 정상적인 사료를 섭취한 수탉에 비해 칼륨 수준이 낮은 사료를 먹은 닭은 칼륨의 배설량이 약 10% 정도 낮다. 그런데 칼륨이 전해질 균형을 유지하고, 과잉의 라이신 분해를 촉진하며 스트레스와 싸우는데 중요한 역할을 한다는 관점에서 보면 실제적인 칼륨 요구량은 사료의 0.4%로 정해 놓는 것이 좋다.

(3) 염소(chloride, Cl) 요구량

꿩과 메추리가 적정 성상을 하기 위해서 사료 kg당 480~1,100 mg의 염소가 요구된다. 과거의 연구결과를 보면 병아리의 염소 요구량은 사료 kg당 600 mg을 넘지 않으나, 최근 연구에서는 이 요구량은 너무 낮은 것으로 나타났다. 사료 kg당 염소가 190 mg 들어 있는 정제사료를 병아리에게 먹여서 염소 결핍증을 유발시킨 결과, 병아리 성장률이 저조하였고 폐사율이 높았으며, 혈액 농축, 탈수 및 혈중 염소 수준의 저하 등을 나타내었다(Leach와 Nesheim, 1963).

사료에 kg당 1,200 mg의 염소를 첨가하면 정상적인 성장을 하고 결핍증을 예방할 수 있다. 브롬(676~1,352 mg/kg)을 사료에 첨가하면 신경증세를 제외한 대부분의 염소 결핍증을 예방할 수 있으나, 그 이외의 추가적인 급여는 효과가 나타나지 않는다. 요오드화물(I^-)(537~1,074 mg/kg)는 성장을 억제하고 폐사와 신경증세를 유발함을 볼 때 요오드화물과 염화물(chloride) 사이에는 길항작용이 있음을 짐작할 수 있다.

2.4.2 칼슘(calcium, Ca)

사료 내 칼슘 함량은 골격 형성과 더불어 난각을 구성하는 물질로 중요하며, 혈액 응고와 신경조직의 원활한 기능 유지를 위해 필요하다. 가금에서의 칼슘은 대부분 인산칼슘의 형태로 90% 이상이 뼈에 존재하게 된다. 칼슘과 인 그리고 비타민 D_3의 적절한 공급은 뼈 형성에 필수 조건이다. 체내의 칼슘의 수준은 부갑상선 호르몬(parathyroid hormone)과 칼시토닌(calcitonin)의 조절을 받는다.

혈액 내 칼슘 농도가 떨어지게 되면 부갑상선 호르몬의 작용으로 인해 뼈 칼슘의 혈액으로의 이동과 신장에서의 재흡수를 촉진하고 장에서의 칼슘 흡수 수준도 높여준다. 부갑상선 호르몬은 신장에서의 1,25-dihydroxycholecalciferol(1,25$(OH)_2D_3$)과도 관련이 높으며, 생산 촉진과 흡수를 촉진하게 된다. 칼시토닌은 부갑상선 호르몬과 반대 효과를 가지는데, 뼈로부터의 칼슘 재흡수를 방해하는 작용을 한다.

칼슘은 또한 근육의 마이오신(myosin)과 액틴(actin)의 성분 사이에서 상호작용으로 일어나는 근육의 수축에 중요한 역할을 한다. 세포질의 칼슘 농도가 낮게 나타나면 마이오신과 액틴의 상호작용이 저하된다. 하지만 칼슘의 주된 기능은 바로 뼈와 난각을 형성하는 것이다. 난각은 95% 이상이 탄산칼슘이며 산란계가 난각을 형성하는 시기에는 사료 중의 칼슘 이외에도 뼈에 저장되어 있는 칼슘도 이용하게 된다.

칼슘의 요구량은 산란을 개시하기 직전에 높아진다. 하지만 칼슘과 인의 균형을 무시하여 요구량이 높아지는 시기에 무조건 많이 급여하여서는 안 된다. 칼슘과 인은 서로 밀접한 관련성을 가지고 있으므로 성장단계별, 구간별에 맞는 칼슘과 인 비율을 맞춰주는 것이 중요하다(Roush 등, 1986).

2.4.3 인(phosphorus, P)

인은 뼈를 구성하고 있는 주성분으로서 중요할 뿐만 아니라 대사의 모든 부분에 관여하는 유기 화합물로서도 필수성분이다. 인은 근육의 주성분이고 에너지 대사, 탄수화물과 아미노산 및 지방대사, 신경조직의 대사, 정상적인 혈액 화학, 뼈의 성장 및 지방산과 지방의 수송 등 수없이 많은 역할을 한다. 인산염은 핵산인 DNA와 RNA의 주요 부분이고, 많은 조효소의 구성성분이다. 또한 글루코스나 그 유도체의 인산화염, 기타 당질과 고에너지 화합물인 adenosine의 diphosphate 및 triphosphate, creatine phosphate에서 에너지의 저장과 수송에 관여한다.

혈액 100 ml당 35～45 mg의 인이 들어 있으며 이 중 약 10% 정도만이 무기태 인이다. 혈청 분산성 칼슘과 혈청 무기태 인 사이에는 역의 상관관계가 있다. 인이 부족하거나 사료의 Ca과 P의 비율이 뒤바뀌게 되면 골연화증(osteomalacia)이 생긴다.

둘 중의 하나가 과잉되면 다른 하나를 장내에 침착시킨다. 칼슘이나 인의 결핍증이 심하지 않을 때는 비타민 D_3을 공급해 주면 칼슘이나 인 결핍에 의한 골연화증을 예방하고, 줄여 주거나 치료도 해준다. 이것은 불용성의 인산(beryllium phosphate)이 형성되어 이 물질은 장내에서 인의 흡수를 방지해 주기 때문인 것 같다.

닭에서의 난 생산은 인의 분해 증가와 연관되어 있으며, 산란기간 중에 몸으로부터의 인 소실량은 낳은 계란에 들어있는 양보다 훨씬 많다. 산란계의 인의 요구량은 칼슘의 요구량과 긴밀한 관계에 있다. 초·중기의 산란계의 인의 요구량은 하루에 약 400 mg이며, 산란 말기에 가까워지면 300 mg/day로 떨어지게 된다(Keshavarz, 2000). 인의 수준이 너무 높게 되면 난각의 질이 떨어지게 되는데, 칼슘의 결핍이 유도되는 이유에서 기인한다.

2.4.4 마그네슘(magnesium, Mg)

마그네슘은 가금류에 중요한 양이온으로 클로로필의 porphrine 성분에 있는 킬레이트된 금속이다. 마그네슘은 세포 내에 농축되어 있는데 간, 근육, 신장 및 뇌에는 430~450 mg/kg이 포함되어 있으며, 혈액에는 약 50 mg/L의 마그네슘이 들어있다. 마그네슘은 칼슘과 마찬가지로 혈청 내에서 단백질과 결합되어 있다. 계란에는 약 25mg의 마그네슘이 포함되어 있는데, 마그네슘이 들어있는 주요 부분은 난각이며 부화를 하는 동안 난각의 마그네슘이 배아로 이동하여 이용하게 된다.

산란계 사료에 마그네슘이 부족하면 급격한 산란 감소, 혈중 저마그네슘 증상 및 뼈로부터의 현저한 마그네슘 이탈현상이 나타난다. 또한 마그네슘 결핍은 산란계에 있어서 난중, 난각중 및 난황이나 난각의 마그네슘 함량 저하로 나타난다. 산란계 사료에서 칼슘 함량이 올라가면 마그네슘 결핍증을 더욱 심하게 해준다. 사료 중의 칼슘과 인의 수준이 마그네슘 요구량에 큰 영향을 미치게 된다. 칼슘과 인 둘 중 하나의 수준을 높여도 마그네슘 요구량은 많아지게 된다(Stillmark와 Sunde, 1971). 대부분의 닭의 마그네슘 요구량은 500~600ppm 정도 수준이며, 이는 사료를 통해 공급이 가능하다.

2.4.5 미량 무기질

아연(Zn)은 수많은 효소체계들의 구성성분으로, 효소체계는 번식, 면역반응, 난각 및 난각막 형성, 상피조직의 정상적인 유지 및 단백질과 에너지 대사에 매우 중요하다. 아연은 carbonic anhydrase의 필수성분으로 난각의 대부분을 차지하는 탄산염의 합성에 중요한 역할을 한다(Kang 등, 1996). 또한 망간(Mn)도 단백질, 에너지, 핵산과 면역반응에 관여하며 특히 칼슘대사의 효소활성제로 중요하기 때문에 난각질과 난각 강도에 영향을 미친다.

구리(Cu)는 철의 대사작용, 적혈구의 성장 및 면역반응에서 매우 중요한 역할을 하는데, 난각막 합성에 필요한 효소 라이실 옥시다제(lysyl oxidase)의 구성성분으로서 계란 생산을 위하여 매우 중요하다. 아연, 망간 및 구리의 균형을 적당한 상태로 유지시키는 것은 계란 생산을 최대화시키는데 필수적이다. 이처럼 아연, 망간 및 구리는 난각질을 유지하는데 중요한 역할을 한다. 난각질에 있어서의 문제점은 산란 후반기에 가서 계란의 크기가 증가하고 난각 형성에 필요한 무기질의 저장성이 감소한다는 것이다.

2.5 비타민 대사

일반 원료사료에는 여러 종류의 비타민이 적지 않게 들어 있지만 그 이용성 등이 불확실하여 프리믹스의 형태로 비타민을 적절히 공급해 줄 필요가 있다. 비타민의 요구량은 최대 성장을 위해 필요한 양 보다 특정 조직의 발달이나 기능의 최적화를 위해 필요한 양이 더 많을 수 있다. 예를 들어 뼈 발달에 필요한 비타민 D_3 요구량은 최대의 성장을 위해 필요한 양보다 더 많으며, 면역기능을 위한 비타민 E 요구량이나 다리의 마비 방지를 위한 비타민 B_2 요구량도 마찬가지이다.

2.5.1 지용성 비타민

1) 비타민 A

비타민 A는 망막 내에 빛에 반응·감지하는 시색소 물질인 로돕신(rhodopsin)의 성분으로서 중요하여 망막(retina)과 연관지어 레티놀(retinol)이라 부른다. 레티놀은 소장점막 세포로 흡수된 후 다시 레티닐 에스테르(retinyl ester)로 되어 킬로미크론 내의 매우 작은 지방입자로 들어가서 결국 림프계와 순환계를 통하여 체내 저장고인 간으로 간다. 비타민 A 전구물질인 카로틴은 그대로 흡수되기도 하지만 일부는 흡수 전에 소장 내 효소에 의하여 레티놀로 분해된다. 흡수된 카로틴의 1/2이 효소에 의하여 레티닐을 거쳐 레티놀로 전환되며, 대부분의 레티놀은 간으로 운반되어 저장된다.

비타민 A와 카로틴 흡수가 잘 되려면 지방과 담즙염이 필요하다. 담즙은 지방의 유화를 도와줌으로써 흡수를 촉진시키므로 장기에서 지방섭취불량이나 담즙불량이나 담즙분비에 장애가 있을 때에는 비타민 A와 카로틴 흡수에 지장을 초래한다. 또한 비타민 E와 같은 항산화제가 있으면 비타민 A의 산화를 방지하여 흡수를 높일 수 있다. 체내에 저장된 비타민 A의 90%는 간에 들어 있으며 나머지는 신장, 폐, 부신, 지방조직에 존재한다(Austic과 Scott, 1991).

콕시듐증은 소화기 내에서 비타민 A를 파괴할 뿐 아니라 장벽의 미세융모를 손상시키며, 따라서 비타민 A 흡수량이 줄어들게 되는 동시에 닭이 5~6일 이상 사료 섭취를 하지 못하게 하는 원인도 된다. 초생추 사료에 고농도의 비타민 A를 넣어주는 것이 바람직하기도 하며 또한 종계 사료에도 비타민 A를 충분히 넣어주어서 새로 태어난 병아리의 간에 충분한 양의 비타민 A를 지니고 태어날 수 있도록 해주어야 한다. Xanthophill, zeaxanthophill과 cryptoxsanthin은 닭에 있어서 비타민 A의 활성을 가지고 있으며 상업적인 요구를 위해 사료 내 카로티노이드 수준을 고려하기도 한다.

2) 비타민 D

가금에서는 식물성 원료 유래의 비타민 D_2에 비해 동물성 원료에서 유래하는 비타민 D_3의 활성이 7~30배 높은 것으로 알려져 있다. 섭취된 비타민 D_3(cholecalciferol)는 장관, 주로 십이지장에서 흡수된다. 비타민 A와 마찬가지로 흡수되는 데는 지방이나 담즙염이 있으면 수월하게 되며 따라서 비타민 D 흡수는 미셀 형성과 관계가 깊으며 담즙이 없으면 흡수가 저조하다.

닭에서 방사선를 처리한 비타민 D_3을 경구 투여하면 24시간 이내에 온 몸 조직에서 radioactivity를 관찰할 수 있으며 소장 벽, 간, 신장, 부신, 비장, 담낭, 및 혈장에서의 농도가 가장 높다. 근육 췌장, 뼈 및 피부에서의 비타민 D_3는 상대적 농도는 낮으나, 이들 조직에 있는 총량은 간에 있는 것 보다 더 많다.

최근 연구 자료에서는 이 중에서 다량이 혈류의 킬로미크론 분획에 의해 수송된다고 하였으며, 비타민 D_3 자체보다는 대사물 중의 하나가 닭에서 계란으로 옮아간다고 했다. 또한 비타민 D는 면역세포 기능을 조절하는 역할을 하는데 비타민 D_3의 결핍이 비록 체액성 면역(humoral immunity) 체계에 영향을 미치지 못하더라도 세포내 면역반응을 감소시킬 수 있다. 비타민 D는 장내에서 칼슘의 흡수를 촉진시키며 phytic acid로부터 인을 유리시킴으로써 인의 흡수에 영향을 준다고 알려져 있다. $1,25(OH)_2D_3$에 대한 반응으로 특정 RNA들이 핵에서 만들어지며, 이들은 리보좀에 의해 translated 되어 특정 단백질로 된다. 장내 세포에는 여러 가지 단백질이 있는데 이들이 생산되는데는 비타민 D에 의존하는 것들이 몇 가지 있으며, 이들 중에 대부분 calcium binding protein(CaBP)이다.

칼슘은 장에서 흡수되어서 점막 세포로 들어가는데, 수송수단은 능동수송 체계도 있고 촉진확산(facilitated diffusion)에 의해 작동되는데 이런 메카니즘은 모두 비타민 D의 지배를 받는다. 칼슘은 점막세포로부터 능동수송 과정에 의해 펌프 되어 나오며 칼슘 의존형 ATPase는 점막세포의 브러시 보더나 basal membranes에 존재한다.

인의 흡수도 마찬가지로 능동수송 과정을 거치는 것 같은데 이것은 나트륨 이온 의존도가 높다. 나트륨이 세포내로 들어가 농도 기울기가 떨어지면 인산염이 같은 방향으로 수송되는데 필요한 에너지를 공급해 주며 나트륨 농도 기울기는 나트륨 펌프에 의해 유지되며 이것이 세포 외부의 나트륨 농도를 낮게 유지해 준다. 종계에 있어 비타민 D_3 공급은 부화율 향상뿐만 아니라 병아리의 칼슘영양에도 중요하다.

병아리는 2주가 될 때까지는 효소인 cholecalciferol-25-hydroxylase를 적량을 합성하지 못한다고 했으며 따라서 비타민 D가 결핍된 어미 닭이 낳은 알에서 부화된 병아리는 잘 자라지도 못하고 설사 초생추 사료에 비타민 D_3가 많이 들어 있어도 구루병 증세가 나타나는 수가 있다. 이와 유사한 비타민 D 결핍 병아리에 25-hydroxy-cholecalciferol(25-OH-D_3)을 급여하면 비타민 D_3을 충분히 먹은 어미 닭의 종란에서 부화한 병아리와 마찬가지로 성장이나 발달이 정상적으로 되며, 처음 2주간은 초생추 사료에 비타민 D_3를 빼도 잘 자란다.

비타민 A와 D_3, E와 D_3 사이에는 경쟁적 상호작용이 있다. 적절한 비타민 D_3와 높은 수준의 비타민 A를 포함한 사료를 공급하면 저칼슘혈증(hypocalcimia)과 구루병이 발견된다. 닭이 권장 수준의 칼슘과 인이 들어 있는 사료를 먹고 빛은 받지 못하는 상태에 있을 때에도 정상적인 성장, 칼슘침착(calcification), 생산 및 번식을 하는데 충분한 필요량이다. 칼슘 대 인의 비율이 적정 범위인 2 : 1 보다 넓어지거나 좁혀지게 되면 비타민 D 요구량은 올라간다.

3) 비타민 E

열과 산에는 안정하나 공기중의 산소와 결합하여 산화되기 쉬우며, 특히 자외선에 의해 분해되어져 비타민 E 작용을 상실한다. 소장에서 흡수될 때 담즙을 필요로 하며 림프계를 통하여 혈관계로 들어간다. 혈액에 들어 있는 비타민 E 형태는 주로 α-토코페롤로서 전체 혈액 토코페롤 중의 약 83%를 차지한다. 비타민 E는 주로 지방조직에 저장되지만 간과 근육에도 약간 들어 있다. 일반적으로 비타민 E 흡수율은 20~25% 인데 섭취량이 높아지면 흡수율은 낮아진다.

비타민 E의 요구량은 닭의 상태 및 사양조건에 따라 다르기 때문에 요구량을 명시하는 것은 큰 의미가 없다. 그러나 다가불포화지방산(PUFA)을 다량 섭취하면 산화적 스트레스에 예민해지며 뇌연화증의 가능성이 높아지는데, 대기중 오존 농도의 증가, 산패된 지방 섭취와 중쇄(medium chain) 지방산의 섭취 증가에 의해 비타민 E 결핍이 더 심해질 수 있다.

4) 비타민 K

지용성이고 산화, 알칼리, 산, 광선에 의하여 쉽게 파괴되나 열, 습기에는 비교적 안정한 퀴논(quinone) 계열에 속한다. 다른 지용성 비타민과 같이 담즙의 도움을 받아 주로 소장의 윗부분에서 흡수되나 메나디온(menadion)과 같은 합성비타민 K의 염 형태들은 수용성이므로 담즙의 도움 없이 흡수한다. 비타민 K의 종류에 따라 흡수부위와 방법이 다른데 필로퀴논(phylloquinone)은 소장하부와 대장에서 수동과정에 의해 흡수되며 보통은 섭취량의 30% 정도 흡수된다.

흡수된 후 간으로 가서 프로트롬빈(prothrombin)을 형성하고, 혈액응고와 관련 있는 몇 가지 단백질을 합성하게 된다. 체내 저장량은 극히 적으며 피부, 근육, 신장, 심장에 소량 존재한다. 성계에서는 장내세균이 어느 정도 비타민 K를 합성하므로 심각한 결핍 증상은 거의 없으며, 계란 난황에도 비타민 K가 잘 이행된다. 계란으로 이행된 비타민 K의 함량이 적으면 부화율 저하나 어린 병아리에서의 출혈 증상이 나타난다. 자연계에는 항비타민 K 물질들이 존재하며 이들은 항응고 작용을 하는데, 항미생물제(antimicrobials) 중의 하나인 sulfaquinoxaline을 0.1% 첨가하면 병아리의 비타민 K 요구량이 4~7배 더 많아져 장내 미생물이 충분히 발달하지 않은 어린 병아리에서 항미생물제의 사용 시 특히 주의할 필요가 있다.

2.5.2 수용성 비타민

1) 비타민 B_1(thiamine)

비타민 B_1은 소장에서 흡수되어 적당량을 흡수하면 능동적 운반에 의하여 완전흡수가 된다. 장의 점막세포에서 바로 인산화 반응을 일으켜 활성 소효소 형태(thiamine pyrophosphate, TPP)로 전환되면 간문맥을 통하여 간으로 운반된다. 비타민 B_1을 섭취하지 않을 때는 각 조직의 비타민 B_1 수준이 빠르게 감소되므로 매일 섭취하게 하는 것이 중요하다. 비타민 B_1을 과량 섭취했을 때는 소변으로 배설된다. 식욕에 대하여 가장 뚜렷하게 영향을 보이는 영양소로 비타민 B_1이 부족하게 되면 탄수화물 사료의 섭취가 감소하게 된다. 또한 체중감소, 각약증 등을 유발하고 전형적인 신경성 증상을 일으킨다.

2) 비타민 B_2(riboflavin)

비타민 B_2는 세포 대사과정들, 에너지 대사, 지방 케톤체, 탄수화물 및 단백질의 대사에 중심적인 역할을 한다. 비타민 B_2은 소장상부에서 흡수되어 인산화반응을 일으켜 보조효소인 flavin mononuncleotide(FMN)를 형성한 다음 문맥을 통하여 간으로

운반된다. 간에서는 ATP와 작용하여 보조효소인 flavin adenine dinucleotide(FAD)로 전환된다. 간, 신장, 심장이 다른 기관에 비하여 비교적 많은 양을 저장하고 있다. 비타민 B_2은 주로 소변을 통해 배설되며, 대변을 통해 배설되는 것은 흡수되지 않은 식품 중의 비타민 B_2이다.

3) 나이아신(niacin)

소장 내 나이아신 농도가 높으면 소장상부에서 수동적 확산기작에 의하여 흡수된 후 문맥을 거쳐 간으로 가서 NAD, NADP로 전환되고 세포내 여러 가지 효소반응에 조효소로 이용된다. 극히 소량이 체내에 저장되며 과잉으로 섭취된 것은 소변으로 배설된다. 나이아신은 아미노산인 트립토판으로부터 합성할 수 있는 대상의 특성을 가지고 있는데 이때 비타민 B_1, 비타민 B_2, 비타민 B_6 등이 필요하다. 인체 대상 실험에 의하면 약 60mg의 트립토판이 1mg의 나이아신으로 전환된다고 한다(Klasing, 1998). 나이아신이 결핍되면 피부염이 발생하고 볏이나 다리 등에 부스럼 껍질이 많아지거나 혀나 구강에 적색 염증을 일으킨다.

4) 비타민 B_6(pyridoxine)

비타민 B_6는 흰쥐의 항 피부병 인자로써 1943년 GyÖrgy가 효모에 있는 어떤 물질이 쥐의 피부장애를 방지한다는 것을 발견하고 이것을 비타민 B_6라고 명명하였다. 비타민 B_6는 소장상부에서 쉽게 흡수된 후 바로 pyridoxal phosphate(PLP)로 전환된다. 혈액 중에는 피리독살(pyridoxal)과 PLP로 존재하며, 간에서는 비타민 B_6의 상호전환이 일어난다. 비타민 B_6는 대부분의 동물조직에 분포되어 있으나 특별한 저장고는 없고 간에서의 농도가 가장 높다. 비타민 B_6는 생물활성이 없는 pyridoxic acid로 전환되어 소변을 통해 배설된다. 계란의 비타민 B_6 농도는 섭취량에 따라 다르며, 산란율 유지에 필요한 요구량은 부화 시 필요한 요구량의 절반 정도이다. 사료 내에 단백질 함량이 높아지면 비타민 B_6 요구량도 높아진다.

5) 판토텐산(pantothenic acid)

판토텐산은 비타민 B_5라고도 불리며, 가금에서 단백질, 탄수화물 및 지방의 합성과 대사에 필요하다. 판토텐산은 소장의 점막을 통하여 흡수되어 문맥으로 들어간다. 체내 대부분의 판토텐산은 조효소 A(coenzyme A)를 합성하는데 사용된다. 판토텐산은 모든 조직에 들어있고 간, 콩팥, 부신, 뇌, 심장 등에 비교적 많이 들어 있다. 병아리와 종계에서 판토텐산의 요구량이 높다. 종계에서 산란 요구량보다 부화에 더 많은 양이 필요하고, 결핍 시 배자 사망이 높아지고, 부화한 병아리의 활력이 떨어진다.

6) 엽산(folic acid, folacin)

엽산은 비타민 B_9 또는 비타민 M으로 알려져 있다. 소장상부에서 능동적 운반에 의하여 흡수되어지며 흡수되기 직전에 소장점막에 존재하는 folate conjugase에 의해 glutamate 잔기가 가수분해 되어 단 하나의 monoglutamate 형태로 되어야 흡수가 되며 glutamate 잔기가 많이 달린 엽산은 소화 흡수율이 떨어진다. 흡수된 후 엽산결합단백질(folate binding protein)과 결합하여 수송되며 메틸기가 첨가되어 간에 저장되므로 이 물질은 신체의 모든 세포에서 발견되지만 간의 함량이 총 신체 저장량의 약 반을 함유하고 있다. 엽산의 대사물질은 소변으로 배설된다. 사료 내에 엽산이 충분히 함유되어 있으며 성장 시 요구량이 낮아진다. 결핍 시에는 각약증, 목 근육 마비 등을 일으킬 수 있다.

7) 비타민 B_{12}(cyanocobalamin)

비타민 B_{12}은 어분 등의 동물성 원료에 많이 함유되어 있으나 식물성 원료에는 함유량이 거의 없다. 동물성 원료에 함유된 비타민 B_{12}는 이용성이 높다. 비타민 B_{12}가 흡수되려면 칼슘과 내인성 인자(intrinsic factor, IF)가 필요하다. IF는 위장점막의 세포에서 분비되는 당단백질(mucoprotein)로 비타민 B_{12}는 내인성 인자와 결합(B_{12}-IF complex)을 한 후에야 소장의 끝 부분인 회장에서 비타민 B_{12}의 수용체와 결합한다. 이때 칼슘이 결합하여 복합체를 형성한 후 비타민 B_{12}가 소장 세포내로 흡수된다. 소장 점막으로 흡수된 비타민 B_{12}는 운반단백질인 transcobalamine과 결합하여 각 조직으로 운반된다.

비타민 B_{12}는 다른 수용성 비타민과는 달리 간에 상당량 저장되는데 저장능력 이상으로 섭취된 비타민 B_{12}는 담즙과 신장을 통하여 배설된다. 철분과 비타민 B_{12}가 결핍된 경우, 위염이 있는 경우, 유전적으로 내재인자가 결핍된 경우에는 비타민 B_{12}의 흡수가 저하되며, 또한 연령이 증가할수록 비타민 B_{12} 흡수율이 감소된다.

8) 바이오틴(biotin)

바이오틴은 장관에서 흡수되어 문맥으로 들어간다. 그러나 바이오틴이 계란 난백 속에 들어 있는 아비딘(avidin)이라는 물질과 결합하여 복합체를 만든다. 바이오틴의 배설은 신장과 대변을 통하여 이루어지며 많은 경우에 섭취량보다 배설량이 많다고 보고하였는데 이러한 사실은 장내 박테리아에 의하여 합성된 바이오틴의 양이 많음을 나타낸다. 산패가 진행된 지방을 섭취하게 되면 바이오틴의 활성이 저하될 수 있다(Leeson과 Surmmers, 2001).

9) 콜린(choline)

콜린은 생물체내에서 독자적으로 존재하는 것은 소량이고 대부분은 콜린을 함유한 복합체인 레시틴(lecithin, phosphatidylcholine)과 같은 인지질(phospholipid) 형태로 존재하거나 아세틸콜린(acetylcholine)과 같은 생체 내 생리적 기능성 물질의 구성성분으로 존재한다. 콜린은 또한 메틸기를 함유하는 각종 생리물질의 대사 및 생합성에 필요한 메틸기 공여체로서 즉 생체 내에서 메틸기 함유 또는 전이에 관련된 영양소 및 대사산물인 비테인, 글리신, 시스테인, 세린, 메티오닌 등의 생합성 및 대사에 관련한 생리적 기능을 수행한다.

① 세포막 구성 : 콜린을 함유한 인지질은 또한 세포막 내에 들어 있는 단백질이나 탄수화물을 붙잡아 고정시키며 세포막의 이온화에 관여한다.

② 항지방간인자(lipotropic factor) : 간 내 지방이 분해되거나 타 조직으로 이송되지 못하고 과다하게 축적되는 지방간을 막는데 콜린이 핵심 역할을 담당한다. 따라서 콜린이 결핍되면 간 내에 중성지방이 축적되며 혈액 내 중성지방은 감소하고 혈청 내 지방산의 양이 증가하는데, 이는 중성지방이 아포단백질(apolipoprotein)과 결합하는데 이상이 생기는 것으로 추측된다(Mookerjea, 1971)

③ 신경계 신호전달(neurotransmission) : 신호전달에 필요한 물질인 아세틸콜린이 체내에서 합성되기 위해서는 콜린이 필요하다.

④ 메틸기 공여(methyl donor) : 동물체내에서 각종 생화학 반응을 정상적으로 유지하기 위해서는 메틸기가 필요하다.

⑤ 생리조절 기능 : 콜린이 함유된 각종 대사물질이 호르몬이나 세포전달 물질로 작용한다는 연구보고가 최근 속속 발표되고 있다(Simon, 1999).

동물 체내의 콜린 생합성은 간 세포 내 미립체(microsome)의 에타놀아민(ethanolamine)이 메틸화하여 이루어진다. 그러나 병아리나 돼지새끼와 같이 어린 동물에 있어서는 콜린 생합성 속도가 체내에서 필요로 하는 요구량에 비해 턱없이 부족하므로 사료로 콜린이 공급되지 않으면 콜린 결핍증에 걸리기 쉽다. 물론 가축이 성장함에 따라 콜린 생합성 속도가 증가하지만 생산성이 높은 산란이나 비유기의 가축에게는 합성양이 충분치 못하여 사료로서 급여되어야만 가축의 유전적 생산능력을 충분히 발휘할 수 있다.

시냅스 전

$$\text{Acetyl-CoA} + \text{Choline} \xrightarrow[]{\text{Choline Acetylase}} \text{Acetylcholine} + \text{CoA-SH}$$

시냅스 후

$$\text{Acetylcholine} \xrightarrow[]{\text{Cholinesterase}} \text{Acetate} + \text{Choline}$$

그림 3-1. 신경기능으로서의 콜린

사료나 음식으로 섭취된 콜린 가운데 2/3 가량은 장내 미생물에 의하여 트리메틸아민(trimethylamine, TMA)으로 분해되어 분이나 뇨를 통해서 배설되고, 나머지 1/3 가량이 콜린으로 흡수되며 콜린 섭취로부터 뇨중 TMA로 배설되기까지는 6~12시간이 소요된다(Machlin, 1984). 미생물의 콜린 분해에서 발생하는 TMA는 어취를 풍기며 장으로부터 흡수된 TMA가 체내에서 곧바로 분해되지 못하고 계란 내로 전이되면 비린내를 지닌 계란이 생산되어 계란의 질을 떨어뜨린다.

갈색란을 생산하는 산란계 품종 가운데는 TMA를 산화시키는 효소가 체내에 만들어지지 않아서 어취를 풍기는 계란을 생산하는 것들도 있다. 섭취된 콜린은 매우 복잡한 대사과정을 거치면서 메티오닌이나 다른 메틸기 함유 화합물로 상호 전환하게 된다(그림 3-2).

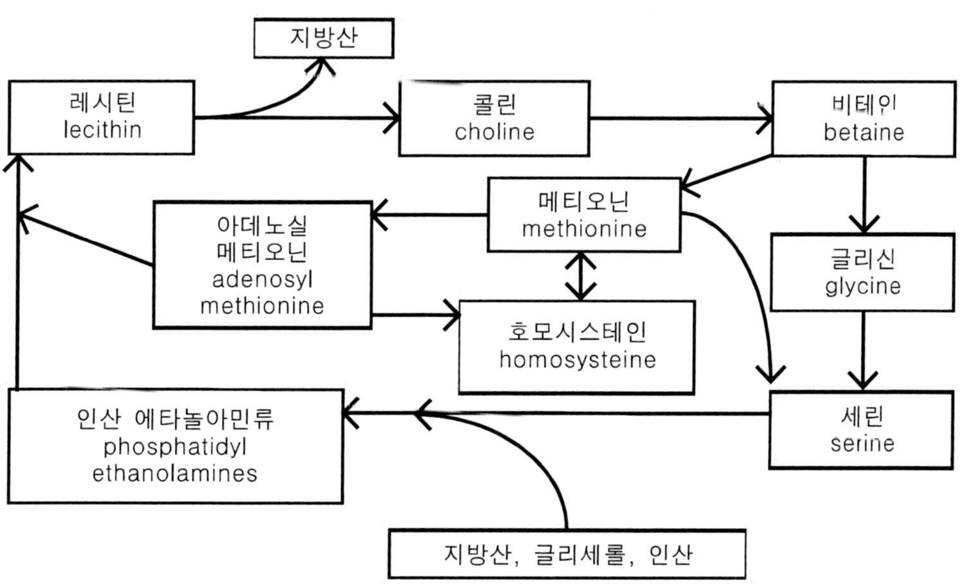

그림 3-2. 콜린, 비테인, 인지질 및 아미노산 상호관계

콜린이 결핍되면 성장 저하, 각약증(perosis), 지방간, 산란율 저하, 난중 감소, 복부 지방과다 축적 등의 증세로 나타난다. 특히 산란계의 경우 지방간으로 인하여 산란 저하, 난중 감소, 복강지방 축적과 함께 폐사율이 증가한다. 또한 콜린대사에 영향을 미치는 메티오닌, 엽산, 비타민 B_{12} 수준에 따라 요구량이 달라질 수도 있다. 그리고 NRC(1994)에 의한 콜린 요구량들은 수십 년 전에 연구된 오래된 자료를 근거로 만들어졌고, 그 후 닭의 생산능력에 많은 향상이 이루어졌으며, 사양기술이나 환경 또한 많은 변화가 있었기에 그에 적합한 요구량의 설정이 필요하다.

콜린은 어분, 육분, 대두박 등과 같이 단백질 함량이 높은 사료 원료에 널리 분포되어 있으나 곡류에는 콜린 함량이 낮은 편이다. 그리고 사료 원료의 원산지나 분석 기관에 따라 차이가 크다(표 3-1). 뿐만 아니라 식물성 사료 원료 내 콜린은 생체이용률, 즉 생물가가 낮다. 미국 일리노이 주립대학의 Baker 교수 연구팀이 닭을 대상으로 대두박 내 콜린의 생물가를 조사한 바에 의하면 대두박 콜린의 생화학적 이용률이 60~70%, 채종박은 24%로 매우 낮았고, 땅콩박은 이보다 높은 76%를 보였다(Emmert와 Baker, 1997). 그리고 어린 닭에서 콜린의 분해는 수용성 다당류를 비교적 높게 함유한 사료 내 원료(보리와 밀)에 의해 크게 영향을 받을 수 있다.

10) 비타민 C

동물의 필수 영양소인 비타민 C는 뼈나 연골조직의 콜라겐 섬유의 합성과 유지, 그리고 페닐알라닌이나 티로신 대사에 관여한다. 비타민 C는 소장점막으로부터 쉽게

표 3-1. 조사기관에 따른 원료 사료 내 콜린함량 차이(mg/kg)

<table>
<tr><th>원 료</th><th>분석결과</th><th>NRC (1994)</th><th>INRA (2002)</th><th>Feedstuffs</th><th>NRC값 / 분석값</th></tr>
<tr><td>옥수수(미국산)</td><td>631</td><td rowspan="2">620</td><td rowspan="2">500</td><td rowspan="2">440</td><td>0.98</td></tr>
<tr><td>옥수수(남미산)</td><td>578</td><td>1.07</td></tr>
<tr><td>소 맥</td><td>775</td><td>1,002</td><td>800</td><td>778</td><td>1.29</td></tr>
<tr><td>대두박(국산)</td><td>2,044</td><td>2,731</td><td rowspan="2">2840</td><td rowspan="2">2743</td><td>1.33</td></tr>
<tr><td>대두박(남미산)</td><td>1,913</td><td>2,794</td><td>1.46</td></tr>
<tr><td>옥글루텐밀</td><td>434</td><td>330</td><td>400</td><td></td><td>0.76</td></tr>
<tr><td>우모분</td><td>516</td><td>891</td><td>900</td><td>880</td><td>1.72</td></tr>
</table>

흡수되어 문맥을 통해 간으로 가서 전신의 조직으로 분포된다. 그러므로 대부분의 조직에서 비타민 C가 발견되나 부신, 안구의 수정체, 뇌하수체, 뇌, 비장, 췌장 등에 많은 양이 함유되어 있다. 체내 저장량은 체중 1kg당 약 200 mg이 되며, 혈청 100 ㎖당 비타민 C 양이 0.6 mg이면 조직내 비타민 C가 포화상태를 의미한다.

비타민 C는 신장을 통하여 배설되며 배설되는 형태는 비타민 C 자체와 옥살산(oxalic acid) 또는 아스코르브산 황산염(ascorbic acid sulfate) 등의 대사산물로 이루어져 있다. 가금에서 요구되는 비타민 C를 충분히 합성하지 못하기 때문에 사료 첨가제 형태를 통해 많이 공급하고 있다. 비타민 C는 환경온도가 높아지면 합성량이 떨어지기 때문에 고온 환경에서 공급하면 산란율 및 난각질 향상, 스트레스 완화와 면역력 향상에 효과적이다(Kutlu와 Forbes, 1993).

2.6 영양장애

각종 가축의 생산성을 향상시키기 위해서는 필요한 영양소를 사양표준에 맞추어 급여하여야 하나, 어떤 원인으로 특정 영양소의 공급이 장기적으로 부족하게 되면 결핍증상이 나타난다. 영양장애는 가축에 급여하는 사료에 영양소가 결핍되었을 때 발생하거나, 또는 사료 중에 적당한 양의 영양소가 들어 있어도 가축의 질병 등의 이유로 소화, 흡수가 적절하게 이루어지지 못하는 경우에도 발생한다. 닭의 영양장애 현상은 일반적으로 성장율 감퇴, 식욕부진, 우모 발생부진, 허약 등의 공통적인 증상을 나타낸다. 대표적인 영양성 질병과 주요 증상은 표 3-2와 같다.

2.7 물

2.7.1 물의 필요량

물의 필요량은 닭의 나이(체중)와 환경온도에 의해 크게 좌우된다. 보통의 온도 조건에서 물의 절대 섭취량은 나이에 따라 증가하나 단위 체중 당 섭취량은 나이에 따라 감소한다. 육계(21일령 까지)의 물 필요량은 공식(9.73 + 6.124 × 일령)에 의해 계산할 수 있다(Brake 등, 1992). 물의 섭취와 사료 섭취량은 매우 밀접한 관계가 있다(Marks, 1987).

물 섭취의 제한이 사료섭취량의 감소를 초래하며, 사료섭취량에 영향을 미치는 요인들이 물의 섭취량에도 영향을 미칠 수 있어 사료섭취량이 증가하면 물의 섭취량도

표 3-2. 주요 영양성 질병

질병명	결핍 원인	주요 증상
구루병	비타민 D 부족 비타민 D와 칼슘, 인의 불균형	보행불량, 식용부진
뇌연화증	비타민 E 부족	보행불량, 소뇌에 암적색의 부분이 산재
삼출성 소질	비타민 E와 Se 부족	피하에 장액이 고임
근육위축증	비타민 E와 함유황아미노산 부족	근육의 변성
건이탈증	망간, 콜린 부족	골 형성의 이상, 건의 이탈
출혈성 증후군	비타민 K 부족	피하, 근육, 복강 등의 출혈 혈액중의 과립구 소실

(한국가축사양표준-가금, 2002)

같이 증가한다(Marks와 Pesti, 1984). 펠렛사료 급여 시에도 물 섭취량이 증가한다. 그러나 고온 스트레스의 조건에서는 사료섭취량이 감소하지만 물 섭취량은 오히려 증가한다. 24℃에서 육계는 하루에 체중의 약 4%에 해당하는 물을 섭취하지만 35℃에서는 체중의 6%에 해당하는 양을 섭취한다. 닭의 품종별, 나이별로 환경온도 24℃와 32℃에서 물의 평균적인 섭취량은 표 3-3에 나타낸 바와 같다.

일반적으로 계사의 급수 온도는 실온과 비슷한 수준이다. 그러나 환경온도가 높을 때 저온의 음수를 공급하면 사료 섭취량이 증가하며 산란율도 개선되었다는 보고가 있어 혹서기에 적용해볼 만한 방법이라고 생각된다(Leeson과 Summers, 2005).

2.7.2 사료 수분함량에 의한 함량 변화

사료의 영양소 함량은 일반적으로 풍건물 함량 기준으로 표현되고 있으나 어떤 성분표에서는 건물기준으로 표현하기도 한다. 사료 내 수분함량의 차이에 따라 영양소의 농도가 달라진다. 예를 들어 일반 곡물사료의 경우 풍건물 상태에서 수분함량이 11~13% 정도까지 되며, 이를 건물함량 기준으로 환산하면 모든 영양소 함량이 그만큼 더 증가하게 된다. 영양소 함량은 건물 기준으로 표현하는 것이 가장 변화가 적은 정확한 방법이다. 하지만 일반적인 조건하에서 사료나 어떤 분석 시료를 건물 상태로 유지하는 것은 불가능하므로 이를 풍건물 상태로 만들어 이용하게 된다.

표 3-3. 닭의 하루당 물 평균 필요량(liter / 1,000수 기준)

닭 용도별	나 이	섭씨 20℃	섭씨 32℃
산란계 중추	4주령 12주령 18주령	50 115 10	75 180 200
산란계	산란율 50% 산란율 90%	150 180	250 300
휴산계		120	200
육용종계 중추	4주령 12주령 18주령	75 140 180	120 220 300
육용종계	산란율 50% 산란율 90%	180 210	300 360
육 계	1주령 3주령 6주령	24 100 240	40 190 500

풍건물 상태의 사료는 관행적인 저장, 취급 조건에서 수분함량이 비교적 일정하게 유지되는 장점이 있다. 영양성분표를 사용할 때 풍건물과 건물의 두 가지 조건에서 영양소 함량을 서로 전환하는 계산 방법을 이해할 필요가 있다. 예를 들어 황색 옥수수에 건물기준으로 단백질이 9.5% 함유되어 있는데 이를 수분함량 12%의 풍건물(건물 함량 88%) 기준으로 환산하면,

X = (9.5 × 88) ÷ 100 = 8.36%가 된다.

반대로 풍건물 상태에서 조지방 함량이 3.5%인 것을 건물기준으로 환산하면,

X = (3.5 ÷ 88) × 100 = 3.98%가 된다.

3. 영양과 면역

3.1 현대 가금 사양과 면역

양계는 물론 오리나 칠면조와 같은 가금류 사육이 점차 대형화, 집약화, 기계화 됨

에 따라 각 개체들은 질병에 대한 저항력 즉 면역력이 저하되고 질병 감염으로 인하여 단위 생산 당 농장 수익성은 저하되고 있다(그림 3-3). 즉 현대 가금산업의 특성상 개체가 받는 환경스트레스는 높아져 가고 개별 관리는 어려우며 면역기능이 저하된다. 게다가 빠른 교통수단의 발달과 레저 문화의 발달로 사람들의 왕래가 빈번하고 철새나 야생동물의 서식지에 사람들의 발길이 잦아짐에 따라 새로운 질병들이 빠르게 확산되고 있다. 그 결과 개체별 체질, 면역력 및 질병 저항력이 감소된 상태에서 질병에 노출된 가금류들은 전보다 더 쉽게 질병에 감염되어 농장 수익의 감소로 이어질 수 있다.

최근 세계적으로 닭과 오리 등 가금류에 많은 피해를 주고 있는 고병원성 가금인플루엔자(highly pathogenic avian influenza, HPAI)와 같은 바이러스성 전염병은 가금산업은 물론 인체에도 교차감염을 일으켜 국가적 재난으로까지 여겨진다. 바이러스 변종에 의한 새로운 질병 발생을 막기 어렵다고 하더라도 동물 체내에 발병을 막을 수 있는 면역력만 충분하다면 새로운 질병 발생을 두려워 할 필요는 없겠으나 불행하게도 현대 가금산업은 개체별로 스트레스는 증가시키고 면역력은 저하시켜서 발병

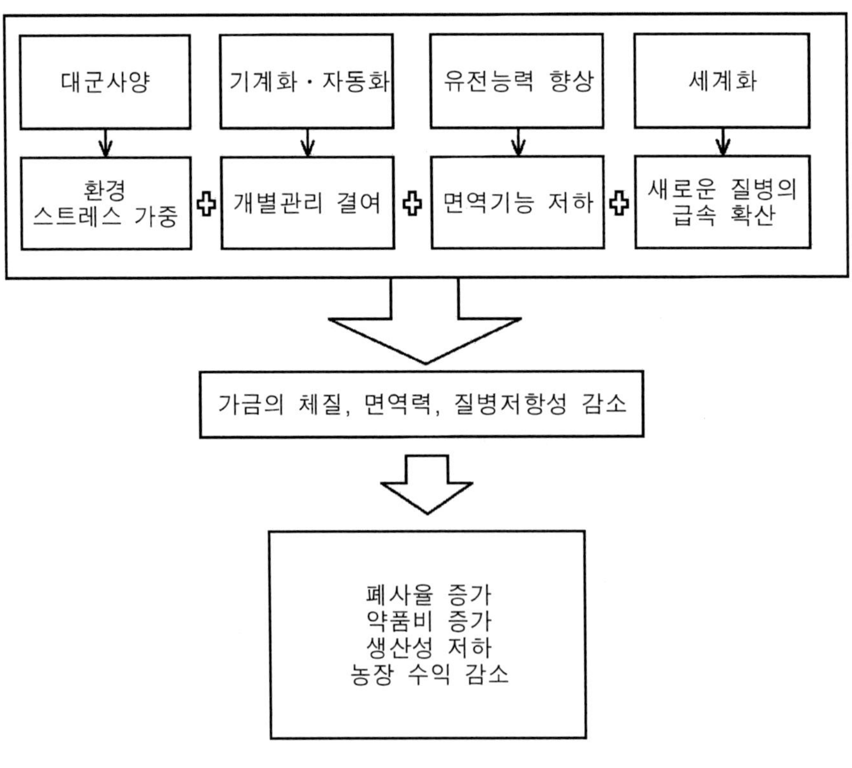

그림 3-3. 현대 가금사육의 특징과 농장 수익

가능성은 점차 높아가고 있다. 현대 가금류 생산에서 면역력 저하 현상은 생산성 위주의 육종 개량과 집약적인 대규모 생산에 따른 환경스트레스 이외에도 사료 내 곰팡이 독소 증가, 항생제 등 약품 과다사용, 뉴캐슬병(Newcastle Disease, ND)이나 조류 인플루엔자(avian influenza, AI) 같은 질병 감염, 그리고 이를 예방하기 위한 과도한 예방접종 등을 들 수 있다(그림 3-4).

3.2 면역과 면역계

가금류를 포함한 동물들은 체외로부터 들어오는 각종 병원성 또는 이물질에 대하여 자신의 몸을 보호하기 위하여 자신의 체구성 성분 이외의 물질 즉 외부인자(immunogens)를 제거하기 위해 방어반응을 나타낸다. 이 외부인자를 항원(antigen)이라 하고, 방어반응을 면역(immunity) 또는 면역반응(immunoresponse)이라 부르며, 태어날 때 지니고 태어난 선천면역 또는 내재면역(innate immunity)과 출생 후 살아남기 위해 적응하는 과정에서 얻어지는 적응면역 또는 획득면역(acquired imunity)으로 구분한다. 그리고 항원의 침입이나 세포 손상 시 자신을 보호하기 위한 면역반응을 일으키기 위한 세포나 분자물질들의 총체적 방어체계를 면역계(immune system)라고 일컫는다. 선천면역은 주로 항원의 침입 시 즉 병원성 물질의 감염 초기에 1차

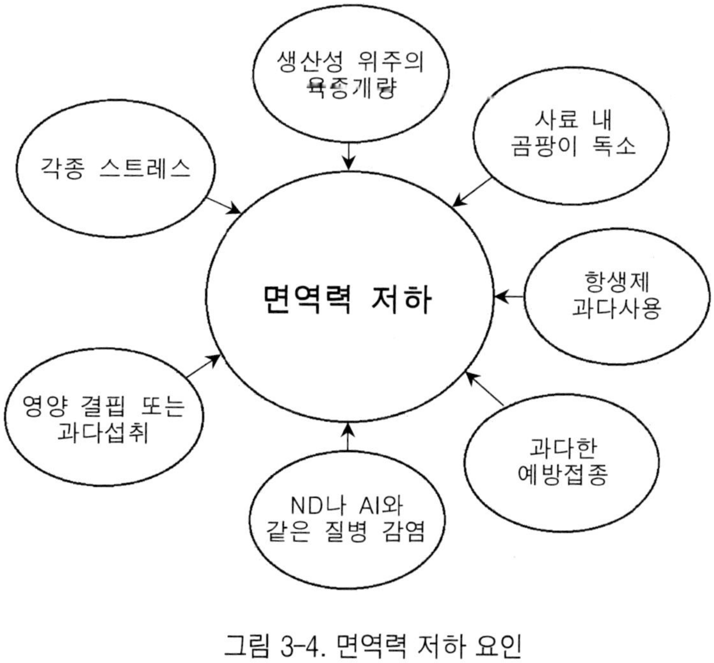

그림 3-4. 면역력 저하 요인

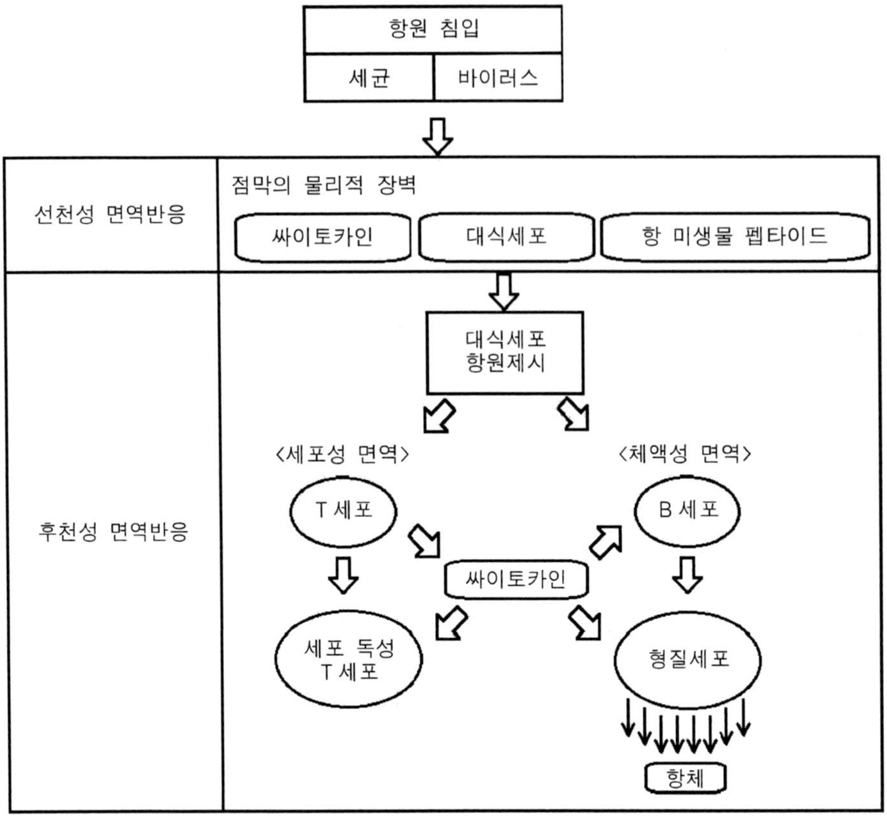

그림 3-5. 면역계의 단계별 면역반응

방어를 담당하며, 특정 항원에 대하여 기억능력이 없어서 비특이적 면역이라 할 수 있다(그림 3-5).

즉 선천적인 면역에는 항원의 침입을 막기 위한 피부, 점액조직, 점막, 혈액에 존재하는 보체(complement) 등이 있고, 식균작용을 담당하는 대식세포(macrophage)와 백혈구(leukocyte) 등이 있다. 이에 비해 획득면역 또는 적응면역은 항원 침입 이후 2차 방어를 담당하며, 특정 항원에 대한 기억 능력이 있어서 특이적 면역의 특성을 지닌다. 획득면역은 체액성 면역(humoral immunity)과 세포성 면역(cell-mediated immunity)으로 구분할 수 있다. 체액성 면역은 B세포가 항원을 인지한 다음 형질세포로 분화되어 항체를 분비하여 항원을 제거한다. 항체(antibody)는 체액에 존재하는 당단백질(immunoglobulin, Ig)로서 IgG, IgA 등 다양한 종류가 존재한다. 세포성 면역은 흉선에서 유래한 T세포가 항원을 인지한 뒤 세포독성 면역세포(cytotoxic immune cells)에 작용하거나 사이토카인(cytokines)을 통해서 세포면역을 조절한다.

3.3 영양과 면역의 관계

체내의 다른 조직이나 기관과 마찬가지로 면역 관련 기관 역시 정상적인 성장 발달과 기능 수행을 위해서는 필요로 하는 영양소가 충분히 공급되어야 한다. 따라서 영양의 결핍이나 영양소 간의 불균형은 정상적인 면역기관의 발육과 기능에 좋지 않은 영향을 미친다. 뿐만 아니라 병원성 이물질이나 환경 스트레스로 인하여 면역반응이 높아지면 면역계의 활성도가 높아지고, 높아진 면역계 활성도는 영양소의 요구량에 영향을 미칠 수 있다(klassing 등, 1999 ; 한국가축사양표준, 2012).

이는 현실적으로 대단히 중요한 의미를 지니고 있는 바 대부분의 대학이나 연구소에서 얻어진 영양소 요구량들은 일반 농장보다 훨씬 환경조건이 양호한 상태에서 얻어진 결과물들이기 때문에 사료를 배합 제조 시에는 각 나라에서 발표하고 있는 영양소 요구량보다 영양소 함량을 높은 수준으로 사료 배합표를 작성하고 있는 것이다. 뿐만 아니라 면역조직이 활성화 되었을 때에는 섭취한 영양소는 물론 각 체조직 내의 영양소들의 분배에 있어서 우선순위가 변화하게 된다(이, 2010). 즉 질병 감염 등으로 대식세포(macrophage)나 B세포, T세포 등의 면역활동이 활성화 되면 영양소의 배분순위가 근육이나 지방조직처럼 성장 발달보다는 뇌나 중추신경의 우선순위가 높아지게 된다. 따라서 성장이나 생산성이 감소된다. 질병이나 환경 및 영양소 결핍과 같은 각종 스트레스로 인하여 면역계의 활성도가 높아가는 상태, 즉 면역스트레스를 일으키지 않도록 건강한 선천면역의 유지와 적절한 획득면역의 조정이 가금류의 건강유지는 물론 생산성 향상에도 매우 중요하다.

1) 단백질과 아미노산

가금류와 같은 가축은 물론 사람에게 있어서도 단백질과 에너지 결핍(protein-energy malnutrition, PEM)은 면역력을 저하시켜 병에 잘 걸리게 하고 한번 질병에 감염되고 나면 감염증세가 심해지고 회복이 느려진다(Fracker, 2000). 다만 면역기능의 정상적인 유지를 위해 필요로 하는 단백질 요구량은 증체량이나 계란 생산에 비해 낮아서 단백질 섭취가 사양표준에 제시된 요구량에 비해 다소 낮다고 하더라도 곧바로 면역계에 영향을 미치는 것은 아니라고 알려져 있다(Kolshing과 Bames, 1993).

그러나 환경적인 스트레스는 물론 소량이지만 사료나 깔짚에서 오는 곰팡이 독소에 지속적으로 노출되거나 잦은 예방 접종 시 체내에 주입되는 항원이나 항체 및 이들을 섞어서 투여할 때 사용하는 보조제(adjuvant) 등은 면역계 활성으로 인한 면역스트레스를 유발하므로 충분한 아미노산 공급이 필요하다. 이처럼 가금류의 면역계가 단백질 영양에 대해 매우 민감하게 반응하지는 않지만 아미노산 각각에 대한 면역계의 반응은 아미노산에 따라 차이가 있다. 사료 내 함유황아미노산인 메티오닌, 시스틴, 시스테인을 요구량 이상으로 첨가하면 체내 면역기능 증가로 나타난다(Tsiagbe 등, 1987 ; Takahashi 등, 1993).

아르기닌은 체내에서 일산화질소(nitric oxide, NO)를 생산하는 기질로서 일산화질소 생성효소(nitric oxide synthase, NOS)에 의하여 시트룰린과 같이 일산화질소가 생산된다. 일산화질소는 혈관의 강력한 이완작용과 함께 면역계에 있어서는 항암 및 항 미생물 작용을 나타내는 면역반응에 있어서 중요한 유도형 물질이다. 따라서 아르기닌은 면역계의 발육과 면역반응에 관여한다(Taylor 등, 1992 ; Kwak 등, 1999).

이 밖에도 분기형 아미노산(branched-chain amino acid) 또한 면역기능에 많은 영향을 줄 가능성이 있으며(Koneshi 등, 2000), 트레오닌은 항체 생산에 영향을 줄 가능성은 낮은 것으로 보인다(Takahashi 등 1994). 라이신 또한 면역계에 영향을 미치는데 병원성 미생물에 감염된 칠면조에 있어서 사료 내 라이신 함량이 1.38%일 때 세포성 면역기능이 가장 항진되었다는 연구결과도 있다(Tudor, 1996).

2) 탄수화물 및 에너지

면역계의 정상적인 유지와 활성화를 위해서 필요로 하는 에너지 요구량은 성장, 번식, 체온조절에 필요한 열량과 경합관계에 있다(Klasing 등, 1999). 그러나 단기간의 에너지 공급 제한은 항체 생산을 증가시키고, 단기간의 열량 과잉 공급은 면역반응 즉 항체 생산을 저하시킨다(Klassin, 1988). 그리고 에너지 섭취를 장기간 제한하면 선천성 면역은 증가시키지만 T세포의 면역반응은 저하시킨다(Hangalapura 등, 2005).

가금류에 있어서 탄수화물은 가장 경제성 있는 에너지 공급원이며 면역계가 활성화 될 때면 글루코스의 이용성이 증가한다. 한편 탄수화물은 에너지 공급원으로서의 기능 이외에 특정 당류가 면역기능에 영향을 미친다는 연구보고도 있다. 그러한 예로서 알콜형 오탄당인 자일리톨(xylitol)을 급여했을 경우 면역 활성화에 따른 생산성 저하가 초래되지 않고 성장 지연이 완화된다(Takahash 등, 1999). 그리고 면역세포 가운데 약 70%가 분포되어 있는 소화기관 내 면역기관의 발달에는 지방질 보다는 탄수화물의 섭취가 더욱 바람직하다는 보고도 있다(Miyazaki 등, 2007).

3) 지질 및 지방산

사료 내 지방을 통해서 공급되는 지질과 지방산은 에너지 공급원임과 동시에 필수지방산인 오메가-3 및 오메가-6 계열 지방산들을 공급해 준다. 이들 필수지방산들은 체내에서 생리활성물질로 전환되어 직·간접적으로 면역계에 영향을 미친다. 특히 오메가-6 계열 지방산인 아라키돈산(arachidonic acid)로 전환되며, 이 중에서도 프로스타글란딘 PGE_2는 T세포에 작용해서 인터루킨(IL-2)의 생성을 억제하고 자연살해(NK) 세포(natural killer cell, NK cell)의 활성을 저해시킨다. 그리고 어유에 함유된 에이코사펜타엔산(EPA)이나 도코사헥사엔산(DHA)은 친염증성 사이토카인 생성을 억제하고 몸에 염증이 있을 때 생성량이 증가하는 PGE_2의 발생을 저하시킨다(Ziboh, 2000). 그리고 공액 리놀레산(conjugated lindeic acid, CLA) 역시 PGE_2의 생성 억제효과가 있어서 면역스트레스에 의한 부작용을 완화시킨다.

4) 무기질

가축이 면역스트레스를 받았을 때 무기질 가운데 미량영양소인 아연, 철, 구리 등은 체내에서 분포의 변화가 일어나는 것으로 보아 면역계와 연관성이 높은 것으로 보인다. 그 중에서 아연은 동물체내의 각종 생화학적 반응에 연관된 효소의 구성성분으로서 생리적 기능이 다양하다. 면역계에 아연이 미치는 영향을 보면 백혈구 중에서도 호중구(neutrophils)나 자연살해세포와 같은 비특이적 면역세포의 발달과 지능에 중요하며 B세포의 발달과 항체생산을 돕는다. 따라서 아연의 결핍은 면역반응의 저하를 초래한다(Fraker, 2000).

질병 감염 시에는 체내 아연이 감소하는데 이는 신체 방어를 위해 아연의 요구량이 증가하는 것으로 해석된다. 뿐만 아니라 아연의 결핍은 림프구 감소증(lymphopenia)과 흉선퇴화 현상을 초래한다(Fraker, 2000). 셀레늄은 비타민 E와 마찬가지로 체내 활성산소(reactive oxygen species, ROS) 생산을 억제하거나 제거함으로써 과산화 되는 세포막 보호라는 중요한 역할을 담당한다. 인체에 있어서 ROS의 생성이 증가되면 심근증, 류머티즘성 관절염, 암 등의 질병을 증가시키는 것으로 알려져 있다. 육계에 있어서도 사료 내 셀레늄과 비타민 E를 요구량보다 높게 첨가했을 때 세포성 면역반응이 훨씬 높게 나타났고(Swain 등, 2000), 혈청 내 IgG 수준이 높아지고 폐사율이 감소하였다(김 등, 1993).

미량무기질인 구리는 체내 여러 가지 조직이나 기관 발육과 유지에 필요하며 각종 영양소의 체내 대사와 생리조절에도 중요한 기능을 수행한다. 뿐만 아니라 구리의 결핍은 백혈구와 호중구의 감소를 가져오며(Halfdanarson 등, 2008), 육계 혈청 내 IgG 수준과 증체량 개선 효과를 가져왔다(김 등, 1993). 뿐만 아니라 뉴캣슬(ND) 또는 전염성 기관지염(IB) 백신접종 산란계의 항체가를 높여 준다(김 등, 1995). 이러한 항체가 상승 현상은 철성분의 추가 급여 시에도 관찰되었다. 동물체가 면역스트레스를 받게 되면 철 성분의 체내 분포가 재분배되는 현상과 함께 항체 생성 증가가 일어나는 것으로 보아 철 또한 가금류의 면역기능과 연관된 것으로 보인다(김 등, 1995).

5) 비타민

병원체 감염으로 인한 면역스트레스는 식세포 활동을 촉진시키고 그 결과 활성산소가 다량으로 만들어지며 염증반응이 일어난다. 이때 발생하는 활성산소는 살균기능을 수행하기는 하지만 대체적으로 면역기관은 물론 각종 정상세포의 기능과 대사에 영향을 미친다. 따라서 활성산소를 제거하기 위한 생리활성물질 가운데 비타민 A, C, E가 효과적이다. 특히 비타민 A는 인터페론(interferon, IFN)의 활성을 증가시키고 종양 괴사인자(tumor necrosis factor, TNF) 등 면역반응 조절물질의 활성을 억제한다. 그리고 쥐에서 비타민 A의 결핍은 흉선의 퇴화와 면역반응의 약화를 초래하였다(Fraker, 2000). 그리고 구리나 메티오닌의 추가 급여에 의한 ND나 IB와 같은 병원성 물질에 대한 면역기능 강화와 마찬가지로 비타민 A 역시 백신 접종 후 항체가 상승을 유도하는 효과가 높다(김 등, 1995).

비타민 E는 셀레늄과 함께 강력한 항산화 기능을 소유하고 있어서 면역계의 발육과 기능에도 매우 우호적인 영양소라고 할 수 있다. 따라서 질병이나 곰팡이 독소(mycotoxin) 섭취에 의한 면역스트레스에 따른 활성산소 과다 생성을 예방할 뿐만 아니라 체액성 면역, 즉 항체가를 높이는데 효과적인 영양소이다(Manjunatha, 2002). 따라서 면역기능 향상을 위한 비타민 E 첨가량은 150~300 IU/kg이고, 예방 접종 2주 전부터 비타민 E를 급여하게 되면 닭의 면역기능 향상을 기대할 수 있다(Bains, 1994).

비타민 C 또한 면역계와 면역기능에 영향을 미치는 영양소로 알려져 있다. 비타민 C가 면역계에 미치는 영향은 매우 다양하여 체액성 면역에 있어서는 항체 생산을 촉진하며, 세포성 면역의 경우에는 이물질에 대한 탐식작용(phagocytosis)을 왕성하게 한다. 그리고 하절기 고온 또는 다른 환경 스트레스로 인하여 가금류 체내에 과도한 자유유리기(free radicals)가 많이 생성되고, 이러한 스트레스를 극복하기 위해 스트레스에 관련된 내분비 호르몬 생성이 증가될 때에 비타민 C의 추가 급여는 가금류의 스트레스 극복에 도움이 된다. 원래 가금류에 있어서는 비타민 C가 체내에서 합성되지만 이와 같은 스트레스로 인한 생리적 변화가 있을 때 비타민 C의 추가 공급은 생산성 향상에 도움이 된다.

실험동물에 있어서 비타민 D의 면역계에서의 역할에 대해서 다양한 연구가 계속되고 있다. 특히 비타민 D의 활성형인 1,25-$(OH)_2D_3$가 면역질환을 억제하고 예방하는 효과가 있음이 밝혀지고 있다. 닭, 돼지 및 소에 대한 실험에서도 비타민 D에 의한 백혈구 생성 조절기능이 밝혀지고 있다(Klasing과 Leshchinsky, 2000).

6) 면역 조절물질

최근 세계적으로 항생제 과다 사용에 따르는 병원성 미생물들의 항생제에 대한 저항성 즉 내성 문제가 대두되자 가축 사료 내 항생제 사용이 금지되고 이를 대체할 수 있는 천연물질에 대한 연구가 활발하다. 특히 체내 면역력을 증가시킴으로써 질병과 면역스트레스에서 오는 피해를 최소화 하기 위해 면역 조절제 개발에 많은 성과를 거두고 있다. 지금까지 연구 개발이 이루어진 면역 증강물질을 보면 사포닌(saponin) 계통 물질과 허브 추출물(essential oil) 올리고당 그리고 효모나 해조류에서 추출되는 렉틴(lectin)과 베타 글루칸(β-glucan) 등으로 구분된다.

이들이 면역기능 조절 효과는 면역계의 활성화, 장내 균총 변화, 스트레스 완화를 통하여 질병 감염에 대한 저항성을 높이고, 그 결과 가축의 생산성 개선이 이루어지는 것으로 여겨진다(이, 2010). 이러한 면역 조절물질은 면역계에 직・간접적으로 영향을 미쳐서 예방접종 시 항체가를 증가시키고 체내 항미생물 펩타이드(antimicrobial peptide) 생성을 높인다. 최근 중국에서 연구한 결과에 의하면 유다(油茶) 열매에서 추출한 사포닌 계통 물질을 닭에게 급여한 결과 디펜신(defensin)의 생성이 증가하였다. 디펜신의 생성이 주목을 받는 이유는 오리가 고병원성 조류인플루엔자(HPAI)와 같은 고병원성 바이러스 감염에도 닭보다 더 잘 견디는 것은 오리에게서 디펜신 생성능력이 높다는 것이 알려졌기 때문이다. 이처럼 면역증강 천연물질에 대한 연구가 매우 활발하다.

참고문헌

1. Al-Batshan, H. A., Scheideler, S. E., Black, B. L., Garlich, J. D. and Anderson, K. E. 1994. Duodenal calcium uptake, femur ash, and eggshell quality decline with age and increase following molt. Poult. Sci. 73:1590-1596.
2. Austic, R. E. and Calvert, C. C. 1981. Nutritional interrelationships of electrolytes and amino acids. Fed Proc. 40:63-67.
3. Austic R. E. and Scott M. L. 1991. Nutritional diseases. In : Calnet, BW(ed) Diseases of Poultry. Iowa State University Press, Ames, Iowa, pp. 45-71.
4. Balnave, D. 1970. Essential fatty acids in poultry nutrition. World's Poult. Sci. J. 26:442.

5. Bensadoun, A., and Rothfield, A. 1972. The form of absorption of lipid in the chicken, Gallus domesticus. Proc. Soc. Exp. Biol. Med. 41: 814–817.
6. Chung M. K., Choi, J. H., Chung, Y. K. and Chee, K. M. 2005. Effects of dietary Vitamins C and E on egg shell quality of broiler breeder hens exposed to heat stress. Asian-Aust. J. Anim. Sci. 18:55-551.
7. DeVries J. W. 2003. On defining dietary fiber. Proceedings of the Nutrition Society 62:37-43.
8. Dozier, W. A. Ⅲ., Kidd, M. T. and Corzo, A. 2008. Dietary amino acid responses of broiler chickens. J. Appl. Poult. Res. 17:157-167.
9. DuCoa. 1995. Choline, Functions and requirements. DuCoa, Highland, U.S.A.
10. Emmert, J. L. and Baker, D. H. 1997. A chick bioassay approach for determining the bioavailable choline concentration in normal and overheated soybean meal, canola meal and peanut meal. J. Nutr. 127:745-752.
11. Fracker, P. 2000. Impact of nutritional statas on immune intergrity. pp147-156. In Nutrition and Immunology, Ed. Gershwin, M. E., German, J. B. and Keen, C. L., Humana Press, Totowa, N. J.
12. Griffin, H. and Hermier, D. 1988. Plasma lipoprotein metabolism and fattening in. poultry, in: Leclercq B., Whitehead CC(Eds.), Leanness in Domestic Birds, INRA. pp175-202. Butterworths and Co., London, England.
13. Griffin, H. D. and Whitehead, C. C. 1982. Plasma lipoprotein concentration as an indicator of fatness in broilers: development and use of a simple assay for plasma very low density lipoproteins. Br. Poult. Sci. 23:307-313.
14. Halfdanarson, T. R., Kumar, N., Li, C. Y. Phyliky, R. L. and Hogan, W. J. 2008. Hematological manifestations of copper deficiency: a retrospective review. Eur. J. Haematol. 80:523-531.
15. Hangalapura, B. N., Nieuwland, M. C., Reilingh, G. D., Buyse, J., Van Den Brand, H., Kemp, B. and Parmentier, H. K. 2005. Severe feed restriction enhances innate immunity but suppress cellular immunity in chicken lines divergently selcted for antibody responses. Poult. Sci. 84:1520-1529.
16. Hurwitz, S. and Bar, A. 1968. Regulration of pH in the intestine of the laying fowl. Poult. Sci. 47:1029-1030.
17. Hurwitz, S., Weiselberg, M., Eisner, U., Bartov, I., Riesenfeld, G., Sharvit, M. Niv, M. and Bornstein, S. 1980. The energy requirements and performance of growing chickens and turkeys as affected by environmental temperature. Poult. Sci. 59:2290.
18. Kang, C. W., Nam, K. T., Olson, Q. E. and Carlson, C. W. 1996. Relation ship between eggshell quality and biochemical parameters of calcium

metabolism. Asian-Aust. J. Anim. Sci. 9:715-722.

19. Keshavaz, K. 2000. Nonphytate phosphorus requirement of laying hens with and without phytase on a phase feeding program. Poult. Sci. 79:748-763.
20. Klasing, K. C. 1998. Comparative Avian Nutrition. CAB International, New York.
21. Klasing, K. C. 1988. Influence of acute feed deprivation or excess feed intake on immunocompetence of broiler chicks. Poult. Sci. 67:626-634.
22. Klashing, K. C. and Barnes, D. M. 1993. Decreased amino acid requirements of growing chicks due to immunological stress in chicks. J. Nutr. 123:1714-1723.
23. Klasing, K. C., Johnstone, B. J. and Benson, B. N. 1999. Implication of an immune response on growth and nutrient requirements of chicks. pp35-47. In Recent Developments in Poultry Nutrition2. Ed. Garnsworthy, P. C. and Wiseman, J., Nottingham University Press, Nottingham.
24. Klasing, K. C. and Leshchinsky, 2000. Interactions between nutrition and immunity. pp363-373. In Nutrition and Immunology. Ed. Gershwin, M. E., German, J. B., Keen, C. L. Humana Press, Totowa, N. J.
25. Konashi, S., Tadahashi, T. K. and Akiba, Y. 2000. Effects of dietary essential amino acid deficiencies on immunological variables in broiler chicken. Br. J. Nutr. 83:449-456.
26. Kutlu, H. R. and Forbes, J. M. 1993. Self-selection of asborbic acid in coloured foods by heat-stressed broiler chicks. Physiol. Behavior 53:103-110.
27. Kwak, H., Austic, R. E. and Dietert, R. R. 1999. Influence of dietary arginine concentration on lymphoid organ growth in chickens. Poult, Sci. 78:1536-1541.
28. Leach, R. M. Jr. and Nesheim, M. C. 1963. Studies on chloride deficiency in chicks. J. Nutr. 81:193.
29. Leeson, S., Caston, C. and Summers, J. D. 1996. Broiler response to energy and protein dilution in the finisher diet. Poult. Sci. 75: 522-528.
30. Leeson, S. and Summers, J. D. 2001. Scott's Nutrition of the Chicken(4th Ed.), University Books, Guelph, Ontario.
31. Machlin, L. J. 1984. Handbook of Vitamins. Marcel Dekker, New York.
32. Manjunatha, B. P. 2002. Managing immunity. Feed Mix 10(6):8-11.
33. Marks, H. L. 1987. Water and feed intake, feed efficiency, and abdominal fat levels of dwarf and normal chickens selected under different water : feed ratio environments. Poult. Sci. 66:1895.
34. Marks, H. L. and Pesti. G. M. 1984. The roles of protein level and diet

form in water consumption and abdominal fat pad deposition of broilers. Poult. Sci. 63:1617.

35. McKee J. S. and Harrison, P. C. 1995. Effects of supplemental ascorbic acid on the performance of broiler chickens exposed to multiple concurrent stressors. Poult. Sci 74:1772-1785.

36. Medway, W. and Kare, M. R. 1959. Water metabolism of the growing domestic fowl with special reference to water balance. Poult. Sci. 38:631.

37. Mertz, W. 1986. Trace Elements in Human and Animal Nutrition. Vols. 1 and 2. Orlando, Fla. : Academic.

38. Miyazaki, Y, Takahashi, K. and Akiba, Y. 2007. Developmental changes in mRNA expression in immune-associated cells of intestinal tract of broiler chickens after hatch and by dietary modification. Anim. Sci. J. 78:527-534.

39. Mongin, P. 1980. Electrolytes in Nutrition. 3rd Int. Minerals Conf. Orlando, Florida.

40. Mongin, P. 1981. Recent advances in dietary anion-cation balance : Application in poultry. Proc. Nutr. Soc. 40:285.

41. Mookerjea, S. 1971. Action of choline in lipoprotein metabolism. Fed. Proc. 30:143-150.

42. Moran, E. T. Jr. 1985. Aspects of fat metabolism important to performance in fowl. P. 18 in Proceedings of the Arkansas Nutrition Conference. Fayetteville, Ark.: University of Arkansas.

43. Moran, E. T. 1989. Fat feeding value-relationships between analysis and digestion-absorption. P. 13 in Proceedings of the Western Canada Animal Nutrition Conference. Winnipeg, Canada : University of Manitoba.

44. Mullaney, E. J., Daly, C. B. and Ullah, A. H. 2000. Advances in phytase research. Adv. Appl. Microbiol. 47:157-199.

45. Noy, Y. and Sklan, D. 1994. Enzyme secretion and small intestinal passage time in the young chick. Proc. 9th European Poultry Conf, Glasgow, UK 2:451-452.

46. NRC, 1994. Nutrition Requirements of Poultry. The National Academies Press, Washington DC.

47. Ohta, A., Ohtsuki, M. Baba, S., Adachi, T., Sakata, T and Sakaguchi, E. 1995. Calcium and magnesium absorption from the colon and rectum are increased in rats fed fructo-oligosaccharides. J. Nutr. 125:2417-2424.

48. Pardue, S. L., Thaxton, J. P. and Brake, J. 1985. Influence of supplemental ascorbic acid on broiler performance following exposure to high environmental temperature. Poult. Sci. 64:1334.

49. Roush, W. B., Myelt, M., Rosenberger, J. L. and Derr, J. 1986. Investi-

gation of calcium and available phosphorus requirements for laying hens by response surface methodology. Poult. Sci. 65:964-970.

50. Simon, J. 1999. Choline, betaine and methionine interactions in chickens, pigs and fish (including crustaceans). World's Poult. Sci. J. 55:353.

51. Simopoulos, A. P. 1991. Omega-3 fatty acids in health and disease and in growth and development. Am. J. Clin. Nutr. 54:438-463.

52. Stillmak, S. J. and Sunde, M. L. 1971. The use of high magnesium limestone in the diet of the laying hen. Poult. Sci. 50:553.

53. Swain, B. K., Johri, T. S. and Majumdar, S. 2000. Effect of supplementation of vitamin E, selenium and their different combinations on the performance and immune response of broilers. Br. Poult. Sci 41:287-292.

54. Takahashi, K., Konashi, S. and Akiba, Y. 1993. Effect of margina excess or deficiency of dietary methionine on antibody production in growing broilers. Anim. Sci. Technol. 64:13-19.

55. Takahashi, K., Konashi, S., Akiba, Y. and Horiguchi, M. 1994 Effect of threonine level on antibody production in growing broilers. Anim. Sci. Technol. 65:956-960.

56. Takahashi, K., Onodera, K. and Akiba, Y. 1999. Effect of dietary xylitol on growth and inflammatory responses in immune stimulated chickens. Br. Poult. Sci. 40:552-554.

57. Taylor, R. L. Austic, A. E. and Dietert, R. R. 1992. Dietary arginine influence Roussarcoma growth in a major histocompatibility B complex progressor genotype. Proc. Soc. Exp. Biol. Med. 199:38-41.

58. Tsiagbe, V. K., Cook, M. C., Harper, A. E. and Sunde, M. E. 1987. Enhanced immune response in broiler chicks fed methionine supplemented diet. Poult. Sci. 66:1147-1154.

59. Tudor, K. 1996. Lysine and the immune response. Poultry International. Nor. 1996.

60. Ziboh, V. A. 2000, Nutritional modulation of inflammation by polyunsaturated fatty acids/eicosanoids. pp157-167. In Nutrition and Immunology. Ed. Gershwin, M. E., German, J. B. and Keen, C. L., Humana Press, Totowa, N. J.

61. 김정우, 고승연, 조석현, 김춘수, 1995. 미량영양소들의 추가 급여가 뉴캣슬 또는 전염성 가관지염 백신 접종시 산란계의 면역성에 미치는 효과. 한국가금학회지 22:85-95.

62. 김정우, 김춘수, 김상희, 박근식. 1993 Copper, selenium과 비타민 E의 첨가 급여가 육용계의 IgG 수준과 성장률에 미치는 효과. 한국가금학회지 20:55-64.

63. 이준엽, 2010. 면역증강제의 효과와 활용방안. 제13회 영양사료 단기과정,

pp387-410. 한국동물자원과학회 영양사료연구회.

64. 조석현. 2010년. 사료 내 β-mannanase의 첨가가 양계의 생리적 반응과 생산성에 미치는 영향. 건국대학교 박사학위 청구논문.
65. 한국사양표준(가금). 2002. 농림부, 농촌진흥청 축산기술연구소.
66. 한국가축사양표준(가금). 2012. 농촌진흥청 국립축산과학원.

제 4 장

영양소 요구량과 사양표준

서 론

가축이 성장, 유지, 생산 및 번식 활동을 하기 위해서는 다양한 영양소가 필요하며, 축종별로 그 목적과 성장단계, 생리상태에 따라 적정한 영양소 수준을 충족시켜 주어야 최대의 생산성을 얻을 수 있다. 이러한 영양소의 종류와 각각의 요구량을 과학적으로 설정하여 놓은 기준을 사양표준(飼養標準, feeding standard)이라 하며, 이를 기초로 하여 가축의 사료 배합표가 만들어진다.

최초의 가축 사양표준은 1859년 독일의 Grouven이 단백질, 탄수화물, 지방의 요구량을 제시한 것이었다. 1864년에는 Wolff가 가소화 영양소의 개념을 적용한 사양표준을 만들면서 점차 보급되기 시작하였으며, 이후 Lehmann, Kellner, Hansson, Armsby, Morrison 등 유럽과 미국의 영양학자들이 1900년대 초까지 보완을 거듭하며 발전시켰다. 사양표준은 새로운 학설의 출현 등 과학이 발전하고, 사료자원과 사육환경 변화, 가축의 유전적 능력이 개량됨에 따라 함께 지속적으로 변화하고 있다.

영양소 요구량은 대사(代謝)시험과 사양시험 결과를 종합 분석하여 산출하는데 사양표준에서 제시하는 영양소 수준은 최소 요구량이므로 실제 현장에서는 이보다 약간 높은 수준의 영양 성분이 공급되도록 사료를 배합하는 것이 일반적이다. 또한, 영양소 요구량은 품종이나 환경 요인에 의해서도 차이가 날 수 있고 국가나 지역별로 이용 가능한 사료자원도 다르기 때문에 일부 국가들에서는 자국의 실정에 맞는 사양표준을 제정하여 활용해 오고 있다.

미국은 1944년 NRC(National Research Council)에서 축종별 영양소 권장량을 제시한 가축 사양표준을 발표하였다. 이후 1990년대까지 각종 가축을 비롯해 실험동물의 영양소 요구량에 대한 개정판을 발간하였으며, 세계 여러 나라에서 가장 많이 사용되고 있다. 영국 ARC(Agricultural Research Council)는 1960년대에 가금, 반추동물, 돼지의 사양표준을 제정하여 발표하였으며, 일본도 1974년에 농림수산기술회의에서 사양표준을 제정하여 지속적으로 개정하며 사용하고 있다. 독일에서는 1999년에 산란계와 육계의 에너지 및 영양소 요구량을 설정하여 발표하였다.

우리나라에서는 NRC 사양표준을 주로 이용해 왔으나, 2002년 농촌진흥청 주관으로 한국가축사양표준과 표준사료성분표를 제정하여 발표하였다. 한국가축사양표준은 한우, 젖소, 돼지, 가금 4개 축종의 영양소 요구량을 제시하고 있으며, 2007년과 2012년에 최근 연구결과를 반영하여 각각 개정판을 발간·보급하였다.

1. 국가별 가금 사양표준

표 4-1. 주요 국가 및 연구기관의 가금 사양표준

주관기관	국가	개정 년도	가금 종류
Agricultural Research Council (ARC)	영 국	1975	닭, 칠면조, 오리, 거위
Gesellschaft für Ernährungsphysiologie (GfE)	독 일	1999	산란계, 육계
		2004	칠면조
Council of Agriculture Taiwan (CAT)	대 만	1991	오리, 거위
Federal University of Viçosa (UFV)	브라질	2005	산란계, 육계
Institut National de la Recherche Agronomique (INRA)	프랑스	1981	모든 가금류
National Agriculture and Food Research Organization (NARO)	일 본	2011	모든 가금류
National Research Council (NRC)	미 국	1994	모든 가금류
Normenkommission der Forschungskooperation TE	동 독	1983	산란계, 육용종계
Polish Academy of Sciences (PAN)	폴란드	2005	모든 가금류
World Poultry Science Association (WPSA)	유 럽	1984/85	모든 가금류(다량원소)

1.1 미국(NRC) 사양표준

NRC 사양표준은 미국 국가연구위원회(National Research Council)에서 1944년에 처음 제정한 것으로, 1950년에 1차 개정판이 나온 이래 1994년까지 9차에 걸쳐 개정판이 발간되었다. 9차 개정판은 1991년까지 발표된 가금영양 연구논문과 실험데이터들을 검토, 반영하였으며, 사료원료의 에너지가(價)와 아미노산 함량 분석결과, 지방공급원에 대한 심도있는 고찰 등이 대폭 보완되었다.

NRC 사양표준이 세계적으로 가장 널리, 그리고 오랫동안 이용되어져 왔음에도 불구하고 발간에 참여한 학자들은 아직도 일부 영양소들의 요구량에 대해 과학적 지식과 데이터가 부족함을 밝히고 있다. 이러한 영양소들에 대해서는 모델링이나 수학적 방법을 통한 요구량 추정치를 제시하였다.

닭의 영양소 요구량은 사육목적에 따라 계란을 생산하는 산란계(Leghorn type)와 고기를 생산하는 육계(meat-type)로 구분하여 설정하였으며, 칠면조, 오리, 메추리 등 기타 특수가금에 대해서도 제한된 정보가 수록되어 있다. 수록 내용을 각 장별로 살펴보면 다음과 같다.

제1장에서는 에너지, 영양소 및 일부 비영양성 첨가제에 대해 일반적 지식을 서술하고 있다. 가금사료 내 에너지가를 정의하는 데 사용되는 에너지의 개념, 사료 내 대사에너지의 평가 및 결정 방법의 자료가 제시되었다. 단백질과 아미노산 영양 및 대사에 대한 설명이 최신 정보로 수록되었으며, 지방 편에서는 공급원, 대사에너지가(MEn), 에너지가에 영향을 미치는 요인 등에 대해 설명하였다. 또한 무기질, 비타민, 물에 대해 전반적인 정보가 제공된다. 특히 닭과 칠면조의 물 섭취에 대해서는 현장 조사결과들이 많이 반영되었다.

제2장에는 산란계과 육용계의 영양소 요구량을 수록하였다. 산란계는 다시 초기(starting), 육성기(growing), 산란기(laying period)로 구분하였고, 육계는 초기(starting) 및 육성기(growing), 육용종계는 어린 병아리 때와 육성계(pullet), 그리고 산란기 육용종계 및 수탉 성계로 구분하여 제시하였다.

제3장에서는 칠면조의 영양소 요구량을 초기, 육성기 및 종 칠면조로 나누어 표시하였다. 제4, 5, 6장에는 거위, 오리, 꿩 및 메추리의 영양소 요구량을 제시하였는데, 닭이나 칠면조에 비해 참고문헌과 연구 자료가 많지 않았음을 밝히고 있다.

제7장에는 닭과 칠면조에서의 영양소 결핍 증상을 각종 자료를 근거로 상세히 서술하였다. 제시된 표에는 영양소 결핍의 생화학적·생리적 지표, 배아에서의 영양소 결핍 증상, 특정 결핍 증상과 관련이 있는 영양소의 결핍을 나타내었다. 제8장에는 사료 및 음용수 내의 독성 수준에 대한 정보를 수록하였다.

제 9장에는 사료 원료의 성분 분석 수치와 관련 정보를 수록하였다. 각종 표에는 최근 분석 결과를 근거로 최근 이용되는 다양한 원료의 질소보정 진정대사에너지(TMEn) 값, 단백질 함량 및 일반성분 분석치를 근거로 아미노산 조성을 평가하는 방정식이 명시되어 있다. 제 10장에서는 병아리에 대한 실제(practical), 반정제 및 완전정제 표준사료의 예를 제시하였다.

산란계 실용계와 종계는 성장기(growing period)와 산란기(laying period)에 자유채식 시키는 것을 기본으로 하며, 실용 육계(broiler) 역시 시장에 출하하기까지 자유채식을 기본으로 한다. 육용종계는 번식을 목적으로 사육하기 때문에 지나치게 비만이 되지 않도록 사료섭취량을 제한하거나 사료 내 영양소 함량을 제한하기도 한다.

필수영양소의 요구량에 대해서는 보고된 연구결과를 기초로 하며, 에너지와 아미노산 요구량의 평가를 위해서는 모델 방정식을 활용하였다. 이들 데이터는 유효 수준 또는 소화율 기준이 아닌 사료 내 총 함량 또는 1일 섭취량을 기준으로 하고 있다. 테이블 내의 수치 중 정확히 검증된 수치는 일반체로, 자료가 부족하거나 산출된 추정치에 대해서는 굵은 이탤릭체로 표시하였다. 자료가 거의 없어 추정치 산출이 적절치 않다고 판단되는 경우에는 물음표(?)로 표기하였다.

NRC 사양표준의 문제점은 ① 대부분의 연구가 정상적인 환경조건(16~21℃의 온도조건, 40~60%의 상대습도)에서 수행되었기 때문에 온도 및 상대습도가 정상범위를 벗어났을 때 적용하기 어렵다는 점, ② 옥수수와 대두박 위주의 사료로 실험한 자료가 많기 때문에 다른 곡류를 사용할 경우에 그대로 적용하기 어렵다는 점, ③ 실험계사가 아닌 현장에서 그대로 적용하는데 무리가 있다는 점을 들 수 있다.

사료원료의 영양소 조성은 생산지와 생산시기 및 방법에 따라 달라질 수 있다. 불완전한 사료 배합, 부적절한 가공, 부적절한 저장조건에 의해서도 사료 내 영양소의 효율성은 떨어진다. 영양학자들은 이러한 조건을 감안하여 언급된 요구량보다 'margin of safety' 개념에서 영양소를 추가한다.

1.2 일본 사양표준

일본은 1956년부터 농림수산기술회의 주관으로 국・공립 연구기관과 학계 등이 협력하여 가축 사양표준 설정을 위한 연구를 해오고 있다. 가금류에 대해서는 1959년부터 1969년에 걸쳐 농림성 축산시험장에서 수행한 시험연구 결과를 기초로 하여 1974년에 가금사양표준 초판을 제정하고 이후 정기적으로 개정판을 발간해 왔다. 육종 개량에 따른 생산 능력의 향상, 사육관리 기술의 진보, 요구량에 관한 연구의 진

전 등으로 6차 개정판을 발간하기로 하고 2010년 3월 가금사양표준 검토위원회에서 다음 4가지 기본방침을 바탕으로 개정을 추진하였다.

(1) 현재 가금류의 능력향상 및 사양계종의 변화 등을 고려하고, 영양소 요구량 및 해설사항을 재검토한다.

(2) 영양소 요구량은 특정 문헌치에 얽매이지 않고, 일본에서 실시한 연구 성과를 중심으로 한 과거의 성과를 폭 넓게 수집해 가금부회(家禽部會)에서 검토하여 가장 타당하다고 판단되는 수치를 채용한다.

(3) 영양소 요구량은 안전율 등을 고려하지 않은 필요 최소량으로 표시한다.

(4) '영양소요구량에 영향을 미치는 인자' 및 '사양관리기술과 여기에 관련되는 주요 관심사'에 있어서 현장에서 관심이 높은 사항을 중심으로 해설에 충실을 기한다.

이상의 기본 방침을 반영하여 2012년 3월에 6번째 개정판 「일본사양표준 · 가금(2011년 판)」이 발간되었다.

제1장에서는 영양소의 종류, 영양소 요구량을 구하는 법 및 그 요구량의 표시법을 설명하였다. 제2장에서는 평균적인 능력을 가진 닭(산란계 · 육계)을 표준 조건에서 사양한 경우의 에너지, 단백질, 무기물, 비타민 등의 영양소 요구량을 사료 중 함량으로 표시하였다. 제 3장에서는 가금에게 필요한 영양소의 역할과 결핍증상을 해설하였다. 또한 무기물의 중독증상, 비타민의 허용수준을 표시하였다. 제4장에서는 사양표준의 영양소 요구량의 사용법을 표시하였다. 제5장에서는 영양소 요구량에 미치는 모든 요인에 관해 실명하였다.

제6장에서는 사양관리 기술과 관련되는 주제에 대해서 설명하였다. 제7장에시는 닭 이외의 가금의 영양소 요구량으로 있는 일본메추리, 오리와 타조의 영양소 요구량에 관한 정보를 나타냈다. 제8장에서는 영양소 요구량의 산출 및 해설 등 기초로 사용한 주요 참고문헌을 표시하였다. 그밖에 참고자료로 산란계와 육계의 표준적인 발육체중 및 사료섭취량과 일본표준사료성분표(2009년 판)에서 주요한 양계용 사료의 성분을 발췌한 것을 게재하여 이용자의 편의를 도모하였다(표 4-2).

일본 사양표준에서 난용계는 육성기를 육추기(0～4주령), 중추(4～10주령), 대추(10～20주령)로 나누고, 육계는 육성전기(0～4주령)와 육성후기(4주령 이후)로 구분하고 있으며, 가소화양분총량(total digestible nutrients, TDN)을 표시하고 있으며, 종계의 영양소 요구량 역시 별도로 다루고 있다. TDN 1kg은 4,100 kcal의 대사에너지에 상당하는 값으로 환산하고 있다. 그리고 산란 기간 중 영양소 요구량은 닭의 주령 구분이 아니라 일산란량 기준으로 표시하고 있으며, 주요 아미노산(제한 아미노산)은

표 4-2. 일본 가금사양표준의 구성

〈머리말〉 사양표준 개정의 기본방침 및 본 사양표준의 구성

1장. 사양표준 설정의 기본적인 고려사항

1.1 영양소의 종류

1.2 영양소 요구량의 산출방식

1.3 영양소 요구량 표기법

2장. 영양소 요구량표

2.1 닭의 영양소 요구량

3장. 영양소의 역할 및 결핍

3.1 에너지, 3.2 단백질 및 아미노산

3.3 무기질, 3.4 비타민

3.5 필수지방산, 3.6 크산토필

4장. 영양소 요구량표의 사용방법

4.1 영양소 요구량과 사료의 배합

4.2 에너지 함량과 사료섭취량

4.3 산란계의 경우

4.4 육계의 경우

5장. 영양소 요구량에 미치는 인자

5.1 체중, 5.2 환경온습도,

5.3 깃털상태, 5.4 계종

5.5 장내세균총,

5.6 항병성, 면역반응과 영양소

5.7 질병과 영양소

6장. 사양관리기술과 관련된 주제

6.1 사육방식

6.2 계사형태

6.3 계사환기와 서열・방한대책

6.4 음수, 6.5 제한급이, 6.6 기별급이

6.7 자동급이기에 의한 사료급여

6.8 사료의 형태, 6.9 광선관리

6.10 유도환우, 6.11 부리고르기

6.12 위생관리, 6.13 환경부하물 저감

6.14 옥수수 대체 사료원료

6.15 사료 중 동물성 및 식물성 단백질

6.16 사료첨가물

6.17 사료와 생산물의 품질

6.18 토종닭 사육

7장. 기타 가금류의 영양소 요구량

7.1 메추리 및 오리

7.2 타조

8장. 참고문헌

〈참고자료〉

- 산란계 및 육계의 발육 및 산란성적
- 일본표준사료성분표 2009년판(발췌)

총 아미노산과 유효 아미노산을 함께 명시하고 있다는 점을 특징으로 들 수 있다. 새롭게 개정된 사양표준 내용에는 닭의 복지 개념을 도입하였고, 과도한 영양소 급여를 통한 오염의 우려 등 환경 친화적인 내용들이 포함되었다.

1.3 한국 사양표준

우리나라의 가금사양표준은 현 국립축산과학원의 전신인 농촌진흥청 축산기술연구소에서 1983년 '한국가축사료 급여기준(닭)'을 제정하고 1994년에 수정・보완했던 것을 2002년 '한국사양표준(가금)'으로 새로이 제정, 발간한 것이다. 한국사양표준은 5년마다 새로운 개정판을 발간하기로 하여 2007년에 1차 개정판이 발표되었으며 2012년 2차 개정판이 발간되었다.

닭은 산란계와 산란종계, 육계와 육용종계로 구분하였으며, 산란계는 갈색란종과 백색란종으로 나누어 제시하였다. 육계는 주령에 따라 3기로 구분하였으며, 육용종계는 암수 별도로 제시하였다. 오리는 비육기와 종오리로 구분하였고, 메추리는 육추기와 산란기로 구분하였다. 영양소 성분은 사료 kg당의 함량으로 표시하였다. 에너지는 대사에너지(metabolizable energy, ME)를 기준으로 하였으며, 단백질은 조단백질과 각 아미노산(아리기닌, 글리신 + 세린, 히스티딘, 이소류신, 라이신, 메티오닌, 메티오닌 + 시스틴, 페닐알라닌 + 티로신, 트레오닌, 트립토판, 발린), 그리고 다량무기질(칼슘, 비피틴태 인, 칼륨, 나트륨, 염소, 마그네슘)과 미량무기질(망간, 아연, 철, 구리, 요오드, 셀레늄), 비타민은 지용성 비타민(A, D, E, K)과 수용성 비타민(리보플라빈, 판토텐산, 나이아신, B_{12}, 콜린, 바이오틴, 엽산, B_1, 피리독신)으로 구분하여 제시하였다.

사료성분표는 단미사료 49종에 대한 일반성분(건물, 조단백질, 조지방, 조섬유, 조회분)과 에너지가, 조단백질과 아미노산 함량, 무기질, 비타민 함량을 표시하였고, 유지사료 15종에 대한 리놀산 함량, 착색원료인 크산토필 함량을 8종의 단미사료에 대해 표시하였다. 에너지와 필수영양소 요구량의 산출 근거는 계종마다 다소 차이를 보이는데, 산란계와 산란종계에서는 에너지 및 아미노산 요구량을 한국표준가축사료 급여기준과 축산시험장 시험연구 보고를 중심으로 이후의 국내외 연구 결과들을 참고로 하여 설정하였다. 특별히 국내 채란 및 산란종계 농장들의 사육 환경이 열악한 점을 고려하여 권장 수준을 참고하였다.

1일 단백질 요구량은 일본사양표준(2004)의 공식을 이용하여 산출하였다. 산란계의 요구량은 산란율, 산란종계의 요구량은 산란율 및 부화율을 최대로 하기 위한 최

표 4-3. 한국 가금사양표준의 구성

1장. 가금 영양과 영양소 요구량	5.3 메추리의 영양소 요구량
1.1 영양소의 종류	6장. 영양소 요구량에 영향을 미치는 요인
1.2 에너지 영양	6.1 환경
1.3 탄수화물	6.2 음수
1.4 단백질과 아미노산	6.3 사육방법
1.5 지방과 지방산	6.4 품종
1.6 무기질, 1.7 비타민	6.5 사료가공형태
1.8 물	6.6 계절
2장. 산란계 및 산란종계의 영양소 요구량	6.7 사료와 생산물의 품질
2.1 요구량의 설정 근거	6.8 사료첨가제
2.2 육성기	7장. 가금에서의 영양소의 결핍과 과잉
2.3 산란기 및 산란종계 암컷	7.1 영양소와 면역반응
3장. 육계의 영양소 요구량	7.2 무기질의 결핍과 과잉, 면역반응 조절
3.1 요구량의 설정근거	7.3 비타민 결핍과잉과 면역반응 조절
3.2 에너지 및 조단백질	8장. 가금의 사양관리
3.3 아미노산, 3.4 무기질	8.1 산란계의 사양관리
3.5 비타민	8.2 육계의 사양관리
4장. 육용종계의 영양소 요구량	8.3 육용종계의 사양관리
4.1 요구량의 설정 근거	8.4 육용오리 사양관리
4.2 육용종계의 영양소 요구량	8.5 종오리 사양관리
4.3 산란기별 사료영양수준과 1일 급여량	8.6 메추리의 사양관리
4.4 산란기의 주령별 표준능력	
5장. 오리와 메추리의 영양소 요구량	인용문헌
5.1 요구량의 설정 근거	부 록
5.2 오리의 영양소 요구량	• 가금류에 사용되는 주요 사료성분표

소 요구량을 구하였다. 특히 체 성장 및 계란 생산 능력의 향상을 고려한 자료를 근거로 비타민 요구량을 높게 책정하였으며, 특히 칼슘 요구량을 비교적 높게 권장하고 있는 최근의 연구 결과를 참고하고 있다.

한국사양표준 가금편(2012, 개정판)은 총 8장과 2개의 부록으로 구성되어 있다.

제1장에서는 가금사료의 각종 영양소와 요구량에 대해 설명하였으며, 제2장에서는 산란계와 산란종계의 영양소 요구량, 제3장에서는 육계의 영양소 요구량, 제4장에서는 육용종계의 영양소 요구량에 대해 설명하였다. 오리와 메추리의 영양소 요구량은 제5장에서 제시하였으며, 제6장에서는 영양소 요구량에 영향을 미치는 요인들과 사료첨가제에 대해 설명하였다. 제7장에서는 가금의 영양소 결핍과 과잉, 면역반응 등에 대해 설명하고 있으며, 가금의 사양관리에 대해 품종별, 단계별로 제8장에서 설명하고 있다. 부록에서는 가금용 배합사료 제조 시 주로 사용되는 사료원료에 대한 성분 함량을 수록하고 있다(표 4-3).

2. 가금의 에너지 및 영양소 요구량과 평가방법

2.1 가금의 에너지 요구량

에너지는 대사 과정에서 에너지 영양소들의 산화로 발생하는 특성을 가진다. 대사에너지(metabolizable energy, ME) 값은 가금이 이용 가능한 유효 사료 에너지의 정의에 가장 보편적으로 사용되는데, 생물 실험법 혹은 일반 분석을 기초로 ME 값을 결정하는 평가 방법들이 있다. 총에너지(gross energy, GE)는 물질이 이산화탄소와 물로 완전히 산화될 때 열로 방출되는 에너지로 보통 단열식 폭발열량계를 이용하여 산소 25~30기압 하에서 측정한다. 조류는 총배설강에서 분과 뇨를 함께 배설하므로 분을 분리하는 소화율 측정이 어렵다. 따라서 가소화에너지 값은 가금사료의 배합 시에 일반적으로 채택되지 않는다.

외관상 대사에너지(apparent metabolizable energy, AME)는 섭취한 사료의 총에너지에서 분, 뇨 및 소화 과정 중 발생된 가스에 포함된 총에너지를 뺀 것으로, 가금에서는 가스 생성이 미미하여 대사에너지는 사료의 총에너지에서 배설물의 총에너지를 빼어 나타낸다. 질소보정 대사에너지(nitrogen corrected metablizable energy, MEn)는 체내 질소 축적에 대한 에너지 값을 보정하여 산출하며, 가금사료 배합에 사용되는 유효에너지의 가장 보편적인 단위이다.

가금에서 순대사에너지(true metabolizable energy, TME)는 섭취한 사료의 총에너지에서 배설물 중 사료 유래의 총에너지를 뺀 것이다. 질소보정 TME(TMEn) 값은 질소 축적에 보정계수를 곱하여 산출한다. 대부분의 MEn 값들은 시험원료로 시험사료의 일부를 대체하거나, ME 값을 알고 있는 사료 원료와 대체하여 평가하는데 가금에게 사료를 무제한 급여하면 거의 모든 사료 원료의 MEn 값들은 TMEn와 거의 비슷한 값이 얻어진다.

정미에너지(net energy, NE)는 ME에서 열량증가로 손실된 에너지를 뺀 것으로 정미에너지는 유지를 위한 에너지(NEm) 또는 유지와 생산에 이용되는 에너지(NEm+p)이다. NE는 각각 다른 유지 효율 또는 다양한 생산 기능의 효율에 사용되므로 각 사료 원료에 대해서 절대적인 NE 값은 없다. 이러한 이유로 한 때 가금에서 유효한 에너지의 평가치로 사용되던 생산에너지(productive energy, PE)는 거의 사용되지 않는다.

가금의 에너지 요구량을 정의하는 것은 다른 영양소에 비해 좀 더 복잡하다. 닭은 사료의 에너지 농도에 따라 섭취량을 조절할 수 있다. 사료의 에너지 수준은 kcal ME/Kg으로 나타내나, 이것은 단지 가금의 에너지 섭취에 대한 반응에 대하여 한정된 정보만 알려준다. 그러므로 일당 에너지 요구량을 kcal / bird로 표시하는 것이 좀 더 구체적인 표현방법이며, 에너지를 기초로 하여 다른 영양소의 섭취량을 조절한다. 보다 현실적인 방법은 모든 영양소를 에너지 농도와 결부시키는 방법이다. 즉 사료의 에너지 수준이 증가함에 따라 섭취량이 줄어들기 때문에 칼슘, 라이신 같은 영양소를 균형 있게 증가시키는 것이다. 사료의 에너지 수준이 감소하면 다른 영양소의 농도도 감소시킨다.

육계는 성장이 너무 빨라 사료 섭취량과 에너지 요구량이 매일 변화하기 때문에 매우 어린 일령에서는 요구량 규명이 어렵다. Payne(1967)은 다양한 에너지 수준에 따른 산란계의 사료섭취량 변화를 조사하여 기온이 18℃에서 사료의 에너지 수준을 증가시키면 사료섭취량은 줄어든다고 하였다. 이러한 조절은 거의 완벽해서 총에너지 섭취량이 매우 일정하다. 높은 외기 온도에서는 이러한 조절 기전이 다소 상이하게 나타날 수 있다.

Parsons 등(1994)은 사료의 에너지 수준이 갑자기 변화되었을 때, 산란계가 섭취량을 조절하는데 약간의 시간이 소요됨을 보고하였다. 낮은 에너지에서 높은 에너지 수준으로 전환할 때 일시적으로 3～4%의 에너지 섭취량의 증가가 발생한다. 반면에 높은 수준에서 낮은 수준으로 전환 시는 에너지 섭취량이 10% 정도 감소한다. 그러나 시원한 외기온도 상태에서는 이러한 에너지 변화에 대한 조절이 6일 이내에 거의 완벽하게 이루어진다. 다른 가금이나 육계에서도 이러한 조절반응이 분명히 관찰되지만, 산란계는 동물 중에서 이러한 에너지 조절 반응이 상대적으로 민감하게 나타난다.

표 4-4. 대사에너지 수준이 다른 사료의 급여가 두 계통의 육계의 증체와 사료섭취량 및 사료요구율에 미치는 영향

처 리[1)]	A1	A2	A3	A4	R1	R2	R3	R4
체중, g/수								
21일	925.3	871.4	902.3	905.5	954.0	906.4	873.5	936.9
31일	1,884.5^{bc}	1,873.2^{bc}	1,840.2^{c}	1,833.4^{c}	1,964.4^{a}	1,942.9^{ab}	1,877.5^{bc}	1,940.1^{ab}
38일	2,585.6^{bc}	2,598.5^{bc}	2,545.3^{c}	2,542.2^{c}	2,716.4^{a}	2,709.1^{a}	2,646.8^{abc}	2,690.3^{ab}
사료섭취량, g/일/수								
1～21일	55.1	52.7	53.1	52.7	56.0	54.1	53.5	54.5
22～38일	166.3^{bc}	166.8^{bc}	160.2^{cd}	153.2^{d}	173.8^{ab}	175.0^{a}	166.6^{bc}	165.1^{c}
1～38일	103.9^{abc}	103.1b^{c}	100.6^{cd}	97.3^{d}	108.0^{a}	107.2^{ab}	103.2^{bc}	103.0^{bc}
시료요구율								
1～21일	1.30	1.33	1.29	1.28	1.29	1.31	1.36	1.27
22～38일	1.70a	1.64^{abc}	1.66^{abc}	1.59^{c}	1.68^{ab}	1.65^{abc}	1.60^{c}	1.60^{bc}
1～38일	1.55a	1,53^{ab}	1,53^{ab}	1.48^{b}	1.53^{a}	1,53^{ab}	1.50^{ab}	1.48^{b}

	에너지	계통 유의차	에너지×계통
체 중			
21일	NS	NS	NS
31일	NS	<0.05	NS
38일	NS	<0.01	NS
사료섭취량			
1～21일	<0.05	NS	NS
22～38일	<0.05	<0.01	NS
1～38일	<0.05	<0.01	NS
사료요구율			
1～21일	NS	NS	NS
22～38일	<0.05	NS	NS
1～38일	<0.05	NS	NS

[1] A1. A 계통 2,950 kcal/kg, A2. A 계통 3,050 kcal/kg, A3. A 계통 3,150 kcal/kg, A4. A 계통 3,250 kcal/kg.
R1. R 계통 2,950 kcal/kg, R2. R 계통 3,050 kcal/kg, R3. R 계통 3,150 kcal/kg, R4. R 계통 3,250 kcal/kg.

2.1.1 육 계

사료의 에너지 수준을 여러 수준으로 급여하였을 때 육계의 성장률은 거의 일정하다. 단백질과 아미노산 농도를 에너지 수준에 따라 조절하지 않고 일정하게 하였을 때, 다양한 에너지 수준에서 육계는 에너지 농도가 22%까지 변화하여도 매우 일정한 에너지 섭취량을 나타내었다(Leeson 등, 1996). 만약 사료의 에너지 농도를 변화시키면서 사료섭취량을 일정한 수준으로 제한하여 에너지 섭취량을 줄이면 체중 증가가 덜함으로서 에너지 섭취량이 성장을 조절하는 주요 요인임을 알 수 있다. 에너지 섭취량과는 별도로 육계는 낮은 에너지 농도의 사료의 경우 섭취량이 늘기 때문에 사료효율은 저하된다. 이론적인 예로서 사료효율과 에너지 효율은 사료의 에너지 수준이 증가할수록 개선되는 경향을 보인다.

김 등(2012)은 사료 내 ME 수준을 달리한 실험사료(2,950, 3,050, 3,150 및 3,250 kcal/kg 사료)를 두 계통의 실용 육계에 급여한 후 성장 성적을 조사한 결과를 발표하였다. 21, 31 및 38일령에 조사한 체중은 에너지 수준 간에는 유의한 차이는 없었으나 2,950 및 3,050 kcal의 에너지 수준이 다소 낮은 사료 급여구에서 우수한 경향을 보였다. 사료섭취량은 에너지 수준이 증가할수록 감소하는 결과를 보여 주었다. 사료 내 에너지 수준이 증가할수록 사료 요구율은 유의하게 개선되는 것으로 나타났다.

2.1.2 산란계

산란종 육성계에 있어서 일령에 맞는 적정한 체중을 달성하는 데 있어서 보통은 에너지가 제한요인으로 보인다. 여러 에너지 수준의 사료를 시험해 보면 성장률과 에너지 섭취는 높은 에너지 수준의 사료에서 최대로 된다. 또한 갈색 육성계가 백색 육성계보다 에너지 수준에 민감한 것으로 생각된다.

단백질 함량을 고정하고 에너지 수준을 높이면 때때로 단백질과 아미노산 섭취량이 감소하여 성장률이 감소할 수 있다. 2,750 또는 3,000 kcal ME/kg의 사료를 급여한 다른 실험에서 갈색 육성계는 126일 동안 높은 수준의 에너지 사료를 급여한 구가 에너지 섭취량이 6% 더 많았다. 반면에 백색 육성계는 사료의 에너지 수준에 관계없이 에너지 섭취량이 상대적으로 일정하였다.

성숙된 산란계의 경우 에너지가 산란율을 조절하는 주요 제한 요소인 것으로 보인다. 에너지 섭취량을 증가시키면 단백질 또는 아미노산 섭취량과 별개로 산란수가 증가된다. 에너지 섭취량이 낮은 상태에서 단백질과 아미노산 섭취량을 증가시킴에 따라 산란수는 약간 증가한다. 그러나 에너지 섭취량이 230 kcal ME/일 밖에 안 되면 단백질을 13g/일까지 급여하여도 거의 반응이 나타나지 않는다. 산란수와는 반대로 난중은 에너지에는 거의 영향 받지 않으며, 단백질이 주요 제한 요소임을 보여주고 있다. 현재까지 알려진 산란계에서 사료 및 에너지 섭취량을 예측하는 회귀방정식은 다음과 같다.

한국사양표준 가금(2002 ; 2007 ; 2012)과 일부 육종회사들에서는 Emmans 공식을 채택하고 있다.

① Emmans (1974), $ME = (a+bT)BW + 5\Delta W + 2EM$

② Chawalibog (1985), $ME = 141\ W^{0.75} + 0.96\ EB + 1.56\ EE$

③ NRC 사양표준 (1994), $ME = W^{0.75}(724 - 8.15T℃) + 23\ DW + 8.66\ EM$

a : 갈색계의 경우 140, 백색계의 경우 170
b : 갈색계의 경우 -2.1, 백색계의 경우 -2.2
BW : 체중 (kg)
$W^{0.75}$: 대사체중(kg)
T : 환경온도
ΔW : 체중 변화 (g)
EM : 1일 산란량 (g)
EB : 체내 에너지 축적량
EE : 1일 난 에너지

표 4-5. 산란계(갈색 계통)에서 에너지 이용의 구분

주 령	유지에너지 (kcal)	+20% 활동 에너지(kcal)	성장 (kcal)	난 생산 (kcal)	합계 (kcal)
16	128	147	80	0	227
18	136	156	80	0	236
20	144	155	80	8	254
22	152	175	70	66	309
24	160	184	40	94	320
26	164	186	40	96	322
28	170	196	34	98	328
30	172	198	32	100	330

(Leeson과 Summers, 2001)

표 4-6. Emmans 공식으로 추정한 산란계의 에너지 요구량

구 분	갈색계			백색계		
	체중 (kg)	사료섭취량 (g)	에너지 요구량(kcal)	체중 (kg)	사료섭취량 (g)	에너지 요구량(kcal)
산란 초기 (1%~32주)	1.75	105	295	1.56	93	260
산란 중기 (32~45주)	1.92	113	307	1.63	99	269
산란 후기 (45~55주)	1.96	113	303	1.65	100	269
산란 말기 (55주 이후)	2.00	114	295	1.67	102	260

(한국사양표준 가금, 2012)

Emmans 공식을 통해 체중이 1.7 kg, 환경온도가 20℃, 일당증체량이 3g, 95%의 산란율에 55g의 난중(일산란량으로 52.25)의 갈색계에서 1일 에너지 예상 섭취량을 산출하면 약 286 kcal가 된다.

표 4-5에는 산란계에서 유지와 난 생산에 필요하다고 예상되는 에너지를 구분하여 나타내었다. 주령이 증가함에 따라 체중 역시 증가하기 때문에 유지에너지 요구량이 높아지며, 난중 역시 증가함으로서 난 생산에 필요한 에너지 역시 높게 평가되었다. 산란 직전에 1일 227 kcal이 요구되는 반면 산란 피크기인 30주령에는 330 kcal로 에너지 요구량이 증가하는 것으로 예측하고 있다.

표 4-6에는 한국사양표준(가금) 2차 개정판(2012)에 명시된 에너지 요구량을 나타내었다. 일일 대사에너지 요구량은 2007년 이후의 국내에서 수행된 산란계 능력검정 성적(대한양계협회, 2008 ; 2009)을 활용하여 Emmans 공식으로 산출하였다. 또한 산란 후기는 난 생산성이 감소함에 따라 여분의 영양소가 복강지방 축적 등에 이용되게 되는데, 이를 예방하기 위해 산란 후기 사료섭취량은 110~115g, 체중은 1.9~2.0kg 내외로 조절하였을 때의 에너지 요구량으로 설정하였다.

2.2 가금의 단백질 및 아미노산 요구량

가금의 단백질과 아미노산 요구량은 성장속도나 산란율 등 생산단계에 따라 크게

다르다. 육계는 빠른 성장에 대한 필요량을 충족시키기 위하여 아미노산 요구량이 높은 반면, 성계 수탉은 산란계보다 체격이 크고 사료섭취량은 비슷하지만 아미노산 요구량은 낮다. 가금의 체중, 성장속도 및 산란은 유전적으로 결정되기 때문에 아미노산 요구량은 형태, 품종 및 계통에 따라 다르다.

아미노산 요구량에 대한 유전적 차이는 소화율, 영양소 흡수율 및 흡수된 영양소의 대사 효율의 차이에서 기인한다. 사료 중 아미노산과 단백질 요구량은 사료 중 백분율 값으로 표시하지만, 최대의 생산성을 얻기 위해서는 균형이 맞는 원료로서 양적으로 필요량이 공급되어야 한다. 따라서 사료 섭취량에 영향을 주는 요인은 아미노산과 단백질의 섭취량에 영향을 미치며, 궁극적으로 사료 중 이들 영양소 함량에도 영향을 미친다.

환경온도는 가금의 사료 섭취에 영향을 미치며, 보통의 경우 단백질과 아미노산 요구량은 가금이 적절한 온도(18℃~24℃)에서 사육할 경우에 해당된다. 이 범위 이외의 환경온도에서는 사료섭취량이 반비례하는데, 온도가 낮을수록 사료 섭취량이 많아지고, 그 반대의 경우도 동일하다. 따라서 단백질과 아미노산 요구량의 비율은 사료 섭취량의 예상되는 차이만큼 더운 환경에서는 높아지고, 추운 환경에서 낮아진다. 높은 환경온도에서 사육하는 가금에서 사료 중 단백질 함량을 증가시킬 때에는 대사열(heat increment) 발생 등 유의할 점이 있다.

사료 중 잉여의 아미노산을 최소화하면 육계의 생산성이 향상된다. 사료 중 단백질 함량은 각각의 필수아미노산 요구량에 영향을 미칠 수 있는데, 단백질의 백분율로 표시하면 필수아미노산 요구량이 거의 영향을 받지 않으나, 사료 중 단백질 수준(사료 내 비율)이 높아지면 필수아미노산 요구량이 높아진다. 사양표준에 제시된 단백질 및 아미노산 요구량은 최대의 성장과 생산성을 위한 요구량이다(최대의 이익이 아님).

조단백질 요구량을 산정하는 공식은 다양하지만, 여기서는 한국사양표준(가금) 2차 개정판(2012)에 실린 산란계 자료를 제시한다.

$$CP = (BW \times 1.3 + \Delta W \times 0.18 + EM \times 0.12)/0.83 \times 0.68$$

CP : 조단백질(g/일/수)
BW : 체중(kg)
⊿W : 1일 증체량(g)
EM : 1일 산란량(g)
1.3 : 체중 1kg당 유지량(g)
0.18 : 체내 CP함량(18%)
0.12 : 계란(난각 포함) 내 CP함량(12%)

0.83 : 사료 내 CP의 평균 소화율(83%)
0.68 : 사료 내 CP의 평균 생물가(68%)

앞에서와 동일하게 체중이 1.7 kg, 일당증체량이 3g, 95%의 산란율에 55g의 난중(일산란량으로 52.25)의 갈색계에서 1일 조단백질 요구량을 산출하면 약 16g 수준이 된다.

2.3 가금에서 아미노산 요구량의 평가방법

가금의 아미노산 요구량을 구하는 방법으로 과거에는 표준곡선(empirical) 방식이 사용되었으나 최근에는 이상단백질(ideal protein) 개념을 이용한 방식이 널리 사용되고 있다. 이상적 단백질 방식에서는 우선 라이신의 요구량을 결정하고, 라이신의 요구량을 기준해서 다른 필수아미노산의 요구량을 백분율로 나타낸다. 라이신이 기준이 되는 이유로는 라이신 요구량을 조사한 연구가 많다는 점, 라이신이 주로 체단백질 합성에 이용된다는 점을 들 수 있다.

이상적 단백질 개념은 과거에 정제사료를 사용해서 닭의 아미노산 요구량을 처음으로 제안한 이후 그 동안 수많은 연구자들에 의해 계속 발전해 왔다. 브라질 가금 사양표준(2005)은 초생추부터 산란계까지, 백색계와 갈색계별로, 육계의 각 사육 단계별로 모든 경우에 해당되는 이상적 단백질 개념에 입각한 아미노산의 요구량 비율을 적용해서 만들어진 좋은 예가 된다. 가금의 필수아미노산 요구량과 사료 아미노산 함량을 표현하는 방법은 아미노산 분석기로 측정한 화학적 분석 값을 그대로 사용하는 것(분석 값)과 소화율을 적용한 가소화 함량으로 나타내는 방법(소화율 값)의 두 가지로 크게 나눌 수 있다.

여기서는 아미노산 요구량을 조사한 연구 중에서 Dozier 등(2008)이 육계에서 가소화 라이신(digestible lysine) 요구량을 평가한 자료를 소개한다.

49~63일령 로스(Ross) 종 암·수컷을 공시하여 실험사료 내 가소화 라이신 수준을 0.50%에서 시작하여 1.04%까지 0.09%씩 차례로 높인 총 7개 처리로 나누어 급여하였다(사료 내 가소화 라이신 함량을 각각 0.50, 0.59, 0.68, 0.77, 0.86, 0.95, 1.04%로 설정). 통계적 기법을 통해 사료 내 가소화 라이신 함량의 증가에 따른 linear, quadratic 평가를 하고, straight-broken line, quadratic broken line 모델을 적용하였으며, 회귀방정식을 도출하여 성장, 사료요구율, 도체율, 복강지방량 및 가슴육 생산 등 각각의 조사 지표에 따른 가소화 라이신 요구량을 평가하였다. 각 조사 지표별로 최대의 성적의 95%에 해당하는 값을 요구량으로 하였다.

표 4-7. 사료 내 가소화 라이신 수준에 따른 수컷의 성장 및 도체 성적의 변화

	사료 내 가소화 라이신 수준, %							P 값	
	0.50	0.59	0.68	0.77	0.86	0.95	1.04	linear	quadratic
증체량, kg	0.88	1.00	1.09	1.20	1.24	1.19	1.22	0.01	0.001
라이신 섭취량, g	1.55	1.84	2.21	2.58	2.93	3.17	3.47	0.001	0.001
사료요구율	3.58	3.13	3.03	2.81	2.77	2.71	2.74	0.001	0.001
도체중, kg	3.32	3.42	3.48	3.66	3.62	3.65	3.64	0.01	0.01
복강지방, kg	0.10	0.09	0.10	0.10	0.11	0.10	0.10	0.05	0.18
가슴육 중량, kg	0.99	1.04	1.08	1.14	1.14	1.17	1.15	0.01	0.001

(Dozier 등, 2008)

표 4-8. 사료 내 가소화 라이신 수준에 따른 암컷의 성장 및 도체 성적의 변화

	사료 내 가소화 라이신 수준, %							P 값	
	0.50	0.59	0.68	0.77	0.86	0.95	1.04	linear	quadratic
증체량, kg	0.83	0.93	0.96	0.97	0.96	0.94	0.94	0.15	0.02
라이신 섭취량, g	1.51	1.81	2.14	2.33	2.64	2.90	3.12	0.001	0.001
사료요구율	3.72	3.36	3.34	3.11	3.26	3.28	3.19	0.07	0.04
도체중, kg	2.77	2.83	2.78	2.81	2.81	2.77	2.79	0.90	0.47
복강지방, kg	0.12	0.12	0.12	0.12	0.12	0.12	0.11	0.74	0.28
가슴육 중량, kg	0.85	0.95	0.90	0.92	0.91	0.91	0.90	0.62	0.45

(Dozier 등, 2008)

수컷에서는 대부분의 조사항목에서 유의한 linear 및 quadratic 변화가 관찰되었다(표 4-7). 수컷에서 증체, 사료요구율 및 가슴육 중량 개선을 위한 가소화 라이신 요구량은 각각 0.86, 0.88 및 0.90%이었다(표 4-9). 반면 암컷에서는 사료 내 가소화 라이신 함량의 증가에 따른 성장 및 도체의 성적은 주로 quadratic 변화를 보였는데(표 4-8), 증체 및 사료요구율을 지표로 하는 가소화 라이신 요구량은 각각 0.79 및 0.83%로 수컷에 비해 낮은 것으로 나타났다(표 4-9). 최대의 성장 성적을 얻기 위한 일일 가소화 라이신 섭취량은 수컷에서 약 3g, 암컷에서는 약 2.8g 수준인 것으로 판단되었다.

표 4-9. 회귀분석을 통한 가소화 라이신 요구량

조사 지표	회귀 방정식	R^2	요구량
수 컷			
증체량, kg	-0.373 + 3.409×(Lys) - 1.851×(Lys × Lys)	0.971	0.86
사료요구율	6.526 - 8.162×(Lys) + 4.359×(Lys×Lys)	0.975	0.88
도체중, kg	2.099 + 3.273×(Lys) - 1.725×(Lys×Lys)	0.937	0.87
가슴육 중량, kg	0.433 + 1.489×(Lys) - 0.768×(Lys×Lys)	0.965	0.90
암 컷			
증체량, kg	0.168 + 1.928×(Lys) - 1.152×(Lys×Lys)	0.856	0.79
사료요구율	5.756 - 5.881×(Lys) + 3.349×(Lys×Lys)	0.799	0.83

(Dozier 등, 2008)

결 론

가축의 사양기술은 최적의 영양관리를 통해 축산식품을 경제적으로 생산하고 분뇨를 통한 영양소 배출량을 최소화하는 것이 목표이다. 과학적인 영양관리는 가축이 성장, 유지, 생산 및 번식 활동을 하기 위해서 필요한 정확한 영양소 요구량을 알고 사료를 통해 공급하는 기술을 바탕으로 한다. 성별, 생산 목표, 성장단계 및 생리적 상태에 따라 달라지는 영양소 요구량에 대한 정보를 파악하고 사양표준에 반영할 수 있다면 더 우수한 품질의 경제 사료를 생산할 수 있다.

가금 분야에서는 다국적 육종회사들을 중심으로 유전적 생산능력이 향상된 계통들이 끊임없이 개발되고 있다. 따라서 새로운 계통을 대상으로 유전적 능력을 극대화하기 위한 목적으로 영양소 요구량 관련 연구도 함께 진행되는 추세이다. 사육 환경의 변화가 가금의 영양소 요구량에 어떠한 영향을 미치는지에 대한 연구 결과가 여전히 부족하기 때문에 기후변화와 영양소 요구량의 관련성을 규명할 필요가 있다. 최근에는 동물의 복지와 환경 친화적인 영양 및 사양관리 기술들이 사양표준과 육종회사의 사양관리 지침서에 새롭게 수록되고 있는데, 그 중요성이 점점 더 강조될 것으로 예상된다.

참고문헌

1. Brazilian Tables for Poultry and Swine: Composition of Feedstuffs and Nutritional Requirements 2005 2nd ed. Rostagno HS(ed). Universidade Federal de Vicosa, Brazil.
2. Chwalibog, A, 1985. studies on energy metabolism in laying hens. Report #578. National Inst. Anim. Sci. Copenhagen, Denmark.
3. Dozier, W. Corzo, A. A., Kidd, M. T. and Schilling, M. W. 2008. Dietary digestible lysine requirements of male and female broilers from forty-nine to sixty-three days of age. Poult. Sci. 87:1385-1391.
4. Emmans, G. C. 1974. The effects of temperature on the performance of laying hens. In: Energy Requirements of Poult. Br. Poult. Sci. Ltd., Edinburgh.
5. Leeson, S., Caston, L. and Summers, J. D. 2006. Broiler response to energy or protein dilution in the finisher diet. Poultry Sci. 75:522-528.
6. Leeson, S. and Summers, J. D. 2001. Energy, In: Nutrition of the chickens. pp 34-99. University Books. Guelph, Ontario, Canada.
7. National Research Council 1994. Nutrient Requirements of Poultry, 9th ed.
8. Parsons, C. M., Zimmerman, R. H., Koelkebeck, K. W. and Zhang, Y. 1994. Effect of abrupt dietary energy changes on daily calori intake and performance of young laying hens. J. Appl. Poult. Res. 3:133-140.
9. Payne, C. G. 1967. In: Environmental Control of Poultry Production. pp 40 -54. ed. Carter, T. C. Longmans, London.
10. 김종설, 권정택, 김제헌, 오성택, 이보근, 정란, 정문성, 안병기, 강창원. 2012. 사료내 대사 에너지 수준 차이가 계통이 다른 육계의 성장과 도체 특성에 미치는 영향. 한국가금학회지. 39:195-205.
11. 대한양계협회. 2008. 제41회 산란계 경제능력 검정성적.
12. 대한양계협회. 2009. 제42회 산란계 경제능력 검정성적.
13. 일본사양표준. 2004. Japanese Feeding Standard for Poultry. Japan Livestock Industry Association.
14. 일본사양표준. 2011. Japanese Feeding Standard for Poultry. Japan Livestock Industry Association.
15. 한국사양표준(가금). 2002. 농림부, 농촌진흥청 축산기술연구소.
16. 한국사양표준(가금). 2007. 농촌진흥청, 국립축산과학원.
17. 한국사양표준(가금). 2012. 농촌진흥청, 국립축산과학원.

제 5 장

가금 사양관리

1. 육계 사양관리

1.1 휴지기 관리 및 입추 준비

1.1.1 계사 및 설비 청소

육계 출하반이 출하작업을 마무리하고 농장을 떠나면 계사 내부의 시설, 장비상태를 점검하고 계사 내 폐사계 등을 신속하게 반출한다. 계사 청소 장비들을 계사 밖으로 꺼내어 먼지를 깨끗이 제거하거나 필요시 물 세척을 한 후 창고에 보관한다. 계사 내 먼지와 거미줄 제거는 지붕, 벽, 바닥의 순서로 실시한다. 급이라인, 급이 홴(fan), 호퍼(hopper) 및 사료빈(bin)의 사료를 제거하고 먼지를 깨끗하게 청소한다.

측벽 홴과 배기 홴의 망과 날개, 셔터(shutter)를 깨끗이 청소하고 벨트는 확인해서 교체여부를 결정한다. 급수라인은 소독 액을 채워서 하루 정도 지난 후 직수로 청소해준다. 전구는 먼지를 닦아주고 수명이 다된 전구는 교체한다. 계사바닥을 점검하고 누수로 인한 깔짚 손상이 있었으면 원인을 찾아 제거한다.

1.1.2 깔짚 관리

이전 계군의 사육성적이 저조한 경우에는 반드시 새 깔짚으로 교체해야 한다. 깔짚은 흡습력이 높고 닭이 편안하게 느낄 수 있으며 먼지가 적고 청결한 것을 이용해야 한다. 잘 건조된 깔짚을 8～10cm 깊이로 계사 전체적으로 균일하게 깔아야 한다. 최근에는 왕겨, 대패밥 등 깔짚의 원료 가격이 큰 폭으로 올라 농가에 부담이 증가하였으며 구하기도 어려운 상황으로 깔짚을 효과적으로 재활용하기 위해 많은 노력을 기울이고 있다.

예를 들어 하우스키퍼(housekeeper)를 이용하여 깔짚의 계분 덩어리 부분을 제거한 후 로터리(rotary)를 치고 잘 건조한 후 입추 시 PLT(poultry litter treatment)를 이용하여 암모니아를 제거하여 사용한다.

1.1.3 깔짚 윈드로우잉(windrowing)

깔짚을 재활용하여 사육하기 위한 방법으로 연 1회 정도 아래의 방법으로 발열·발효작업을 실시해 주면 깔짚 내 미생물과 암모니아를 제거하는데 효과적이다. 윈드로우잉을 실시하기 위해서는 재활용 깔짚이 10～20cm 정도 깊이가 되어야 한다. 20cm 이상이 될 경우 계사 중앙의 깔짚을 일부 걷어내야 한다. 깔짚 더미는 60～90cm 높이로 만드는 것이 깔짚을 뒤집어 주기에 편하고 암모니아와 수분을 제거하는데 효과적이다. 깔짚의 윈드로우잉 작업은 출하 후 1～2일 내에 실시하는 것이 바람직하며 보통 10일 정도 기간이 소요된다.

윈드로우잉 작업순서

① 모든 폐사계를 계사 밖으로 반출한다.
② 계사 내 니플, 급이기 등 모든 구조물들을 위로 올린다.
③ 계사 내부의 모든 먼지를 제거 한다.
④ 발효 효과를 높이기 위해 계분 덩어리를 그대로 둔다.
⑤ 로타리 기계를 이용하여 공기가 적절하게 깔짚에 들어가게 한다.
⑥ 계사크기에 따라 계사 내에 2-3줄의 깔짚더미로 쌓는다.
⑦ 깔짚더미를 쌓자마자 살충제를 깔짚 더미에 살포하여 딱정벌레를 제거한다.
⑧ 깔짚더미를 쌓은 후 계사를 밀폐시킨다.
⑨ 깔짚더미의 온도는 매일 측정하여 최소 5일 이상 발열을 시켜 3일 연속, 중심 온도가 54℃ 이상이 되도록 한 다음 반대로 쌓는다.
⑩ 윈드로우잉이 끝나면 곧바로 덩어리지지 않게 펼쳐낸다.
⑪ 트랙터에 목판을 달아서 계사 전체적으로 평평하게 펴낸다.

1.1.4 입추 전 설비 점검

1) 급이기

피드빈(feed bin) 내부에 이물질이 없는지 확인하고 습기가 있다면 뚜껑을 개방해서 환기하여 건조한다. 오래된 디스크(disk) 급이기의 경우 라인의 작동여부를 확인하는 것이 중요하다. 만약의 경우를 대비해서 교체 부품들을 미리 준비하도록 한다.

급이기를 장착하고 실제 사료 이송을 통해서 센서(sensor) 부위의 이상 유무도 확인해야 한다. 오거(auger)식의 경우 반입모터와 호퍼로 연결된 사료 배송관에 부착된 센서의 정상 작동 여부를 확인한다.

2) 급수기

급수기는 부형제가 섞인 약품 등을 사용할 경우 자주 막히는 현상이 나타난다. 니플(nipple) 급수기의 경우 한 번 막히게 되면 상당한 노력이 필요하게 되므로 사육 중에도 항상 관심을 가져야 한다. 일단 막힌 급수기는 100배 희석된 차염산을 채우고 12시간 이후 직수로 배출하면 사용이 가능하다. 단 차염산은 부식성이 높으므로 니플 급수기의 수명을 단축시킬 수 있다. 따라서 평소에 영양제나 수용산 제제, 부형제가 섞인 액상제제를 사용한 다음에는 염소계 소독약이나 구연산 등의 유기산을 반드시 사용해서 니플 급수기의 급수관 내에 바이오 필름이 생기지 않도록 관리한다. 소독할 여건이 안 되면 반드시 플러싱(flushing, 식수배출)이라도 해야 한다. 또한 급수라인에 에어락(air locks ; 펌프나 파이프에 든 액체의 흐름을 막는 공기방울) 발생을 줄일 수 있도록 수평을 잘 맞추어야 한다.

3) 난방설비

LPG(liquefied petroleum gas) 시설에 어려움이 있으나 가스 육추기를 이용하는 것이 사육성적이 우수하며 특히 육추기간 병아리 발육에 있어서 열풍기에 비해 효과적이다. 하지만 사용이 편리하고 짧은 시간에 계사 전체를 가온할 수 있다는 장점이 있어 대부분의 농가가 열풍기를 사용하고 있다. 열풍기는 정해진 장소에 보관을 하고 사용하기 전에는 센서부위와 연료필터 등을 점검해야 한다. 필히 입추 선에 시험가동을 해보고 문제점을 발견하여 조치를 해두어야 한다. 그리고 항상 여분의 열풍기를 비치해서 사용하던 열풍기가 고장을 일으키면 교체할 수 있어야 한다.

급유라인에 에어락이 있을 경우 열풍기가 꺼지는 주된 요인이 되므로 반드시 급유라인에 에어락 유무를 확인하고 수평을 다시 맞추거나 일정량 배출을 통해서 공기를 제거해야 한다. 또한 불완전연소가 되면 병아리 때 호흡기에 문제를 일으킬 수 있으므로 적절하게 부품을 교체해서 완전연소가 되도록 해야 한다. 가스 육추기의 경우도 입추 전 작동여부를 확인하는 것이 중요하다.

4) 환기설비

환기설비는 배기휀의 점검이 중요하다. 특히 대형 배기휀 벨트는 연 1회 교체를 해야 하며, 자주 사용하는 최소 환기용 배기휀 벨트는 회전 시 떨림이 있거나, 벨트를 빼서 반대로 꺽었을 때 균열이 있으면 교체해 주어야 한다. 휀의 성능을 저해하는 주 요인은 먼지이므로 출하 후에는 반드시 물이나 컴프레셔 에어건(compressor air gun)으로 배기휀의 먼지를 깨끗이 떨어내야 한다.

여름철 혹서기에 사용하는 쿨링패드(cooling pad)와 터널 커튼(tunnel curtain)의 작동여부도 확인한다. 전기사고 예방을 위해 배선반에서 각 배기휀에 연결된 차단기의 정상 작동 여부와 과전류 여부를 확인해야 한다. 겨울철이나 봄철 계사 내부의 과습은 전기화재의 주된 원인이 될 수 있으므로 적정한 용량의 전기부품을 사용하고 오래된 전선은 교체하여 전기사고를 예방해야 한다.

1.1.5 입추 전후 관리

1) 입추 2일전 준비

깔짚 평탄작업을 마친 후 니플(nipple) 급수기의 높낮이를 맞추어 고르게 음수 섭취를 할 수 있도록 한다. 급이 시스템은 급이기를 장착하고 실제 사료를 이송하면서 문제점을 찾아 수리한다. 급수기는 물이 잘 나오는지, 니플이 막힌 곳은 없는지를 일일이 확인한다. 병아리의 사료 접근성을 높이기 위해 급이기 밑에는 지대를 깔아 급이기를 넘치게 할 정도로 사료를 충분히 받고 지대에도 충분히 뿌려준다. 겨울철의 경우 2일 전에 25℃ 정도로 예비 가온을 실시한다.

그림 5-1. 0~7일령 알맞은 니플의 높이

2) 입추 1일전 준비

병아리가 도착하면 바로 먹을 수 있는 신선하고 미지근한 물을 준비한다. 봄, 여름과 가을철에는 24시간 이상 예비 가온을 실시하여 급격한 온도 변화로부터 병아리를 보호하도록 한다. 계사 내 병아리 운송차량이 통행하는 공간을 제외하고 나머지 부분에는 넓은 면적의 보조 급이기와 급수기를 배치한다. 급이면적을 육추칸의 25%가 되도록 확보해 준다.

3) 입추 당일 육추칸 준비

육추칸의 준비는 농장의 시설마다 차이가 있지만 대부분은 계사의 중간에 육추칸 준비를 권장한다. 이는 외부 온도를 완충시켜 주는 역할이 가장 크기 때문이다. 겨울철의 경우 비육추칸에도 가열을 해 줘야 한다. 육추칸을 사용하는 것은 단순히 연료비를 절약하는 것뿐만 아니라 병아리의 사료섭취를 유도하고자 하는 이유가 있다. 칸막이는 샛바람의 이동이 생기지 않도록 견고하게 하고, 환기가 필요한 경우는 병아리에게 지장이 생기지 않도록 위쪽을 개방해서 환기를 실시한다.

4) 육추칸 사료 준비

① 육추기간 동안 3곳에 사료를 담아 공급하여야 한다.

- 급이 팬 사이 마다 미니드롭(mini-drop) 보조 사료 급이기를 비치한다.
- 계사 중앙에 대형 보조 사료 급이기를 2000수당 1개씩 비치한다.
- 사료가 팬 급이기에 넘쳐흐르도록 받아둔다.

② 사료는 1~2회/일 가동하며 육추기간 동안 모든 급이기에 사료가 떨어지지 않도록 관리한다

③ 초기 5~6일령 동안 사료는 반드시 수동으로 조절하여 사료가 떨어지지 않도록 한다.

④ 보조 급이기는 일반적으로 7일령에 육추칸을 확장하기 전에 제거 한다.

- 육추칸 확장 1일전 미니드롭 2개당 1개씩 닫는다.
- 육추칸 확장 당일에 나머지 미니드롭을 모두 닫는다.
- 보조 급이기의 사료가 모두 없어지면 제거한다.

⑤ 계사 중앙의 대형 보조 급이기는 2주령까지 비치하거나 일반 급이기의 사료를 충분히 섭취하기 시작할 때 제거한다.

⑥ 대형 보조 급이기는 2차 육추 칸까지 이동하여 최소 1회 사용한다.

1.2 육계 초기관리

육계의 초기관리는 일반적으로 입추일 부터 14일령까지의 관리를 의미하며 육계사육 성공 여부에 있어서 가장 중요한 기간이다. 초기 육추관리의 부실은 폐사율을 증가시키고 계군의 균일도를 떨어뜨리는 등 전체적인 사육성적에 지대한 영향을 준다. 7일령 체중은 입추준비와 초기관리 상태가 양호하였는지 아니면 문제가 있었는지를 평가할 수 있는 중요한 지표이다.

일반적으로 7일령 목표 중량은 초생추 중량의 4배이다. 7일령 중량의 1g 차이는 출하 시 약 5g의 차이를 가져온다. 만약에 7일령 체중이 초생추 중량의 4배에 도달하지 않는다면 입추준비 수준과 초기관리 방법을 반드시 재점검하여 수정해야 한다. 병아리가 초기에 받은 스트레스는 대부분 사육후기 폐사율 발생 및 사료효율 저하로 이어진다. 7일령 체중의 목표 체중에 도달하지 못하는 주된 원인은 초이사료 섭취량의 부족이다. 초이사료 섭취량은 사료의 품질에 영향을 받을 수 있으므로 초이사료는 가루 발생이 적은 적절한 크기의 크럼블(crumble) 형태가 좋다. 충분하지 않은 사료 급이 면적 또한 사료섭취량에 직접적인 영향을 주어 증체량을 떨어뜨리며 사료효율을 저하시키는 원인이 된다.

1.2.1 입 추

농장주는 병아리 운송차량의 운송 및 적재상태를 확인하여 병아리 공급자에게 알려준다. 농장에 병아리가 도착하면 가능한 모든 인력을 동원하여 최소의 시간에 걸쳐 하차 작업을 마무리해야 한다. 병아리 입추작업 인원이 적어서 작업이 지연될 경우탈수문제나 온도 스트레스를 일으켜 폐사율이 높아지고 증체율이 떨어질 수 있다. 병아리 상자를 무작위로 선택하여 숫자와 덤을 확인하고 상자 수의 5% 정도 병아리 중량을 점검한다. 하차작업 시 병아리를 사료와 물 가까이에 풀어준다.

표 5-1. 병아리 보관 및 운송조건

병아리 보관	· 환경온도 22～24℃ · 최소 50%의 상대습도 · 환기량 1,000수당 0.71m³/min
병아리 운송	· 환경온도 22～24℃ · 장거리 운송 시 최소 50%의 상대습도 · 환기량 1,000수당 0.71m³/min

표 5-2. 부화 후 첫 사료 급여시간과 생산성

시간(h)	7일령 증체량(g)	21일령 증체량(g)
6	150	830
18	149	832
30	135	807
42	116	762
54	106	734
66	92	682

1) 병아리 품질 확인

병아리의 품질과 균일도는 사육 성적 및 농가 수익과 밀접한 관계가 있다. 분양 시 동일 품종 및 모계의 주령이 동일한 병아리가 입추되어야 하나 불가피하게 2~3계군이 섞이는 경우 동별로 입추하거나 칸막이를 설치하여 계군 간의 혼입이 이뤄지지 않도록 하는 것이 좋다.

2) 우수한 병아리의 특성

① 수분이 잘 마르고 결이 고른 깃털
② 밝고 동그랗고 생기 있는 눈
③ 잘 아물어 있는 배꼽
④ 밝고 윤기 나는 다리
⑤ 붉은 색의 찰과상이 없는 다리
⑥ 다리, 목, 등에 기형이 없는 것 등

1.2.2 병아리 관리

병아리 하차작업이 끝나면 계사 내 온도, 습도를 측정하고 병아리의 행동 상태를 확인하여 적정 온도를 설정하고 계사 내부를 걸으면서 샛바람이 들어오는 부위를 점검하여 차단하여 준다. 병아리가 환경에 적응하고 쉽게 사료와 물을 찾을 수 있도록 조도를 30룩스(lux) 이상으로 맞추어 준다. 분양 후 이틀 동안은 병아리의 눈높이에 맞춰 급수기의 니플 높이를 조정하고, 이후 3일령 이후부터는 물방울이 바닥에 떨어지지 않도록 음수각(35～45°)을 조정해 주어야 한다. 바닥에 떨어지는 물방울은 사육 후반기 과습으로 인한 문제점을 유발 할 수 있는 요인이 되므로 각별히 신경을 써야 한다. 급이기는 병아리가 사료를 쉽게 섭취할 수 있도록 높이를 맞추어 준다.

1) 초기 온·습도관리

입추 시에 계사의 습도는 30～50%를 유지한다. 열풍기로 난방을 하는 경우 계사 바닥온도는 최소 32℃가 되어야 하고, 육추기를 이용하는 경우 육추기가 직접 조사되는 바닥의 온도는 40.5℃가 되어야 한다. 병아리 풀기 작업을 마치고 2시간 후에 병아리의 상태가 편안한지 점검한다.

2) 초기 환기관리

병아리의 적정 온도뿐만 아니라 환기상태도 고려해야 한다. 적정한 계사 환기를 통해 계사 전체의 온도를 균일하게 유지하고 육추공간에 신선한 공기를 공급할 수 있

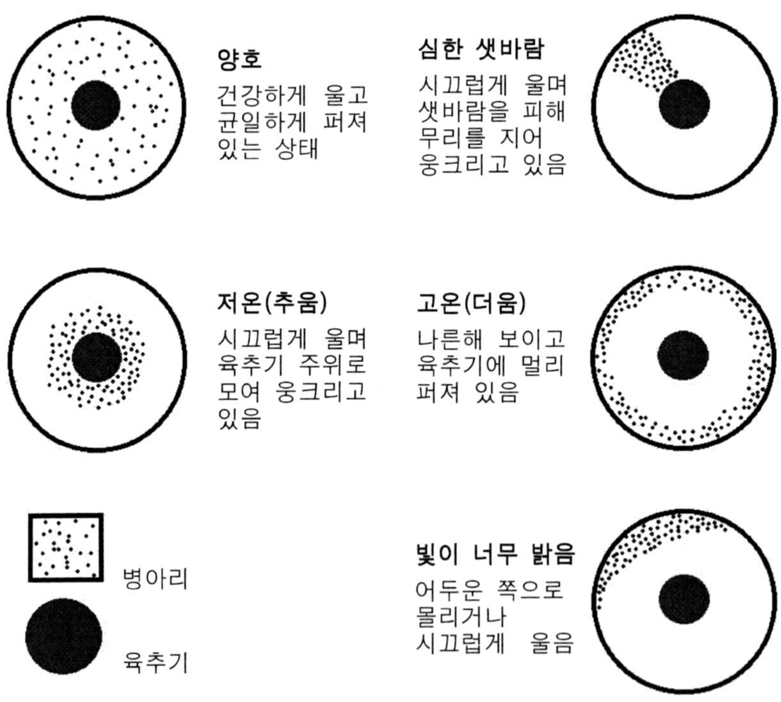

그림 5-2. 초기 온도에 따른 병아리의 분포도

다. 병아리는 성계 보다 공기 품질에 더욱 영향을 받는다. 소량의 암모니아 수준에서도 병아리는 7일령 증체량의 20%까지 증체가 지연될 수 있다.

암모니아는 20 ppm 이하로 유지해야 한다. 병아리가 도착하기 전에 암모니아 가스가 20 ppm 이상이면 병아리 도착 전 휀 가동을 시작하고, 암모니아 가스가 20 ppm 이하이면 병아리가 도착한 후 휀 가동을 시작한다. 병아리는 틈새 바람에도 민감하다. 0.5m/s의 낮은 공기 풍속도 초생추에게 상당히 낮은 체감온도를 줄 수 있다. 순환 휀 사용 시 병아리에게 직접 바람이 불지 않도록 순환 휀을 작동시켜야 한다.

3) 급이기 관리

0~10일령 까지는 가루 발생이 적은 크럼블 또는 미니 펠렛(mini pellet) 사료를 급여하고, 최소 7일령 까지는 평판 급이기나 종이 위에 뿌려주어 병아리가 쉽게 사료를 먹을 수 있도록 해준다. 급이 면적이 충분치 못하면 성장률과 균일도가 떨어지며,

표 5-3. 육추칸 내 공기 권장 품질

구 분	권장수준
산 소	〉 19.6%
이산화탄소	〈 0.3% / 3,000ppm
일산화탄소	〈 10ppm
암모니아	〈 10ppm
상대습도	45~65%
먼 지	〈 3.4mg / m^2

표 5-4. 일령별 닭 높이에서의 풍속 상한

일 령	m / s
0~14일령	유속을 느끼지 못할 정도
15~21일령	0.50
22~28일령	0.88
28일령 이후	1.75~2.50

그림 5-3. 급이기의 알맞은 높이

비품 발생의 주요 원인이 되기도 한다. 따라서 급이기 수에 맞추어 적정 수수를 입추하여야만 급이 활동에 따른 경쟁을 최소화 시킬 수 있다.

급이기의 높이는 닭의 등 높이와 같도록 높이를 매일매일 조정한다. 급이기 높이가 적절치 않으면 사료의 허실이 생겨 사료 요구율이 저하되고 허실된 사료로 인해 바닥이 오염될 수 있다. 급이기는 하루 한 번은 비우게 하는 것이 사료 낭비를 줄이고 사료 효율을 향상시켜 주는 좋은 방법이다.

4) 급수기 관리

병아리 입추 전 계사를 가온 한 상태에서 급수라인의 미지근한 물을 병아리에게 공급할 수 있도록 한다. 니플 급수기는 12수당 1개 비율로 설치하며, 가능하면 3~4일령까지는 보조 급수기를 1,000수당 6개씩 추가로 비치한다. 수압이 너무 강하면 물이 낭비되고 깔짚이 젖는다. 반대로 수압이 너무 약하면 음수량 감소와 사료 섭취량 감소가 일어난다.

급수기 높이는 사육 초기에는 낮게 해주었다가 병아리가 성장함에 따라 점차 높여

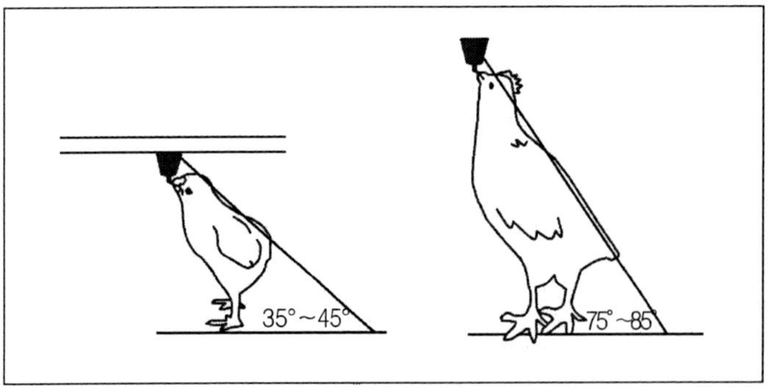

그림 5-4. 니플의 알맞은 높이

주어야 하는데 급수기가 너무 높으면 음수량이 제한되며, 너무 낮으면 깔짚이 젖게 된다. 육추 초기 단계의 니플은 병아리가 쉽게 물을 먹을 수 있도록 병아리 눈높이 위치에 맞추어야 하며, 물을 먹을 때는 병아리 등이 바닥과 35~45°가 되도록 높이를 조절해 준다. 일령이 지나면서 닭의 등이 바닥과 75~85°의 각도가 되도록 높이를 조절하여 물을 먹기 위해 목을 뻗을 정도로 니플을 올려준다(그림 5-4).

5) 폐사율 관리

농장 관리자는 입추당일부터 매일 폐사 및 도태계의 숫자를 기록하여 관리하여야 한다. 폐사율 관리는 계군의 상태를 가장 잘 표현해주는 지표로 활용되므로 도태와 폐사로 구별하여 기록할 수 있도록 해야 한다. 초기 1주령 폐사율이 2% 이상 발생하면 환경관리 상태를 의심하고 전문가의 도움을 받아 원인을 확인할 필요가 있다. 단순 선별불량 이외의 층아리 및 약추 발생의 요인으로는 급이, 급수기의 부족, 맞지 않는 온·습도, 환기의 불량, 소음, 갑자스런 단전, 각종 스트레스 등이 원인이 될 수 있다.

6) 입추 24시간 후 계사 환경평가

입추 후 다음날 아침에 병아리의 모이주머니를 점검하여 병아리의 사료와 물 섭취 상태를 점검한다. 이때 최소 95% 이상의 병아리 모이주머니가 부드러운 포만감이 있어야 병아리들이 성공적으로 사료와 물에 적응했다고 평가할 수 있다. 모이 주머니가 부풀어져 팽창된 병아리는 물은 섭취하였으나 사료 섭취는 부족한 상태이며, 너무 딱딱한 경우는 사료만 섭취하고 물은 섭취하지 못한 경우이다. 사료 섭취상태가 불량한 경우 사료 급이기의 숫자와 접근성을 재평가해야 한다.

그림 5-5. 입추 24시간 후 병아리의 소낭 모습

1.3 성장기 관리

1.3.1 온 · 습도관리

1주령부터는 생리적 적응력이 발달되는 시기이지만 완벽한 조절능력이 없기 때문에 지속적인 온 · 습도관리가 필요하다. 계사 내 온도센서는 계군의 등 높이에 맞추어 주어야 하며 환경 온 · 습도와 계군의 상태에 따라서 온도를 설정해 주어야 한다. 예를 들어 습도가 높으면 온도를 0.5~1℃ 낮추어 주어야 하고, 반대로 습도가 낮은 경우 온도를 0.5~1℃ 정도 높여 주어야 한다. 온도가 낮으면 사료 효율이 나빠지고 증체가 지연되며, 온도가 높으면 사료 섭취량이 줄고 증체율이 낮아진다.

사육일령이 증가함에 따라 사육환경의 조절은 더욱 어려워진다. 따라서 물이 새지 않도록 급수기를 잘 관리해야 하며, 계군에 장염과 등외품이 발생하지 않도록 깔짚을 건조하게 관리하여야 한다. 최근에는 사육후기에 계사의 바닥이 질어지는 문제를 개선하기 위해 초기에 급수기를 충분하게 확보해 주는 대신 별도의 높은 습도는 권장하지 않으며, 일령이 증가할수록 계사 내 온도는 환기를 통해서 바닥이 질어지지 않는 데에 초점을 맞추어 관리한다.

1.3.2 바닥관리

호흡기 질병 및 장염을 예방하여 사육생산성을 높이고 도계 시 등외품을 줄이기 위해서 바닥관리는 매우 중요하다. 바닥을 건조하게 관리하기 위해서 니플 급수기 사용은 필수 사항이다. 니플 급수기 사용의 장점은 첫째, 깨끗한 물을 공급함으로써 세균성 질병이 예방되어 약품 비용을 줄일 수 있으며 생산성을 개선할 수 있다. 둘째,

표 5-5. 일령별 온도 · 습도 가이드

일 령	상대습도(%)	온도(℃)
0	30~50	32~35
1~7	40~60	29~30
8~14	50~60	27~28
15~21	50~60	24~26
21~28	50~65	21~23
28~35	50~70	19~21
35~	50~70	18

물이 바닥에 떨어지는 것을 방지하여 항상 건조한 깔짚을 유지할 수 있어 장염 및 콕시듐증 예방에 도움이 된다. 셋째, 암모니아 가스 발생을 크게 줄일 수 있어서 호흡기 질병을 예방하고 겨울철 연료비를 줄일 수 있다. 넷째, 급수기 높이를 조정할 수 있어 계사 내 여러 가지 작업을 쉽게 할 수 있는 장점들이 있다. 하지만 니플 급수기를 사용하더라도 매뉴얼, 사육일령 및 농장의 환경에 맞게 활용하는 것이 필요하다.

1) 농장 바닥상태 확인

외부에서 들어오는 수압은 설비 권장사항과 동일한지 확인하고 농장의 급수라인 밑을 손으로 헤쳐 보며 실제 바닥이 습해지는지 확인할 수 있다. 급수기 밑을 파보았을 때 계사 바닥에 물이 고여 있을 정도로 물이 차기 시작하고 이 현상이 지속되면 바닥이 질어져 비품의 원인이 된다. 따라서 계사 바닥 관리를 위해서는 니플 급수기 관리에 세심한 주의를 기울여야 한다. 사육 일령에 따라 니플 급수기의 높이를 맞추어 주는 것은 닭이 물을 충분하게 섭취하게 해주고 물의 허실을 방지하는 데 있어서 매우 중요하다. 급수기 높이를 맞추어 주기 위해 농장 관리자는 계군의 음수상태와 자를 이용하여 일령에 맞게 높이를 조정해 주어야 한다. 또한 측정컵을 이용하여 분당 니플의 유량을 측정하여 수압을 조정해 주어야 한다.

(분당 표준 니플 유량 공식: 병아리 주령 × 7ml + 20)

수압봉의 높이를 측정하여 니플 급수기 제조회사의 권장에 따라 레귤레이터(regulator)의 수압을 조정하여 준다. 위와 같은 방법으로 바닥상태를 확인하여 바닥이 습해지는 문제가 발생하는 경우 새는 부분이 있는지 확인하고 양계장 바닥의 수평상태, 즉 니플 급수라인의 수평상태를 점검해야 하고 외부에서 유입되는 수압 및 니플 급수기의 수압을 조정해 주어야 한다. 마지막으로 니플 급수기의 높이를 일령에 맞도록 조정해 주어야 한다.

1.3.3 점등 프로그램

1) 점등 프로그램의 중요성

육계사육에 있어서 점등 프로그램이 증체량을 높이고 사료요구율을 개선하는 효과가 있다는 점은 이미 많은 연구기관들의 실험결과를 통해 증명되었으며 다수의 양계현장에 적용이 되고 있다. 점등 프로그램을 통한 육성율의 개선은 사료요구율을 낮추는 효과뿐만 아니라 소등을 통해 닭의 활동량을 줄이면서 활동에 필요한 에너지를 증체에 필요한 에너지로 전환 할 수 있게 된다. 사육환경 및 출하체중을 고려하지 않는 점등 프로그램은 증체량에 영향을 줄 수 있으므로 점등 프로그램은 사전에 목표 출하 중량 계획에 따라서 설계되어야 한다. 특히 점등 프로그램의 효과는 7∼21일령 사이의 지나친 증체를 억제하여 복수증(ascites), 돌연사증후군(sudden death syndrome, SDS), 관절불량 및 사육 후기의 갑작스런 폐사를 방지하는데 있다.

처음 5∼7일령까지는 활동성을 자극하여 적절한 사료섭취, 소화 및 면역능력이 향상될 수 있도록 하여야 하며, 사육 중반기에는 활동성을 줄여 주면 사료 효율을 높일 수 있다. 성공적인 점등 프로그램을 실시하기 위해서는 계사 전체적으로 균일한 조도의 점등을 할 수 있는 시스템이 필요하다. 입추 초기 증체 자극을 위해서 병아리 높이에서 20룩스 이상의 조도를 권장한다. 균일한 조도를 위해서는 바닥에서 조도의 변이가 20% 미만이어야 한다. 7일령 체중이 160g에 도달 이후 조도를 점진적으로 줄여 10∼5룩스까지 줄여 주어야 한다.

2) 점등 프로그램 적용 시 주의사항

① 점등 프로그램 적용 시 사료 섭취량 및 증체율을 주의 깊게 관찰한다.
② 입추 첫날은 병아리가 사료와 물을 찾을 수 있도록 24시간 점등한다.
③ 둘째 날 소등 시작시간을 설정한 후 출하할 때까지 동일시간에 소등을 실시한다.
④ 계사는 외부로부터 야생동물의 침입을 차단한다.
⑥ 소등시간이 정해지면 닭들은 그 시간에 빠르게 적응하여 소등시간 이전에 사료를 섭취하고 물을 먹는다.
⑦ 소등 / 점등 전후 1시간에 걸쳐 약 조광기(광선조명) 시스템을 적용한다.
⑧ 닭의 체중이 최소 100∼160g이 될 때부터 소등시간을 점차 증가시킨다.
⑨ 소등 전 물과 사료를 충분하게 섭취할 수 있도록 무제한 급이를 해야 하고 점등 시 바로 사료와 물을 섭취할 수 있도록 한다. 이는 탈수를 예방하고 스트레스를 줄여줄 수 있다.
⑩ 닭의 주간 중량을 측정하여 중량 변화에 따라 점등 프로그램을 조정한다.
⑪ 출하일 이전에 소등시간을 줄여주어 출하작업 시 놀라지 않게 한다.
⑫ 부분 출하를 하는 경우 솎기 작업한 날 다시 6시간 소등부터 시작한다.
⑬ 낮 동안 사료섭취량이 줄어드는 더운 계절에는 소등시간을 줄여주어 밤에 사료를 섭취할 수 있도록 해준다.
⑭ 여름에는 일조시간에 맞추어 점등을 해준다.
⑮ 소등시간에도 사료와 물은 지속적으로 공급한다.
⑯ 유창계사의 경우는 자연일조/일몰시간에 맞추어 점등프로그램을 만들어야 한다.
⑰ 출하작업 48시간 이전부터는 특히 낮에 출하를 하는 경우는 조도를 10∼20룩

스까지 높여 주어 닭이 놀라지 않게 한다. 그러나 출하할 때는 조도를 낮추어 닭이 안정되게 해주어야 한다.

표 5-6. 육계 점등 프로그램
(출하 체중 : 2.0kg 이하, 사육밀도 : 18수/m^2 이상, 일당 증체량 : 50g/일 이하)

일 령	소등시간	조도(lux)
0~1	0	20
2~5	1	20
6~출하 6일전	6	5~10
출하 5일전	5	5~10
출하 4일전	4	5~10
출하 3일전	3	5~10
출하 2일전	2	20
출하 1일전	1	20

표 5-7. 육계 점등 프로그램
(출하 체중 : 2.0~3.0kg, 사육밀도 : 14~18수/m^2, 일당 증체량 : 50~60g/일)

일 령	소등시간	조도(lux)
0~1	0	20
2~5	1	20
6~21	9	5
22	8	5
23	7	5
6~출하 6일전	6	5~10
출하 5일전	5	5~10
출하 4일전	4	5~10
출하 3일전	3	5~10
출하 2일전	2	20
출하 1일전	1	20

1.4 출하관리

도계장과 사전에 충분한 정보를 공유하여 미리 출하작업 계획을 세우고 절식을 실시하여 운송사계와 감량을 줄이고 도계품질을 개선함과 동시에 동물복지를 확보하기 위함이다.

〈출하작업 계획을 세우기 위한 사전 정보와 필요성〉

① 도계장 도계시간표 ― 계류시간을 최소화 해야 함
② 도계장과 농장 거리 ― 운송트럭의 효과적 활용
③ 출하 작업반 작업 일정 ― 작업반 확보 및 출하 준비
④ 출하차량 농장 도착시간 ― 농장의 절식과 절수시간 확보

1.4.1 출하 준비

1) 절식 · 절수

출하 전 사료와 물의 중단 절차는 사료요구율, 도체수율을 최적화하고 감량과 도체오염을 최소화하기 위한 중요한 단계이다. 절식의 목적은 소화 장기 내 사료와 소화물을 비워 내장 적출과정에서 도체오염을 막기 위함이다. 물은 가능한 포획작업 바로 직전까지 급여해 주어야 한다. 급수라인은 출하 작업반이 농장에 도착하여 계사에 들어가는 시간에 올려주면 된다.

적절한 절식시간은 8～12시간이 권장된다. 절식시간이 8시간 이하가 되면 이때 섭취한 사료는 소화가 되지 않아 사료요구율에 도움이 되지 않으며 소화장관 내 분변 잔류물이 남아 도체를 오염시켜 품질을 떨어뜨릴 뿐만 아니라 도계장 오염의 원인이 된다. 절식시간이 12시간 이상인 경우에는 소화장관의 장력이 떨어지게 되어 쉽게 찢어져 도체오염을 일으킬 수 있다. 도계장의 계류시설이 우수한 도계장이라 하더라도 닭은 계류중 시간당 0.25% 이상의 자연감량이 일어난다. 따라서 상차시간과 도계시간을 맞추는 작업은 매우 중요하다.

2) 출하 작업 시 주의사항

① 닭을 조심스럽게 다루어 손상으로 인한 비품이 발생하지 않도록 한다.
② 닭을 어리장의 권장밀도에 따라 조심스럽게 취급하여 적재하여야 한다.
③ 여름철에는 적재 밀도를 반드시 낮추어 주어야 한다.
④ 조도를 최대한 낮추어 주어 닭이 움직이지 못하게 한다.

⑤ 가급적 밤 시간을 이용하여 출하작업을 하는 것이 용이하다.

⑥ 불가피하게 낮에 상차작업을 해야 한다면 커튼 등을 이용하여 계사를 최대한 어둡게 해주어야 하며, 계사를 어둡게 할 수 없다면 이동 칸막이를 이용하여 닭이 몰리는 것을 방지해야 한다.

⑦ 포획작업 전에 닭의 움직임을 가능한 최소화 해주어야 한다. 급이라인과 급수라인은 올려주어야 한다. 계사 내 필요 없는 장비나 자재들은 계사 밖으로 꺼내어 놓아야 한다.

⑧ 작업 중에 환기상태를 계절에 따라 적절하게 유지하여 폐사를 방지한다.

⑨ 작업 전에 계절 또는 작업방법에 따라서 출하 작업반에게 어리장 또는 모듈에 적재할 적정수수를 주지시킨다.

⑩ 상차 작업중 차량지연 등으로 중단시간이 발생하면 점등을 다시 해주고 급수라인을 내려주어 닭이 물을 먹을 수 있도록 유도해 준다.

⑪ 출하1~2일 전에 비타민 C 제제 또는 전해질 제제를 투여하는 것은 작업과정이나 운송 시에 닭의 스트레스를 줄여 사계발생을 줄이고 닭고기 품질 저하를 막는 좋은 방법이 된다.

표 5-8. 도체 품질저하의 원인들

구 분	찰과상 (할퀌)	타박상	골 절	수종 무릎/가슴
높은 사육밀도	•	•	•	•
급이 시스템 손상	•			
점등 관리문제	•			
높은 조도	•			
깃털 발육불량	•			•
과격한 출하작업	•	•	•	
바닥관리 불량	•			•
영양결핍	•		•	•
환 기	•			•

1.5 계사 환기

1.5.1 환기의 중요성

환기의 목적은 기본적으로 계군에 신선한 공기를 공급하는 것이지만, 실질적인 가장 큰 역할은 계사 안의 수분을 계사 밖으로 배출하는 것이다. 닭은 보통 섭취한 사료량의 1.8~2.0배의 물을 섭취하며 그 물의 70% 정도를 호흡이나 배설물을 통해 배출한다.

예) 평균 체중 1.8kg, 30,000수가 계사 내로 배출하는 물의 양은?

1.8(kg) × 1.7(사료요구율) × 1.8(음수량/사료섭취량) × 30,000(수) = 165톤

만일 적절한 환기를 통해서 계사 안의 수분을 밖으로 배출하지 않으면 계사 내 바닥은 질어지고 암모니아 발생이 많아져 각종 질병의 원인이 될 것이다. 뿐만 아니라 발바닥 및 가슴 염증 등 각종 비품이 발생하게 된다.

1.5.2 최소 환기

최소 환기는 닭이 건강하게 성장할 수 있도록 사육과정에 필요한 산소를 충분히 공급하고 유전적 잠재력이 최대한 발현될 수 있도록 도와준다. 올바른 최소 환기는 다음 사항을 충족시켜야 한다.

① 계군의 신진대사에 필요한 산소 공급
② 상대습도 조절
③ 양호한 깔짚 상태 유지

최소 환기는 온도 제어장치와는 별도로 타이머에 의해서 작동이 되어야 한다. 즉 강제적으로 환기를 시키는 것으로 계군에 산소를 공급하고 깔짚 상태를 유지하기 위하여 어떠한 경우에도 실시해야만 하는 최소한의 환기를 의미한다.

(1) 최소 환기 타이머 설정

① 주로 5분 사이클 타이머를 사용하며 사이클 타임은 10분을 초과해서는 안 되며 혹한기에는 3분 사이클 타이머를 사용하기도 한다.
② 언제든지 계사 내 공기 상태가 나빠지면 사이클 타임은 유지를 하면서 가동시간(on time)을 늘려줄 필요가 있다.

(2) 1단계 최소 환기

그림 5-6. 퀜의 설치 모습

① 최소 환기 휀은 타이머에 의해 작동되어야 한다.
② 최소 환기 휀은 가변속 휀이 아닌 정속 휀을 사용해야 한다.
③ 최소 환기 휀의 용량은 최소한 8분에 계사 전체의 공기를 교환할 수 있는 용량을 갖추어야 한다.
④ 용적 단위 설명(부피)
- CFM(Cubic Feet per Minute) ; 1분에 1입방피트의 공기, 1ft^3/분
- CMM(Cubic Meter per Minute) ; 1분에 1입방미터의 공기, 1m^3/분
- CMH(Cubic Meter per Hour) ; 1시간에 1입방미터의 공기, 1m^3/시간

⑤ 용적 단위 환산 1CFM = 0.0283 CMM(35.32배) = 1.699 CMH
- 36인치 휀 사용 - 311 CMM(11,000 CFM)
- 8분내 전체 계사 공기교환을 위한 분당 환기량
- 120m(길이) × 12m(폭) × 4m(평균 높이) = 5,760 m^3 ÷ 8 = 720 m^3/분
- 720 m^3/분 = 25,426 CFM, 36" 배기휀 2.3대

(3) 1단계 최소 환기 계산

① 계사 용적 계산 예 = 120 m(길이) × 12m(폭) × 4m(평균 높이) = 5,760 m^3
② 36인치 휀 용량 = 311 CMM(11,000 CFM)
③ 8분내 전체 계사 공기교환을 위한 분당 환기량 = 5,760 m^3 ÷ 8 = 720 m^3/분
④ 필요한 휀의 숫자 : 720 m^3/분 ÷ 311 CMM(36" 휀) = 2～3대

(4) 2단계 최소 환기

2단계 최소 환기 또한 정속 휀을 이용해야 하며 계사 전체 공기를 5분 내에 교환할 수 있는 용량으로 환기를 실시한다.

표 5-9. 최소환기량 (20,000수)

일 령	m^3 / 시간 / 수 - cmh / 수 (ft^3 / 분 / 수 - cfm / 수)	m^3 / 시간 / 수 - cmh / 20,000수 (ft^3 / 분 / 수 - cfm / 20,000수)
1～7	0.16(0.10)	3,200(2,000)
8～14	0.42(0.25)	8,400(5,000)
15～21	0.59(0.35)	11,800(7,000)
22～28	0.84(0.50)	16,800(10,000)
29～35	0.93(0.55)	18,600(13,000)

(5) 2단계 최소 환기 계산

① 계사 용적 계산 예 = 120m(길이) × 12m(폭) × 4m(평균 높이) = 5,760 m^3

② 36인치 홴 용량 = 311 CMM(11,000 CFM)

③ 5분내 전체 계사 공기교환을 위한 분당 환기량 = 5,760m^3 ÷ 5 = 1,152 m^3/분

④ 필요한 홴의 숫자 : 1,152 m^3/분 ÷ 311 CMM(36” 홴 1대) = 3.7대(4대 필요)

1.5.3 전환기 환기

전환기 환기 시스템은 외기 온도와 일령을 고려하여 운영하며 덥거나 추운계절이 모두 있는 지역에서 사용된다. 최소 환기가 타이머에 의해 작동되는 반면에 전환기 환기는 최소 환기와 방식은 같지만 더 많은 홴 용량으로 더 많은 환기를 필요로 할 때 이용한다. 온도 센서가 최소 환기 타이머보다 홴(fan)을 우선적으로 작동시키는 방식으로 구동한다.

전환기 환기는 터널 환기로의 전환 없이 정압계와 연동하는 측면 입기구가 필요하다. 보통 전환기 환기는 외기온도와 계사 목표 온도 간에 온도편차 ±6℃ 이내에서 사용한다. 외기 온도가 목표 설정 온도보다 6℃ 이상이 될 경우에는 적절한 냉각작용을 하지 못하게 되므로 터널 환기로 전환이 필요하다. 또한 외기 온도가 계사 설정 온도보다 6℃ 이하가 될 경우는 닭이 냉기를 느끼게 되므로 주의하여야 한다.

1.5.4 터널 환기

터널 환기는 대형 육계를 사육하거나 완연하게 따뜻해진 봄부터 여름기간 동안에

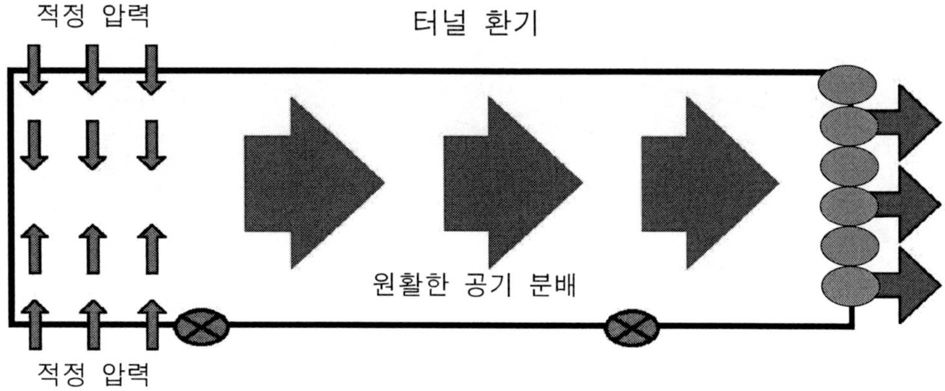

그림 5-7. 정상적인 터널 환기의 모습

빠른 공기유속을 통한 냉각효과를 이용하는 환기 방식이다. 터널 환기를 이용하게 되면 최대 환기와 동시에 빠른 유속에 의한 냉각으로 계군의 체감온도를 낮추는 효과를 얻을 수 있다. 50인치 배기 휀을 사용 시 4주령 미만의 닭에게는 1.4℃에 4주령 이상의 닭에게는 0.7℃의 풍속냉각 효과를 얻을 수 있다.

유속이 빠를수록 닭이 느끼는 체감온도는 떨어지며 어린 닭은 일령이 많은 닭보다 두 배 이상으로 체감 온도가 저하되는 효과를 가져온다. 외기온도가 32℃일 때 1m/s의 풍속에서 4주령 닭이 느끼는 체감온도는 29℃이나 유속이 2.5m/s로 증가하면 7℃ 더 떨어진 22℃의 체감온도를 느끼게 된다. 반면에 같은 조건에서 4주령 닭은 약 4℃만 떨어지게 된다.

계군의 편안함을 판단할 수 있는 가장 좋은 방법은 닭의 행동을 통해 알 수 있다. 터널 환기만으로 설계한 계사에서는 온도에 민감한 육추시기에 각별한 주의가 필요하며, 바닥 유속은 닭이 높게 느끼지 않도록 관리하여야 한다. 터널 환기에서는 계군이 입기구 쪽으로 몰리는 경향이 있다. 공기의 흐름이 알맞을 때는 입기구와 배기구의 온도 차이는 크지 않다. 닭이 몰리게 되면 생산성에서 많은 손실을 보게 되므로 21일령 이전에는 30m 간격으로 낮은 울타리를 설치하여 닭이 몰리는 현상을 방지하여야 한다.

1.5.5 증발 냉각 환기

증발 냉각 환기는 공기 저항을 발생시켜 패드(pad) 표면의 수분을 증발시킬 수 있도록 설계 되어 있다. 증발은 온도와 풍속의 영향을 받는다. 분자의 운동에너지는 그 분자의 온도에 비례하므로 높은 온도에서 증발은 빨라진다. 물 분자가 빠르게 증발될

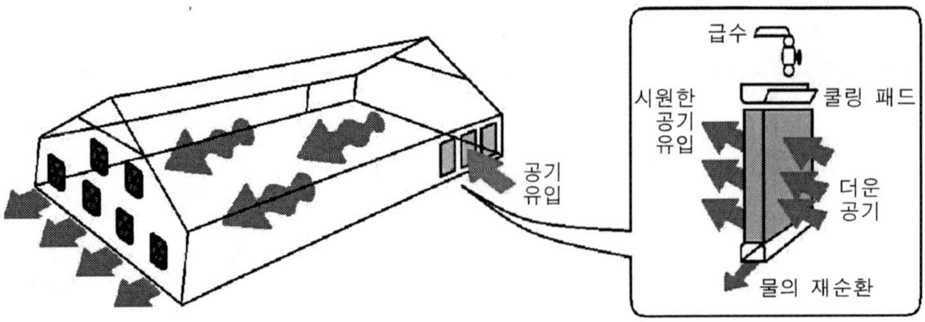

그림 5-8. 증발 냉각 환기 시스템

때 잔여 분자의 운동에너지는 작아져서 액상의 온도는 낮아진다. 이러한 현상을 '증발 냉각'이라고 하며, 증발 과정 중 에너지를 방출하면서 온도가 떨어지게 되는 것이다.

증발 냉각효과는 상대습도가 낮을 때 더 효과적이다. 계사 내부 온도를 효과적으로 낮추기 위해서 터널 환기, 쿨링패드(cooling pad)와 포깅시스템(fogging system)을 통합하여 운영한다. 쿨링패드 작동 시 패드는 100% 젖을 수 있도록 설치해야 하며 쿨링패드룸은 단열처리가 되어야 한다.

2. 산란계 사양관리

2.1 산란계의 유전적 계량

최근 산란계는 유전적 개량과 선발을 통하여 생산성이 과거 몇 년 동안 큰 변화를 가져왔다. 산란체중 및 사료섭취량은 줄어들고 성성숙에 이르는 시기는 빨라졌으며 산란율 및 산란량이 크게 변화하였다.

표 5-10은 국내에서 가장 많이 사육되고 있는 하이라인 브라운(Hy Line Brown)의 20년간의 능력변화를 정리한 것으로 성성숙에 도달하는 체중은 약 150g 줄어들고, 그 시기 또한 13일 이상 짧아졌으나 헨하우스(hen house)당 산란개수는 60주령을 기준으로 10～17개나 늘어나는 육종 변화를 나타내고 있다. 그러므로 변화된 닭의 산란능력에 따른 육성기 및 산란기간 동안의 사양관리 또한 변화하여야 한다. 다음에 서술하는 육성기 및 산란기 사양관리는 종계사가 제시하는 사양관리를 기준과 일반적인 관리 기준을 참고하였다.

표 5-10. Hy-Line Brown의 과거 20년간의 능력 변화

구 분	1993	2002	2006~2008	2012
육성기간 동안 사료섭취량	5.7~6.7	6.0	6.0	5.62
17주령 체중(kg)	1.55	1.43	1.47	1.40
산란 50% 도달일령	153	145	145	140
헨하우스 산란개수(60주령)	238	252	250	249~255
계란 kg 생산대비 사료요구량(80주령)	2.2~2.5	2.06	1.96*	2.04

* 21~74주령으로 차이가 있음.

2.2 육성기 관리

2.2.1 육추 준비

육추란 열원을 사용하여 적정한 온도로 보온된 장소에서 갓 부화된 병아리들을 일정 기간 돌보는 작업을 말한다. 하지만 현재는 병아리의 생리를 이해하고 그에 따른 자세하고 실제적인 사양관리 방법을 찾아 섬세한 관리를 하는 것이 진정한 육추의 정의라고 할 수 있다. 어린 병아리들은 동일한 종계장에서 한 계군으로부터 부화된 병아리들로 구성되도록 구입하는 것이 좋으며, 병아리들이 육추사로 들어오기 전 계사와 기계, 기구 등은 미리 소독되어 준비되어야 한다. 뿐만 아니라 육추기, 깔짚, 급이기, 급수기가 준비되고, 육추사는 충분히 난방되어 있어야 한다.

계사의 온도는 입추 1~2주 전에 가동하여 이상이 없는지를 확인하고 입추 1일 전 오후부터 28℃로 하여 미리 가온을 시작한다. 입추사의 바닥을 완전히 건조하고, 깔짚 또한 완전히 건조시킨다. 병아리 도착 2시간 전부터 36℃로 설정하며, 샛바람이 들어오는 곳이 없는지를 점검하고 대처한다. 계사의 습도는 입추 초기에 필요한 70% 이상의 습도를 유지하기가 어렵기 때문에 바닥에 마르는 곳 없이 수시로 물을 뿌려준다.

2.2.2 육추 관리(0~4주령 관리)

육추 관리의 목표는 육추 계군의 균일한 체중과 16주령에 표준 체중에 도달하기

위해서 평균 체중 290g에 도달하는 것과 우수한 생존율이라고 할 수 있다. 현재의 산란계는 체구가 적고 성성숙이 일찍 오도록 육종되고 있으며, 육추 및 육성기간에 영양소 섭취를 높여 충분한 체성숙이 조기에 일어나도록 길러져야 한다.

육추의 체중관리의 핵심은 육종회사가 제시하는 사양지침서나 연구소의 발표 자료에 나타난 연령별 목표체중 또는 표준체중을 기준으로 하여 가능한 개체별 체중의 차이 없이 전 계군이 고루 성장할 수 있도록 사양 및 환경을 관리해야 한다. 28일령 이전에는 매주 병아리 200수를 집단으로 측정하고, 28일령 이후에는 최소한 100수 또는 동별로 50수씩 개체별 체중 측정을 하여 그 주령의 균일도를 확인해야 한다.

육추사의 3일간 온도는 35℃, 4일령부터는 33～30℃로 계군이 몰려다니지 않도록 관리하며, 병아리의 상태관찰 및 계사 내 온도 편차를 점검한다. 습도는 60～80%로 초기 1주 관리 중 가장 중요하다고 할 수 있다. 항상 바닥에 마른 곳 없이 골고루 조금씩 자주 소독수를 타서 뿌려 주며, 물이 고인 곳이 있으면 쓰레받기로 퍼내야 한다. 계사 내 습도 유지에 많은 노력을 기울인다면 초기 폐사를 많이 줄일 수 있다. 계사 내 환기는 1주일간 강제 환기를 하지 않고 겨울인 경우 샛바람이 들어오는 곳이 있는지 확인하고 막아준다. 만약 환기량이 적다면 바닥에 고인 물이나 부패된 사료 등에 의한 악취에 주의해야 한다.

급수관리는 병아리가 도착하기 전에 급수라인은 소독되어야 하며, 물의 염소 수준을 측정해야 한다. 물의 온도는 20～25℃가 적당하다. 병아리용 물통으로 급수할 경우 70～100수당 물통 급수기 4～5 ℓ 1개, 원형급수기는 160수, 니플은 10～16수로 1일 1회 새로운 물로 교체해 준다. 반면 니플의 경우 니플 높이를 꼭 확인하고 병아리 머리보다 약간 높게 조정해야 한다.

사료는 육추에 영양소 요구량에 맞는 사료를 급이 하고, 병아리가 성장함에 따라

표 5-11. 육추 체중이 난중에 미치는 영향

18주령 시 체중(g)	초란의 무게 (g)
1,100	46.9
1,200	48.4
1,280	48.8
1,380	49.7

(Summers와 Lessons, 1983)

표 5-12. 육추온도 케이지 육추 및 평사 육추

일 령	케이지 육추		평사 육추	
	℃	°F	℃	°F
1～3일령	33～36	93～97	35～36	95～97
4～7일령	30～32	86～90	33～35	92～95
8～14일령	28～30	82～86	31～33	89～91
15～21일령	26～28	78～82	29～31	84～87
22～28일령	23～26	74～78	26～27	79～81
29～35일령	21～23	70～74	23～25	74～77
36일령 이상	21	70	21	70

급여통을 올려준다. 4일령부터 병아리의 행동을 관찰하고 육추온도를 내려 채식량을 촉진시킨다. 대부분의 육추사료는 크럼블 형태로 0～28일령 600g, 고온의 경우 0～35일령 900g 급여를 목표로 한다. 크럼블 사료는 가루가 적으며, 너무 단단하거나 굵지 않아야 한다. 점등은 계절마다 다르지만 첫날 23～24시간으로 밝게 80～150룩스로 관리하며 점점 낮추어 22～28일령에는 5～10룩스로 관리한다.

부리다듬기(debeaking)는 6～10일령에 실시하며, 이때 위아래 부리를 동시에 절단한 후 약 2초가량 고열의 칼날에 지져서 절단부위의 성장을 막으면 더 이상 부리자르기를 하지 않아도 된다.

2.2.3 육성기 관리(5～16주령)

육성기의 목표는 5% 산란 시 표준 체중 도달, 계군의 체중 균일도 80～85% 달성이 목표라 할 수 있다. 이 시기는 면역기관과 소화기관이 발달하는 시기이며 주간 증체량이 매우 높은 시기이다. 또한 근육, 골격 및 생식 발달 등이 이루어지며 질병에 걸리지 않도록 유의한다. 사양관리는 2～3주령 관리와 유사하나, 특히 점등과 온도를 빠르게 내려준다.

12주령의 목표체중 1,050g에 도달하지 못한 닭일지라도 단번에 체중을 만회시키려고 해서는 안 되며, 서서히 목표 체중을 따라 잡아야 한다. 체중이 미달이라면 중병아리 사료를 계속 급여하고, 목표 체중을 상회하거나 비슷할 경우는 사료를 제한하는 것이 난중이 너무 크지 않고, 산란율 지속성이 오래 가고, 산란후기 성적도 좋게 나타난다. 만약 평균 체중에 도달하지 못한 계군을 단시간에 목표체중에 근접시킬 경우 초기 산란율에서는 유리하나 산란 지속성이 떨어지며, 일평생보다 많은 사료를 섭취하게 되고, 난중이 커지며 파란율이 증가하여 농가이익은 감소하게 된다. 그러므로 체중 균일도를 높이는 것이 중요하며, 높은 균일도는 높은 산란피크를 가져온다.

표 5-13. 육성기 기간의 목표 체중과 사료 섭취량 (Hy-Line Brown)

목표 체중	
주 령	체중** (g),
1	70
2	120
3	180
4	250
5	340
6	440
7	540
8	640
9	750
10	860
11	960
12	1,060
13	1,140
14	1,200
15	1,260
16	1,320
17***	1,400

사료 섭취량*		
주 령	사료섭취량 (g/일/수)	누적 사료섭취량 (g)
1	10	70
2	18	196
3	21	343
4	27	532
5	30	742
6	38	994
7	40	1,274
8	43	1,575
9	49	1,918
10	54	2,296
11	58	2,702
12	62	3,136
13	65	3,591
14	68	4,067
15	70	4,557
16	75	5,082
17	77	5,621

* 사료 배합비와 환경온도에 따라 섭취량이 달라질 수 있음.
** 평사사육이나 열대기후 조건에서는 체중이 50g 가벼울 수 있음.
*** 산란계사로 이동

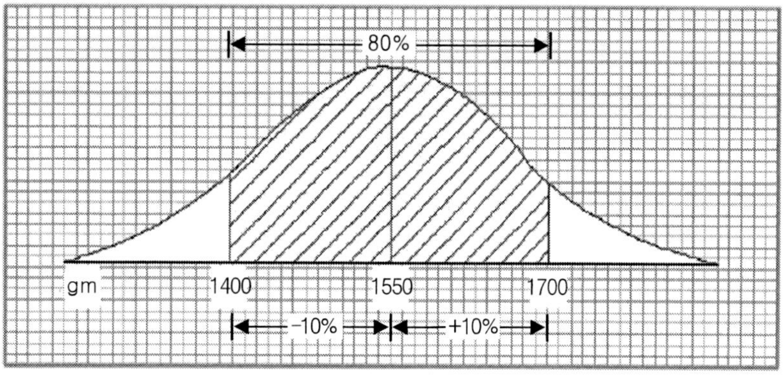

그림 5-9. 계군의 체중 균일도 평가

표 5-14. 육성기간의 생리적 변화 및 사양관리

주 령	생리적 변화	사양관리
0～5주령	골격 발달, 중요장기 발달(호흡기관, 소화기관, 심장, 간, 신장), 산란기간의 대사기능 강화	에너지와 단백질이 높은 초이사료 공급, 충분한 급여, 급수, 밀사 방지, 소화기질환 방지, 체중 균일도 확인
8주령	골격의 85% 발달	충분한 사육면적, 밀사 방지
9주령	난소 발육시작	성성숙 억제 관리 시작
12주령	골격의 95% 발달	표준 체중 달성 목표
15주령	골격이 골수 침착시작	산란 예비사료 급여
11～17주령	난소 발육, 성호르몬 분비 증가	성성숙 억제 관리
17주령	성성숙 억제 해제, 산란기관 발육, 체중 증가	점등자극, 사료제한급여 중단, 18주령 체중 측정, 계군 균일도 확인
19～23주령	산란율의 빠른 증가	산란 후퇴 예방, 산란 초기 사료급여
24주령	체성숙의 90% 발달	일반적 사양관리
25～28주령	산란 피크기간	환경(온도)에 따른 영양소 관리
28～35주령	체중증가 억제 시기	계군 체중 측정 2주
35주령 이후	성장 완료 후 체중 유지기간	4주마다 체중 측정

계군의 체중 균일도란 체중을 측정한 가금수의 80%가 들어가야 할 체중범위이며, 계군의 평균 체중 ±10% 이내가 가장 이상적이다. 보통 계군의 100수 체중을 측정하여 확인하다. 예를 들어 평균 체중이 무거워진 경우에는 영양소 농도가 낮은 사료를 급여하거나 사료섭취량에 의해 체중을 제한하려고 하지 말고 체중에 따라 다음 단계로 진행하는 것이 바람직하다. 그 이유는 성장의 일시적인 둔화 및 불균일성 문제로 오히려 산란 성적의 저하가 초래되기 때문이다.

일령이 빠른 경우라도 산란 계사로 이동시켜야 할 체중이라면 이동시키는 것이 좋으며, 사료 변경도 주령을 따라서 변경하지 말고 체중을 기준으로 선택해야 한다. 하이라인 브라운의 경우 육추사료는 0~6주령 440g, 중추사료는 12주령, 체중 1,060g, 대추사료는 13~15주령, 1,260g, 산란 예비사료는 16~17주령, 1,400g까지 체중을 기준으로 급여한다.

2.3 산란기간

2.3.1 산란 예비사료 급여기간(16~17주령)

산란이 가까워지면 닭은 급격한 생리적 변화가 일어나고 사료섭취량의 정체현상이 일어난다. 시산 전 2~3주 전부터 골수 발육이 왕성해지며 칼슘과 인의 충분한 공급이 필요하고, 에너지 및 단백질 수준이 높으며 산란 전 예비 사료를 산란 5%까지 공급하는 것이 필요하다. 대체로 점등 자극을 시작하거나, 점등 자극 1주 전부터 산란 5%까지 급여 후 산란 사료로 교체한다. 대부분 칼슘 함량이 2~2.5% 수준으로 급여하며, 최대한 체내에 칼슘을 축적시킨다.

성계사의 이동은 환경과 시설의 변화에 의해 계군의 스트레스 요인이며, 이동은 가능한 빨리 수행되어야 한다. 초산 전에 이동을 완료하는 것이 중요하며, 너무 늦은 이동은 산란 개시를 지연시키고 산란 기간 동안 높은 폐사율을 야기한다. 보통 이동 동안에는 이동하기 전 체중의 5~10%가 감소된다. 산란기간을 통하여 난중에 영향을 미치는 일반적인 사료내 성분은 단백질, 메티오닌, 리놀산 등을 들 수 있으나 이들 영양소가 초란의 난중 변화에는 거의 효과가 없다. 이런 이유는 산란 초기부터 산란 피크기 도달까지의 산란량은 산란이 최대량이 되는 시점이 산란계의 체중 상태와 관계가 있기 때문이다.

표 5-15와 같이 18주령의 체중이 낮으면 이후 산란시의 체중도 따라잡기 어렵고 산란율 및 난중도 떨어지게 된다. 즉 미성숙시 체중이 이후 산란계의 체중을 좌우하게 되며, 낮은 체중에 계군에 높은 에너지의 고영양사료를 급여한다고 하더라도 산란

표 5-15. 미성숙 체중이 시산 및 난중에 미치는 영향

체 중(g)			시산일령	초란 난중(g)
18주령 시	시산 시	증 체		
1,100	1,360	260	153	40.7
1,200	1,440	240	150	42.0
1,280	1,500	220	149	43.7
1,380	1,590	210	148	42.5

성적을 다시 따라 잡기가 힘들다. 즉 육추 및 육성이 산란계의 성적을 좌우한다고 해도 과언이 아니다.

2.3.2 산란 초기

산란 초기는 시산부터 산란피크가 끝나는 20~36주령 사이의 기간이며, 산란율이 5%를 넘게 되면 매주 거의 두 배의 속도로 증가하여 약 2주 만에 90~95%의 피크에 도달한다. 난중은 대략 60g까지 증가하며, 계군의 체중은 2.1kg까지 증가한다. 산란피크 기간에 난중의 증가 속도가 표준에 비해 낮거나 산란율이 낮을 때에는 산란 후기 성적에 크게 문제가 된다.

일반적으로 산란피크 이후에는 산란율의 하락속도는 일정하게 낮아지므로 산란피크의 최대 수준에 따라 산란성적이 좌우된다. 그러므로 산란피크 관리가 중요하며 얼마나 오랫동안 산란피크 기간을 유지하는 것이 주요 목표라 할 수 있다. 산란피크를 지속하기 위해서는 물과 사료를 충분히 급여하며 단백질, 에너지, 비타민 및 무기질 등의 영양소를 충분히 공급한다. 계군의 스트레스를 최대한 줄여 주고, 최적의 환경 조건을 재공하며 질병이 발생하지 않도록 관리한다.

2.3.3 산란 중기

산란 중기는 성장이 거의 끝나는 36주령부터 52주령까지의 기간이며, 이 시기에는 산란성적은 서서히 감소되지만 난중은 점차 증가하므로 산란량은 거의 변화가 없는 시기이다. 산란 초기에 비해 체중 증체에 필요한 만큼 영양소 요구량이 감소한다. 산란 중기에는 산란 초기에 비하여 단백질 요구량은 약간 감소하지만 난각질의 저하를

방지하기 위하여 칼슘 요구량은 오히려 증가되어야 한다.

2.3.4 산란 후기

산란 후기에는 체중 변화가 거의 없으며 난중의 변화도 크게 없는 상태로 산란율이 지속적으로 감소하기 때문에 영양소 요구량도 같이 감소한다. 그러므로 이 기간에는 영양소 공급량을 감소시켜야 하는데, 만약 이 기간에 고단백질, 고에너지의 사료를 급여할 경우 사료비가 낭비되고, 닭의 체내 지방이 축적되어 오히려 산란 후기 산란율 저하가 가속된다. 따라서 산간 후기에는 사료 중의 단백질 수준을 낮추고 칼슘 수준을 증가시켜야 하며, 계란의 크기를 작게 하여 연파란을 감소시켜야 한다.

2.3.5 점등 관리

점등은 시산시기를 조절하고 산란기간의 산란성적에 영향을 미친다. 처음 병아리의 입추 후 2일간은 20룩스로 48시간 계속 점등하고, 이후 3주령까지는 점차 점등시간을 줄여 1일 15시간 점등, 5룩스의 밝기로 관리한다.

목표체중으로 성장한 육성계군은 1,300～1,400g으로 17주령 이후에 산란자극 점등을 실시한다. 산란자극은 품종별로 차이는 있으나 1일 16～17시간이 될 때까지 매주 혹은 격주로 15～30분씩 증가시켜 나간다. 산란기간 중 조도는 대략 40룩스를 유지시키며, 무창계사의 경우 10～15룩스면 충분하며 어두운 광도에서는 카니발리즘(cannibalism)에 의한 폐사 예방, 활동 감소에 의한 사료섭취 절감 등의 이점이 있다. 반면 유창계사에서는 주간 자연일조에 의한 계사 내 조도가 대단히 높으므로 인공점등 조도는 어느 정도 밝게 해야 산란계가 반응을 보인다.

3. 종계 사양관리

3.1 서 론

육용종계 사양관리 프로그램은 빠르고 균일한 증체, 종란율과 배부율을 높이고 질병에 강한 종계 선발을 통한 연구가 꾸준하게 이루어져 왔으며, 국내에서는 수직계열화 업체(integration)를 중심으로 코브(Cobb), 로스(Ross), 아바에이커(Arbor Acre), 인디안리버(Indian River) 품종의 원종계(grand parents stock, GPS)가 수입되어 이들 GPS에서 생산된 종계(parents stock, PS)가 사육되고 있다. 코브를 제외한 로스, 아바에이커 그리고 인디안리버 품종은 아비아젠(Aviagen)회사 소유의 육용종계 품종이다. 종계의 생산성은 병아리 생산비용에 영향을 미치기 때문에 종계의 생산성이 낮을 경우 육계의 생산비용 증가 요인이 된다. 따라서 육용종계의 사양관리는 품종 선택, 사양관리, 방역위생, 환경관리 등을 고려하여 양질의 병아리를 부화하는 종란을 생산 할 수 있는 육용종계의 유전 형질을 최대로 발휘할 수 있도록 관리하는 것이 목적이다.

3.2 육성관리

3.2.1 개 요

육용종계의 생산성은 육성관리에 의해 결정된다. 육성기간 동안의 암탉과 수탉의 체중관리를 비롯하여 환경조절, 건강관리가 성계에서 생산성을 결정하게 되므로 이 기간 동안에는 각 품종별로 육종회사에서 제시하는 육성 목표 지침에 따라 충실하게 관리한다.

3.2.2 입추 전 관리

부화장에서 병아리가 도착하기 전에 다음과 같은 사항을 점검한다.

① 계사 및 시설기구를 완전히 세척 소독하고 기구를 조립한다.

② 계사 주변 5m 이내에는 가급적 풀이 자라지 않도록 관리한다.

③ 새로운 깔짚을 10cm 깊이로 깔아준다

④ 깔짚은 수분 흡수가 잘 되고 먼지가 적으며 오염이 되지 않은 것으로 선택한다.

⑤ 병아리 도착하기 전 가온을 실시하여 24시간 전에는 아래 온도를 30℃ 전후가 되도록 관리하고, 상대습도는 60～70%가 되도록 조절한다.

⑥ 농장 내 일령이 다른 계군이 사육되고 있는 계사와 차단 방역을 실시하고 가능하면 '올인 올아웃(all-in all-out)' 하도록 한다.

⑦ 출입 차량은 반드시 바퀴 및 차체를 고압 분무기로 소독을 실시한다.

⑧ 육성 중 사용되는 수도를 정비하고 수질검사를 실시하여 오염 여부를 체크한다.

3.2.3 사육밀도

육성기 사육밀도는 표 5-16에서와 같이 계사에 따라 암탉은 m^2당 6～7수 그리고 수탉은 3.5～3.8수가 적당하다. 입추 후 일주일 동안은 육추공간을 칸막이를 설치하여 관리하면 사료급이, 급수관리 및 온도관리가 용이하다.

표 5-16. 병아리 사육밀도(0~140일령)

권장 사육밀도(수 / m^2)		
구 분	암 탉	수 탉
	0~7일령	
육추 공간	30	30
	8~140일령	
계방계사(평사)	6.0	3.5
무창계사(평사)	7.0	3.8

(Cobb500 Management Guide, 2013)

3.2.4 온도와 습도관리

병아리가 도착하기 24시간 전 계사온도는 30℃전후가 될 수 있도록 하여야 하며, 특히 병아리가 직접 접촉하는 바닥 온도가 권장 수준으로 유지가 되어야 한다. 특히 2주령까지 병아리는 스스로 체온을 조절하지 못하기 때문에 적정한 환경온도를 유지해주는 것이 무엇보다 중요하다. 삿갓 육추기를 이용하여 부분 육추를 할 경우 또는 열풍기를 이용하여 계사 전체에서 육추를 할 경우 온도 관리를 다르게 해 주어야 하는데, 표 5-17은 육추형태에 따라 권장하는 육추 온도를 나타낸 것이다.

삿갓 육추기를 사용할 경우에 입추 당일은 육추기 끝 온도를 32℃로 유지하고 매일 0.3~0.5℃씩 감소시키고, 열풍기를 사용할 경우에는 계사 바닥온도를 기준으로 하여 30℃ 전후로 유지한 다음 매일 마찬가지로 0.3~0.5℃씩 감소시켜 27일령에 20~21℃를 유지할 수 있도록 관리한다. 계사 내 온도는 온도계에만 의존하지 말고 닭의 행동과 분포를 관찰하여 온도를 조절하여야 한다.

예를 들어 병아리가 한 곳에 너무 뭉쳐 있다면 계사 내 온도가 낮게 조정된 것으로 판단하고, 또한 너무 흩어져 있다면 계사 내 온도가 과온 된 것이다. 온도가 과온이 되면 병아리들은 초기 발육이 둔화되고 균일도가 낮아지게 되며, 반대로 온도가 낮을 경우 사료를 소화시키지 못하고 식체로 인한 폐사가 증가하게 된다. 병아리 입추 시 계사 내 온도가 높기 때문에 상대습도는 낮아질 가능성이 높다. 특히 니플 급수기를 설치한 계사에서는 상대습도가 25% 이하로 낮아질 가능성도 있다.

상대습도가 50% 이하로 낮아지면 병아리는 탈수가 시작되고 호흡기 문제를 일으

표 5-17. 육추온도

일 령	온 도(℃)			
	계사 전체	육추기 끝	육추기 끝 2m 지점	계사 내벽 부근
1	30	32	29	26
3	28	30	27	24
6	27	28	25	23
9	26	27	25	23
12	25	26	25	22
15	24	25	24	22
18	23	24	24	22
21	22	23	23	22
24	21	22	22	21
27	20	20	20	20

키기 쉬우며 균일도가 떨어지는 등 생산성에 문제를 야기한다. 적정한 습도를 유지하기 위해서는 보조급수기를 설치하고 안개분무기를 이용하여 수분을 공급하는 방법이 있다.

표 5-17에 나와 있는 육추 시 권장온도는 상대습도가 50～70% 범위에 있을 경우 권장 온도이다. 만약 상대습도가 이보다 낮다면 호흡이나 피부를 통한 수분의 증발에 의해 체온을 감소시키기 때문에 건구온도는 권장 수준보다 높아져야 한다. 반대로 상대습도가 이보다 높다면 건구온도는 권장 수준보다 낮아져야 한다.

3.2.5 점등관리

점등 프로그램의 원리는 빛의 자극을 받아야만 성성숙이 이루어지는 닭의 특성을 이용하여 육성기간 중 점등시간으로 성성숙을 조절하여 산란을 촉진하거나 지연시키는 것이다. 이러한 특성을 이용하여 시장 상황 변화에 대비하여 난중을 적게 또는 크게 하는 사육기법을 사용하기도 하는데, 특히 육성기간 후반과 산란개시 시점 사이

표 5-18. 점등시기에 따른 종계 생산성 변화

구 분	산란 50% 도달 일령	초 란 무게(g)	헨 하우스 산란수	종 란	등외란 52g 이하	부화율 (%)
18주 점등자극	167	43.4	173.5	142.9	30.6	79.0
22주 점등자극	182	47	164.4	149.4	15.0	82.0

에 적용되는 점등 프로그램은 계군의 체중, 계사환경, 계절, 육성 상태 등을 고려하여 각 계군마다 다르게 설계되어 적용되어야 한다.

육성기간 중 점등시기는 종계의 생산성에 많은 영향을 미치게 되는데 Renema 등(2007)에 의하면 육성 3~18주령까지 8L : 16D 방식으로 실시하던 점등을 표준 점등시기보다 4주 앞당겨 18주령 그리고 표준 점등시기인 22주령에 15L : 9D 방식으로 점등자극을 실시하였을 때 산란 50%에 도달 일령은 18주령에 점등자극을 실시한 계군이 약 15일정도 빠르게 나타났다(표 5-18).

헨 하우스 수당 산란 수는 18주 점등한 계군에서 9.1개 높게 나타났으나 종란 수에서는 오히려 6.5개 낮게 나타났다. 이는 조기 점등자극을 실시한 계군에서 산란 초기 난중이 낮아 종란에서 제외되는 계란이 많았기 때문이다. 점등자극이 빠르면 산란시기가 빨라지고 난중은 낮아지며, 부화율 역시 떨어지게 되므로 적정 시기에 점등을 하는 것이 중요하다 하겠다.

닭의 성성숙에 미치는 영향은 빛의 조도보다는 빛을 받는 시간에 따라 더 민감하게 나타난다. 따라서 점등자극 시간을 늘리는 것은 매우 신중하게 실시하여야 한다. 특히나 계사 환경이 빛을 차단할 수 있는 무창계사에서 사육하는 계군과 빛을 차단할 수 없는 개방계사에서 사육하는 계군은 점등 프로그램이 서로 달라야 한다.

1) 무창계사에서 육성 후 무창 산란계사로 이동하는 계군.

무창계사는 닭이 성성숙에 가장 큰 영향을 받는 빛의 조도 및 빛의 시간을 조절 할 수 있다는 장점이 있다. 따라서 무창계사에서의 점등 프로그램은 크게 어려움은 없다. 무창계사에서의 육성기간 동안 점등시간은 7~10시간 정도로 고정을 하지만 일반적으로 8시간으로 고정하는 프로그램을 가장 많이 쓴다. 8시간 점등시간을 가장 많이 실시하는 이유는 성성숙을 지연시킬 수 있는 최대의 점등시간이 8시간으로 알려졌기 때문이다.

표 5-19. 무창계사에서 육성 후 개방 산란계사로 이동하는 계군 점등 프로그램

주 령	0~3주령	3~20주	20~21주	21~22주	22~23주	23주 이후
점등시간	입추 시 24시간에서 21일령에 8시간으로 점진적인 단축	8	11	13	14	15
조도(lux)	입추 시 20 이상 7일령 20 이하 조정	5~10	40~60	40~60	40~60	40~60

표 5-20. 무창계사에서 육성 후 유창 산란계사로 이동하는 계군 점등 프로그램

주 령	0~3주령	3주~성계사 이동 시	20~21주	21수 이후 매주	50% 산란
점등시간	입추시 24시간에서 21일령 8시간로 점진적인 단축	이동 시점~20주령 사이 가장 긴 일조시간 +30분	+1시간	+30분 또는 1시간	17시간
조도(lux)	입추 시 20 이상 7일령 20 이하 조정	5~10	자연광	자연광	자연광

점등자극 개시 후 13시간 까지는 매주 2시간 그 이후는 1시간씩 점등시간을 늘려 최대 15시간으로 늘려 주는 게 바람직하다. 이는 점등시작 이후 최고 점등시간 까지의 기간을 10주 이하로 하기 위함이며, 그 이상의 기간을 두고 점등을 늘려 주게 된다면 난중의 증가로 카니발리즘 등의 부작용이 생길 수 있다.

2) 무창계사에서 육성 후 개방 산란계사로 이동하는 계군

무창계사에서 육성하여 개방계사로 이동하게 되는 계군이라면 육성때 점등시간은 개방계사로 이동한 시점과 20주령 말 사이의 일조시간 중 가장 긴 일조시간보다 30분 더한 시간에 맞추어 일정한 점등시간을 유지하여야 한다. 무창계사에서 육성한 계군이 이동 시 일조시간이 늘어나는 시기라면 성계사로 이동 후 자연 일조시간에 의해 조기 성성숙이 이루어지기 때문이다. 조기 성성숙은 조기 산란을 유도하여 난중이 작기 때문에 종란율이 떨어지고 후기 산란 지속성을 떨어뜨려 생산성이 나빠진다.

3) 개방계사 자연 일조시간이 늘어나는 시기의 점등 프로그램

지구 북반구에 위치한 우리나라는 연중 일조시간이 일정하지 않고 계절별로 변동되기 때문에 닭의 성성숙 조절을 위해서 인공 점등 프로그램이 이용된다. 일조시간이 늘어나는 시기에 입추된 병아리는 인공 점등 프로그램을 이용하지 않으면 조기 성성숙으로 인한 생산성이 떨어진다. 따라서 입추 후 3주 이후에는 점등 자극 시작점까지는 일조시간을 고려하여 점등시간을 고정시켜 주어야 한다.

예를 들어 일조시간이 가장 긴 하지 무렵(6월20일)에 20주령에 도달하는 계군이 있다면 이때의 서울 경기의 일조시간이 14시간 40분 정도 되므로 3주령부터 20주령 말까지는 15시간을 고정 점등 해주어야 한다. 이후 주당 30분씩 늘려 최대 17시간이 되도록 점등자극을 실시한다. 닭이 최대의 생산성을 유지하기 위해서는 15시간 정도의 점등이면 충분하지만 국내의 점등시간은 육성 때 점등 고정시간이 15시간으로 될 경우 점등자극의 여유가 없기 때문에 17시간으로 고정하는 것이 보편화 되어 있다.

4) 개방계사 자연 일조시간이 줄어드는 시기의 점등 프로그램

역시 이 시기에도 3주령 이후에는 점등시간을 고정시켜 주어야 한다. 일조시간이 줄어드는 9월에 입추되는 계군은 점등자극을 시작해야 하는 시기인 1월의 일조시간이 연중 가장 짧은 9시간 30분 정도이므로 이때에 점등자극을 실시하는 계군은 17시간까지 점등시간을 늘려주기 위해서는 급작스런 점등시간 변동이 불가피하게 되어 스트레스가 가중되게 된다.

따라서 이때의 점등기간은 3주령과 20주령말 사이의 최고 일조시간, 즉 10월 초의 일조시간인 11시간 50분 보다 많은 12시간 30분으로 점등시간을 고정시켜 주어야 한다. 이는 일조시간에 의해 점등자극이 줄어듦에 따라 닭의 성성숙을 지연시키는 것

표 5-21. 개방계사에서 육성하는 계군의 점등 프로그램의 예

	1월	2월	3월	4월	5월	6월	7월	8월	9월	10월	11월	12월
자연 일조시간	9:40	10:30	11:45	13:05	14:10	14:40	14:40	14:20	13:10	11:50	10:30	9:40
1월 부화계군	입추	14:00	14:00	14:00	14:00	15:00	16:00	17:00	17:00	17:00	17:00	17:00
4월 부화계군				입추	15:00	15:00	15:00	15:00	16:00	17:00	17:00	17:00
6월 부화계군						입추	15:00	15:00	15:00	15:00	16:00	17:00
9월 부화계군	12:30	14:30	16:30	17:00					입추	12:30	12:30	12:30

을 예방하고 점등자극 개시 이후 10주령 이내에 최고 점등시간을 유지하기 위해서 점등시간을 급작스럽게 변화시키지 않아도 되기 때문에 닭의 스트레스 감소와 카니발리즘 방지에 도움이 된다.

일조시간이 늘어날 때 육성된 계군은 체 성장에 비하여 성성숙이 빨라 조기 산란이 시작되어 산란피크 때 체중 저하에 의한 산란 지속성이 감소하는 경우가 많은 반면 일조시간이 줄어들 때 육성된 계군인 성성숙이 늦어짐에 따라 난중이 무거워져 카니발리즘의 원인이 된다.

3.2.6 사료 급이와 체중관리

육용종계의 각 육종회사는 표 5-22와 같이 각 품종에 적합한 단계별 목표체중을 제시하고 목표 체중에 도달할 수 있는 사료 급여프로그램을 제시하고 있다. 따라서 육성기간 중 사료 급이는 닭들 간의 경쟁을 최소화 하고 각 육종회사에시 제시한 주령별 목표체중과 일치하고 우수한 균일도를 유지할 수 있도록 설계되어야 한다. 또한 급이되는 사료는 각 육종회사에서 품종별 권장하는 영양소 요구량(표 5-23)을 충족하는 사료를 급여해야 한다. 종계의 생산성에 가장 영향을 많이 미치는 요인은 체중과 균일도이기 때문이다.

1) 급이관리

입추 후 일주일간은 병아리들이 사료를 잘 찾을 수 있도록 도와주고 무제한 급이를 실시한다. 일주일 후 체중을 측정하고 목표체중에 도달하게 되면 각 육종회사에서 요구하는 사료 급이 프로그램을 선택해서 사료 양을 조절한다. 일주일 후 목표 체중에 도달하지 못하면 목표체중에 도달할 때까지 무제한 급이를 실시한다. 목표체중에 도달하게 되면 권장 프로그램에 의해서 사료 급이량을 제한하게 되는데, 사료를 제한할 경우 계군의 균일도가 나빠질 가능성이 있다.

매주 체중을 측정하여 매주 단위로 일관성 있게 사료를 증량하여야 한다. 일관성 있는 증량을 위해서는 일정한 규칙이 필요하다. 사료의 증량 폭은 수당 1～3g 범위 내에서 증량하고 만일 목표 체중에 미달되어 4g 이상의 사료를 증량해야 되는 경우 주당 1회에 증량하는 것보다는 주초와 주말에 나누어서 주당 2회에 걸쳐 증량해야 한다.

종계의 체형은 15주령 전후로 완성된다. 따라서 15주령의 체중은 목표체중과 일치하도록 매주 정해진 요일과 시간에 사료 급이가 이루어지지 않은 상태에서 체중을 측정하여 목표체중과 균일도를 파악한 후 사료 급이량을 결정한다. 만약 목표체중에 도

표 5-22. 품종별 육성기 체중 증가 및 사료섭취량

주 령	일 령	체 중				사료섭취량(g/수/일)			
		로스 308	코브 500	아바 에이커	인디언 리버	로스 308	코브 500	아바 에이커	인디언 리버
1	7	115	160	100	115	26	20	23	26
2	14	215	280	200	215	32	35	29	32
3	21	335	400	320	340	36	36	34	37
4	28	450	520	420	455	40	42	38	40
5	35	560	620	515	563	43	45	41	43
6	42	660	720	610	665	45	48	43	45
7	49	760	820	705	765	47	51	45	47
8	56	860	920	800	865	49	52	47	48
9	63	962	1020	895	965	50	54	49	50
10	70	1060	1105	990	1065	52	56	51	52
11	77	1160	1190	1085	1165	54	57	523	54
12	84	1260	1280	1180	1265	57	58	56	56
13	91	1360	1365	1280	1365	59	59	59	59
14	98	1460	1450	1390	1465	62	61	62	62
15	105	1560	1530	1500	1565	66	65	66	66
16	112	1670	1610	1630	1670	71	71	72	71
17	119	1790	1745	1770	1780	76	78	78	77
18	126	1915	1880	1910	1905	83	86	86	84
19	133	2050	2015	2050	2055	90	91	95	91
20	140	2195	2150	2200	2205	98	102	102	98
21	147	2345	2410	2360	2360	104	107	108	103
22	154	2500	2575	2530	2515	113	112	116	112
23	161	2660	2735	2700	2675	122	산란율 변동에 따라 조절	125	122
24	168	2820	2900	2910	2830	131		133	131
25	175	2975	3000	3075	2970	138		148	138
26	182	3120	3100	3240	3105	148		157	148
27	189	3245	3200	3350	3230	158		165	158
28	196	3340	3300	3420	3320	168		165	169
29	203	3395	3380	3450	3395	168		165	169
30	210	3435	3440	3475	3435	168		165	169

표 5-23. 품종별 육성기간 영양소 요구량

구 분	단위	어린병아리				중병아리			
		로스 308	코브 500	아바 에이커	인디언 리버	로스 308	코브 500	아바 에이커	인디언 리버
급이기간	주	0～4	0～4	0～4	5～산란 5%	5～18	5～18	5～18	5～18
대사에너지	kcal/kg	2800	2796	2800	2800	2800	2581	2800	2800
조단백질	%	19.00	18.54	19.00	19.00	15.00	14.45	15.00	15.00
Linoleic acid	%	1.00	1.22	1.00	1.00	1.00	1.11	1.00	1.00
Lysine	%	1.06	1.00	1.06	1.06	0.68	0.59	0.68	0.68
Lysine(Dig)	%	0.95	0.90	0.95	0.95	0.61	0.49	0.61	0.61
Met + Cys	%	0.84	0.75	0.84	0.84	0.62	0.51	0.62	0.62
Met + Cys (Dig)	%	0.74	0.68	0.74	0.74	0.55	0.42	0.55	0.55
Methionine	%	0.46	0.44	0.46	0.46	0.32	0.27	0.37	0.37
Methionine (Dig)	%	0.40	0.40	0.40	0.40	0.37	0.22	0.33	0.33
Threonine	%	0.72	0.70	0.72	0.72	0.54	0.49	0.54	0.50
Threonine (Dig)	%	0.64	0.63	0.64	0.64	0.48	0.41	0.48	0.48
Tryptophan	%	0.19	0.22	0.19	0.19	0.16	0.15	0.16	0.16
Tryptophan (Dig)	%	0.16	0.20	0.16	0.16	0.14	0.12	0.14	0.14
Calcium	%	1.00	1.00	1.00	1.00	0.90	0.99	0.90	0.90
Avail. P	%	0.45	0.45	0.45	0.45	0.42	0.40	0.42	0.42
Sodium	%	0.16～0.23	0.18～0.20	0.16～0.23	0.16～0.23	0.16～0.23	0.18～0.20	0.16～0.23	0.16～0.23
Chloride	%	0.16～0.23	0.18～0.24	0.16～0.23	0.16～0.23	0.16～0.23	0.18～0.24	0.16～0.23	0.16～0.23

(계속)

구 분	단위	어린병아리				중병아리			
		로스 308	코브 500	아바 에이커	인디언 리버	로스 308	코브 500	아바 에이커	인디언 리버
Potassium	%	0.40～0.90	0.60	0.40～0.90	0.40～0.90	0.40～0.90	0.60	0.40～0.90	0.40～0.90
Manganese	ppm	120	100	120	120	120	100	120	120
Zinc	ppm	110	100	110	110	110	120	110	110
Iron	ppm	40	20～50	40	40	40	20～50	40	40
Selenium	ppm	0.30	0.30	0.30	0.30	0.30	0.30	0.30	0.30
Copper	ppm	16	10～15	16	16	16	10～15	16	16
Iodine	ppm	1.25	1.50	1.25	1.25	1.25	0.50	1.25	1.25
Vitamin A	IU/kg	10000	10000	10000	10000	10000	10000	10000	10000
Vitamin D_3	IU/kg	3500	3000	3500	3500	3500	3000	3500	3500
Vitamin E	IU/kg	100	75～80	100	100	100	45～50	100	100
Vitamin K	mg/kg	3	3	3	3	3	3	3	3
Thiamine B_1	mg/kg	3	2	3	3	3	2	3	3
Riboflavin B_2	mg/kg	6	5～8	6	6	6	5～7	6	6
Pyridoxine B_6	mg/kg	3	3	3	3	3	3	3	3
Folic acid	mg/kg	1.50	1.50	1.50	1.50	1.50	1.00	1.50	1.50
Biotin	mg/kg	0.15	0.25	0.15	0.15	0.15	0.25	0.15	0.15
Choline	mg/kg	1400	300～350	1400	1400	1300	200～300	1300	1300
Pantothenic acid	mg/kg	15	8～12	15	15	15	8～10	15	15
Nicotinic acid	mg/kg	35	20～40	35	35	35	20～35	35	35
Cyanocobalamin B_{12}	mg/kg	0.02	0.025	0.02	0.02	0.02	0.02	0.02	0.02

달하지 못했다면 권장된 사료 증량 폭보다 늘려 주어야 하며 목표체중을 초과하였다면 사료의 증량 폭을 줄여야 한다. 이때 사료 급이 양을 절대 줄여서는 안 된다. 또한 목표 체중보다 초과하였다고 하여 사료 양을 4일 이상 동결시켜서는 안 된다. 사료 양을 동결시키는 것은 1～21일령 최대 4일, 22～35일령 최대 5일, 36～49일령 최대 9일, 50일령 이후 최대 10일이다.

2) 제한급이

닭들은 매일 급이 하는 것이 이상적이다. 그러나 여러 가지 문제 때문에 매일 급이가 어렵다. 첫째 닭이 어릴 경우 급이량이 적기 때문에 급이기 전체를 채우기가 어려워 계군 전체가 골고루 사료를 섭취할 수 없다. 둘째 사료의 급이량이 제한되어 있기 때문에 급이시간이 매우 짧아 개체 간 경쟁이 심하여 경쟁에서 밀리는 닭들은 사료 섭취가 어렵다. 따라서 매일 급이를 실시할 경우 계군의 균일도가 나빠질 가능성이 높다.

균일도를 높이는 방법으로 시산할 때까지의 몇 가지의 사료 급이 프로그램을 사용할 수 있는데 표 5-24에 나와 있는 것처럼 매일 급이와 여러 급이 형태가 있다. 매일 급이방법은 다른 종류의 급이 방법보다 사료 섭취시간이 짧고 경쟁이 심해 육성기에는 권장되지 않지만 소규모 육성농장 또는 105일령 이후에 권장된다. 격일 급이(skip-a-day)를 비롯한 다양한 급이방식의 사료 급이량은 일주일 급이량의 합을 실제 급이 하는 날로 나누어서 계산한다. 예를 들어 매일 60g을 급이 하는 계군에서 4-3 급이방식을 택하는 경우 60g × 7일 ÷ 4일 = 105g이 된다.

격일 급이방식에서는 2일 급이량을 한 번에 섭취하기 때문에 사료 섭취시간이 길어져 계군의 균일도를 개선할 수 있으며, 종란율을 높일 수 있다(DeBeer 2007).

표 5-24. 일일 급이량이 60g일 경우 제한급이 방법과 급이량(단위, g)

급여방법	월	화	수	목	금	토	일	월	화	수	목	금	토	일
매일 급이	60	60	60	60	60	60	63	63	63	63	63	63	63	63
6-1 급이	70	70	70	70	70	70		73.5	73.5	73.5	73.5	73.5	73.5	
5-2 급이	84	84	84		84	84		88.2	88.2	88.2		88.2	88.2	
4-3 급이	105	105		105		105		110.3	110.3		110.3		110.3	
격일 급이	120		120		120		120		126		126		126	

표 5-25. 육성기 급이 프로그램의 예

주 령	급이 프로그램
0～3	매일 급이
4～15	격일 급이 또는 4-3 급이
16～18	5-2 급이
19～22	6-1 급이
23～도태시	매일 제한 급이

이러한 점에서 4-3일 급이 방식과 5-2일 급이방식을 도입하는데 이러한 급이방식은 연속 급이 되는 날이 있고, 이틀째 급이 되는 날은 사료 섭취시간이 길어져 작은 개체들이 사료를 섭취할 시간이 더 많아지므로 격일 급이 방법보다 균일도가 더 좋다. 5-2일 급이 방식에서 매일 급이로 전환되면 사료효율이 좋아져 예상치 못한 체중 증가가 생길 수도 있다. 5-2일 급이방식에서 매일 급이로 전환보다는 6-1일 급이로 전환한 후 매일 급이를 실시하면 체중의 급격한 상승을 예방하는 데 도움이 된다. 표 5-25는 가장 많이 사용하는 육성기 급이 프로그램이다.

3) 체중 측정

체중 측정의 목적은 육종회사에서 제시하는 품종의 성장 단계별 목표체중과 사육 계군의 체중이 일치하는지 점검하고, 계군의 균일도를 점검하는 데 있다. 체중 측정 결과에 따라 사료 급이량을 조절하여 목표체중과 일치하도록 해야 한다. 목표체중과 균일도는 종란 생산량과 난중에 영향을 미치는 중요한 요소이기 때문이다.

성장 단계에 따른 체중 변화를 표준체중과 비교하는 것은 성장과 발육에 중요한 지표가 된다. 체중 측정은 1주 일령 이후에 매주 측정해야 한다. 7일에서 14일령의 계군은 1회에 10～20수 정도를 한꺼번에 측정한다. 샘플은 최소한 계군 총 수수의 1% 이상을 취해서 측정해야 한다. 21일령 이후의 닭들은 개체별 체중을 측정한다. 가능하면 계군당 100수 정도를 칸막이로 막아서 모든 개체를 계량한다. 칸막이로 막지 않고 무작위로 잡을 경우 체중이 무거운 것 또는 가벼운 것만 임의로 선별해서 계량을 하는 오차가 발생할 수 있기 때문이다.

만약 계군의 크기가 5,000수 이상 되는 계군이라면 칸막이를 두 군데 이상 막아서 여러 군데의 샘플을 측정해야 대표성을 가지게 된다. 체중을 측정할 때는 매주 같은 요일 같은 시간에 측정을 하고 격일 급여를 한다면 사료를 급여하지 않은 날, 매일 급여를 한다면 사료를 급여한 후 4~6 시간 후에 측정하는 것이 좋다.

4) 균일도 계산

측정된 체중은 계군의 평균, 계군의 체중 변이, 계군의 체중 분포 등을 이용하여 균일도를 계산한다. 균일도를 평가하는 통계학적인 방법으로 변이계수(coefficient of variation, CV)를 먼저 계산해야 하는데 변이계수 계산공식은 다음과 같다.

변이계수(CV%) = 표준편차 ÷ 평균 체중 × 100

변이계수 개념이 어렵고 계산기가 없을 경우 다음 공식을 이용하여 변이계수를 계산한다.

변이계수(CV%) = 체중 범위(R) ÷ (평균 체중 × F) × 100

체중 범위(R)는 측정된 체중의 최고치와 최저치의 차이이며, F는 상수로 표 5-26에서처럼 샘플의 크기에 따라 다르다. 계군의 균일도를 평가하기 위한 두 번째 방법은 평균 체중의 10% 범위 내에 들어가는 닭 숫자의 백분율을 나타내는 것이다.

표 5-26. 샘플크기와 F값

샘플크기	F값	샘플크기	F값	샘플크기	F값	샘플크기	F값
25	3.97	45	4.40	80	4.87		
30	4.09	50	4.50	85	4.90	100	5.02
35	4.20	55	4.57	90	4.94	150 이상	5.03
40	4.30	75	4.81	95	4.98		

표 5-27. 균일도와 변이계수의 상관관계

균일도(%)	변이계수(CV%)	균일도	변이계수(CV%)
95.4	5	63.7	11
90.4	6	58.2	12
84.7	7	55.8	13
78.8	8	52.0	14
73.3	9	49.5	15
68.3	10	46.8	16

이 방법은 평균 체중과 근접한 닭 숫자를 정확히 나타내지만 변이계수와 달리 낮은 체중과 높은 체중을 가진 닭은 계산하지 않는다는 점이다. 즉, 5주령에 체중 측정 시 평균 체중이 500g이라면 10%인 50g을 빼주거나 더해준 값인 450～550g 사이에 체중이 포함된 마리 수가 75마리였다면 그 계군의 균일도는 75%가 되는 것이다. 표 5-27은 정상적인 체중 분포도를 가진 계군에서 변이계수와 평균 체중 10% 범위로 계산된 균일도의 상관관계를 나타낸 것이다.

5) 체중별 선발 및 분류

계군의 균일도는 최소한 75% 이상 유지가 되어야 하며, 균일도가 낮은 경우 백신하는 날 닭의 체중을 측정하여 평균 체중 ±10% 범위에 포함되지 않는 닭은 체중 분류작업을 통해 사료 급여량을 더욱 제한하거나 늘려 주어 목표체중에 도달하도록 한다.

체중 선발은 28일령 전후 체중이 약 450g 정도일 때 실시하는 것이 좋으며, 모든 개체의 체중을 측정하여 3개의 그룹으로 선발한다. 그룹으로 나누는 기준은 전체 계군의 변이계수를 측정한 다음 분류될 그룹의 상 하한선을 계산한 다음 체중을 분류한다. 선발된 각 그룹의 변이계수는 8 이하가 되도록 조정하고 그룹별 마리수를 계산한다. 계산된 마리 수에 따라 사양면적을 계산하고 구획을 나누어 계군을 재조정한다.

6) 체중 분류에 따른 관리

목표체중보다 100g 이상 체중이 낮은 그룹은 무리하게 표준 체중에 도달하도록 사료량을 늘리기 보다는 표준 체중 곡선보다 평행하게 성장할 수 있도록 관리하여 105일령 이후 사료량을 늘려 140일령에 표준 체중에 도달하도록 관리한다. 목표체중 보다 100g 이하로 낮은 그룹은 63일령에 목표체중에 도달하도록 사료량을 늘려서 급여한다. 목표체중의 90% 범위 내에 있는 그룹은 목표체중 곡선에서 벗어나지 못하도록 철저한 관리가 필요하며, 목표체중 보다 45g 이상 높게 나타난 그룹은 63일령에 목표체중에 도달하도록 사료 증량을 조절한다.

체중 분류를 하고 나서도 균일도가 계속 낮아진다면 사육환경을 다시 점검해야 하는데 특히, 사료의 품질, 사료 급이 면적, 급이기의 사료 분배 속도, 점등, 온도, 환기 등 균일도에 영향을 미칠 수 있는 요인에 대해 집중적인 점검이 필요하다. 또한 콕시듐증이나 호흡기성 질병 등 역시 균일도에 나쁜 영향을 미치는 요인이다.

7) 수탉 체중관리

수탉은 초기 성장발육을 알맞게 유지시키기 위해 1일령부터 혼사되는 20~22주령까지 암탉과 분리 사육한다. 수탉의 체중관리는 암탉의 체중관리와 유사하다. 수탉 선발은 4주령 전후해서 이루어져야 하며, 암탉과 함께 매주 체중 측정을 실시하여 균일도는 변이계수 8 이상 유지하도록 한다. 암탉도 마찬가지지만 수탉은 특히 13주령까지의 체중이 중요하다. 이 시기에 정강이 길이, 다리근육, 인대 등이 발달하여 13주령에는 체형이 완성되기 때문이다.

수탉의 정강이는 수탉의 교미 능력을 향상시킬 뿐 아니라 암수 혼사를 할 경우 암탉 급이기에 비해 높게 위치한 수탉 급이기를 통해 사료를 섭취하는 데 용이하기 때문에 적정한 길이를 유지하는 것이 필요하다. 이 시기에 영양 결핍 또는 스트레스가 있다면 나중에 다리 성장에 나쁜 영향을 준다. 또한 이 시기에는 생식기가 발육하는데 정상 체중 곡선에 미달된다면 정소의 발육이 지연되어 향후 수정률에 나쁜 영향을 미친다. 따라서 최상의 수정 능력을 발휘하기 위한 적정 성장곡선을 유지해야 한다.

3.3 성계 관리(산란 피크 기간까지)

성계사로 이동한 종계관리는 적정한 성성숙과 높은 산란율 그리고 높은 부화율을 창출하기 위한 관리가 도입되어야 한다. 육성사에서 육성된 종계는 20주령 전후로 성계사로 이동해야 한다. 육성사에서 성계사로 닭을 이동할 경우 닭은 많은 스트레스를 받기 때문에 사료를 절식하는 날보다는 급여하는 날을 선택해서 이동하고, 이동 즉시 사료를 먹을 수 있도록 조치해야 하며 급여량 역시 전날과 동일한 양으로 급이 한다. 또한 이동 후 육성사와 성계사의 급이기가 다른 경우 새로운 급이기에 빨리 적응 할 수 있도록 하고 약추들이 사료를 먹지 못해 폐사가 발생하지 않도록 한다.

성계사로 이동한 다음 점등자극은 육성사의 환경과 성계사의 환경을 고려하여 실시한다(점등자극 페이지 참조). 또한 점등자극은 닭의 주령에 의존하지 말고 종계의 주령과 체중을 함께 고려하여 실시한다. 점등자극을 실시해야 하는 시기에 평균 체중이 표준 체중보다 낮을 경우 적절한 성장이 이루어지지 않아 난소와 수란관 발달이 좋지 못해 시산이 지연되고 초기 난중이 낮으며, 불합격 란의 증가로 수정률이 감소하여 병아리 생산수가 줄어들게 된다.

반대로 평균 체중이 표준 체중보다 높을 경우는 시산이 빠르고, 난중이 증가하면서 쌍란 발생이 높아진다. 이는 종란 비율이 낮아지고 산란피크 및 산란율 역시 감소하게 되는 원인이 된다. 또한 체중이 높으면 유지에너지가 높아지므로 사료요구율을 증가시키게 된다. 성계사로 이동 후 산란 전까지 체중 관리에 세심한 관리가 필요하다.

3.3.1 암수 합사

암탉과 수탉은 분리 사육한 후 20～22주령에 합사하는데, 합사하기 전 수탉 선발, 합사 방법, 합사 비율, 암수 급이기 관리 등에 주의하여야 한다. 수탉 선발은 체중이 균일하고 정강이 다리가 일정하여야 하며, 털은 윤이 나고 고우며 근육 발달이 좋아야 하며, 2차 성징인 벼슬의 성장 상태 및 벼슬의 색깔이 건강해 보이는 개체를 선발해야 한다. 성성숙이 충분하지 않은 개체는 적정한 수준의 체중과 체형을 유지하도록 육성하여 합사하도록 한다. 암・수 합사 비율은 합사 초기에는 암탉 10수에 수탉 1수 비율로 합사를 시작하여 주령에 따라 수탉 비율이 낮아지도록 관리한다.

표 5-28은 주령에 따른 암・수 합사 비율의 예를 나타낸 것이다. 수탉 비율이 너무 높으면 수탉이 지나치게 공격적인 성향을 보이며, 교미 행위가 많아지고 다른 수탉과의 경쟁 때문에 교미를 방해하는 다툼 행동이 많아진다. 이러한 행동은 암탉에게 스트레스 요인으로 작용하여 종란의 품질을 저하시키고 수정율, 부화율 및 산란율이 저하된다.

3.3.2 암・수 급이기 관리

암・수 혼사 이후 암탉과 수탉의 급이기는 분리되어야 한다. 암탉과 수탉의 급이기를 구분하여 급이 할 수 있는 것은 암탉과 수탉의 머리의 크기가 차이가 나기 때문이다. 합사 이후 26주령까지는 사료 섭취시간에 닭 상태를 조심해서 살펴야 한다. 이 기간에는 수탉들이 암탉 급이기에 접근을 하여 사료 섭취를 시도하는 시기로서 암탉

표 5-28. 주령에 따른 암・수 합사 비율

일 수	주 령	암탉 100수당 수탉 마리수
154～168	22～24	9.50～10.00
168～210	24～30	9.00～10.00
210～245	30～35	8.50～9.75
245～280	35～40	8.00～9.50
280～350	40～50	7.50～9.25
350일 이후	50주령 이후	7.00～9.00

(Abor Acres Management Guide, 2013)

급이기 그릴에 수탉의 머리가 끼어 폐사가 발생하기도 한다. 26주령 이후에는 주당 1회 정도 급이 행동을 관찰하여 문제점을 파악한다. 26주령 이후 수탉은 암탉 급이기의 사료를 섭취하는 것을 단념하게 된다.

암탉 급이기는 슬레이트 위에 설치하거나 평사에 균일하게 설치하게 되는데 암탉 급이기의 그릴 간격은 45～47mm 간격을 유지하고, 그릴의 높이는 60mm가 이상적이다. 45mm 이하의 그릴은 암탉의 사료 섭취를 방해해서 생산성 저하의 원인이 된다. 수탉 급이기는 계사의 형태에 관계없이 단일 라인으로 계사의 정 중앙에 설치한다. 수탉 급이기는 주로 벨타입 급이기가 많이 이용되며 50～60cm의 높이에 설치한다. 이 높이는 수탉이 충분히 사료를 먹을 수 있으며 암탉은 너무 높아 급이기에 접근이 쉽지 않다.

3.3.3 산란피크 전 암탉의 급이 프로그램

산란율이 5%에 도달했을 때 측정한 평균 체중이 표준 체중과의 상관관계에 따라 산란기의 급이 프로그램은 많이 달라진다. 만약 표준 체중보다 미달된 상태에서 산란이 시작되었다면 피크기까지 사료를 빨리 증가시켜 산란율이 50% 정도 도달했을 때 사료량을 최대로 늘려 주고, 표준 체중보다 초과된 상태에서 산란이 시작되었다면 사료량을 최대로 늘려 주는 시기를 좀 더 늦추어서 산란율이 70% 정도 도달했을 때 사료량을 최대로 늘려 줘야 한다.

표준 체중보다 초과된 계군을 빠른 속도로 사료를 증가시키게 되면 계군은 과비되고, 산란중 탈항, 쌍란 등 생산성에 저해되는 문제를 수반하게 되며, 산란피크 후 급격한 산란율 저하를 보이기 때문이다. 예를 들어 산란율이 5% 인 상태에서 체중이 미달된 계군이 130g 의 사료를 섭취하고 있고 피크기의 최대 사료섭취량을 165g 으로 계획한다면 산란율이 50% 까지 올라가는 동안 증가된 사료양은 35g 이 된다. 이 35g 을 산란율 5% 증가할 때마다 늘려 준다면 산란율 50% 까지는 총 9번을 증가시켜 줘야 하므로 한 번 증가시켜 주는데 3.9g 씩 증가해 준다. 또한 체중이 초과된 계군은 산란율이 70% 까지 도달할 때까지 총 13번을 증가시켜줘야 하므로 한 번 증가시켜 주는데 2.7g 씩 증가해 주어야 한다(표 5-29).

산란 피크기에 종계 수당 일일 에너지 요구량이 462 kcal로서 이를 충족하기 위해서는 종계사료 내 대사에너지 함량은 2,800 kcal/kg을 충족해야 한다. 표 5-30에는 각 품종별 산란계 사료 영양소 요구량을 나타내었다. 사료 급이량을 최대로 증가시켜 준 다음 산란율 증가 패턴을 유심히 관찰한 후 필요에 따라서 추가 급여(challenge feeding)를 할 수 있도록 한다. 산란율이 피크기 도달하기 직전에 현재 급여하고 있는 사료의 양에 수당 약 5g 정도를 추가로 급여했을 때 산란율 변화가 이루어지는지 관찰한다.

산란기의 종계는 사료의 양에 아주 민감하게 반응을 하므로 추가 급여 이후 산란율 증가폭이 커졌다면 추가 급여의 효과가 나타나는 것이다. 따라서 산란율이 유지되는 동안 계속하여 추가 급여를 한 다음 산란율이 하락하는 시점에서 원래의 양으로 즉시 복원시키도록 한다. 만약 추가 급여한 후에도 산란율 증가폭이 변화가 없다면 닭은 빠른 속도로 과비되므로 추가 급여는 즉시 중단한다.

표 5-29. 산란중인 계군에 대한 사료급여 프로그램의 예

산란율(%)	체중이 미달된 계군			체중이 초과된 계군		
	사료 증가량 (g)	사료 급여량 (g)	에너지 섭취량 (kcal/수/일)	사료 증가량 (g)	사료 급여량 (g)	에너지 섭취량 (kcal/수/일)
산란 전		123	344		123	344
5		130	364		130	364
10	3.9	133.9	375	2.7	132.7	372
15	3.9	137.8	386	2.7	135.4	379
20	3.9	141.7	397	2.7	138.1	387
25	3.9	145.6	408	2.7	140.8	394
30	3.9	149.5	419	2.7	143.5	402
35	3.9	153.4	430	2.7	146.2	409
40	3.9	157.3	440	2.7	148.9	417
45	3.9	161.2	451	2.7	151.6	424
50	3.8	165.0	462	2.7	154.3	432
55	-	165.0	462	2.7	157.0	440
60	-	165.0	462	2.7	159.7	447
65	-	165.0	462	2.7	162.4	455
70	-	165.0	462	2.6	165.0	462

표 5-30. 각 품종별 산란 사료 영양소 요구량

구 분	단위	종계사료 phase 1				종계사료 phase 2			
		로스 308	코브 500	아바 에이커	인디언 리버	로스 308	코브 500	아바 에이커	인디언 리버
급이기간	주	23~40	23~40	23~40	23~40	40~	40~	40~	40~
대사에너지	kcal/kg	2800	2761	2800	2800	2800	2749	2800	2800
조단백질	%	15.00	15.43	15.00	15.00	14.00	14.40	14.00	14.00
Linoleic acid	%	1.25	1.25	1.25	1.25	1.25	0.96	1.25	1.25
Lysine	%	0.67	0.72	0.67	0.67	0.62	0.70	0.62	0.62
Lysine(Dig)	%	0.60	0.64	0.60	0.60	0.56	0.62	0.56	0.56
Met + Cys	%	0.64	0.62	0.64	0.64	0.62	0.60	0.62	0.62
Met + Cys (Dig)	%	0.56	0.55	0.56	0.56	0.55	0.53	0.55	0.55
Methionine	%	0.40	0.34	0.40	0.40	0.39	0.33	0.39	0.39
Methionine (Dig)	%	0.35	0.30	0.35	0.35	0.34	0.29	0.34	0.34
Threonine	%	0.53	0.55	0.53	0.53	0.50	0.53	0.50	0.50
Threonine (Dig)	%	0.47	0.48	0.47	0.47	0.45	0.46	0.45	0.45
Tryptophan	%	0.16	0.18	0.16	0.16	0.15	0.18	0.15	0.15
Tryptophan (Dig)	%	0.14	0.16	0.14	0.14	0.13	0.15	0.13	0.13
Calcium	%	3.00	2.89	3.00	3.00	3.00	3.08	3.20	3.20
Avail. P	%	0.35	0.43	0.35	0.35	0.32	0.38	0.32	0.32
Sodium	%	0.15~0.20	0.15~0.20	0.15~0.20	0.15~0.20	0.15~0.20	0.15~0.20	0.15~0.20	0.15~0.20
Chloride	%	0.16~0.23	0.15~0.24	0.16~0.23	0.16~0.23	0.16~0.23	0.15~0.24	0.16~0.23	0.16~0.23

(계속)

구 분	단위	종계사료 phase 1				종계사료 phase 2			
		로스 308	코브 500	아바 에이커	인디언 리버	로스 308	코브 500	아바 에이커	인디언 리버
Potassium	%	0.60~0.90	0.63	0.60~0.90	0.60~0.90	0.60~0.90	0.57	0.60~0.90	0.60~0.90
Manganese	ppm	120	120	120	120	120	120	120	120
Zinc	ppm	110	110	110	110	110	110	110	110
Iron	ppm	50	40~55	50	50	50	40~55	50	50
Selenium	ppm	0.30	0.30	0.30	0.30	0.30	0.30	0.30	0.30
Copper	ppm	10	10~15	10	10	10	10~15	10	10
Iodine	ppm	2	2.00	2.00	2.00	2	2.00	2.00	2.00
Vitamin A	IU/kg	11000	12000	11000	11000	11000	12000	11000	11000
Vitamin D_3	IU/kg	3500	3000	3500	3500	3500	3000	3500	3500
Vitamin E	IU/kg	100	50~100	100	100	100	50~100	100	100
Vitamin K	mg/kg	5	6	5	5	5	6	5	5
Thiamine B_1	mg/kg	3	2.5~3.5	3	3	3	2.5~3.5	3	3
Riboflavin B_2	mg/kg	12	10~16	12	12	12	10~16	12	12
Pyridoxine B_6	mg/kg	4	6	4	4	4	6	4	4
Folic acid	mg/kg	2.00	4.00	2.00	2.00	2.00	4.00	2.00	2.00
Biotin	mg/kg	0.25	0.30	0.25	0.25	0.25	0.30	0.25	0.25
Choline	mg/kg	1200	250~450	1200	1200	1050	250~450	1050	1050
Pantothenic acid	mg/kg	15	25	15	15	15	25	15	15
Nicotinic acid	mg/kg	55	40	55	55	55	40	55	55

3.4 성계 관리(산란 피크 이후)

암탉의 체중은 쉽게 과비 될 수 있으며, 과비 된 암탉은 산란 후기 산란율 및 수정률에 많은 영향을 미친다. 따라서 산란 피크 이후 사료를 더욱 주의 깊게 사료 급이 프로그램을 적용한다. 일반적으로 산란 피크는 최근 5일 동안 평균 산란율이 최고인 시점을 얘기한다. 산란 피크 이후 사료 섭취량은 산란을 시작했을 때보다 현저하게 증가되어 있는 상태이므로 산란 후기 적절한 생산성을 유지하기 위해서는 사료 급이량을 과감하게 제한할 필요가 있다. 함 등(2003)에 의하면 산란 피크 때 에너지 함량을 다르게 처리한 사료를 공급했을 때 총 산란율, 종란 산란율, 평균 난중 및 성계 생존율은 모두 처리 간에 유의적인 차이가 인정되지 않았으나 산란율은 1일 에너지 공급량이 많을수록 오히려 저하하는 경향을 보였다

3.4.1 산란 피크 이후 암탉 급이 프로그램

산란 피크 이후 사료 급이량은 암탉의 체중, 산란율과 난중을 고려한 산란량 등 신체적 변화에 따라 조절되어야 한다. 암탉의 체중은 도태할 때까지 꾸준하게 증가하지만 30주령 전후해서 그 증가폭이 눈에 띄게 둔화된다. 30주령 이후 체중 증가는 주간 15~20g 정도이다. 산란 피크는 주로 210일령(30주령) 전후에 도달하지만 난중은 계속해서 증가하기 때문에 산란량은 30주령보다 3~4주 정도 지난 후에 최고가 된다(그림 5-10).

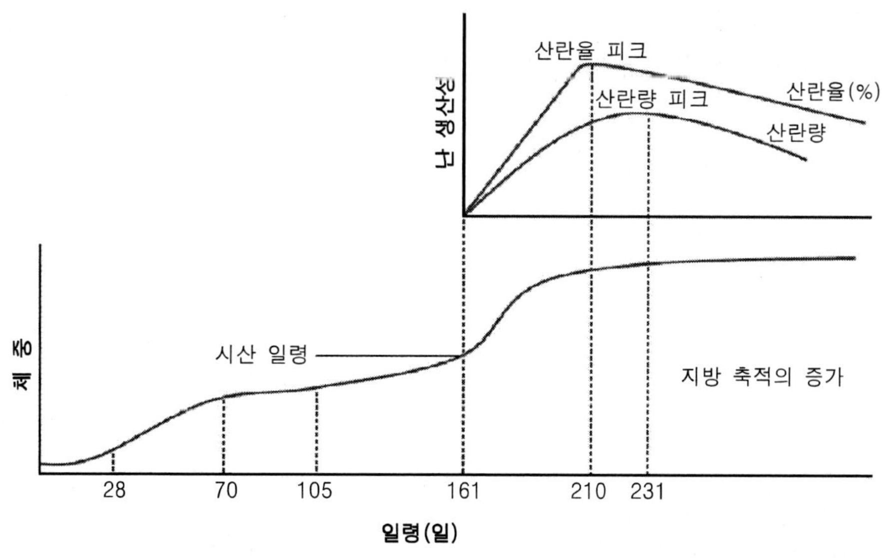

그림 5-10. 주령에 따른 암탉의 성장 곡선 및 체중, 산란율, 난중, 산란총량의 관계

산란량(egg mass)g = 산란율(%) × 난중 g

따라서 산란량이 최고가 되는 33주령 전후까지는 사료 급이량을 최대로 늘려 주고, 이 시기가 지나는 시점에서 바로 감량을 실시한다. 처음 1주일 동안 사료 급이량은 과감하게 수당 2～2.5g 줄여야 한다. 그리고 1주일 후 2g 을 줄인 다음 그 다음 주부터는 주당 0.5～1g 씩 누적 감량이 산란 피크 때 사료 급이량의 14%가 될 때까지 감량시킨다. 사료 감량이 제대로 이루어지지 않고 과잉 급이된 사료는 지방으로 축적되어 더 많은 유지에너지를 필요로 하게 되므로 사료의 낭비를 가져올 뿐만 아니라 지속적인 쌍란 생산과 산란율 저하로 병아리 생산성에 영향을 미치게 된다.

표 5-31은 산란 피크 이후 사료 급이량 감량의 예를 나타낸 것이다. 사료 급이량의 감량이 잘 이루어지고 있는지를 알아보는 척도의 기본은 계군의 평균 체중이다. 육성기에서 산란기로 접어들면 대부분의 농장에서 체중 측정하는 것을 중단하지만, 산란기에도 역시 체중 측정을 지속적으로 실시하여 사료 급여량을 결정하는 가장 기본적인 자료로 활용한다. 육성기와 같이 매주 100수씩 체중 측정이 어렵다면 20수 정도 발목에 표시를 하여 특정 개체를 지속적으로 체중검사 하는 방법도 있을 수 있다.

그 외 사료 감량 프로그램은 다음과 같은 요소를 고려해 결정한다.

① 계군의 체중변화
② 사료 섭취시간
③ 일 산란율 변화
④ 일 난중 변화
⑤ 환경온도(계절적 변화)
⑥ 사료의 품질(에너지 수준과 단백질 함량)

3.4.2 산란 피크 이후 수탉 관리 및 스파이킹(spiking)

산란 피크 이후의 수탉 사양관리는 산란 피크 이전의 방법과 마찬가지로 관리하며, 특히 암수 혼사비율, 균일도, 체성숙(신체적 성숙), 체중관리를 강조하여 관리한다. 표 5-32는 각 품종별 수탉의 사료 영양소 요구량으로 각 품종별 요구량을 충족시키는 사료를 급여하여 수탉의 표준 체중 곡선에 맞추어 관리한다. 30주령 이후에 주간 평균 증체량이 수당 15～20g이 되도록 체중을 관리하고, 수탉의 사료량은 수당 130～160g 사이에서 급이 하도록 한다. 산란 피크 이후 수탉의 주요 문제는 체중이 쉽게 과비 되는 것인데, 체중 측정 결과 표준 체중과 대비하여 200～400g이 과체중이면 수당 일일 급이량을 5g 줄여 주고 500g 이상 과체중이면 사료의 양뿐만 아니라 영양소 함량을 조정하여야 한다. 사료 내 영양소 함량을 낮추게 되면 급이량을 늘릴

표 5-31. 산란 피크 이후 사료 급이량 감량의 예

일 령	주 령	사료 급이량 (g/수/일)	사료 감량 (g/수/주)
210	30	165	
231	33	162	3
238	34	160	2
252	36	159	1～2
266	38	158	1～2
280	40	156	1～2
294	42	155	1～2
308	44	153	1～2
322	46	152	1～2
336	48	150	1～2
350	50	149	1～2
364	52	148	1～2
378	54	146	1～2
392	56	145	1～2
406	58	144	1～2
420	60	142	1～2

수 있기 때문에 균일도 유지를 위해 도움이 된다.

스파이킹(spiking)은 기존의 종계 노 계군에서 수탉을 새로운 수탉으로 교체해 주는 것을 말하며, 45주령 전후로 수정율이 낮아질 때 실시한다. 스파이킹 시기는 수탉의 교미행위의 빈도가 낮아지는 경우는 35～40주령 전후해서 실시하고, 수탉의 정액 품질이 저하되거나 다리 관절이상 등 신체적 조건이 나빠져 교배행위의 효율이 떨어질 경우 55주령 전후해서 실시한다. 스파이킹 효과를 극대화시키기 위해서는 수정률이 떨어지기 전이라도 40주령 전후에 실시한다. 스파이킹용으로 선발된 수탉은 적어도 기존 수탉의 20% 이상 되어야 하며, 25주령 이상 그리고 체중이 3.8～4.0kg 정도로 성성숙이 완전하게 이루어져야 한다. 스파이킹 이후 사료 급이량을 일일 수당 2～3g 정도 늘려 주면 교배행위는 현저하게 늘어난다.

표 5-32. 종계 수탉 영양소 요구량

구 분	단 위	수탉사료			
		로스 308	코브 500	아바 에이커	인디언 리버
대사에너지	kcal/kg	2,750	2,749	2,750	2,750
조단백질	%	12.00	12.97	12.00	12.00
Linoleic acid	%	1.00	-	1.00	1.00
Lysine	%	0.50	0.48	0.50	0.50
Lysine(Dig)	%	0.45	0.42	0.45	0.45
Met + Cys	%	0.49	0.43	0.49	0.49
Met + Cys(Dig)	%	0.43	0.38	0.43	0.43
Methionine	%	0.32	0.24	0.32	0.32
Methionine(Dig)	%	0.29	0.21	0.29	0.29
Threonine	%	0.38	0.45	0.38	0.38
Threonine(Dig)	%	0.34	0.39	0.34	0.34
Tryptophan	%	0.10	0.14	0.10	0.10
Tryptophan(Dig)	%	0.08	0.12	0.08	0.08
Calcium	%	0.70	0.90	0.70	0.70
Avail. P	%	0.35	0.45	0.35	0.35
Sodium	%	0.15~0.20	0.15~0.20	0.15~0.20	0.15~0.20
Chloride	%	0.16~0.23	0.15~0.24	0.16~0.23	0.16~0.23
Potassium	%	0.60~0.90	0.60	0.60~0.90	0.60~0.90
Manganese	ppm	120		120	120
Zinc	ppm	110		110	110
Iron	ppm	50		50	50
Selenium	ppm	0.3		0.3	0.3

(계속)

구 분	단 위	수탉사료			
		로스 308	코브 500	아바 에이커	인디언 리버
Copper	ppm	10		10	10
Iodine	ppm	2		2	2
Vitamin A	IU/kg	11,000		11,000	11,000
Vitamin D_3	IU/kg	3,500		3,500	3,500
Vitamin E	IU/kg	100		100	100
Vitamin K	mg/kg	5		5	5
Thiamine B_1	mg/kg	3		3	3
Riboflavin B_2	mg/kg	12		12	12
Pyridoxine B_6	mg/kg	4		4	4
Folic acid	mg/kg	2		2	2
Biotin	mg/kg	0.25		0.25	0.25
Choline	mg/kg	1,000		1,000	1,000
Pantothenic acid	mg/kg	15		15	15
Nicotinic acid	mg/kg	55		55	55

4. 오 리

4.1 오리의 품종

오리는 기러기목 오리과에 속하는 야생동물을 가축화한 것으로 국내에서는 삼국시대부터 기록에 전해지지만 근대에 들어와 본격적 사육되기 시작하여 현재 연간 약 1억 마리 이상이 사육되고 있으며, 대부분 육용오리이지만 청둥오리로 불리는 교잡종도 일부 사육되고 있다. 오리는 용도별로 난용종, 육용종, 난육겸용종으로 나눌 수 있으며, 대표적인 품종으로 난용종으로는 카키캠벨(Khaki Campbell)과 런너(Runner)

가 있으며, 육용종으로는 페킨(Pekin), 르왕(Rouen), 머스코비(Muscovy)가 있다. 난용종의 성체 체중이 2kg 정도인 반면 육용종은 4kg에 이른다.

4.2 입추 준비

부화 후 농장 도착시간이 짧을수록 성장이 빨라지기 때문에 이동스트레스를 줄이고 최대한 빨리 농장에 도착할 수 있도록 한다. 장시간 이동한 경우 일부 탈수증상이 있는 새끼오리는 한 마리씩 직접 물을 먹이도록 한다. 오리사 내부는 도착 전 2일 전부터 예비가온을 하여 실내온도 뿐만 아니라 바닥 깔짚의 온도도 충분히 올라갈 수 있도록 준비하여 둔다. 병아리 도착 전 급이기, 급수기의 준비도 미리 해두고 도착 즉시 물과 사료에 접근할 수 있도록 하여야 한다. 새끼오리가 도착하면 여러 마리를 한꺼번에 잡는 경우는 목을 잡도록 하고, 한 마리씩 잡는 경우 몸통 전체를 잡도록 한다.

사육밀도는 육추기간 동안 수당 $0.1m^2$ 의 공간이 필요하여 1,000수를 사육하기 위해서는 약 30평이 필요하다. 출하까지의 육성기는 수당 $0.2m^2$의 사육면적을 확보해야 하며 1,000수에 60평이 필요하게 된다. 오리는 육추사를 별도로 운영하여 육성사로 이동하는 경우와 동일 오리사에서 출하까지 육성하는 경우로 나누어지며 각각의 장단점을 가지고 있다.

4.2.1 연속 육추

육추사와 육성사를 각각 갖추고 연속적으로 사육을 하는 방식이다. 육추사에서 약 20일령까지 성장한 오리를 육성사로 이동시켜 출하까지 사육한다. 오리사의 활용도를 높일 수 있으며, 육추 시 에너지 비용을 절약할 수 있는 장점이 있는 반면 질병에 노출 시 위험부담이 크다. 입추부터 7일령까지는 육추팬을 설치한다. 원형으로 설치하며 직경 4m에 500수를 입식한다. 2주령부터 점차 넓혀 준다. 국내에서는 육추팬을 설치하지 않고 전면 육추를 하는 경우도 있다.

육추사에서 육성사로 이동할 때는 이동 1시간 전에 절식을 시키고, 여름에는 서늘한 시간에 실시하고, 겨울에는 따뜻한 시간을 이용한다. 사전에 이동경로를 확보하고 서두르지 말고 천천히 몰아서 이동시킨다. 이동 중에 스트레스로 인하여 체중 감소와 같은 일이 생기지 않도록 주의한다.

4.2.2 올인 올아웃

올인 올아웃(all-in all-out)이란 육추 육성의 구분 없이 같은 오리사에서 병아리부터 출하까지 한곳에서 진행하는 방법으로 오리를 출하한 후 소독을 끝마칠 때까지 새로 입추하지 않음으로써 전염병에 의한 감염위험을 줄일 수 있다. 이 방법은 연속적으로 입추 육성하는 방법에 비하여 오리의 성장이 빠르고 사료효율이 좋으며, 폐사율이 낮다. 이와 같이 발육이나 질병 예방의 측면에서는 유리하지만 노동, 공간, 시간의 효율 면에서는 오히려 불리한 면도 있다. 올인 올아웃 방식의 오리사 휴식기간은 출하 후 7～14일이 적당하다.

4.2.3 바닥관리

오리도 사료섭취를 위해 음수가 중요하며, 전 사육단계에서 음수량은 사육성적과 밀접한 관련성을 가지고 있다. 그러나 오리는 물에서 노는 것을 좋아하기 때문에 적절한 관리를 하지 않으면 바닥이 매우 질어지게 된다. 육성기간 동안 바닥상태를 잘 유지하기 위해서는 슬랫(slat)을 설치하고 그 위에 급수기를 위치하게 하는 것이 좋다. 이런 설비는 주변으로 물이 튀는 것을 방지하고 물이 낭비되는 것을 막는 효과도 가지게 된다. 급수기의 높이는 사육기간 내내 조정해 주어야 하며, 일반적으로는 깔짚 보다 30～40cm 높이로 설치하면 적절하다.

국내에서 슬랫을 설치하는 경우는 아직 많지 않으며 따라서 니플 급수기 아래의 바닥관리를 위하여 다량의 왕겨가 사용되고 있는 실정이다. 오리사의 일부 구역에 이런 설비를 하는 것이 비용적으로 유리하겠지만 최근 전 오리사를 슬랫으로 덮어 깔짚을 사용하지 않는 새로운 개념의 설비에 대한 연구도 진행되고 있다.

4.2.4 온도, 습도 및 환기 관리

온도와 습도 및 환기관리는 오리의 초기 성장에 크게 영향을 미친다. 오리는 닭에 비하여 온도가 약간 낮아도 좋으나, 처음 1주간은 32℃ 정도의 실내온도를 유지해 주어야 한다. 이후에는 1주일에 3～5℃씩 온도를 내려주어 약 3주 후에 가온하는 것을 중지한다. 실제 28일이면 완전히 깃털이 완전히 자라서 실내온도가 5℃ 이하로 떨어지더라도 가온은 필요하지 않다. 하지만 물이 얼 정도까지 방치하면 음수량의 부족으로 사료섭취 및 증체량이 급격히 떨어지게 되므로 주의해야 한다.

육추실 내의 습도는 60～70%가 적당하다. 만약 온도가 너무 높고 환기가 잘 되지 않으면 병아리는 활동성이 적어지고 기력을 잃게 되며, 심하면 탈수현상으로 인하여 치명적인 상태에 이를 수도 있다. 또한 오리는 한데 뭉치는 성질이 강하므로 육추기에 너무 밀집되지 않도록 관리하는 것이 폐사와 약추를 줄이는 요령이다. 오리사 내

표 5-33. 일령별 육추온도(℃)

일 령	히터 아래(pen)	생활지역
1~4	32	27
5~6	30	25
7~8	28	23
9~10	25	21
11~12	22	19
13~15	20	17
16~18	/	17
19~27	/	16

암모니아 가스의 농도는 10 ppm을 넘지 않도록 관리한다.

4.2.5 점등 관리

입추를 하게 되면 24시간 밤새도록 점등을 하여 병아리들이 물과 사료를 찾는데 불편이 없도록 해주어야 하지만 이후에는 동물복지를 위해 점등시간을 제한하도록 한다. 점등시간이 길수록 사료 섭취시간이 길어져서 성장이 빠르다는 주장이 일반적이었으나 최근 소등을 실시하여도 성장성에는 차이가 없다는 연구결과가 늘어나고 있다.

전구의 설치 간격도 중요하여 사료 급이기와 급수기를 잘 보이도록 하는 것이 중요하다. 3~5주령에 깃털을 뽑는 현상이 발생하면 점등강도를 낮추어 주면 증상이 완화된다. 이러한 점등시간의 관리는 24시간 조정할 수 있는 점등조절기를 활용한다.

4.2.6 깔짚 관리

처음 약 2~3주 동안은 톱밥이나 왕겨 등이 적합하며, 바닥에 5~10 cm 두께로 깔아 준다. 이후에는 볏짚이나 보리짚을 이용하여도 괜찮다. 오리는 물을 많이 먹고 또한 좋아하는 습성이 있어 바닥이 쉽게 습하고 더러워지므로 자리깃을 자주 돌봐 주어야 한다. 따라서 입추 전에 충분한 양의 깔짚을 확보하여 두는 것이 중요한다.

표 5-34. 육성오리의 점등시간

일 령	점등시간	조도(lux)
1	24L : 0D	20
2	23L : 1D	20
3	23L : 1D	20
4	22L : 2D	20
5	21L : 3D	20
6	20L : 4D	20
7	19L : 5D	20
8	18L : 6D	20
9	18L : 6D	20

4.2.7 오리잡기 및 취급

주기적으로 체중 측정 및 선별을 위해 오리를 잡을 때 포획망을 이용한다. 철망과 목재를 이용하여 만든 칸막이로써 길이 2.5m, 높이 0.7m의 와이어 메쉬를 대어서 만들고 오리들이 빠져나가지 못하게 하면서 유연한 재질이어야 한다.

병아리를 한 번에 많이 잡으려면 목 부분을 잡고, 한 마리씩 잡으려면 몸통 전체를 잡는다. 어린 오리나 육성오리는 목 부분을 잡아 올리고, 들고 있을 때는 날개를 잡는다. 완전히 성숙한 오리는 몸통 부분을 받치면서 날개를 잡는 것이 가장 적절한 방법이다. 오리의 다리는 쉽게 손상될 수 있으므로 잡을 때 다리나 한쪽 날개만을 잡아서는 안 된다. 하절기에 오리를 잡거나 이동해야 하는 경우에는 하루 중 가장 시원한 때에 하도록 한다.

4.2.8 오리 사료급여

오리사료의 형태는 펠렛이어야 하며 표 5-35와 같이 성장에 따라서 형태 및 크기를 달리 하여야 한다. 급이기의 높이는 오리의 어깨높이가 되도록 하며, 수시로 높이를 조정해 주어야 하는데 급이기 높이가 낮거나 또는 급이기 내에 사료가 너무 많이 채워지는 경우 허실량이 늘어나게 되기 때문이다. 또 사료통은 정기적으로 비워서 이

표 5-35. 사료통 내 사료량과 허실량과의 관계

사료량	가득 채울 때	2/3 높이	1/2 높이	1/3 높이
허실량, %	30	10	3	1

표 5-36. 오리사료의 종류별 품질 규격

사료 규격	사육 기간		
	1주	3주	4주 이상
형 태	크럼블	펠렛	펠렛
직경, mm	3	3	4
경도, kg/cm^2	3	3	5
내구력, %	90	90	90

물질이나 사료 잔류물이 엉겨 붙어서 곰팡이가 생기지 않도록 청소와 소독을 하여야 한다. 오리는 구강의 구조로 인하여 펠렛의 품질에 영향을 많이 받는다. 오리사료의 생산 시 고려되어야 할 물리적 규격은 표 5-36과 같다.

4.2.9 출하 및 출하 후 관리

출하 예정시간이 정해지면 6시간 전부터 절식을 시킨다. 상차를 위하여 오리사 밖으로 몰이할 때는 부딪혀 멍이 생기지 않도록 주의하고 잡을 때는 목, 양쪽 날개나 몸통을 잡고 절대로 다리를 잡아서는 안 된다. 하절기는 낮에는 폐사가 발생할 수 있으므로 출하는 시원한 오전으로 시간을 조정한다. 출하 후 모든 사육기구를 밖으로 반출하여 세척하고 왕겨를 반출하고 내부를 소독한다. 소독은 2차에 걸쳐 실시하고 충분히 건조된 이후에 실시한다.

4.3 오리의 질병

4.3.1 오리 간염(Duck Virus Hepatitis)

오리 간염은 1965년 영국에서 최초 보고된 바이러스성 질병으로 잠복기는 1일 내외로 짧으며 감염 후 1주 이내의 어린 일령에 집중적으로 폐사가 일어난다. 폐사율은 1주령 이내 약 95%, 1~3주령에서는 50% 내외이며, 4주령 이상에서는 폐사가 거의 일어나지 않는다. 전파는 주로 감염된 오리가 배설하는 분변을 통해 일어나지만 공기를 통한 전파도 가능하다고 알려져 있다. 감염된 종오리로부터 병아리로 감염이 전이되는 난계대는 일어나지 않지만 부화장에서 감염될 수도 있다.

감염된 오리는 움직임이 적어지고 자꾸 주저앉아 눈을 지그시 감는 증상이 나타난다. 질병이 진행되면 1차적으로 다리에 수축성 경련이 발생하고, 이후 1시간 이내에 목이 뒤를 향하는 후궁반장의 상태로 폐사하게 된다. 오리간염에 감염되어 죽은 오리들의 병리부검 소견은 간이 커지고 많은 출혈반점들이 나타나는 것이 특정적인 소견이며, 비장이 커지거나 신장이 붓는 경우도 볼 수 있다.

감염을 막기 위하여 어린오리에게 예방백신을 접종하도록 하고 외부의 오염원이 유입되는 것을 막기 위한 차단방역을 철저히 실시하도록 한다. 오리의 급, 만성 질병으로 섬유소성 심낭염, 산포막염, 기낭염, 수란관염, 뇌막염등의 임상증상을 유발하며, 높은 폐사율과 함께 체중 저하로 인한 오리 상태 불량으로 경제적 손실을 유발한다. 1~8주령의 어린 오리가 가장 감수성이 크며, 특히 5주 이하의 오리새끼의 경우 증상이 출현한 지 1~2일 이내에 죽어버리는 경우가 많다. 그러나 좀 더 큰 오리의 경우 오랫동안 생존할 수 있다.

이 질병은 건강한 오리라도 일단 병원체에 노출되면 발병되어 증상이 나타나는데 감염경로와 병원주에 따라 병변의 정도는 다양하며, 치사율은 5~75% 정도이다. 항생제에 감수성이 높고, 백신에 의해 예방이 가능하다.

4.3.2 오리패혈증(리메렐라 감염증)

오리패혈증은 1932년 미국에서 최초 보고된 리메렐라 아나티페스티퍼(Rimerella anatipestifer) 세균성 질병으로 주로 육성중인 오리에서 발병되며 3주령의 어린 오리에서 증상이 나타난다. 급성과 만성형으로 나타나며 급성증상은 무감각과 무력증, 눈이나 코에서 화농성 점액삼출물이 나오기도 하고 녹색을 띤 설사를 하며 운동실조, 일부는 머리를 흔드는 신경증상이 나타나며 심한 경우에는 머리를 등쪽으로 뻗치는 사경증상이 나타난다. 오리패혈증은 다양한 혈청형으로 인하여 백신으로 완전한 방어를 하기 어렵기 때문에 감염원의 차단에 노력을 기울여야 하며 감염 시 항생제 처치를 하도록 한다.

4.3.3 대장균증(Collibacillosis)

대장균증은 세균성 질병으로 대부분의 대장균은 병원성이 없으나 일부 병원성 대장균만이 특이 증상을 나타낸다. 대장균증은 축사 내에 오염된 사료, 물, 먼지, 분변 등을 통해 감염되며, 감염되는 경로는 주로 호흡기도를 통해 감염된다. 즉, 환기불량으로 인해 축사 내 축적된 암모니아 가스 등으로 호흡기관의 손상이 있을 경우 쉽게 감염된다. 감염된 오리들은 심낭염, 간포막염, 복막염, 기낭염 등이 나타나고 결국 패혈증으로 폐사하게 된다.

4.3.4 살모넬라증(Salmonellosis)

살모넬라증은 2주령 미만의 어린 오리에서 감수성이 높다. 탈수와 설사 등 소화기 관련 증상을 나타내며, 머리를 떨며 머리를 돌리는 신경증상을 보인다. 감염 이후 증체가 저하되고 지속적으로 병원균을 배설한다. 감염된 오리들은 심낭염, 간포막염, 복막염, 기낭염 등이 나타나고 결국 패혈증으로 폐사하게 된다.

5. 메추리

5.1. 메추리의 품종

국내에서 사육되고 있는 메추리는 학명은 *Coturnix. C. Japonica*이지만 일반적으로 Japanese quail로 불리고 있으며 주로 동북아시아에서 사육하고 있다. 메추리의 품종은 Japonica 외에도 Bobwhite, Europe, Africa, California종 등으로 여러 종류가 있으며 난용종, 육용종, 스포츠용으로 그 용도도 다양하다. 메추리는 국내에 약 1,100만수가 사육되고 있으며 자동화 시설의 보급과 함께 규모화 된 사육형태로 전환되고 있다. 사육용도는 주로 난용종이지만 사육 종료 후 일부 육용으로도 사용되고 있으며, 최근 육용 메추리도 도입되어 사육되고 있다.

5.2. 메추리의 일반적 특징

메추리의 외형적 특징은 몸길이가 18cm 정도이며 수컷보다 암컷이 더 크며 몸 윗면은 황갈색 바탕에 흰색과 검은색 줄무늬가 많으며 흰 눈썹선이 목 뒤까지 이어진다. 수컷은 목에 검은색 줄무늬 두 가닥이 있으며 뺨과 목 밑에 적갈색을 띄며, 암컷은 가슴에 얼룩점이 있는 특징을 가지고 있다.

부화 직후의 병아리 생시체중은 6.5g 으로 매우 작지만 발육이 빨라서 부화 후 4주령에 체중이 10배로 증가하며 다 자란 성체는 130g에 이른다. 6주령에 초산을 하며 부화 후 3개월이면 산란 피크에 도달하게 된다. 일일 사료섭취량은 평균 24g 이며, 난중은 약 10g 으로 체중대비 사료섭취량과 산란양이 가장 많은 가금이기 때문에 영양소를 충분히 공급하도록 주의를 기울여야 한다. 산란은 닭과 달리 산란의 75% 가 오후에 일어나며, 연간 300개 정도의 알을 생산한다.

5.3 메추리의 사양관리

메추리의 사양관리는 산란계와 유사한듯하지만 실제 사양관리에 상당한 차이가 있기 때문에 온도와 점등에 대한 세심한 관리가 필요하다.

5.3.1 육성기 관리

부화 후 메추리의 체성을 유도하는 기간을 육성기라고 하며, 온도와 사료입자의 제한 때문에 별도의 공간에서 육성하여야 한다. 표 5-37에서 보여주는 것과 같이 생후 8주령이면 거의 성체에 가까이 도달하며, 그 기간 동안 매우 빠른 속도로 성장하는데 4주령에 생시체중의 12배, 8주령이면 거의 20배에 이르게 된다. 8주령에 도달하게 되면 섭취한 사료의 대부분은 산란과 산란기관의 성장, 체유지에 사용되며 11주령에 도달하면 체성장은 멈추게 된다.

일반적으로 육성사에서 4주간 체성장을 한 후 산란사로 이동하여 산란을 유도하게 된다. 메추리는 닭보다 높은 온도에 잘 적응되어 있으며 오히려 낮은 온도에서는 활동성이 급격히 떨어지게 된다.

표 5-37. 8주간 메추리 육성기간의 변화

주 령	1	2	3	4	5	6	7	8
체중, g	16	36	56	76	89	100	108	115
사료섭취량, g	4	8	13	13	16	18	20	24
증체량, g	10	20	20	20	13	11	8	8
사료요구율	2.5	2.9	4.3	4.4	8.5	11.4	17.9	21.9

5.3.2 온도 관리

메추리의 육성 시 사육온도는 입추 시 38℃, 2주령 33℃, 3주령 28℃, 이후 24℃를 유지시킨다. 육성기의 사육온도가 더 높거나 낮은 경우 증체가 떨어지고 폐사가 증가하게 되며 사료효율도 나빠지게 된다. 산란기의 사육온도는 24~26℃가 적당하며 낮거나 높으면 산란율을 저하시키는 요인이 된다.

특히 메추리는 상대적으로 높은 온도에 잘 적응하는 가금으로 겨울철 온도관리가 잘 될 수 있도록 설비에 주의를 기울여야 한다. 21℃ 이하로 내려가는 경우 산란율의 저하가 심해지는 것을 알 수 있다. 하절기 고온스트레스 완화를 목적으로 팬을 이용하는 경우 26℃까지는 환기 이외의 풍속을 일으킬 필요는 없으며 27℃ 이상시 초당 0.5m 정도의 풍속이면 충분하다. 30℃ 이상에서는 1m/sec의 풍속을 가져가면 고온에 의한 산란율 저하를 막는데 도움이 된다.

5.3.3 점등관리

육성기 점등시간은 성성숙 일령을 빠르게 하기 위하여 점등은 16시간 이상을 해야 한다. 만일 일 8시간만의 점등을 실시하는 경우 성성숙 일령이 70일까지로 늦어질 수 있다. 산란기 점등시간은 산란계에서 적용하는 일일 16시간보다 20시간이 생산성에 더 좋은 영향을 미치며, 일부에서 사용하고 있는 종일 점등은 산란율, 난중, 사료요구율 등 모든 생산성 지표에서 불리게 작용하며, 전기 사용량도 많아서 경영지표를 나쁘게 하기 때문에 지양해야 한다.

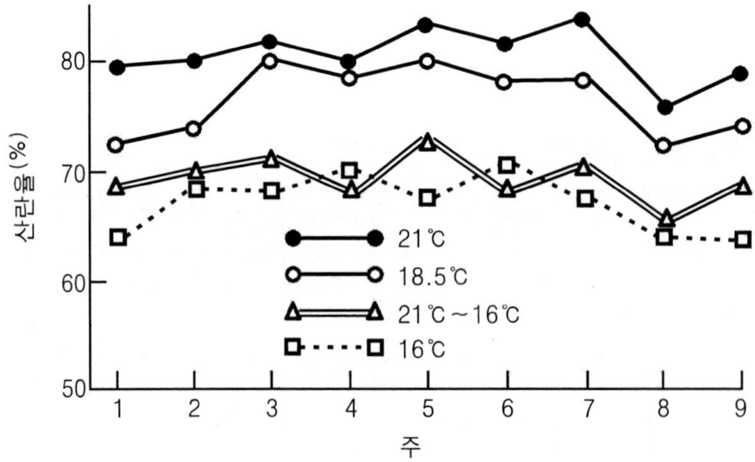

그림 5-11. 온도와 산란율 간의 관계

표 5-38. 생산성 지표와 점등시간과의 관계

점등시간	14L : 10D	16L : 8D	20L : 4D	24L : 0D
산란률(%)	57.9	82.6	84.5	83.6
난중(g)	9.1	8.9	10.1	9.9
총 산란량(g)	2.91	8.15	8.16	7.22
사료요구율	7.06	2.42	2.35	2.96

5.3.4 환기관리

메추리는 다른 단위가축에 비해 단위 체중당 가스대사량과 사육밀도가 높기 때문에 탄산가스 및 암모니아 가스에 의한 계사 내 오염 가능성이 높으며, 또 다른 가축에 비해 비교적 적정 사육 온도 범위가 높기 때문에 보온 문제에 따른 계사 내 탄산가스 오염의 문제는 더욱 가중되기 쉬우며, 이러한 문제는 계사 내 보온을 위해 환기창을 모두 닫아주는 겨울철에 더욱 문제를 야기하게 된다. 대부분의 메추리 농장시설이 영세하며, 환기에 대한 주의를 기울이지 않고 있는 것이 현실이며 이것이 생산성 감소의 큰 요인이라 할 수 있다. 따라서 탄산가스 농도에 따른 메추리의 반응정도를 살펴 계사 내 적정 환기 수준을 유지하도록 노력해야 한다.

산란 피크에 도달한 메추리의 사료섭취량은 일일 24g 으로 체중의 20%에 해당하는데, 이를 체중 2kg의 산란계에 적용하면 일일 사료량이 400g에 해당하고, 체중 60kg의 사람인 경우 12kg의 음식을 매일 섭취하는 것에 해당될 만큼 많은 양의 사료섭취를 하기 때문에 사료섭취량의 관리가 중요 관리사항이 되어야 한다.

5.3.5 메추리의 질병

메추리는 야생성이 강하여 질병이 없다고 알려져 있지만, 질병에 대한 감수성이 낮고 질병 전파가 적게 될 뿐 질병이 없는 것은 아니다. 메추리에서 발견되는 바이러스성 질병으로 백혈병, 뉴캐슬병과 코라이자, 추백리와 같은 세균성 질병, 그리고 가금 인플루엔자도 발견되고 있지만 아쉽게도 감염에 대한 진단과 적절한 백신에 대한 연구가 이루어진 바가 없어 질병에 대한 부분은 실질적으로 관리되지 못하고 있다.

5.3.6 사료의 형태와 영양소 요구량

메추리사료는 가루와 크럼블 형태가 모두 사용 가능하지만, 일반적으로는 가루사료가 사용되고 있다. 크럼블 가공사료를 선택할 때는 장점만을 부각하기보다는 가공에 따른 비용에 대한 경제성을 충분히 고려하여야 한다. 그리고 형태에 앞서 사료의 입자구성이 더 중요한데, 메추리는 생시체중이 작고 반면에 육성기간 동안 매우 빠르게 성장하기 때문에 육성기와 산란기의 사료입자의 기준을 다르게 가져가야 한다.

앞서 언급된 바와 같이 메추리의 체중대비 사료섭취량은 다른 가축과 비교할 수

표 5-39. 산란용 메추리의 영양소 요구량

기 간(week)	육추기(0~6주령)	산란기
대사에너지(metabolizable energy), kcal/kg	2,900	2800
조단백질(crude protein), %	24	22
아르기닌(arginine)	1.32	1.30
히스티딘(histidine)	0.38	0.44
이소류신(isoleucine)	1.03	0.95
류신(leucine)	1.78	1.49
라이신(lysine)	1.36	1.10
메티오닌(methionine)	0.55	0.50
메티오닌+시스틴(methionine+cystine)	0.80	0.78
페닐알라닌+티로신(phenylalanine+tyrosine)	1.89	1.47
트레오닌(threonine)	1.15	0.94
트립토판(tryptophan)	0.23	0.20
발린(valine)	1.00	0.97
칼슘(calcium)	0.8	3
비피틴태인(nonphytate phosphorus)	0.3	0.35
나트륨(sodium)	0.2	0.18
염소(chlorine)	0.14	0.14

한국사양표준(가금) 2012 농촌진흥청, 축산과학원

없을 만큼 많다. 특히 메추리는 성장과 생산, 번식에 많은 양의 단백질을 필요로 하는데(Shim과 Vohra, 1984), 박(2010)의 연구에 따르면 사료 내 단백질 수준은 난생산성과 관련이 있어서 단백질 수준이 올라갈수록 생산성이 증가한다고 한다. 산란용 메추리의 영양소 요구량은 표 5-39에 육성기와 산란기로 구분하여 나타내었다. 최근 국내에 소개된 육용 메추리의 영양소 요구량은 표 5-40에 나타내었다.

표 5-40. 육용 메추리의 영양소 요구량

기 간(week)	0~2	3~6
대사에너지(metabolizable energy), kcal/kg	3,200	3200
조단백질(crude protein), %	25	20.5
아르기닌(arginine). %	1.40	1.31
히스티딘(histidine)	0.57	0.51
이소류신(isoleucine)	1.00	0.94
류신(leucine)	1.40	1.29
라이신(lysine)	1.40	1.20
메티오닌(methionine)	0.56	0.52
메티오닌+시스틴(methionine+cystine)	9.50	8.50
페닐알라닌+티로신(phenylalanine+tyrosine)	1.90	1.77
드레오닌(threonine)	0.96	0.90
트립토판(tryptophan)	0.25	0.24
발린(valine)	1.10	1.03
칼슘(calcium)	0.95	0.95
비피틴태인(nonphytate phosphorus)	0.45	0.42
나트륨(sodium)	1.5	1.5
염소(chlorine)	1.24	1.24

표 5-41. 메추리사료의 사육단계별 입자도

Sieve No.	#8	#12	#20	#35	#35 이상
육성기	0	2%	30%	35%	23%
산란기	1	4%	40%	30%	15%

참고문헌

1. Abor Acres Parent Stock Management Handbook, 2013.
2. Cobb 500 Breeder Management Guide, 2013.
3. Cobb Broiler Management Guide, 2008. http://en.aviagen.com
4. De Beer, M. and Coon, C. N. 2007. The effect of defferent feed restriction programs on reproductive performance, Efficiency, frame size, and uniformity in broiler breeder hens. Poult. Sci. 86:1927-1939.
5. Hy-Line Brown Performance Standards Manual, 2012.
6. Indian River Parent Stock Management Handbook, 2013.
7. Larbier, M. and Leclercq, B. 1994. Nutrition and Feeding of Poultry. Nottingham University Press.
8. Leeson, S. and Summers, J. D. 2000. Broiler Breeder Production. Nottingham University Press.
9. Lesson, S. and Summers, J. D. 2005. Commercial Poultry Nutrition 3rd Ed. University Books, Guelph, Ontario.
10. Robinson, F. E., Zuidhof, M. J. and Renema, R. A. 2007. Reproductive efficiency and metabolism of female broiler breeders as affected by genotype, feed allocation, and age at photostimulation. 2. Sexual Maturation. Poult. Sci. 86:2256-66
11. Ross 308 Breeder Management Guide, 2013.
12. Ross Broiler Management Manual, 2009. http://www.cobb-vantress.com
13. Shim, K. F. and Vohra, P. 1984. A review of the nutrition of Japanese quail. World's Poult. Sci. J. 40:261-274.
14. SM3 Management manual, 2010, Cherry Valley

15. 設樂与一郎. 1986.ウズラ° 社團法人 農山漁村文化協會. 東京. 日本
16. 강문일. 2007. 조류질병진단사례집. 국립수의과학검역원.
17. 강창원, 김대진, 김선중, 남기홍, 박영인, 박호성, 백인기, 여정수, 유익종, 정명섭, 조성구, 하정기, 한재용. 1997. 가금생산학. 성문사.
18. 박승재. 2010. 메추리에 있어서 산란사료내 단백질 수준이 산란성적과 난질에 미치는 영향. 건국대학교, 석사학위 청구논문.
19. 유한진. 2006. 산란계 사양관리 지침서. 대한양계협회.
20. 한국사양표준(가금) 2012. 농촌진흥청, 축산과학원.
21. 함영훈, 김상인, 이규호. 2003. 하절기 산란피크 육용종계 산란기의 에너지 공급체계가 산란능력과 경제성에 미치는 영향. 한국가금학회지 30:107-112.

제 6 장

환경과 복지

사람과 마찬가지로 가금 산업에 있어서도 환경과 복지에 대한 관심이 점차 높아지고 있다. 환경은 생산성에 많은 영향을 주기에 더욱더 관심의 대상이다. 복지 또한 세계적인 현상으로 EU 등에서는 무역장벽으로까지 이용되고 있다. 본장에서는 가금 사육에 필요한 점등과 닭의 환우 요령 그리고 소비자 요구에 맞는 고품질 계란 생산을 위한 난각질 관리와 복지 향상의 의미에서 다발하는 대사이상 질환인 지방간증 및 지방간출혈증후군의 예방과 치료에 대하여 언급하였다. 끝으로 사회의 이슈로 떠오른 농장동물의 복지에 관하여 기술하였다.

1. 닭의 점등관리

닭은 장일성 동물로 인위적인 점등 없이 자연 일조 상태로 사육을 하게 되면 일정 시기에만 계란을 생산하는 계절 산란을 하게 된다. 특히, 자연 일조시간이 감소하는 계절이 되면 계란 생산이 불가능해진다. 따라서 이와 같은 산란율 저하 방지를 위해 인공점등을 실시하고 있다. 최근에는 산란율 향상을 위한 목적 외에 산란계의 합리적인 육성과 육계의 생산성 및 사료요구율 향상을 위해서도 실시하고 있다.

1.1 빛이 닭의 내분비에 미치는 영향

빛은 닭에게 직접적 혹은 간접적으로 영향을 미치는 중요한 환경요인이다. 빛은 닭의 내분비기관을 자극하여 성성숙의 조절, 산란 촉진, 산란억제 등에 작용하며, 비타민 D의 생성에도 관여한다. 닭의 두 눈의 무게가 뇌의 중량과 비슷하며 대단히 크기 때문에 눈에 들어가는 빛의 양이 닭보다 체중이 큰 다른 동물에 비해 전혀 떨어지지 않는다. 빛은 닭의 시신경을 통해 투과되어 중추신경에 전달되고 간뇌의 시상하부를 통해 뇌하수체 전엽에 도달하여 성선자극호르몬(gonodotropin)의 분비를 자극하여 성기능을 촉진한다.

산란계에서는 빛은 크게 두 가지 영향을 미치게 된다. 첫 번째로 빛은 닭의 뇌하수체 전엽의 성선자극호르몬 분비를 자극하여 난소기능을 촉진시키며, 이로 인해 닭의 초산 일령(성성숙)과 산란율이 영향을 받게 된다. 두 번째는 빛의 명암 리듬으로 이로 인해 닭의 산란시각이 조절되며, 산란에 앞선 배란시각과 배란을 유발하는 뇌하수체 전엽 호르몬 분비 시각의 조절에 영향을 미친다. 명암 리듬은 닭의 신체 중 소화기능의 리듬을 통제하며 이로 인해 간접적으로 산란기능에 영향을 미친다.

닭에 대한 빛의 효과는 이와 같은 성기능 자극 효과만은 아니다. 점등시간 동안 닭은 사료를 섭취하기 때문에 빛은 간접적으로 성장에 영향을 미친다. 육계에서는 밝은 빛을 비추면 지속적으로 사료를 섭취하게 되는 닭의 특성을 이용하여 24시간 점등을 통해 육계의 최대성장을 유도할 수 있다. 또한, 가금류는 사람과 달리 3종류의 광수용체를 가지고 있어 빛의 색깔을 감지하는 능력을 갖고 있다. 따라서 가금류는 사람보다 더 넓은 빛의 파장 영역을 인식하고 인식한 빛 파장에 따른 다양한 생리적 변화와 생산성에 영향을 미치게 된다. 사람과 닭에 있어 분광 반응의 차이점이 분명히 존재한다.

1.2 일장시간과 성성숙

일 년 중 일장시간이 증가하는 계절에 병아리를 육성시키면 일장시간이 감소하는 계절에 육성한 것보다 성성숙이 빨라진다. 예를 들면 4월 21일에 부화한 병아리는 10주령(6월 23일경) 전후까지는 일장시간 증가의 영향을 받지만 이후 10주령부터 22주령에 걸쳐서는 일장시간이 반대로 감소하는 시기로 이 계군의 성성숙은 빨라지지 않는다(표 6-1 참조). 한편 10월 15일에 부화한 병아리는 10주령(12월 20일 전후)까지는 일장시간이 감소하지만 성성숙의 영향이 큰 10~22주령, 즉 12월 20일경 이후는 일장시간이 길어져 이 계군의 성성숙이 비교적 빠르게 진행된다.

1.3 점등광원의 종류와 특징

1.3.1 백열전구

① 설치비가 싸다.

표 6-1. 전국 주요 지역의 월별 연평균 1일 일조시간 추이

	1	2	3	4	5	6	7	8	9	10	11	12	전년
춘천	5.4	5.6	6.4	7.0	7.2	6.4	4.7	5.5	5.7	5.6	4.5	4.8	5.7
강릉	5.9	5.6	6.1	6.6	6.8	5.3	4.5	4.8	5.1	6.1	5.5	5.9	5.7
서울	5.1	5.3	6.1	6.6	6.9	5.8	3.9	5.0	5.7	6.4	4.9	4.9	5.6
원주	4.9	5.1	5.8	6.6	6.7	5.6	4.1	5.1	5.3	5.9	4.6	4.7	5.4
서산	4.9	5.5	6.6	7.1	7.6	6.2	4.6	6.0	6.1	6.6	4.8	4.5	5.9
청주	5.3	5.6	6.5	7.3	7.6	6.3	5.0	5.8	5.7	6.5	5.1	5.1	6.0
대전	5.2	5.4	6.4	7.1	7.4	6.2	4.9	5.8	5.7	6.5	5.1	5.0	5.9
포항	6.0	5.7	6.2	6.9	7.2	5.9	5.1	5.5	4.9	6.3	5.9	6.1	6.0
대구	6.2	6.0	6.6	7.2	7.4	5.9	4.9	5.3	5.1	6.6	5.7	6.1	6.1
전주	4.8	5.1	6.1	6.9	7.0	5.6	4.4	5.3	5.4	6.3	5.0	4.5	5.5
광주	5.1	5.4	6.3	6.9	7.2	5.5	4.7	5.6	5.5	6.7	5.3	5.0	5.8
부산	6.4	5.9	6.3	6.8	7.2	5.8	5.3	6.5	5.3	6.8	6.3	6.6	6.3
목포	4.6	5.1	6.0	6.7	7.0	5.6	5.1	6.6	5.8	6.8	5.4	4.6	5.8
제주	2.3	3.4	5.2	6.3	6.8	5.6	6.3	6.3	5.2	5.8	4.1	2.7	5.0
진주	6.1	5.9	6.4	6.7	6.8	5.2	4.7	5.4	5	6.5	5.7	6.1	5.9
영주	6.2	6.2	7.2	7.8	8.3	7.2	5.5	6.1	6.1	7.0	5.7	5.9	6.6
평균	5.2	5.4	6.2	6.8	7.1	5.8	4.8	5.6	5.4	6.4	5.2	5.1	5.8

② 전구 수명이 매우 짧다(평균 5,000시간).

③ 반사경이 필요하다.

④ 전기에너지를 빛에너지로 전환하는 효율이 5% 정도로 전기 이용효율이 낮다.

⑤ 전 세계적으로 생산 중단 예정의 문제점을 가지고 있다(EU 2012, 한국 2013, 호주 2014년)

1.3.2 형광등

① 전기에너지의 가시광선 변환효율이 21% 정도로 백열등보다는 높다.
② 전구 가격이 비싸다.
③ 21～27℃에서 가장 밝고 -1.1～-4.4℃에서는 광도가 60%로 감소된다.
④ 전구의 수명은 백열구에 비해 길다.
⑤ 수은을 함유하고 있어 환경오염의 문제점을 가지고 있다.

1.3.3 수은등

① 전기 이용효율은 형광등과 비슷하다.
② 온도 변화에 따른 광도 변화가 없다.
③ 한 번 소등하면 10여 분 정도 재점등 할 수 없다.
④ 전구의 수명은 24,000시간이다.
⑤ 수은을 함유하고 있어 환경오염의 문제점을 가지고 있다.

1.3.4 LED (light emitting diode)

① 광변환 효율이 높아 소비전력이 낮다.
② 필라민트(filament), 유리전구 등을 사용하지 않아 견고하고 안전하다.
③ 여러 가지 색이나 다단계의 밝기로 제어가 가능하다.
④ 고온에 취약하다.
⑤ 가격이 비싼 단점을 가지고 있다.
⑥ 점등, 재점등, 소등 등의 속도가 빠르다.
⑦ 전구의 수명은 10,000～50,000시간으로 아주 길다.
⑧ 형광등에 사용하는 수은을 사용하지 않아 친환경적이다.

1.4 산란계 점등 요령

1.4.1 산란계 점등의 기본 원칙

산란계에 있어서 빛의 조도는 산란능력과 매우 밀접한 관계가 있다. 무창계사에서는 하루 종일 조도를 항상 일정하게 조절할 수 있으나, 개방계사에서의 조도를 최소한 자연 상태와 유사하게 유지해 주는 것이 요구된다. 육성기에는 점등시간이나 조도를 증가시키지 않으며, 산란기간에는 점등시간이나 조도를 감소시키지 않는 것이 산란계 점등의 기본 원칙이라 할 수 있다.

1.4.2 산란계 육성기 점등 프로그램

개방계사에서 산란계를 육성할 경우 0∼8주까지는 자연 일조시간이 초산 일령에 크게 영향을 미치지 않으며, 9∼22주령에 자연 일조시간이 점차 길어지는 시기(12월∼6월)에 걸치게 되면 성성숙이 촉진되어 초산 일령이 지나치게 빠르고 초산 시 체중이 낮아 산란 지속성이 떨어지며, 초산 시 난중이 낮아 경제성이 떨어진다. 하지만 자연 일조시간이 현저히 감소되는 시기(9월∼2월)에 부화한 병아리는 육성기간 중에 인위적으로 점등을 실시하여 체성숙이 어느 정도 진행된 후에 초산을 시킬 필요가 있다.

초생추 입추 후 1∼2주간은 장시간 점등을 해줘 병아리가 환경에 잘 적응하도록 해준다. 입추 후 2일간은 조도는 20룩스(lux)로 48시간 계속 점등하고, 이후 3주령까지는 점차 점등시간을 줄여서 1일 15시간 점등에 5룩스 밝기로 한다. 이후 17주령까지 무창계사에서는 10∼12시간을 일정시간 점등한다. 개방계사에서는 그 기간 중의 가장 긴 해 길이를 택해서 일정시간 점등한다. 개방계사에서 육성할 때에는 육성계사가 밝지 않도록 보온덮개나 검은 비닐로 벽을 막는다. 하단 30㎝, 상단 30㎝의 부분은 환기를 위해 열어 놓는다.

체중 1.4 kg 혹은 17주령 말에는 점등시간을 1시간 증가시켜 점등자극을 실시한다. 그 후 1일 16시간이 될 때 까지 매주 30분씩 증가시킨다. 개방계사에서는 당시의 자연 일조시간보다 1시간을 증가시켜 점등을 시작하며, 1일 17시간이 될 때까지 매주 혹은 격주마다 15∼30분씩 증가시킨다. 산란 피크에 도달할 때까지 점등 자극시간을 매주 지속적으로 늘려나가는 것이 좋나. 조도는 너무 밝지 않게 주의한다. 적정 조도는 10∼20룩스이다. 점등 프로그램을 정확하게 실행하기 위해서는 각 지방별 일출 일몰시간을 조사해서 적용하는 것이 중요하다.

1.4.3 계사 형태에 따른 점등계획

① 무창 육성계사에서 무창 산란계사로 이동 시

- 표 6-2의 무창계사 점등 프로그램을 참조한다.

② 무창 육성계사에서 개방 산란계사로 이동 시

- 육성기간에는 표 6-2의 무창계사 점등 프로그램을 참조한다.
- 17주령에 자연 일조시간으로 증가시키며, 최소 13시간 이상으로 한다. 이후 매주 30분씩 증가시켜 1일 17시간이 되면 일정 점등한다.

③ 개방 육성계사에서 무창 산란계사로 이동 시
- 6~17주령 사이의 가장 긴 자연 일조시간으로 계속 일정 점등한다.
- 17주령에 1시간을 증가시켜 최소 13시간 이상으로 하고, 그 후 1일 16시간이 될 때까지 매주 혹은 격주 간격으로 30분씩 증가시킨다.

④ 개방 육성계사에서 개방 산란계사로 이동 시
- 육성기간에는 표 6-3의 개방계사 점등 프로그램을 참조한다.

1.4.4 산란계 무창계사 점등 프로그램

무창 산란계사 관리의 특징은 5~10룩스의 어두운 조도로도 최고의 산란을 유지할 수 있다는 점이다. 이와 같은 낮은 조도는 카니발리즘과 같은 식우증에 의한 폐사를 예방하는 효과, 닭의 활동 감소에 의한 사료섭취량 절감과 같은 이점을 가지고 있다. 산란계사에서 낮은 조도에서 닭을 기르기 위해서는 육성 때부터 무창계사에서 어두운 환경에서 길러야 한다.

표 6-2는 무창계사 점등 프로그램을 예를 들어 나타내었다. 프로그램 A는 봄, 가을의 난중 억제, 산란수 증가 프로그램이며, 프로그램 B는 여름 육성계의 난중 억제, 산란수 증가 프로그램, 프로그램 C는 겨울 육성계의 난중 억제, 산란수 증가 프로그램이며, 프로그램 D는 산란수 감소, 난중 증가 위주의 프로그램이다.

1.4.5 산란계 개방계사 점등 프로그램

햇빛이 들어오는 계사에서 육성할 때는 자연 일조시간에 따라 점등 프로그램을 실행해야 한다. 일출시간과 일몰시간이 각 지역에 따라서 다르기 때문에 그 지역의 일출과 일몰시간의 그래프를 그려 그에 따른 점등 계획을 수립해야 한다. 표 6-3에는 개방계사에서의 점등 프로그램을 예를 들어 나타내었다.

1.4.6 산란계 점등 자극시기

육성기간 점등시간보다 1시간을 늘려 주는 것을 점등자극이라 한다. 대개 120일령에 시작하는 것이 표준이다. 그러나 계란을 좀 더 일찍 낳게 하려면 점등자극을 1~2주 앞당겨서 실행할 수 있다. 점등자극을 일찍 앞당기게 되면 계란의 난중은 작아지고 산란수를 증가되는 효과를 얻을 수 있다. 반대로 시산일령을 늦추려면 점등자극을 1~2주 늦게 실행하면 되고, 이때 계란의 난중이 커지고 산란율이 감소되며, 난중이 너무 커져서 산란후기 및 말기에는 왕란 및 파란의 발생률이 높아지는 단점이 있다.

표 6-2. 무창계사 점등 프로그램의 예(Hy-Line Brown 사양관리 지침서)

주 령	여러 형태의 전등 프로그램			
	A	B	C	D
제1, 2일령	22:00	22:00	22:00	22:00
3~7일령	20:00	20:00	18:00	16:00
2주령	18:00	18:00	16:00	16:00
3주령	16:00	17:00	15:00	16:00
4주령	14:00	16:00	14:00	16:00
5주령	13:00	15:00	13:00	15:00
6주령	12:00	14:00	12:00	14:00
7주령	11:00	13:00	11:00	13:00
8주령	10:00	12:00	10:00	12:00
9주령	10:00	12:00	9:00	11:00
10주령	10:00	12:00	9:00	10:00
11주령	10:00	12:00	9:00	10:00
12주령	10:00	12:00	9:00	10:00
13주령	10:00	12:00	9:00	10:00
14주령	10:00	12:00	9:00	10:00
15주령	10:00	12:00	10:00	10:00
16주령	10:30	12:00	11:00	10:00
17주령	11:00	13:00	11:30	10:00
18주령	11:30	13:00	12:00	10:00
19주령	12:00	13:30	12:30	11:00
20주령	12:30	13:30	13:00	11:30
21주령	13:00	14:00	13:30	12:00
22주령	13:30	14:00	14:00	12:30
23주령	14:00	14:30	14:30	13:00
24주령	14:30	14:30	15:00	13:30
25주령	15:00	15:00	15:30	14:00
26주령	15:30	15:00	16:00	14:30
27주령	16:00	15:30	16:00	15:00
28주령	16:00	15:30	16:00	15:30
29주령	16:00	16:00	16:00	16:00
30주령	16:00	16:00	16:00	16:00
31주령	16:00	16:00	16:00	16:00
32주령	16:00	16:00	16:00	16:00

표 6-3. 개방계사 점등 프로그램의 예(Hy-Line Brown 사양관리 지침서)

	(1) 2.1~ 3.31입추	(2) 4.1~ 5.14입추	(3) 5.15~ 8.31입추	(4) 9.1~ 10.14입추	(5) 10.15~ 10.25입추
0~3일령	23:00	23:00	23:00	23:00	23:00
4~14일령	17:00	17:00	17:00	17:00	17:00
3~8주령	15:40	15:40	15:40	13:00	13:00
8~17주령	15:40	15:40	자연일조	11:40	11:40
18주령	15:30	16:00	14:00	13:00	13:00
19주령	16:00	16:30	14:30	13:30	13:30
20주령	16:30	17:00	15:00	14:00	14:00
22주령	17:00	17:00	15:30	14:30	14:30
24주령	17:00	17:00	16:00	15:00	15:00
26주령	17:00	17:00	16:30	15:30	15:30
28주령	17:00	17:00	17:00	16:00	16:00
30주령	17:00	17:00	17:00	16:30	16:30

	(6) 10.26~ 11.5입추	(7) 11.6~ 11.15입추	(8) 11.16~ 11.25입추	(9) 11.26~ 1.31입추	비 고
0~3일령	23:00	23:00	23:00	23:00	
4~14일령	17:00	17:00	17:00	17:00	
3~8주령	14:00	15:00	15:00	16:00	
8~17주령	12:30	13:30	13:45	15:40	
18주령	13:30	14:30	14:30	16:30	
19주령	14:00	15:00	15:30	17:00	
20주령	14:30	15:30	16:00	17:00	
22주령	15:00	16:00	16:30	17:00	
24주령	15:30	16:30	17:00	17:00	
26주령	16:00	17:00	17:00	17:00	
28주령	16:30	17:00	17:00	17:00	

1.4.7 간헐점등법(산란계 무창계사)

무창계사에서 사육되는 35주령이 지난 산란계에서 간헐점등을 실시할 수 있다. 간헐점등은 연속점등에 비해 다음과 같은 효과가 있다.

① 전기료 절감
② 사료비 절감 및 사료효율 개선
③ 난중 조절 및 난각 개선
④ 고온 스트레스 완화

1.5 육계 점등 요령

육계의 점등은 산란계의 점등과 달리 닭의 사료 섭취기간을 연장하여 일당 증체량을 개선시킴으로써 조기 시상 출하를 유도하는 데 목적이 있다. 일반적인 육계의 점등은 사료섭취량과 성장률을 최대로 하기 위해 연속 또는 짧은 간헐조명(23L : 1D)을 유지시키는 방식으로 수행된다. 하지만 이와 같은 연속 조명에 의한 사육방법이 반드시 생산성을 확대하는 방법이 아닐 수 있으며, 연속 조명은 지방축적, 골격의 기형, 대사성 질병의 발병률을 증가시키며 순환기 질환을 야기시킬 수 있다.

1.5.1 육계 점등방법

⑴ 종야(終夜) 점등법

입추에서 출하 때까지 계사 내부를 계속 불을 밝혀 주는 점등법으로 우리나라 육계농장에서 대부분 사용하고 있나. 가장 간단하고 편리하긴 하지만 폐사, 이상도체 발생, 복강지방 축적률이 높아진다는 문제점이 제기되고 있다.

⑵ 간헐(間歇) 점등법

하루에 여러 번 밤낮을 반복시키는 점등법인데 명암주기(明暗週期)에 따라 여러 가지 명칭이 있다. 1시간을 밝게 3시간을 어둡게 해주는 1L : 3D방법이 대표적이다. 종야 점등법의 대체기술로서 보급된 바 있으나 사용이 미미하다.

⑶ 점증(漸增) 점등법

초기에는 거의 자연일조 조건에서 사육하여 골격과 장기, 근육조직 간의 균형 발육을 꾀하다가 점차 점등시간을 늘려 보상성장(compensatory growth)을 유도함으로써 출하기에는 다른 점등방법과 동일한 체중을 얻고자 하는 점등방법이다. 육계에 있어 빛의 조도는 닭이 먹이와 물을 찾아 먹을 수 있는 정도인 3.5~5.0룩스가 적당하다.

1.5.2 점증 점등법

닭은 밝을 때에만 사료를 섭취하는 습성이 있으므로 점등이 사료섭취를 조절하는 수단으로 이용될 수 있다. 우리나라의 육계농장에서는 사료의 섭취, 소화, 흡수를 최대화하려는 목적에서 종야 점등이 사용되고 있으나 전력 사용이 많고 돌연사증후군(sudden death syndrome, SDS)의 발생과 폐사율이 높다는 문제점을 가지고 있다. 또한 쉴 사이 없이 섭취하는 사료가 체조직으로 변환하는 데 효율적인가 하는 의문과 함께 동물 복지라는 관점에서도 계군(鷄群)에게 일정시간의 휴식을 줄 수 있는 새로운 점등방법의 필요성이 여러 학자들에 의해 제기된 바 있다.

점증 점등법은 국내 육계농장이 공통적으로 가지고 있는 여러 가지 문제점을 점등의 개선을 통해 일부 해결해 보고자 하는 의도에서 축산기술연구소에서 실용화한 점등 프로그램이다.

⑴ 점등시간

① (0~4일령) : 병아리가 부화한 당일인 4일령까지 5일 동안은 병아리가 주변 환경에 익숙해져야 하고 물을 충분히 섭취할 필요가 있다. 심야의 1시간 동안만 불을 꺼주고 나머지 23시간 동안은 밝게 해준다. 밤에 1시간 동안을 어둡게 해주는 이유는 이후에 발생할 장시간의 어두운 환경에 적응시키기 위한 것이다.

② (5~17일령) : 인공조명 없이 자연 일조시간만으로 키우는 기간인데, 사료 섭취나 증체가 종야점등에서 성장하는 병아리보다 훨씬 느리다. 만약 무창육계사라면 낮과 같은 시간대의 인공조명을 해준다.

③ (18~22일령) : 아침 해뜨기 전과 저녁 해진 후에 인공조명을 하여 하루 중 밝은 시간대를 18시간으로 늘려 줘야 한다. 이때부터 육계는 종야점등에 비해 일당증체량이 높아지는 보상성장을 하게 된다.

④ (23~출하일령) : 1단계 때와 동일한 하루 23시간의 광 조건을 만들어 주는 시기로서, 사료섭취량이 최대로 늘게 되고 사육기간 중 일당증체량이 가장 높은 때이다.

⑵ 점등광도

사육단계에 따라 15룩스, 10룩스, 5룩스가 기준치이지만 광도계가 없을 경우에는

표 6-4. 2 kg 미만 출하 체중의 육계 생산을 위한 점등 프로그램의 예 (Cobb, 2008)

일 령	소등시간	점등시간
입추일	소등 안함	24시간
1일령	1시간	23시간
100g ~ 160g	6시간	18시간
출하 5일전	5시간	19시간
출하 4일전	4시간	20시간
출하 3일전	3시간	21시간
출하 2일전	2시간	22시간
출하 1일전	1시간	23시간

표 6-5. 2~3 kg 출하 체중의 육계 생산을 위한 점등 프로그램의 예 (Cobb, 2008)

일 령	소등시간	점등시간
입추일	소등 안함	24시간
1일령	1시간	23시간
100g ~ 160g	9시간	15시간
22일령	8시간	16시간
23일령	7시간	17시간
24일령	6시간	18시간
출하 5일전	5시간	19시간
출하 4일전	4시간	20시간
출하 3일전	3시간	21시간
출하 2일전	2시간	22시간
출하 1일전	1시간	23시간

초기에는 밝게, 후기에는 어둡게 해준다는 생각으로 적절히 조절하면 된다. 초기에 밝게 해주는 이유는 병아리가 물통과 사료통의 위치를 쉽게 판별하기 위한 것이고, 후기에 어둡게 해주는 이유는 다른 닭을 쪼는 카니발리즘(cannibalism)의 발생과 불필요한 스트레스를 줄이려는 것이다.

1.5.3 코브(Cobb) 육계 점등 프로그램

(1) 목표 출하 체중: 2kg 미만(표 6-4 참조)
사육밀도: 18수/m^2 이상(60수/평), 일당 증체량: 50g 이하/일

(2) 목표 출하 체중: 2kg~3kg(표 6-5 참조)
사육밀도: 14~18수/m^2 이상(46~60수/평), 일당 증체량: 50g~60g/일

2. 강제 환우

강제 환우(forced molting)란 산란중인 닭을 인공적으로 털갈이시켜 휴산하게 하고 털갈이 후의 산란율·수정률 및 부화율을 향상시키는 것을 의미한다. 일반적으로 강제환우는 산란계 농가에서 경제적인 이익 때문에 실시하며, 특히 산란계의 노계의 도체 시 가격이 낮거나 산란기간 연장이 유익할 때 실시한다(Webster 등, 1998). 강제환우는 절식, 절수 및 점등시간을 활용해 강제 환우를 유도하며, 대부분의 농가에서는 5~14일 동안 사료 급이를 중단하는 절식방법이 통용되고 있다.

2.1 강제 환우가 필요한 경우

① 초산기 뉴캐슬(Newcastle disease, ND), 전염성 후두기관지염(infectious bronchitis disease, IB)에 감염되었을 때 산란율, 난각질, 내부 난질 회복을 위해
② 60주령 이후 난각질, 난각색 회복을 위해
③ 산란기간 연장을 위해
④ 노계 판매가 어려울 때
⑤ 난가가 생산원가보다 낮을 때
⑥ 사료 가격이 비싸져서 병아리 육성 비용이 높을 때
⑦ 특란 가격이 대란보다 크게 높을 경우
⑧ 우수한 종계의 이용년한의 연장을 위해 강제환우를 실시한다.

2.2 환우 시 닭의 생리적 변화

산란 중인 닭을 강제로 환우시킬 때에는 다음과 같은 체내외의 조직과 기관 그리고 내분비계의 변화를 가져온다.

2.2.1 체내조직의 변화

① 체중의 감소
② 난소의 위축
③ 난관과 자궁(난각선)의 위축
④ 생식기관의 위축이 전체 체중 감소의 25%를 차지한다.
⑤ 생식기관 중에서도 난소가 먼저 위축되고 난관이나 자궁도 따라서 작아진다.
⑥ 칼슘제한 방법을 쓰는 경우 간이 홍색을 띠게 되며 담낭이 커진다.

2.2.2 깃털의 변화

① 사료와 물을 제한시키거나 아연을 다량 섭취하게 되면 털갈이 정도가 심해진다.
② 칼슘이나 나트륨의 섭취량을 제한하여 환우 시킬 때는 환우가 가볍게 나타난다.
③ 주령이 높은 닭은 낮은 닭에 비해서 심한 털갈이를 한다.
④ 날개 깃털은 중심부에 축우(軸羽)라고 하는 작은 깃이 있고, 축우로부터 바깥쪽으로 10개의 깃이 있는데 이를 주익우(主翼羽)라 한다.

주익우(primaries)의 환우는 제1 주익우부터 시작하여 10~14일 간격을 두고 바깥쪽으로 진행되는데 10개의 주익우를 전부 가는데 20주가량이 소요된다. 1개의 빠진 깃털이 완전히 자라는 데에는 약 6주가 걸린다. 주익우의 탈락순서는 1, 2, 3, 4, 5, 6, 7, 8, 9, 10 이며, 부익우(secondaries)의 탈락순서는 11, 12, 13, 14, 10, 2, 3, 4, 5, 6, 7, 8, 9, 1 이다. 그 다음에 속대날개(axial feather)가 탈락한다.

2.2.3 내분비계의 변화

사료섭취를 제한하게 되면 번식에 관련된 호르몬 중 에스트로겐(estrogen)과 프로게스테론(progesteronc)의 농도가 낮아지는데, 이는 뇌하수체 전엽에 작용하는 분비자극호르몬의 결핍에서 초래되는 것으로 알려져 있다.

2.2.4 닭의 생태 변화

① 절식개시 후 2~3일부터 계분이 녹색으로 변한다.
② 음수를 시작하면 물기가 많은 녹색 또는 백색분을 배출한다.
③ 3~4일경부터 닭이 쇠약해지고 활력이 없으며 탈수현상을 보이고 볏이 암자색으로 위축된다.
④ 연란이나 파란이 급격히 증가하고 6~8일경에는 산란이 중지된다.
⑤ 10일 전후부터 깃털이 빠지기 시작하고 며칠 동안 급격한 환우가 진행된다.
⑥ 14~20일 경에 새로운 우모가 발생한다.
⑦ 4~5주경에 다시 산란을 시작하여 6~7주령에 산란율이 50% 정도에 도달하게 된다.

2.3 강제 환우의 장단점

강제 환우를 하지 않은 닭과 비교하면 강제 환우를 실시한 닭은 생산성이 개선되고, 난질, 사료효율, 폐사율이 감소하게 된다(Alodan과 Mashaly, 1999).

2.3.1 강제 환우의 장점

① 초생추를 육성하는 것보다 육성경비를 절감할 수 있다.
② 산란율을 조절할 수 있다(계란의 수요가 많은 계절에 맞추어 계란을 생산하도록 시기를 조절).
③ 계란의 내부 난질 지표인 Haugh unit가 높아진다.
④ 특란 및 대란 생산율이 높다.
⑤ 산란율이 개선된다.
⑥ 난각질이 좋아지고 비정상란 생산이 적어진다.

2.3.2 강제 환우의 단점

① 과중한 스트레스에 의해 폐사율이 증가한다.
② 난중이 지나치게 높아지기 쉽다.
③ 환우 중 분변상태가 악화된다.
④ 작업환경이 나빠진다.
⑤ 각종 질병에 대한 감수성이 증가한다.

2.4 환우의 종류

가금류가 털갈이 하는 것은 환경변화에 적응하기 위한 것으로 자연적인 환우와 우발적 환우 그리고 강제 환우가 있다.

2.4.1 자연 환우

닭이 어느 정도 산란이 지속되다가 여름부터 가을 시기에 일조시간이 짧아지게 되면 신체 내분비계에 변화가 일어나 자연 환우가 시작된다.

2.4.2 우발적 환우

주위 환경의 변화가 닭에게 영향을 주어 나타나는 환우를 칭하며, 사육장소의 이동 및 밀사, 환기불량, 급수 중단, 사료 급이 중단 및 제한, 칼슘, 아연, 나트륨 등의 미네랄 성분의 과다섭취 및 결핍 등의 원인으로 인해 일어난다.

2.4.3 강제 환우

절식, 절수 혹은 점등시간을 조절하여 강제로 털갈이를 유도함으로써 산란을 일시적으로 중단시키는 방법으로 현대 양계에 경영적인 측면에 많이 활용되고 있다.

2.5 강제 환우의 방법

강제 환우는 비교적 짧은 기간 내에 털갈이를 유도해 산란율을 회복시키는 데 목적이 있으며, 이를 위해서는 절식, 절수, 점등시간 단축, 무기질이나 호르몬제를 이용한 방법이 활용된다.

2.5.1 절식에 의한 강제 환우

닭의 품종, 주령, 계절 등에 따라 차이가 있으나 닭에게 주는 스트레스의 강도에 의해 절식기간이 정해진다. 일반적으로 첫 3일간의 절수기간을 포함하여 10일 혹은 그 이상의 기간 동안 사료급여를 중단시켜 체중의 25～30%까지 감소시키는 방법이며, 이때 음수를 제한하기도 하지만 절식 시 음수는 중단시키지 않는 것이 닭의 과도한 체중 감소를 막는 방법이다. 최근에는 동물복지 관점에서 글로벌 기업이나 식품회사들은 절식방법을 이용한 강제 환우를 유도한 닭에서 생산된 계란의 구매를 거부하고 있으며, 이와 같은 계란에 대한 일반 소비자들의 인식 또한 부정적이다.

따라서 이에 절식 외의 방법을 이용한 강제 환우에 대한 연구가 필연적으로 요구되는 실정이다. 특히 미국에서는 2006년 1월 1일부터 UEP(United Egg Producers) 동물보호프로그램에 등록되어 있는 모든 양계업자들은 비절식 강제 환우방법만을 사용해야 한다. 급이에 의한 강제 환우 방법은 1970년대부터 연구되어 왔는데, 포도박(McKeen. 1984)과 같은 저영양성 사료 원료나 칼슘(Gilbert와 Blair, 1975), 아연(North와 Bell, 1990), 염화물(Harms, 1991), 나트륨(Whitehead와 Shannon, 1974), 알루미늄(Hussein 등, 1989)과 같은 무기질을 이용하는 방법들이 소개된 바 있다.

우리나라에서는 나 등(2008)은 동물복지 차원에서 절식에 의한 강제 환우 대신 사료(옥수수, 밀기울, 알팔파)를 급여하는 강제 환우방법이 산란계의 생산성 및 난질에 미치는 영향을 조사하였고, 실험결과 사료급여와 절식을 이용한 강제 환우방법 간에 생산성에는 큰 차이가 없었고, 특히 절식 시 알팔파만을 단독으로 급여했을 때가 옥수수나 밀기울을 급여한 강제 환우방법보다 생산성에서 우수한 경향을 보였다고 보고하였다.

2.5.2 절수에 의한 강제 환우

절수기간은 계절, 품종 및 주령에 따라 차이가 있으며, 대체로 봄과 가을에는 2∼3일, 여름에는 3∼4일, 겨울에는 1∼3일 정도이지만 이것이 절대 기준은 아니며, 절수기간 중에 폐사가 2∼3% 이상 발생할 때에는 급수를 재개한다. Bell(1980)은 계속 물을 주면서 환우를 시켜도 환우 후의 산란능력에 지장이 없었고 오히려 환우기간 중 폐사율 감소에 도움이 된다고 보고하고 있으며, 최근 들어서 환우기간 동안 절수는 권장하고 있지 않다.

2.5.3 점등시간 단축에 의한 강제 환우

무창계사일 경우 1일 17∼18시간 점등하던 닭에게 1일 점등시간을 6시간 이내로 줄여 주며, 개방계사인 경우에는 강제 환우 개시 10일 전에 자연 일조시간 포함 24시간 점등을 실시한 후 강제 환우 시작과 동시에 점등을 중지하고 자연 일조상태로 유지하여 준다. 이때 자연 일조시간 중 태양광선을 강하게 받고 있는 계사는 커튼과 같은 햇볕을 가릴 수 있는 것으로 창문을 가려 계사내 조도를 급격히 감소시켜 준다. 표 6-6은 48시간 절식, 절수 그리고 산란율 0%가 될 때까지 제한급이를 실시한 후 자유채식을 시켜 강제 환우한 것으로 점등시간 제한 방법과 강제 환우 후의 산란능력을 조사한 것이다.

표 6-6. 점등시간 제한과 강제 환우 후의 산란능력(정, 1990)

점등방법	산란율 50% 도달일수	308일 간 수당 산란수	산란율 50% 이후의 산란율	폐사율
전 기간 13시간 점등	46일	169.0개	64.4%	6.0%
절식 2주 전부터 39일간 8시간씩 점등	47일	181.0개	70.4%	4.7%
절식 2주 전부터 65일간 8시간씩 점등	65일	172.1개	71.3%	4.7%

2.5.4 기타 영양성분을 활용한 강제 환우

1) 아연(zinc, Zn)

Bell(1980)은 사료에 0.25%(25,000ppm)을 7일 투여하거나 10일 투여한 처리구가 절식을 이용한 처리구와 비교한 결과 실험 6일 만에 모든 처리구가 산란이 정지되었고, 아연을 7일간 급여한 처리구는 19.1%, 아연을 10일간 급여한 처리구는 22.4 %, 절식구는 21.1% 생체중이 감소하였다고 보고하였다. 또한 높은 수준의 아연을 급여한 처리구의 계란과 절식을 통해 강제 환우를 유도한 계란을 비교한 결과 난각 강도와 난각 두께에 특별한 영향을 미치는 않았다고 보고하였다. 이는 닭에게 높은 수준의 아연을 급여하면 섭취한 아연이 뇌 속에 있는 식욕중추(appetite center)에 자극을 주어 닭의 식욕을 억제하기 때문이다(North와 Bell, 1990).

Hassannabadi와 Kermanshahi(2007)는 79주령 하이라인 백색 산란계를 공시하여 절식을 통한 강제 환우방법과 절식 대신 사료에 20,000 ppm 아연을 첨가하였고, 점등은 강제 환우 시작 이후 10일간은 하루에 12시간으로 줄였고, 11일째부터 정상적인 점등 프로그램(16시간/일)으로 복귀시켰다. 두 가지의 강제 환우방법을 비교한 결과 절식을 이용한 강제 환우방법은 실험개시 7일 째에 아연을 급여한 경우 8일째에 산란을 멈추었고 폐사율은 각각 0.057%, 0.032%였다고 보고하였다(표 6-7 참조).

2) 저 나트륨(sodium, Na)과 저 칼슘(calcium, Ca)

① 닭에게 나트륨 함량이 낮은 사료를 4주간 급여하면서 점등시간을 단축시키면산란율이 떨어지면서 강제 환우가 유기된다. 이때 다시 정상적인 사료를 급여하

표 6-7. 강제 환우 유도 시 절식을 통한 방법과 절식 대신 사료 내 아연 첨가방식이 산란계의 폐사율과 체중에 미치는 영향

폐사율(%)			생체중		
주 령	아연 첨가	절 식	주 령	아연 첨가	절 식
79~81	0.040	0.030	79	1.58	1.57
81~84	0.150	0.080	82	1.26	1.49
81~94	0.057	0.032	84	1.62	1.47
84~87	0.040	0.020	92	1.74	1.85
87~90	0.029	0.018			
90~94	0.021	0.015			

게 되면 3~4일 후에 정상적인 산란율을 회복하게 된다.

② 0.09% 이하의 저칼슘 사료를 2주가량 급여한 뒤에 산란사료로 원위치 시키면 3~4주일 후에 정상적인 산란율을 회복하게 된다.

3) 알루미늄(aluminium, Al)

Hussein 등(1989)은 사료에 0.3%의 알루미늄을 첨가한 처리구와 절식을 이용한 강제 환우 처리구를 비교한 실험에서 알루미늄을 첨가한 처리구에서는 강제 급여처리를 시작한 15일째에 산란이 3%로 줄어들었고, 절식구에서는 7일째에 완전히 정지하였고, 강제 환우 유도가 끝난 후 14주 동안 측정한 사료섭취량, 산란율, 난각 강도 및 혈중 칼슘, 인 농도 등이 큰 차이가 없었다고 보고하였다. 따라서 알루미늄을 사료에 첨가하는 방식으로 절식을 통한 강제 환우방식을 대체할 수 있음을 나타내었다. 하지만 사료에 과도하게 첨가된 알루미늄이 계란과 난각에 미치는 영향에 대한 연구는 제한적이었다.

Nyholm(1981) 등은 알루미늄이 다량 함유되어 있는 apatite depositon(인회석 침전물)이 야생조류인 Passerine에 알의 약한 난각질을 만드는 원인으로 지목하였고, 이는 Hussein 등(1988)이 선행으로 수행한 0.15~0.3%의 알루미늄을 메추리에 첨가한 연구에서 난각 강도가 낮아진 결과도 과도한 알루미늄이 조류의 난각 형성을 방해한 결과라 볼 수 있다.

4) 기타 사료원료

무기질 성분 외에 섬유질 함량이 높은 사료 원료인 포도박(McKeen, 1984)이나 알팔파(Aygun, 2013), 밀기울(Biggs 등, 2003), 구아박(Zimmerman 등, 1987) 등을 닭에게 급여하여 강제 환우를 유기시키는 방법 등이 연구되어 왔다.

Biggs 등(2004)은 절식 처리구, 포도박, 옥수수, 밀기울을 비롯한 다양한 사료 원료들의 급이 시 강제 환우 효과를 비교한 연구에서 다양한 사료 원료들의 급이 시 산란율 저하, 체중 감소 및 난포 수란관의 수축현상을 보고한 바 있다. 나재천(2008) 등이 실시한 연구에서도 밀기울, 알파파 등을 사료에 첨가한 처리구가 절식을 통한 강제 환우 처리구와 유사한 결과를 얻을 수 있었다고 보고하였다.

5) 동물 의약품 및 호르몬제

Enheptin, nicarbazin, methallibure 및 tamocifen(Ruszler, 1998) 등의 동물의약품이나 gonadotropin-releasing hormone과 같은 성선자극 호르몬(Attia 등 1994)을 활용한 강제 환우방법이 연구되고 있으며, 최근 protoporphyrin-Ⅸ, biliverdin-Ⅸ(Wang 등, 2009) 등과 같은 호르몬제를 이용한 강제 환우방법이 소개된 바 있다. 하지만 이와 같은 방법들은 많은 비용이 들어가고 그 결과가 일정하지 못한 단점을 가지고 있다.

3. 난각질 관리

난각질은 난질을 나타내는 요소 중 아주 주요한 외관적 품질 항목으로, 난각 구성 성분 및 난각의 구조적 강도의 강약에 의해 직접적으로 난각의 손상 여부가 결정되며, 여러 원인으로 인한 난각질의 품질 저하는 생산자에게 큰 손실로 돌아온다. 지난 수십 년간 난각질에 관련된 다수의 연구가 수행되었고, 난각질 저하를 막기 위한 다양한 기술이 개발되고 채란 농장에 적용되고 있으나 그 사육방식 및 사양 환경에 따라 적용 효과가 일관성이 없는 실정이며, 여전히 난각질의 저하는 채란업에 큰 피해를 미치는 요인이다.

계란의 난각질에 영향을 미치는 인자는 매우 다양한데, 여기에는 계통, 주령, 영양, 질병, 사육관리, 수질, 사양조건, 온도, 스트레스 등이 포함된다(Kang 등, 1996b). 계통이나 주령에 의한 영향을 고려하면 유전적 인자에 의한 영향이 매우 크며, 사양관리, 영양 및 질병 요인 역시 난각질을 좌우하는 중요한 환경적 인자이다. 보통은 이들 요인 중 다수가 복합적으로 문제를 유발하며, 이러한 경우 난각질 저하에 대한 원인 진단이 어려워진다.

3.1 난각의 형성 과정

난각은 암탉이 무척 힘들여 생산하는 부분이고 유통 중에 깨질까봐 상인이 가장 염려하는 부분이지만 소비자는 염려하지 않는 부분이다. 알의 입장에서 보면 수정된 알의 배아 부분이 물리적 손상을 받지 않게 보호하며, 공기와 수분을 유통시켜 배아 성장발달에 도움을 주고, 배아 성장에 필요한 칼슘을 공급하며, 세균을 포함한 외부의 나쁜 병원균 침투를 막는 역할을 한다.

난각은 암탉이 부화를 위해 알을 품을 때 암탉의 체중을 견딜 만할 강도가 있어야 하지만 부화 말기에 알의 안쪽에서 병아리가 깨고 나올 정도로 약해야 한다. 이러한 난각의 품질은 암탉의 품종, 나이, 사육환경 온도, 사료 성분, 음수의 염 농도, 스트레스, 질병 등에 영향을 받으므로 각별한 주의가 요구된다.

난각은 얇은 큐티클 필름, 탄산칼슘 층인 난각, 두 개의 난각막으로 구성되어 있다. 난각은 약 0.3mm 두께인데 주로 탄산칼슘($CaCO_2$)으로 구성된 다공질체이며, 알의 형상을 유지하고, 알의 내부를 보호한다. 신선란의 난각 표면은 큐티클로 덮여 있어 거칠거칠하다. 난각은 난백과 접촉면에는 내난각막과 외난각막의 두 개의 층으로 되어 있고, 내난각막 안쪽에는 얇은 필름 층이 있어 이것이 장뇨막(chorioallantois)의 바깥 표면에 맞닿아 있다. 외난각막은 난각의 초기 형성 단계의 유두층(mammillary layer)과 접촉하고 있다. 유두층은 핵심부위에 석회화된 유두절(mammillary knob)이고, 여기에서 위쪽으로 결정이 성장하면서 옆의 결정체와 결합하여 유두절 부분이 원추체를 만들고 그 위로 난각의 주층인 울타리층 또는 스펀지층이 발달된다.

기공은 원추체의 가장자리나 울타리층의 결정체 기둥들이 균일하게 밀착되지 못한 곳에 형성되기 때문에 기공의 형성과 분포는 난각의 호흡 수준과 물리적 강도에 영향을 준다. 울타리층 위에는 얇은 큐티클층이 기공을 덮거나 채워 막고 있으며 가스의 확산 통로 역할을 한다. 기공의 숫자는 유두절의 숫자에 비례한다. 난각의 약 97%는 탄산칼슘의 방해석이지만 조류의 종류와 환경 및 영양 상태에 따라 네 가지 형태인 방해석, 아라고나이트, 배터라이트, 무정형 탄산칼슘으로 구성된다.

탄산칼슘이 난각 기질(matrix)을 형성하는 데에는 단백질의 역할이 매우 중요하다. 중요한 역할을 하는 단백질인 오보클레이딘(ovocleidin, OC-17, OC-116), 오보칼리신(ovocalyxin, OCX-32, OCX-36), 오소테오폰틴(osteopontin) 등은 모두 인단백질(phosphoprotein)로 되어 있다.

3.1.1 큐티클

알의 가장 바깥층인 큐티클은 난각 바깥의 얇은 층으로 두께가 5～10㎛인 불규칙한 울퉁불퉁한 표면을 형성한다. 난각의 바깥 부분을 덮고 있는 큐티클 층은 두께가 0.5～12.8㎛로서 큐티클 층이 없는 달걀이 생산되기도 한다. 이러한 현상은 나이, 품종, 환경 등에 따라 정도가 다양하다. 큐티클은 지름이 1㎛ 이하인 구형 물질(vesicle)로서 난각 위를 0.5～12.8㎛ 두께를 덮고 있으며, 표면에는 미세한 균열이 있다. 이 작은 소포들은 성분을 모르는 입자(아마 난각색과 관련된 물질)들을 함유하고 있으며, 저장기간 중 소포 숫자가 줄고 크기는 커져 난각 표면이 더 매끄러워진다.

알이 닭에서 산란될 때에는 큐티클 층이 아직 미성숙 상태로 물기가 있고 스펀지 같은 조직이지만 달걀이 식으면서 큐티클 층이 성숙하여 단단해지고 납작해지며 균열도 줄어든다. 큐티클은 석회화된 두꺼운 난각 층의 바깥 부분 전체를 덮고 있으나 수직으로 있는 기공도관에서는 틈새가 나 있다. 이 층은 수분과 미생물의 침입으로부터 어느 정도 알을 보호하지만 가스 교환은 허용한다. 큐티클 층은 수분 손실을 줄이고 세균 침투의 제1차 방어선 역할을 한다. 성숙한 큐티클 층보다 미성숙한 큐티클 층에서 세균 침투가 훨씬 수월하다고 보고되었다.

큐티클은 물이나 염용액에서 용해되기 힘들지만 40℃ 이상의 물로 세척하면 부분적으로 제거되며, 약산용액이나 금속 킬레이터를 함유한 용액(세제) 속에서 쉽게 제거된다. 따라서 알을 세척하면 세균 침입을 야기한다. 모든 조류의 알이 큐티클을 지닌 것은 아니다. 알이 물에 젖을 위험이 적은 종이나 알에서 수분이 증발될 위험이 적은 지역에서 사는 종에서는 큐티클이 없거나 불완전하다.

3.1.2 색 소

달걀의 난각색은 유전적으로 결정되며, 달걀은 원래 갈색이었으나 한동안 깨끗함의 상징으로 흰색이 선호되어 닭의 육종이 흰색 알을 낳는 방향으로 지속되다가 최근에 소비자들이 갈색란을 선호하는 경향으로 바뀌었다. 갈색란의 색소인 프로토포르피린(protoporphyrin)은 큐티클 층뿐만 아니라 울타리(palisade) 상층과 수직 결정 층에도 있다. 포르피린 분자는 난각의 방해석 결정 사이에서 충격흡수 역할을 하여 난각이 덜 깨지게 한다.

난각 색은 닭의 나이가 많을수록 옅어진다. 또한 난각의 품질은 닭의 나이가 들수록 약해진다는 사실은 색소문질과 관련지을 수 있다. 닭은 나이가 들수록 큰 알을 낳기 때문에 같은 양의 색소물질로 더 넓은 표면적을 도포해야 하므로 난각의 색소물질 함량이 줄어들어 난각색은 옅어지고 그만큼 충격 흡수력이 떨어질 것이다.

3.1.3 기 공

난각에는 바깥 지름 15～65㎛, 내부 지름 6～23㎛의 다양한 크기의 기공이 7,000～17,000개가량 존재하는데 첨단부보다 둔단부에 더 많으며, 둔단부 78～149/cm^2, 예단부 16～90/cm^2, 적도부에는 107～131/cm^2로 불균등하게 분포한다. 이들은 가스 교환을 위한 '기공도관(pore canals)'이라 하는 깔때기 모양의 미세한 구멍이다.

기공도관은 바깥으로 울타리층 사이에 직렬로 산재하여 공기와 수분은 통과시키지만 물은 통과시키지 않는다. 모든 기공이 난각 전 두께를 관통하지는 않는다. 대부분의 알에서 기공은 깔때기 모양이지만 대단히 불규칙하다. 기공의 숫자, 크기, 모양은 종에 따라 다양하다. 고산지대의 기압 강하는 알의 수분 증발을 지나치게 증가시키므로 조류는 기공의 숫자를 줄여 이를 방지한다.

3.1.4 난각지층

난각층(shell stratum)은 수직 결정층, 울타리층, 유두층으로 구성되어 있고 평균 두께는 각각 5㎛, 200㎛, 110㎛이다. 화학적 구성은 95%가 탄산칼슘이 주성분인 무기질, 3.3%의 단백질, 1.6%의 수분을 함유하고 있다. 수직 결정층은 난각에 수직 방향으로 나열된 짧고 얇은 결정체로 되어 있으며, 소포체를 함유하고 있고, 구조는 아직 규명되지 않았다. 울타리층은 아주 치밀하고 단단하며, 결정체 조직은 적은 양의 마그네슘을 함유하는 탄산칼슘의 석회화로 형성되며, 콜라겐과 함께 스펀지 기저조직을 이룬다. 따라서 울타리층을 스펀지층이라고 부른다.

유두절과 유두핵이 있는 개별 유두층은 기공을 하나씩 가지고 있으며, 유두핵 부분이 외난각막에 연결되어 있고, 난각막에 치밀하게 분포된 유두층이 난각을 단단하게 만들어 준다. 난각의 두께는 둔단부는 얇고, 예단부는 두꺼운 편이나 평균 270～370㎛이다. 스펀지 기질을 관통하는 기공은 외측을 향하여 누두상(漏斗狀)으로 열리고, 신선란에서는 큐티클에 의하여 막혀 있다.

난각은 대부분이 무기질이며, 무기질의 95% 이상은 탄산칼슘, $Ca(PO_4)3$ 등의 칼슘염이고 소량의 마그네슘염($MgCO_3$)도 있다. 이들 무기물은 방해석 결정(calcite crystal)과 고회석 결정(dolomite crystal)으로 되어 유두핵을 중심하여 방사상으로 결정화한다. 일반적으로 탄산칼슘보다 $CaMg(CO_3)2$가 단단하여 난각의 강도를 증강시키는 데 더 기여한다. 난각은 약 2%의 유기물을 함유하는데, 콘드로이친황산 같은 다당류와 복합체를 형성하여 탄산칼슘 결정 중에서 스펀지상의 기질을 형성한다.

3.1.5 난각막

조류의 난각막(shell membrane)은 유두절과 물리적으로 밀접하게 결합되어 있으나 파충류는 그렇지 않아 알을 낳는 젖은 모래에서 물을 흡수하는 데에 도움을 준다. 조류에서는 알이 자궁 내에서 무기질화하기 전에 부풀어 오른다. 난각막은 두께 약 50㎛의 외막과 약 15㎛의 내막으로 되어 있는데 알의 둔단부에서는 서로 분리되어 기실(air cell)을 형성한다. 구조는 임의로 짠 망이나 뒤엉킨 실 같아 침입하는 미생물을 붙잡아 막는 역할을 한다. 기실은 알이 난관(oviduct)에 있는 동안에는 보이지 않지만 방란(放卵) 후에는 알의 내용물이 냉각되어 체적이 줄어듦에 따라 생긴 진공상태에서 외부 공기가 침입하여 생긴다. 알 한 개당 건조 상태의 난각막 무게는 약 0.2g이며, 50g의 알 한 개에서 분리된 외난각막은 0.116~0.174g, 내난각막은 0.013~0.035g이다.

난각막은 외난각막과 내난각막을 합쳐 두께가 70㎛ 정도이며, 둘이 단단히 결합되어 있으나 둔단부에서는 산란 후 사이가 벌어져 기실을 형성한다. 난각막은 가지 친 섬유의 망상조직으로 지름 1㎛의 구멍들이 있다. 난각막은 평균 지름이 0.8~1.0㎛인 섬유로 구성되고, 그 섬유 중심은 엘라스틴(elastin) 같은 단백질로 구성되어 주위를 0.5㎛의 뮤코다당류(mucopolysccharides) 외피가 둘러싸고 있다. 외난각막 섬유는 유두층에 약 20㎛ 깊이까지 침투해 있다. 난각막 섬유는 유두절에서 회합하고 교차하여 망상조직을 형성하며 굳게 부착함으로써 난각막은 난각에서 완전히 분리되지 않아 벗겨내기 어렵다.

난각막의 얇은 판자 같은 조직은 수많은 그물망과 더불어 얇은 불용성 섬유상 단백질층으로 이루어져 있다. 난각막 섬유와 섬유 사이에는 라멜라(lamela, 세포단위의 얇은 막)가 있어 섬유와 섬유가 연결되고, 섬유 사이가 좁혀져 전체가 탄력성 있는 구조를 갖게 된다. 난각막은 난각보다 세균 침투가 어려워 필터 역할을 한다. 외난각막보다 내난각막이 세균 침투를 막는 데 더 효과적이지만 외난각막은 난각보다 기능이 떨어진다. 일부 과학자들은 난각막이 항균력이 있다고 주장하지만 오염균이 난각막에 제한되는 것은 난백의 항균성 때문이며, 내난각막이 난황과 접촉하며 세균 증식이 활발하게 일어난다. 내난각막과 난황의 접촉은 실온에 저장되거나 오래된 달걀에서 쉽게 발생한다.

3.2 난각질에 영향을 미치는 요인

과거 수십 년간 난각질 개선을 목표로 다양한 정보가 제공되었으며, 이 기간 중에 유전적 요인, 사료, 계사 및 사양관리 등에 적지 않은 변화가 나타났다. 난각질은 유전적 인자에 의해 영향을 받지만 사양관리 및 영양적 요인 역시 난각질을 좌우하는 중요한 인자로 이는 관리자들이 조절할 수 있는 요인에 포함된다.

3.2.1 나이와 유전적 요인에 의한 영향

난각질은 닭의 주령 및 계통 그리고 기타 유전적 요인에 의한 영향을 받는 것으로 알려져 있다. 일반적으로 난각질은 주령이 증가함에 따라 저하되는데, 주령의 증가에 의한 난각질 저하는 장내에서의 칼슘 흡수 감소와 더불어 난중이 증가하기 때문으로 십이지장에서의 칼슘 흡수 감소와 동반되어 난각 비율이나 난각 두께 역시 감소한다. 강제 환우 후에 난각질이 개선되는 효과는 십이지장에서의 칼슘 흡수 능력의 증가에 의한 것이며, 노계에서 파란 및 연란이 증가하는 것은 신장 내 25-hydroxy cholecalciferol-1-α hydroxylase의 활성 저하와 혈중 1, 25-dihydroxy cholecalciferol [1,25$(OH)_2D_3$]의 농도 저하가 관련이 있다.

닭의 계통별로 난중 및 난각질의 차이가 있으며, 칼슘 요구량에서 유전적인 차이가 존재하기 때문에 서로 다른 계통의 닭에게 동일한 사료를 급여한다면 생산된 계란의 난각질이 상이하게 나타난다. 레그혼은 선발에 의해 thick shell line과 thin shell line을 발전되어 왔는데, thick shell line에서 혈중 칼슘 농도가 더 높고 분으로의 배설량은 낮다. 이는 닭의 칼슘 대사에 있어서 계통간의 차이가 있음을 나타내는 것이다. 특히 무거운 계란을 생산하는 계통에서 칼슘 부족 사료에 의한 난각질 저하 반응이 더 민감하다. 난각질은 계통 및 개체에 따라서도 큰 차이를 보이는데 칼슘 대사와 관련된 생화학적 지표를 조사한 연구에서 Kang 등(1996b)은 좋은 난각의 계란을 생산하는 개체에서 난각선 내의 carbonic anhydrase(CA) 활성이 그렇지 않은 개체에 비해 유의하게 높았음을 밝혀냄으로써 CA 활성이 난각 품질의 예측 및 판단을 위한 좋은 지표가 될 수 있음이 시사한 바 있다.

3.2.2 무기 영양소에 의한 영향

1) 칼슘(calcium, Ca)과 인(phosphorus, P)

칼슘과 인은 골격조직의 발달과 유지에 있어서 중요한 역할을 하며, 이외에도 다양한 생리적 기능을 가지고 있다. 칼슘과 인 각각의 성분 함량뿐만 아니라 칼슘과 인의 적절한 비율이 난각의 품질에 영향을 미친다. 난각질에 가장 큰 영향을 미치는 영양적 요인은 칼슘을 들 수 있다. 칼슘은 골격형성을 위한 주요 영양소일 뿐만 아니라 체내 산-염기 균형에 관계하며, 궁극적으로 난각 형성에 크게 영향을 미친다. 사료 내 칼슘 부족 및 과다 모두 난각질을 약화시키는 것으로 알려져 있다.

일반적으로 사료 내 칼슘이 부족하면 산란율이 저하되고 난각이 얇아지는 문제가 발생하며, 사료 내 칼슘을 적정 수준까지 증가시킬 때 난각질이 개선된다. 역으로 사료 내 칼슘 수준이 너무 높으면 섭취량을 감소시킴으로써 난각질과 생산성에 부정적인 영향을 미칠 수 있다.

산란계에서 적정 칼슘 수준에 대한 연구는 산란능력의 향상과 더불어 점차 높아지는 경향을 나타내고 있다. NRC(1962)의 칼슘 권장 수준은 2.25%로 매우 낮은 편이었으나, 이후 개정판(NRC, 1966 ; NRC, 1971)에서는 적정 칼슘 권장량을 2.75% 수준으로 다소 높게 책정하였고, 가장 최근의 NRC 개정판(NRC, 1994)에서는 산란계의 칼슘 요구량을 3.3% 정도를 권장하고 있다. 한국사양표준-가금(2002)에서도 산란 후기의 칼슘 요구량을 3.8% 수준으로 NRC(1994)보다 더 높은 수준을 권장하고 있다. 난각질은 사료 내 칼슘 공급원 및 공급원의 입자도에 의해서도 큰 영향을 받으며, 석회석을 대체하는 사료 원료로 가장 많이 사용되는 것은 패분이며 산란 중기 이후의 난각질 저하를 막기 위해 가장 보편적으로 이용된다. 패분의 공급은 노계에 공급했을 때 더욱 효과적이다.

2) 나트륨(sodium, Na)과 염소(chlorine, Cl)

Na, Cl 및 Mg과 같은 다량 무기질은 체내 산-염기 균형에 영향을 미침으로써 난각질이 변화할 수 있으며, 음수 공급원 내 Na와 Cl이 다량 함유되었을 경우 부정적인 영향을 미치며, 이와 같은 부정적인 영향은 주령이 증가할수록 더 심화될 수 있다. 사료 내 식염 증가 및 식염수(saline water)의 공급은 난각질을 저하시키며, 사료 내 chloride 농도의 증가는 혈액 pH 및 bicarbonate 농도를 저하시키고 궁극적으로 난각 형성에 나쁜 영향을 미칠 수 있다. 식염수의 공급은 번식 성적에도 나쁜 영향을 미치는데, 2g NaCl/ℓ 수준의 식염수의 공급 후에 난각질의 저하와 더불어 배아 사망률이 2배 이상 증가하였고, 부화율 역시 유의하게 감소하였다(Zhang 등, 1991).

3.2.3 사료 내 비타민 D_3 대사산물 및 기타 영양성분에 의한 영향

일반적으로 비타민 D_3는 칼슘 흡수 및 체내로의 운반에 도움을 주는 영양성분으로, 가축의 피부에서 합성되거나 사료에서 유래하는 비타민 D_3는 간으로 이동하여 저장되며, 이 때 비타민 D_3는 4배 정도 활성이 강한 25-hydroxy cholecalciferol[25-(OH)D_3] 형태로 저장되며, 이것은 다시 신장으로 이동하여 일반 비타민 D_3보다 5배 정도 활성이 강한 1,25(OH)$_2$$D_3$로 전환된다. 하지만 산란계사의 구조 및 점등 시스템으로는 Ca 및 P 대사를 원활히 유지할 만큼의 충분한 양의 cholecalciferol이 합성되

지 않기 때문에 사료 내에 첨가하여 공급해 주어야 하며, 비타민 D_3가 부족하게 되면 육성계에서는 hypocalcemia가 나타나고, 골격 발달에 지장이 생기며 산란율, 난중의 감소와 더불어 골격 내 칼슘의 고갈로 인해 난각질이 얇아지며, 비타민 D_3의 부족이 4주 정도 지속되면 산란율이 30%까지 저하되고, 난각이 없거나 매우 얇은 계란이 생산된다.

가금에서 성장 및 생산성을 위한 비타민 D_3의 최적의 요구량에 대해서 많은 연구 보고가 있는데, NRC(1994)에서는 산란계와 종계에서 사료 kg당 300 IU를 권장하고 있다. 비타민 D_3가 정상적인 활성을 나타내기 위해서는 체내에서 먼저 25-(OH)D_3로 전환되어야 하며, 25-(OH)D_3 혈중 농도는 사료 내 비타민 D_3 섭취량과 비례하여 증가하며, 비타민 D_3 흡수 후의 운반체인 vitamin D_3 binding protein과의 결합 친화도가 가장 높으며, 혈청 내 25-(OH)D_3 농도는 비타민 D_3의 영양상태를 평가하는 척도가 된다. 비타민 D_3 외에도 비타민 C, 비타민 E 및 나이아신의 공급이 난각질 개선에 효과를 발휘하는 것으로 알려져 있다.

3.2.4 사양관리 및 기타 요인에 의한 영향

난각질은 주령이 증가함에 따라 저하되지만, 강제환우 후 일시적으로 난각질이 개선된다. 초산개시시점 역시 후기 난각질의 변화에 영향을 미칠 수 있는데, 갈색계에서 초산을 16주령으로 빠르게 할 경우 20주령 초산과 비교하여 42 주령까지는 큰 차이가 없었으나, 난각두께가 더 빠르게 약화되며, 62주령에 도달해서는 유의한 변화가 나타난다. Bar 등(1998)은 칼슘이 결핍된 조건에서는 초산이 빠른 계군에서 난각질 저하가 더 빠르게 나타난다고 하였다.

환경온도가 18℃에서 30℃로 상승하면 난각질이 저하되는데, 이는 사료섭취량 감소에 의한 칼슘의 부족에서 기인하며, 혈중 칼슘의 감소가 동반되어 관찰된다. 고온 스트레스는 젊은 개체보다는 노계에서 난각질을 더 크게 저하시키는데, 심야 점등 프로그램의 적용을 통해 환경온도 상승에 의한 난각질 저하를 다소 완화시킬 수 있다. 고온 스트레스 외에도 환경 스트레스는 비정상적인 난각의 형성 원인이 된다.

4. 지방간증

4.1 지방간 출혈증후군

지방간증(fatty liver syndrome, FLS) 또는 지방간 출혈증후군(fatty liver hemorrhagic syndrome, FLHS)은 다양한 정도의 출혈을 동반하여 간에 과도한 지방이 축적되는 질병으로 Couch(1956)에 의해서 처음으로 정의되었다. 지방간 출혈증후군은 케이지에 사육되어 고에너지 사료를 섭취한 계군에서 자주 발생하며, 여름철에 주로 발생한다. 간은 비대해지고 'putty color'를 가지며, 매우 부서지기 쉽게 물러지고, 지방조직의 공동에 많은 양의 지방이 축적된다. 또한 벼슬이 창백해지고, 난소는 활성화되며, 산란과 관련된 대사적, 육체적 스트레스가 최종적으로 치명적인 출혈 유발의 원인이 된다.

FLHS는 계군에 높은 에너지 사료를 급여하였을 때 주로 발생하며, 체중을 지속적으로 측정, 관리하는 것이 현재 가장 좋은 예방법으로 알려지고 있다. 강제급여 방법을 통하여 연구하였을 때 FLHS가 지방이나 탄수화물 등의 특정 영양소의 과잉 섭취보다도 에너지의 과잉에 의하여 유발된다(Polin과 Wolford, 1976). 실험적으로 estrogen에 의하여 산란계나 수컷에서도 FLHS가 유발되며(Akiba 등, 1982 ; Lee 등, 2010), 이것은 FLHS가 난소의 활성화에 의해 과도하게 생성된 estrogen에 의하여 발병된다는 것을 보여준다.

사료를 다양한 구성으로 변형하여 FLHS를 예방 또는 치료하고자 한 연구가 다수 수행되었다. 가장 효과적인 방법은 사료 내 에너지 함량은 같게 하되 에너지원으로 탄수화물 대신 지방을 대체해 주는 것이다. 이는 난황 형성을 위한 간에서의 지방 합성의 필요성이 줄어들었기 때문일 것으로 추정된다. 옥수수를 소맥이나 대맥 등의 다른 곡물로 대체하였을 때도 효과적이었다.

이러한 원인은 원료의 대체로 인해 식이 에너지 수준이 줄었거나 아마도 동일한 에너지 수준을 유지해 주기 위하여 사료 내 지방을 첨가해 주었기 때문일 것이고, 이러한 방법은 FLHS의 발생에 영향을 주는 것으로 알려져 있다. 수정박(distillers dried grains with solubles, DDGS)이나 어분 그리고 알팔파밀 등과 같은 다양한 부산물을 이용한 사료가 FLHS를 낮춰 준다는 연구 결과도 있었다(Maurice와 Jensen, 1978). 이는 원료에서 유래한 셀레늄의 효과일 것이라는 추측이 있지만 그 정확한 기전은 밝혀지지 않았다. 산란기간이 경과할수록 체중 모니터링을 통해 잠재적 징후가 보이면 저 에너지 사료의 사용이나 기타 사료적 처치 등을 통하여 에너지 섭취를 제한해 주어야 한다. 또한 사료 내 높은 에너지/단백질 비율은 FLHS를 악화시킨다.

4.2 산란계에서 FLHS의 발생 기전

FLHS의 발생은 간으로부터의 지방 배출보다는 간 내에 지방 축적이 과도하게 많게 됨으로써 나타나는 현상이다(그림 6-1). 혈중 estrogen 농도가 증가하면 간에서의 지방산 생합성, 중성지방 합성, apoVLDL-II 및 ApoB의 합성도 증가한다(Dashti 등, 1983). 간에서는 비교적 일정한 크기(30nm)의 초저밀도 지단백질(very low density lipoprotein, VLDL)을 난황의 전구물질로서 더 많이 생산한다. VLDL 내의 중성지방, 인지질, 콜레스테롤, 콜레스테롤 에스터는 간의 소포체와 골지에서 만들어진다.

혈중 estrogen의 증가는 사료섭취량의 증가를 가져오고, 지방산과 중성지방의 이용성을 증가시켜 지방산과 중성지방 합성을 거의 최고 수준으로 유도한다. 산란계에서 FLHS의 발병은 중성지방의 생산이 정상범위 이상으로 증가하고, 30nm-VLDL의 생산이 이를 따라가지 못할 때 발생한다.

산란계는 에너지 소모와 관련하여 에너지 섭취의 조절이 불완전하며, 특히 에너지 농도가 높은 사료일 때 더 불완전하게 나타난다. 또한 Nesheim과 Ivy(1970)는 간 내 지방함량의 차이는 과도하게 사료를 섭취하는 경향과 관련이 있다고 하였다. 사료의 지속적인 섭취는 거의 곡물 위주의 사료를 과도하게 급여한 산란계 모델에서 나타난다. Hall(1974)과 Neill 등(1975)은 간 망상섬유의 손상이 자연적인 FLHS의 증상이라고 하였다. 망상섬유의 손상은 과도한 사료섭취에 의한 인위적 FLHS에서도 발견된다(Walzem 등, 1993). 비록 간의 지방함량은 비슷하지만 간의 출혈을 현저히 증가시키고 망상섬유를 붕괴시키기 위해서는 1주 이상의 과도한 사료섭취가 필요하다.

망상섬유의 붕괴는 간단한 기계적 과정을 통해 일어나고 일정기간 동안 단계적으

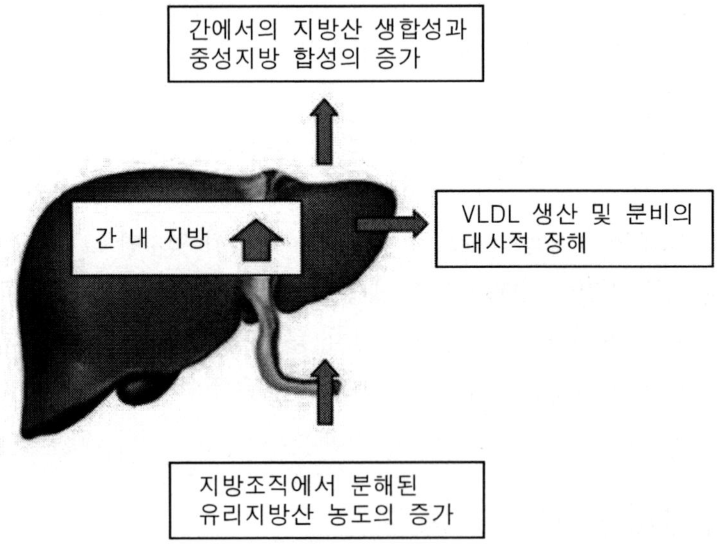

그림 6-1. 지방간 발생 기전

로 일어나는 것으로 보인다. 출혈은 망상섬유의 붕괴가 적혈구가 통과할 만큼 충분히 크게 일어나야 일어난다. 같은 조건의 계군이 모두 FLHS를 일으키지는 않는다. 이는 출혈의 민감도에 대해 유전적 차이를 갖기 때문인 것으로 판단된다(Campbell, 1979). 이러한 유전적 차이가 나는 원인은 밝혀지지 않았지만, 이는 간 망상섬유의 구조와 조성 및 지질의 합성과 분비의 몇 가지 특성의 차이에서 비롯될 것으로 생각된다. 과도한 사료를 섭취한 산란계에서도 지방생성 관련 효소들의 영양적인 유도 정도의 개체별 차이가 관찰된다. 이러한 요소들은 간 출혈에 대한 민감성의 유전적 차이에 의하여 나타나는 것으로 판단된다.

4.3 FLHS의 병변 및 대사적인 변화

조류에서는 간이 지방 합성의 주요 기관이며, 이는 간에 자연적으로 높은 함량의 지방이 축적될 수 있다는 것을 의미한다. 그러므로 포유류와는 대조적으로 가금에 있어서 사육환경은 간 내 지질대사의 변화에 중요한 원인으로 작용할 수 있다. 특히 산란계에서는 난황형성을 위하여 매일 6～10g의 지질 합성이 요구되기 때문에 더욱 그러하다. FLHS는 간 출혈과 더불어 간이 지방에 의해 비대해져 있기 때문에 죽은 이후에 부검을 통해 쉽게 확인할 수 있다.

간은 엷은 노란색을 띠며, Butler(1976)는 FLHS가 발병하면 간 내 지방이 건물기준으로 최소 40%에서 많게는 70%까지도 증가한다고 보고하였다. 하지만 지역적 차이 등에 의하여 간 내 지방함량은 다양하게 나타나므로 이러한 함량은 항상 그러하지는 않다. 일반적으로 FLHS가 발병하면 모든 경우 간 내 지질 함량이 상대적으로 증가한다.

4.3.1 전반적인 병변

Pearson과 Butler(1978)는 산란 실용계 3품종에 대하여 FLHS의 발병을 관찰한 바 모든 경우에서 간 내 출혈과 복강내 지방함량이 많은 것으로 나타났다. 간은 'putty color'를 띠는 것으로 정의하는데, 많은 양의 지방을 함유하여 매우 부서지기 쉬운 무른 상태가 관찰되었으며 다른 비정상적인 상태는 관찰되지 않았다.

간은 무르고 창백한 노란색이었고 과도한 복강지방도 관찰되었으며, 간혹 간 피막의 파열과 간 실질조직이 물러지는 것이 관찰되었다. 또한 간세포에서 출혈이 관찰되었고, 세포질 내 지방이 다량 축적되었으며, 폐사율 역시 20% 수준까지 증가하였다(Ugochukwu, 1983).

FLHS가 발병한 산란계 계군의 벼슬 크기는 차이가 없었으나 창백한 특징을 나타낸다. 또한 지방간증에 걸린 계군의 체중이 정상적인 체중보다 10% 이상 더 무거운 경우도 흔히 볼 수 있다. Harms와 Simpson(1979) 역시 벼슬의 비대를 보고하였고, 이러한 계군은 벼슬이 작은 계군에 비하여 복강지방 함량이 증가하였다고 하였다. 또한 FLHS에 걸린 계군에서는 난소가 비대해지는 특징을 보이기도 한다.

4.3.2 혈액성상

FLHS가 걸린 계군은 혈장 내 에스트라디올(estradiol) 함량이 증가한다. 이것은 혈장 estradiol 함량이 165 pg/ml에서 247 pg/ml로 증가하며, FLHS와 estradiol 수준 간에 0.74의 상관계수를 나타냈다고 보고한 Haghighi-Rad와 Polin(1981)에 의하여 확인되었다. 하지만 혈장 내 progesterone 함량과는 상관관계가 없었다. Estradiol 함량의 변화는 혈장 내 칼슘 수준의 변화와 관계가 있어 보인다.

FLHS를 가지고 있는 산란계의 혈청 내 칼슘이 크게 상승하다고 알려져 있는데, 이 결과는 estradiol을 주사하거나 사료 내 요오드를 고수준으로 첨가 급여한 실험에서 밝혀졌다. 혈중 칼슘 수준과 벼슬의 크기 간에 높은 상관관계가 있으며, FLHS를 가진 계군의 혈중 칼슘 수준이 비정상적으로 증가하였다. 관련 연구를 통해 혈중 인 수준에도 변화가 나타나는데, FLHS가 발병하면 1,25-$(OH)_2D_3$의 합성 및 대사가 변화함으로써 칼슘 대사에 영향을 미치는 것으로 생각된다.

4.4 FLHS의 발생 요인

4.4.1 에너지 균형

사료 내 높은 에너지 함량이 지방 축적을 이끌어 FLHS를 발병시킨다는 연구는 이전의 많은 연구자들에 의하여 알려져 있다. Polin과 Wolford(1976)는 28주령 산란계에 다양한 에너지원으로 정상적인 사료급여량의 150%를 강제 급여한 바 글루코스, 전분 및 옥수수유 등 원료에 상관없이 과도한 에너지 섭취는 FLHS를 유발하는 것으로 나타났다. 흥미로운 사실은 강제 급여를 실시한 산란계가 자연적으로 FLHS가 발생한 산란계보다 간 내 지질 수준이 높았다.

반면에 에너지 섭취와 FLHS 간에 상관관계가 없다는 보고도 있다. 에너지 이용의 다양한 측면을 비교한 실험에서 Polin과 Wolford(1976)는 산란계를 대상으로 무제한 급여구와 강제급여로 추가 에너지를 공급해준 급여구에서 강제 급여를 하였을 때

FLHS가 유발되는 것을 관찰하였다. 두 계군 모두 활동을 위한 에너지 이용성은 비슷하였으나 강제 급여를 실시한 계군은 에너지를 체중 증가로 더 많이 전환시켰다.

실험기간이 늘어났을 때 높은 에너지 비율은 비만과 다양한 조직에 지방침윤을 유도했다. Walzem 등(1993)은 정상 급이량 대비 150%의 사료를 강제 급여하였을 때 2～3주 안에 FLHS가 유발되었는데, 이러한 계군의 경우 간의 glucose-6-phosphate dehydrogenase, 6-phosphogluconate dehydrogenase 및 malic enzyme의 수준이 증가한다고 보고하였다.

4.4.2 호르몬 균형

성숙한 조류와 미성숙한 조류의 간 내 지방함량 차이는 난황 합성을 위한 지질의 생합성 및 이동의 차이에 영향을 주는 estrogen 때문이다. 강제 급여를 이용한 연구에서 Polin과 Wolford(1977)는 외인성 estrogen을 처리하였을 때 과도한 에너지 섭취는 간 출혈을 증가시켰다고 보고하였다. Pearson과 Butler(1978)는 FLHS실험을 위한 모델로 estrogen을 처리한 미성숙계를 제시하였다.

외인성 estrogen을 처리한 수평아리에서 혈청 내 콜레스테롤, 중성지방 및 인지질 농도가 현저히 증가하였고, 간 내 중성지방 역시 처리하지 않은 개체와 비교하여 약 10배 증가하였다(Choi 등, 2012). Akiba 등(1983)은 estrogen을 처리한 계군에서 간 내 지질의 큰 증가는 없었으나 혈장 지질이 증가하였다고 보고하였다. 이들은 estrogen이 간 내 지질의 축적보다는 간에서의 지질의 배출을 더 증가시키는 것으로 결론지었다.

Harms 등(1977)은 estrogen의 반응으로 간 크기와 지질함량, 그리고 혈청 내 콜레스테롤 수준이 증가하였다고 보고하였나. Pearce와 Johnson(1986)은 estrogen 처리 후에 간 내 특정 지질합성 관련 효소가 감소하는 것을 관찰하였고, 이는 합성된 지질의 순환에 의해 간 내 지질합성을 줄여주는 피드백 효과에 의한 것이라고 결론지었다. estrogen의 혈중 지질을 높이는 효과는 fatty acid synthetase(FAS)의 자극을 통하여 조절된다고 한 반면(Aprahamian 등, 1979), Akiba 등(1982)은 혈장 estrogen 수준은 사료의 종류에 따라 조절될 수 있고, 이는 간 내 지방함량에 영향을 준다고 하였다.

4.4.3 환경온도

Akiba 등(1983)은 높은 환경온도에서 외인성 estrogen의 간 내 지방축적 효과가 더 심화된다고 보고하였다. 이러한 결과는 일반 산란계 농장에서 여름철에 폐사를 동반한 FLHS가 최대치로 발생하는 것과 일치한다. Ivy와 Nesheim(1973)은 2년에 걸쳐 미국 뉴욕 주의 여러 계군을 대상으로 조사한 결과, 연중 가장 기온이 높은 5월에서 8월 사이에 FLHS의 발생이 가장 많았다고 보고하였다.

대조적으로 환경온도 13～24℃의 계군과 24～35℃의 계군 간에 간 내 지질 함량에 차이가 없었다. Jensen 등(1976)은 또한 더울 때가 추울 때에 비하여 FLHS가 더 많이 관찰되었다고 보고하였고, 이것은 환경온도가 FLHS의 한 요인이라는 것을 나타낸다고 판단된다.

4.4.4 사료적 요인

에너지 균형이 FLHS 유발의 요인이기 때문에 사료 조성 또한 중요한 요인이 될 수 있다. Couch(1956)는 처음 FLHS를 관찰할 때 옥수수 위주의 사료를 급여하는 계군에서 관찰하였다. 이는 높은 에너지를 함유한 식이였음을 의미한다. 조류는 자신의 에너지 요구량을 충족시키기 위하여 사료섭취량을 조절한다. 이러한 조절능력이 부정확해지면 과도한 사료의 섭취가 일어나며, 이러한 증상은 높은 온도일 때 심해진다. 환경온도가 높을 때는 사료 내 에너지 함량에 따른 에너지 섭취 조절 능력이 떨어진다(Payne, 1967). 따라서 산란 후기의 개체에서 FLHS를 방지하기 위하여 환경온도가 높을 때 기별사양을 실시하는 것이 바람직하다.

사료 내 에너지/단백질 균형도 중요한 고려 대상이다. 에너지에 비하여 단백질 함량이 낮을 때 과도한 지방 축적이 일어난다. Pearson과 Butler(1978)는 낮은 단백질을 함유한 사료의 급여는 아포단백질 합성을 위한 충분한 아미노산이 공급되지 않기 때문에 간에서의 지질의 분비가 원활히 이루어지지 않아 간 내 지방이 축적된다고 하였다. Akiba 등(1992)은 사료 내 트립토판을 1g/kg까지 급여하였을 때 간 내 지질과 간 출혈 정도가 현저하게 줄었다고 보고하였는데, 이는 아마도 cytochrome b5의 강화에 의한 것으로 판단된다.

1) 사료 내 지방 첨가

사료 내 지방을 고 수준으로 첨가하면 FLHS를 유도한 개체에서 증상을 완화시키거나 FLHS 발생이 감소하는 결과들이 관찰되었다. 그러나 사료 내 지방을 첨가하면서 에너지 함량도 함께 높인 경우 FLHS의 발생이 심화되었고, 동일한 에너지 함량에서 다른 에너지 공급 원료 대신 지방을 이용하였을 경우엔 FLHS의 발생이 줄었다. Haghighi-Rad와 Polin(1982)은 산란계 사료를 옥수수-대두박 위주나 소맥-대두박 위주로 각각 배합하여 실험하였다. 소맥 사료는 각각 옥수수유, 소맥 전분 또는 옥수수 전분 등을 첨가하여 에너지 함량을 맞췄다. 소맥 사료에 전분을 첨가하여 급여한 계군은 간 내 지방 축적이 증가하였다.

사료 내 에너지 함량은 별다른 영향을 미치지 않았으나, 낮은 지방이 함유된 사료의 급여는 FLHS를 증가시켰다. 지방의 첨가에 의해 간에서의 지방산 생합성이 감소하였기 때문이라고 추정된다.

2) 부산물 원료

어분, 알팔파밀, 주정박, 맥주박 등 부산물 원료들의 섭취가 FLHS 발생에 영향을 미치는 것으로 알려져 있다. Jensen 등(1976)은 2,900 kcal/kg와 조단백질 14.3%의 옥수수, 소맥 및 대맥 등의 원료를 첨가하여 만든 동일한 에너지의 사료로 실험을 실시하였다. FLHS의 유발은 옥수수, 소맥, 대맥의 순이었다. Jensen 등(1974)은 소맥과 옥수수 위주의 사료에 식이 지방의 수준을 동일하게 맞추기 위하여 주정박을 첨가하였는데, 주정박은 간의 중량을 감소시켜 주었으나 간 내 지방 함량에는 변화를 주지 못했다.

Maurice와 Jensen(1978)은 알팔파밀, 맥주박 그리고 기타 높은 섬유소를 함유한 부산물들이 혈장 지질을 낮추는 데 관련이 있다고 보고하였다. 저자들은 이러한 부산물 원료들에 FLHS의 발생 정도를 낮추어 주는 어떤 성분이 포함되어 있는 것 같다고 결론지었다. 또한 부산물 원료를 이용한 모든 사료에는 옥수수가 적게 포함되어 있기 때문으로 판단된다. 또는 발효된 부산물들이 지방 대사를 변화시켜 영양소의 이용성을 증진시킨 결과이거나, 미량 무기질과 효모 대사산물의 존재가 균형을 개선하였기 때문일 것이라고 고찰하였다.

3) 무기질과 비타민

사료 내 어분을 첨가하였을 때 간 무게, 간과 혈장 내 지방 그리고 FLHS의 발생이 감소하였는데 Maurice 등(1979)은 사료 내 셀레늄 농도와 관련이 있다고 하였다. 사료에 0.3ppm의 셀레늄을 첨가하는 것은 사료에 어분을 첨가하는 것과 간의 출혈을 줄이는 데 있어 동일한 효과를 나타낸다고 하였다. Wolford와 Polin(1975)은 이노시톨의 무제한 급여 혹은 강제 급여를 이용했을 때 모두 이로운 효과는 없었다고 하였다. 하지만 사료에 콜린, 비타민 B_{12}와 비타민 E를 추가로 강제 급여하였을 때 병변이 줄었다. Leeson과 Summers (1991)는 나이아신 132 mg/kg을 사료에 첨가 시 간의 지방에 영향을 미치지 않았다고 하였다.

Jensen 등(1976)은 지리적 위치가 FLHS의 발생에 미치는 영향을 알아보기 위하여 다른 지역에 위치한 20여 개의 농장의 물을 분석하였다. FLHS가 문제시되는 농장의 물에서 Ca, Mg, Sr, Na, Fe와 Ba의 함량이 높은 것으로 나타났다. 높은 양의 Ca과 Mg은 물의 경도에 영향을 준다. 물 원래의 경도를 고려하였을 때 연수를 급수한 농장에서는 FLHS가 드물게 발생하였고, FLHS의 병력이 있는 대부분의 농장에서는 경수로 급수한 것으로 나타났다. Roland 등(1985)은 닭에게 낮은 수준의 Ca을 함유한 사료를 급여하였을 때 간의 지방과 간의 출혈 정도가 증가하였다고 보고하였다.

4.4.5 유전적 요인

정상인 산란계의 간 내 지질의 평균 함량은 건물 기준으로 25.8～49.0%로 다양하다. 이는 유전적인 특성이 과도한 간 내 지방축적에 대한 원인이 될 수 있다는 것을 의미한다. Campbell(1979)은 백색 레그혼 산란계를 공시하여 채종박을 급여한 실험에서 간 내 출혈의 발생에 대한 다양한 유전적 품종 간의 차이를 조사한 결과, 품종에 따라 출혈에 대한 저항성에 차이가 있었다고 보고하였다. 외인성 β-estradiol을 근 내에 접종했을 때에도 FLHS의 발생 정도에 있어 품종 간에 차이가 있었다. 간 내의 지질 함량에 대한 이러한 품종의 차이에 대한 유전적 원인은 아직 알려지지 않았다.

4.5 FLHS의 예방 및 치료를 위한 항지방간 인자의 효과

메티오닌, 콜린, 비타민 E를 비롯한 항산화 영양소와 일부 수용성 비타민 등이 FLS 및 FLHS를 예방하거나 치료에 도움이 되는 항지방간 인자로 알려져 있다. FLS 및 FLHS 관련하여 이전에 수행된 연구 결과를 종합해 보면 콜린, 비타민 E, 비타민 B_{12} 및 이노시톨 등을 사료에 첨가하거나 음수로서 보충해 줄 때 다소의 치료효과가 나타난 바 있으나 첨가 효과가 모든 실험에서 재현되지는 않았다. 또한 셀레늄, 코발트 및 메티오닌의 첨가 역시 일관된 개선 효과를 보여주지 못하는 것으로 생각된다.

FLS 및 FLHS 발생 연구의 대부분은 항지방간 영양인자가 부족 내지는 결핍된 실험조건에서 수행되었다. 메티오닌과 콜린이 부족하게 되면 지방의 배출량이 감소하고 간에서 일어나는 지방산화 경로가 억제되며, 간으로의 지방산의 흡수는 항진되는 것으로 알려져 있다. 콜린 결핍 시에 주로 VLDL 분비에 문제가 발생하여 간 내에 지방이 축적되며, 지단백질의 분비가 감소함으로써 간 내 지방 축적이 증가한다.

콜린이 결핍되면 fatty acid synthetase(FAS) 활성이 유의하게 증가함으로써 간 내에 지방이 축적되며, 팔미틴산(palmitic acid)이 현저히 증가한다. 메티오닌과 콜린이 결핍되면 VLDL의 구성 요소인 레시틴의 합성에 문제가 발생하며, 지단백질의 분비에 이상이 나타날 수 있다. 사람에서 비타민 E 등의 항산화 영양소의 공급이 FLS 치료에 도움이 될 수 있다고 알려져 있는데, 이는 세포막 손상을 막아주는 효과일 것이다. Squires와 Leeson(1988)은 간 내 중성지방 축적 이후의 조직 손상을 막는 의미에서 항산화 영양소 공급의 중요성을 강조하였다. 산란계에서 콜린, 비타민 B_{12}와 더불어 비타민 E의 공급이 간 내 중성지방 축적을 완화시키는 효과가 있다는 보고도 있다.

이상에서 언급한 바와 같이 항지방간 영양인자로서 콜린, 메티오닌 및 비타민 E의 효과는 비교적 잘 연구된 것에 반해 이노시톨 및 바이오틴, 판토텐산과 같은 수용성 비타민의 효과에 대해서는 여전히 불명확하다. 특히 항지방간 영양인자에 관련된 연구의 대부분이 부족 내지는 결핍된 실험조건에서 수행되었기 때문에 이들 영양인자들의 추가 급여가 FLS 및 FLHS의 예방 또는 치료에 어느 정도 도움이 될지에 대해서는 앞으로 연구해야 할 과제라 생각된다.

5. 동물 복지

최근 지속적인 건강 및 행복 추구에 대한 관심이 급증하고 있고, 특히 식생활에 있어서의 환경변화가 급격하게 일어나고 있다. 이러한 식생활의 변화를 대표적으로 보여주는 것이 바로 웰빙(Well-being)과 로하스(LOHAS)이다. 도시화, 산업화에 따른 인스턴트 및 외식 위주의 음식 섭취는 동맥경화증, 고혈압, 악성종양, 당뇨병과 같은 성인병에 걸리는 인구를 급격히 증가시키는 원인이 되고 있으며, 이와 같은 성인병의 예방을 위한 웰빙 및 로하스 생활이 자리를 잡고 있다. 뿐만 아니라 최근 우리는 SARS(severe acute respiratory syndrome), AI(avian influenza), FMD(foot and mouth disease) 및 신종 플루(novel swine origin influenza A, H1N1) 등과 같은 질병들이 얼마나 무서운 것인가를 경험하였으며, 대부분의 소비자들은 이와 같은 질병이 가축에서 유래된다는 것을 인지하고 있다.

따라서 안전한 축산물에 대한 소비자들의 관심이 극도로 높아져가고 있는 실정이며, 이에 따른 친환경 고품질 축산물 소비의 비율이 매년 증가하고 있다. 또한 소비자가 원하는 안전한 축산물에 대한 요구도 시대에 따라 점점 더 변화하고 있다. 우리나라뿐만 아니라 국제적으로 유럽연합 및 영국, 호주 등의 농업 선진국들은 이미 농장동물에 대한 동물복지 적용이 활발하게 이루어지고 있는 실정이다.

일반적으로 축산물 내 항생제 및 호르몬과 같은 기타 인공 합성 화합물의 잔류되지 않은 친환경 축산물(무항생제, 유기축산물), HACCP 인증 축산물 등만을 안전한 축산물로 인식하던 시대는 이제 지났다. 최근 소비자들은 친환경 축산물, HACCP 인증 축산물뿐만 아니라 동물복지가 고려된 사육환경에서 사육된 동물복지 축산물을 요구하고 있는 실정이다. 이와 같은 소비자들의 요구에 정부도 2012년 3월 20일부터 동물복지 농장 인증 제도를 시행하고 있다. 물론 산란계에 국한되어 있지만 다른 가축에도 추가 적용될 전망이다.

5.1 동물복지의 역사

동물학대 방지에 관련된 최초의 법률은 영국에서 1822년 제정된 말, 당나귀, 소 등 가축의 학대를 방지하기 위한 법률 'Cruel Treatment of Cattle Act 1822'이며, 동물권 운동가인 '리차드 마틴'이 주도하여 통과시킨 법률로 마틴법(Martin's Act)라고도 불리운다. 이 법은 1849년에 'Cruelty to Animals Act 1849'로 제정되었다.

동물학대 방지 관련된 최초의 단체는 1824년 설립된 SPCA(Society for the Prevention of Cruelty to Animals)이다. 이 단체는 1840년에 영국 빅토리아 여왕의 후원을 받아 'Royal'이라는 호칭을 사용할 수 있게 되었고, 이때 명칭이 RSPCA(Royal Society for the Prevention of Cruelty to Animals)로 개명되었다. 이 단체는 세계에서 가장 오래된 동물복지에 대한 순수 민간단체로 영국뿐만 아니라 EU, OIE(Office International des Epizooties) 등의 동물 복지 정책에 큰 영향을 끼치고 있다.

미국에서도 1866년에 ASPCA(American Society for the Prevention of Cruelty to Animals)라는 단체가 설립되었고, 이후 이 단체는 1873년도에 운송되는 동물들에게 매 28시간마다 먹이와 물을 마련해 주고 휴식을 마련해 주어야 한다는 '28시간법'을 제정하는데 중요한 역할을 하였다. 1876년도에는 세계 최초 동물복지법이라고 알려진 'Prevention of Creulty to Animals Act'가 영국의회를 통과하게 된다.

이후 본격적인 동물복지운동은 1964년 해리슨의 'Animal Machines ; The new factory farming industry)' 라는 책을 통하여 활발하게 진행되었다. 영국 정부가 1964년 해리슨이 발간한 책(제목 : Animal Machines)을 검토한 후 가축에 대한 복지 검사관으로 브람벨 교수를 임용하였고, 이후 브람벨위원회(Brambell Committee)라는 조직을 조직하였다. 1965년 이 조직은 'Inquire into the Welfare of Animals Kept Under Intensive Livestock Husbandry Systems)' 라고 하는 브람벨위원회의 보고서를 발간하게 된다. 1967년 영국 정부는 이 보고서를 근거로 'Farm Animal Welfare Advisory Committee'를 조직하였고, 이 기구는 1979년에 FAWC(Farm Animal

Welfare Council)로 개명되었다.

미국에서는 1966년 'Animal Welfare Act(동물복지법)'의 근간이 되는 'Laboratory Animal Welfare Act(실험동물복지법)'이 존슨 대통령에 의해 제정되었고, 1968년에는 Animal Protection Institute가 설립되었다. 1976년에는 'Animal Welfare Act'가 동물 수송에도 적용되었고 개싸움과 닭싸움 금지도 포함되게 되었다.

5.2 동물복지의 기본 개념

동물복지에 대한 기본 개념은 주장하는 사람마다 많은 이견이 있다. 하지만 동물복지라는 개념은 처음에는 '동물학대 방지'라는 개념에서 출발하였고 차차 '동물의 관리와 보호'라는 개념으로 발전하게 되었다는 것을 부정할 수 없다.

동물복지는 인간의 이이을 위한 동물의 이용을 반대하는 동물권리 운동에 대한 대안으로 도입된 개념이며, 인간의 필요를 위해 동물을 이용하는 행위를 수용하는 대신 그러한 행위의 주체인 인간에게 동물 이용에 대한 윤리적 책임을 부과하는 것이라 할 수 있다. 즉, 동물복지란 인간과 동물을 동등하게 보는 것이 아니라 인간이 동물을 이용하는 데 있어 동물을 어떻게 대할 것인가에 대한 윤리적 책임의 관점에서 동물에게 필요한 기초적인 조건을 보장하려는 것이라 볼 수 있다.

동물복지에는 서로 모순적인 측면이 있다. 예컨대 돼지를 방사할 경우 돼지는 많은 자유를 얻을 수 있지만, 실내에서 사육하도록 육종된 돼지를 방사하면 감기나 기생충에 감염될 수 있다. 이 경우 돼지에게 자유를 더 많이 주는 것이 복지인가 아니면 보온과 건강을 중요시하는 것이 복지인가에는 논란이 있을 수 있다. 동물이 원하는 바가 무엇인가를 인간이 분명히 알지 못하는 상태에서 인간의 관점에서 또는 동물들이 인간처럼 생각하고 느낀다고 가정을 한 의인주의의 사고에서 동물복지 행위를 한다는 것이 과연 타당한 일이며, 어떻게 하는 것이 동물에게 스트레스를 주지 않으며 행복하게 할 수 있는가에 대해서도 논란이 있을 수 있다. 즉, 돼지를 방사하여 자유를 주고, 케이지식 닭장을 금지하는 등의 동물복지 행위에 대하여 명확한 배경과 논리가 필요하다는 것이다.

동물복지는 동물생명의 존중이라는 측면에서는 동물권리와 같지만 윤리적, 법적 동물권리를 보호하는 기준은 동물을 사람과 수평적 관계로 보는 것이 아니라 반려동물로 정당한 대우를 하자는 데 있다. 예컨대, 인간의 행복과 즐거움을 위해 동물을 학대하는 것을 방지하며, 동물이 인간을 위한 도구라기보다는 동물과 인간 간의 건전하고 바람직한 관계를 정립하자는 데 있다. 동물과 인간을 수평적이 아닌 수직적인 관계로 보며, 동물에게 불필요한 고통을 배제하고 사람을 위해 필요한 경우라도 고통을 최소화하며, 동물에게 영양과 휴식을 충분히 제공하고 위생, 질병예방, 치료에서도 적절히 해야 한다는 것이 동물복지라 할 수 있다.

미국 수의학협회(American Veterianry Medical Association)에서는 동물복지란 '동물에게 적절한 주거환경의 제공, 관리, 영양제공, 질병예방 및 치료, 책임감 있는 보살핌, 인도적인 취급, 필요한 경우 인도적인 안락사 등 동물의 복지와 관련된 모든 것을 제공하는 인간의 의무를 뜻한다'라고 정의한 바 있다. 동물복지의 기본 개념과 원칙을 제일 먼저 정의하고 주창한 단체는 영국의 FAWC이다.

이 단체는 1979년 '동물복지의 기본원칙' 즉 '동물의 다섯 가지의 자유'에 대해 가이드 라인을 제안하였으며, 그 다섯 가지 자유는 다음과 같다.

(1) 기아, 갈증으로부터의 자유(Freedom from thirst, hunger and malnutrition)
(2) 불편함으로부터의 자유(Freedom from discomfort due to environment)
(3) 고통, 상처, 질병으로부터의 자유(Freedom from pain, injury and disease),
(4) 정상적인 행동을 할 자유(Freedom to express normal behaviour for the species)
(5) 공포・스트레스로부터의 자유(Freedom from fear and distress)

이후 이 원칙은 전 세계적인 동물복지의 개념이 되었다. 1983년 영국정부는 'Codes of recommendations for the welfare of livestock'를 제정하여 '가축의 건강을 위해 가능한 한 가축의 행동요구를 만족시키는 사양관리 시스템 구축'과 '사육관리자에 대한 가축복지 개념 주입의 당위성'을 강조하였고, 그 세부 내용은 다음과 같다.

① 가축에게 쾌적하고 안전한 장소를 제공
② 완전한 건강과 활력을 보장하는 신선한 물과 사료의 공급
③ 가축의 활동에 대하여 자유보장(기립, 횡와, 고개 돌림 등이 가능한 사육환경)
④ 다른 개체와의 과밀 동거사육 제한(동종 다른 개체)
⑤ 정상 행동을 할 수 있는 이동 환경 마련
⑥ 자연광과 조명으로 24시간 가축을 관찰하고 검사할 수 있는 조명관리(낮에는 자연광으로만 조명)
⑦ 부상이나 긴장감을 야기하지 않는 친환경 바닥재 제공
⑧ 악취, 부상, 기생충 감염 및 질병에 대한 예방과 치료
⑨ 불필요한 신체 부위 절단 금지(디비킹, 거세 등)
⑩ 화재, 기계 고장 및 사료공급 중단에 대비한 긴급대책 마련

5.3 국외 동물복지 동향

유럽연합(EU)은 동물복지를 제도화 하는데 앞장서고 있으며, 이를 과학적으로 뒷받침하기 위한 동물복지 연구에 많은 자금을 투자하고 있다. 이와 더불어 관련법 규정을 통한 축종별 동물복지 최저 수준을 마련하여 이를 수행토록 하고 있다. 영국에서 시작된 농장 동물복지에 대한 인식이 유럽에 확산되면서 1992년 EU 의정서(Treaty on European Union 1992)에 동물복지에 대한 조항이 포함되었다.

EU는 WTO에 동물복지 기준을 준수하는 농가에 보조를 할 수 있도록 요청하였고, 유럽 각국은 친환경농업에 대한 보조의 일환으로 인센티브를 지급하고 있다. EU는 동물복지 문제를 WTO 내에서 종합적으로 다루어야 한다고 생각하며 비교역적 관심사항(NTC)의 중요한 과제로 제기하였고, 2000년에는 EU와 일본이 동물복지 기준을 포함한 국제교역협약을 제안하였다.

2006년에는 EU 집행부 차원에서 EU의 동물복지 증진과 동물보호와 관련된 정책을 포괄하는 중장기 실행계획으로 '동물복지 제1차 5개년 행동계획(2006~2010)'을 공표했다. 이 행동계획은 농장 동물복지와 관련된 표준을 개선하고 관련 연구를 촉진하며, 교육과 홍보를 강화하는 것을 주요 내용으로 하고 있으며, 이 계획이 포함하고 있는 5대 정책분야를 구체적으로 살펴보면 EU 공동농업정책(Common Agricultural Policy, CAP)과 연계한 농장 동물복지 최저 기준의 상향 조정, EU 차원의 동물복지형 축산 인증제도 도입과 연계한 농장 동물복지 품질 표시 지표 및 규격의 표준화, 농가와 소비자에게 농장 동물복지 관련 정보 제공, 교육 및 훈련의 강화, OIE 및 WTO와의 연계와 EU 이외의 국가의 협조를 통한 국제적인 농장 동물복지 논의 주도권 확보 등이 있다(강과 우, 2011).

미국의 동물복지는 1906년 싱클레어가 쓴 『The Jungle』이라는 책이 나온 이래 이슈가 되어 많은 논란이 되어 오다가 1970년대 호주의 철학자 피터 싱어가 뉴욕에서 강의를 하면서 새로운 전기를 맞게 되었고, 이때 미국 사회학자 헨리 스피러가 참여하여 동물권리 및 복지운동을 전개하였으며, 싱어는 1975년 『Animal Liberation』이라는 책을 써서 동물권리와 복지에 대한 인식을 새롭게 하였다.

1970년대 후반부터 동물복지 문제가 과학적 토의 주제의 일부가 되었고, 1980년대 후반부터는 미 의회에서도 동물복지 문제에 대해 논의하기 시작하였다. 1993년에는 미국 Maryland의 Wye Plantation에서 100여 명이 모인 국제회의에서 동물복지에 대한 정의를 내리고자 하였고, 많은 학자들이 농장 동물복지 방법과 이의 측정 및 평가에 대해 학제적 접근(multidisciplinary approach)을 시도하였다.

PETA(People for the Ethical Treatment of Animals)는 1980년부터 시작한 동물

복지 및 권리 운동기구로서 활발히 활동하고 있으며, 동물복지를 하지 않는 대규모 농장이나 식품업계에 압력을 행사하고 있다. 즉 2000년 PETA의 싱어, 헨리가 맥도널드와 협의하여 인도적인 방법으로 사육하는 엄격한 규정을 만들어 이를 실천하는 농장의 계기를 구입토록 하였고 수송, 도축에서도 인도적으로 처리하도록 하였다. 이후(2001년) 버거킹과 웬디스에서도 동물복지 기준을 준수하겠다고 공포였으며, KFC에서도 부화에서 도계까지 닭을 인도적으로 다루는 기준을 제정하였다.

뉴질랜드에서는 정부가 동물 복지에 많은 관심을 가지고 동물복지 자문위원회(National Animal Welfare Advisory Committee, 1989)를 만들어 지원하고 있으며, 농산물 수출시장 확보와 연계하고 있다. 캐나다 알바타에서는 동물복지 부서(Animal Welfare Branch)를 두어 동물의 인도적 관리와 이용, 동물복지에 관한 연구, 기술이전 등을 지원하고, 민간기구인 Alberta Farm Animal Care Association(AFAC)와 Alberta Society for the Prevention of Cruelty to Animal이 동물복지 운동을 전개하고 있다.

5.4 우리나라의 동물복지 추진 현황

우리나라에서 현재까지 동물복지는 일반 국민들에게 폭넓게 알려진 개념이라 보기는 어려운 상황이다. 하지만 최근 들어 반려동물을 중심으로 한 동물복지의 논의가 활발하게 진행되고 있으며, 실험동물과 농장동물과 같은 산업동물에 대한 동물복지 적용 문제도 최근 심도 있게 논의되고 실행되고 있다. 1991년 동물에 대한 학대행위 방지 등 동물을 적정하게 보호·관리하기 위하여 필요한 규정을 만들어 동물의 생명과 그 안전을 보호 하도록 하여 생명의 존중 등 국민의 정서 함양에 이바지하게 함을 목적으로 '동물보호법'을 제정하였다.

그 후 동물보호법은 1997년까지 수차례 개정하였고, 동물보호단체의 요청에 의해 동물학대에 대한 외국의 부정적 인식을 전환시켜 국가 이미지를 제고하기 위하여 동물보호 종합 대책을 마련하고자 하였으나 아직까지는 미비한 실정이다. 1992년 제정된 '동물보호법'이 2011년 동물보호법 전면 개정되었고, 정부에서는 이 개정된 '동물보호법'을 근거로 2012년 '동물복지 축산농장 인증기준 및 인증에 대한 세부 실시요령'을 고시하였다. 이 고시에 의해서 '동물복지 축산농장의 인증'이 최초로 산란계 농장에 도입되었다. 타 축종에 대해서는 돼지는 2013년, 육계는 2014년, 한우, 육우 및 젖소는 2015까지 제도를 확대할 계획이다.

5.4.1 동물복지 축산농장 인증 기준

2012년부터 산란계를 대상으로 '동물복지 축산농장 인증제'가 시행되고 있는데 그 기준에 의하면 사육면적이 1m^2 당 9수 이하, 수당 4 cm 이상 급이 공간(원형 급이기)이 있어야 하며, 산란상은 120수당 1m^2 이상 제공해야 하고, 횃대는 수당 15 cm 이상 있어야 한다. 특히 일반적인 산란계 농장에서 이용하는 케이지 사육이 금지되고, 자유롭게 움직일 수 있는 환경에서 사육해야 한다. 동물복지 인증을 위해 케이지 사육을 대신해 평사사육을 하고 있으나 사육면적의 증가와 함께 계란을 수집하기 위해 막대한 시간과 노동력을 투입해야 하는 어려움이 있다.

참고문헌

1. Akiba, Y., Takahashi, K., Horiguchi, M., Ohtani, H., Saitoh, S. and Ohkawara, H. 1992. L-tryptophan alleviates fatty liver and modifies hepatic microsomal mixed function oxidase in laying hens. Comp. Biochem. Physiol. Comp. Physiol. 102:769-774.
2. Akiba, Y., Takahashi, K., Kimura, M., Hirama, S. and Matsumoto, T. 1983. The influence of environmental temperature, thyroid status and a synthetic oestrogen on the induction of fatty livers in chicks. Br. Poult. Sci. 24:71-80.
3. Akiba, Y., Jensen, L. S. and Lilburn, M. S. 1982. Effect of estrogen implants on hepatic lipid deposition in chicks fed different isonitrogenous and isocaloric diets. J. Nutr. 112:189-196.
4. Alodan, M. A., and Mashaly, M. M. 1999. Effect of induced molting in laying hens on production and immune parameters. Poult. Sci. 78:171-177.
5. Aprahamian, S., Aralanian, M. J. and Stoops, J. K. 1979. Effect of estrogen on fatty acid synthetase in the chicken oviduct and liver. Lipids 14:1015-1020.
6. Attia, Y. A., Burke, W. H. and Yamani, K. A. 1994. Response of broiler breeder hens to forced molting by hormonal and dietary manipulation. Poult. Sci. 73:245-258.
7. Aygun. A. 2013. Effects of force molting on eggshell colour, egg production and quality traits in laying hens 2013 Revue Méd. Vét. 164:46-51.
8. Bar, A., Vax, E. and Striem, S. 1998. Effects of age at onset of produc-

tion, light regime and dietary calcium on performance, eggshell traits, duodenal calbindin and cholecalciferol metabolism. Br. Poult. Sci. 39:282-290.

9. Bell, 1980. A comparison of force molting methods Ⅲ; Progress in poultry. University of California

10. Biggs, P. E., Douglas, M. W., Koelkebeck, K. W and Parsons, C. M. 2003. Evaluation of nonfeed removal methods for molting programs. Poult. Sci. 82:749-753.

11. Biggs, P. E., Persia, M. E., Koelkebeck, K. W. and Parsons, C. M. 2004. Further evaluation of nonfeed removal methods for molting programs. Poult. Sci. 83:745-752

12. Butler, E. J. 1976. Fatty liver diseases in the domestic fowl. a review. Avian. Pathol. 5:1-14.

13. Campbell, L. D. 1979. Incidence of liver haemorrhage among white Leghorn strains fed on diets containing different types of rapeseed meals. Br. Poult. Sci. 20:239. Cobb Broiler Management Guide. 2008.

14. Choi, Y. I., Ahn, H. J., Lee, B. K., Oh, S. T., An, B. K. and Kang, C. W. 2012. Nutritional and hormonal induction of fatty liver syndrome and effects of dietary lipotropic factors in egg-type male chicks. Asian-Aust. J. Anim. Sci. 25:1145-1152.

15. Couch, J. R. 1956. Fatty livers in laying hens-a condition which may occur as a result of increased strain. Feed stuffs. 28:46.

16. Dashti, N., Kelly, J. L., Thayer, R. H. and Ontko, J. A. 1983. Concurrent inductions of avian hepatic lipogenesis, plasma lipids, and plasma apolipoprotein B by estrogen. J. Lipid Res. 24:368-380.

17. Gilbert, A. B. and Blair, R. 1975 A comparison of the effects of two low calcium diets on egg production in the domestic fowl. Br Poult. Sci. 16:547-552.

18. Haghighi-Rad, F. and Polin, D. 1981. The relationship of plasma estradiol and progesterone levels to the fatty liver hemorrhagic syndrome in laying hens. Poult. Sci. 60:2278-2283.

19. Haghighi-Rad, F. and Polin, D. 1982. Lipid: the unidentified factor for alleviating fatty liver syndrome. Poult. Sci. 61:2075-2082.

20. Hall, S. A. 1974. A hepatosis of laying fowls characterised by an apparent lysis of reticulin and massive liver haemorrhage. Vet. Rec. 94:42-44.

21. Harms, R. H. and Simpson, C. F. 1979. Serum and body characteristics of laying hens with fatty liver syndrome. Poult. Sci. 58:1644-1646.

22. Harms, R. H., Roland, D. A. and Simpson, C. F. 1977. Experimentally

induced "fatty liver syndrome" condition in laying hens. Poult. Sci. 56:517-520.

23. Harms, R. H. 1991 Effect of removing salt, sodium or chloride from the diet of commercial layers. Poult. Sci. 70:333-336.

24. Hassanabadi, A. and Kermanshahi, H. Effect of force molting on postmolt performance of laying hens. 2007. Int. J. Poult. Sci. 6:630-633.

25. Hussein, A. S., Cantor. A. H. and Johnson, T. H. 1988. Use of high dietary levels of aluminium and zinc for inducing pauses in egg production of Japanese quails. Poult. Sci. 67: 1157-1165.

26. Hussein, A. S., Cantor, A. H. and Johnson, T. H. 1989. Comparison of the use of dietary aluminium with the use of feed restriction for forced molting laying hens. Poult. Sci. 68: 891-896. Hy-Line Brown Performance Standards Manual. 2012.

27. Ivy, C. A. and Nesheim, M. C. 1973. Factors influencing the liver fat content of laying hens. Poult. Sci. 52:281-291.

28. Jensen, L. S., Casey, J. M. Savage, S. J. and Britton, W. M. 1976. An association of hardness of water with incidence of fatty liver syndrome in laying hens. Poult. Sci. 55:719-724.

29. Jensen, L. S., Falen, L. and Chang, C. H. 1974. Effect of distillers dried grain with solubles on reproduction and liver fat accumulation in laying hens. Poult. Sci. 53:586-592.

30. Kang, C. W., Nam, K. T., Olson, O. E. and Carlson, C. W. 1996a. Relationships between eggshell quality and biochemical parameters of calcium metabolism. Asian-Aust. J. Anim. Sci. 9:715-722.

31. Kang, C. W., Nam, K. T., Olson, O. E. and Carlson, C. W. 1996b. Effects of dietary protein level, restricted feeding, strain and age on eggshell quality in laying hens. Asian-Aust. J. Anim. Sci. 9:727-735.

32. Lee, B. K., Kim, J. S., Ahn, H. J., Hwang, J. H., Kim, J. M., Lee, H. T., An, B. K. and Kang, C. W. 2010. Changes in hepatic lipid parameters and hepatic messenger ribonucleic acid expression following estradiol administration in laying hens(*Gallus domesticus*). Poult. Sci. 89:2660-2667.

33. Leeson, S. and Summers J. D. 1991. In Commercial Poultry Nutrition. Publ. Univ .Books, Guelph, Ontario.

34. Maurice, D. V., Jensen, L. S. and Tojo, H. 1979. comparison of fish meal and soybean meal in the prevention of fatty liver hemorrhagic syndrome in caged layers. Poult. Sci. 58:864-870.

35. Maurice, D. V. and Jensen, L. S. 1978. Liver lipid deposition in caged layers as influenced by fermentation by-products and levels of dietary fat.

Poult. Sci. 57:1690-1695.

36. McKeen, W. D., 1984 Feeding grape pomace to Leghorn hens as an alternative to starvation to induce a molt. Poult. Sci. 63 (Suppl):148-149

37. Neill, A. R., McKenzie, R. A., Schultz, K. and Connor, J. K. 1975. Reticulolysis and fatty liver syndrome in commercial laying fowls. Aust. Vet. J. 51:104-105.

38. Nesheim, M. C. and Ivy, C. A. 1970. Factors influencing liver fat deposition in laying hens. pp. 43-49. Proc. Cornell Nutr. Conf. Feed Manuf., Ithaca, New York.

39. North, M. O. and Bell, D. D. 1990. Commercial Chicken Production Manual. 4th Ed. Chapman and Hall, New York, NY. pp433-452.

40. National Research Council 1962. Nutrient Requirements of Poultry, 4th ed.

41. National Research Council 1966. Nutrient Requirements of Poultry, 5th ed.

42. National Research Council 1971. Nutrient Requirements of Poultry, 6th ed.

43. National Research Council 1994. Nutrient Requirements of Poultry, 9th ed.

44. Nyholm, N. E. 1981. Evidence of involvement of aluminum in causation of defective formation of egg shells and of impaired breeding in wild passerine birds. Environ. Res. 26:363-371

45. Payne, C. G. 1967. In Environmental Control of Poultry Production, pp. 40-54. Ed. T. C. Carter, London, Longmans.

46. Pearce, J. and Johnson, A. H. 1986. Failure of oestradiol administration to induce fatty liver haemorrhagic syndrome in the laying hen. Br. Poult. Sci. 27:41-47.

47. Pearson, A. W. and Butler, E. J. 1978. Pathological and biochemical observations on subclinical cases of fatty liver-haemorrhagic syndrome in the fowl. Res. Vet. Sci. 24:65-71.

48. Polin, D. and Wolford, J. H. 1976. Various types of diets, sources of energy, and positive energy balance in the induction of fatty liver hemorrhagic syndrome. Poult. Sci. 55:325-334.

49. Roland, D. A., Farmer, M. and Marple, D. 1985. Calcium and its relationship to excess feed consumption, body weight, egg size, fat deposition, shell quality and fatty liver hemorrhagic syndrome. Poult. Sci. 64: 2341-2350.

50. Ruszler, P. L. 1998. Health and husbandry considerations of induced molting. Poult. Sci. 77: 1789-1793.

51. Squires, E. J. and Leeson, S. 1988. Aetiology of fatty liver syndrome in laying hens. Br. Vet. J. 144:602-609.

52. Ugochukwu, E. I. 1983. The involvement of diet in fatty liver haemorrhagic syndrome in Anabra State of Nigeria. Bull. Anim. Health. Prod. Afr. 31:157-160.

53. Walzem, R. L., Simon, C., Morishita, R., Lowenstine, L. and Hansen, R. J. 1993. Fatty liver hemorrhagic syndrome in hens overfed a purified diet. Selected enzyme activities and liver histology in relation to liver hemorrhage and reproductive performance. Poult. Sci. 72:1479-1491.

54. Wang, X. T., Zhao, C. J., Li, J. Y., Xu, G. Y., Lian, L. S., Wu, C. X., Deng, X. M. 2009. Comparison of the total amount of eggshell pigments in Dongxiang brown-shelled eggs and Dongxiang blue-shelled eggs. Poult. Sci. 88:1735-1739.

55. Webster, A. B., Fletcher, D. L. and Savage, S. J. 1998. Feed withdrawal and Leghorn hen carcass composition. J. Appl. Poult. Res. 7:253-257.

56. Whitehead, C. C. and Shannon, D. W. 1974. The control of egg production using a low-sodium diet. Br. Poult. Sci. 15:429-434.

57. Wolford, J. H. and Polin, D. 1975. Effect of inositol, lecithin, vitamins(B_{12} with choline and E), and iodinated casein on induced fatty liver-hemorrhagic syndrome in laying chickens. Poult. Sci. 54:981-991.

58. Zhang, D., Moreng, R. E., and Balnave, D. 1991. Reproductive performance of artificially inseminated hens recieving saline drinking water. Poult. Sci. 70:776-779.

59. Zimmerman, N. G., Andrews, D. K. and McGinnis, J. 1987. Comparison of several induced molting methods on subsequent performance of single comb White Leghorn hens. Poult. Sci. 66:408-17.

60. 강혜정, 우병준, 2011. 한국환경사회학회 학술대회 자료집. pp73-87.

61. 나재천, 박성복, 유동조, 방한태, 김상호, 강근호, 김학규, 최희철, 황보종, 강보석, 서옥석, 장병귀, 최종태, 2008. 비절식 강제 환우 방법이 산란계의 장기 비율과 혈액성상에 미치는 영향. 한국가금학회지 35:375-380

62. 정일정. 1990, 강제환우 실시시기와 방법, 월간양계 1990년 8월호

63. 한국사양표준(가금). 2002. 농림부, 농촌진흥청축산진흥연구소. pp26-32

제 7 장

사료 원료와 보조사료

1. 곡 류

1.1 옥수수

1.1.1 일반적 특징

1) 명칭 및 기원

옥수수의 영어 명칭은 maize 또는 corn이며, 옥수수 학명은 *Zea Mays*이다. 기원전 5,500년 이전 멕시코에서 야생 옥수수를 재배하면서 작물화한 것으로 알려져 있으며, 현재 옥수수는 사료, 식품 및 발효 기질(에탄올 생산 등)로 사용되고 있다.

2) 산지 분포와 생산량

옥수수의 생육환경은 열대 혹은 아열대 지역이었으나 개량을 통해서 현재 북위 58도(러시아와 캐나다)에서 남위 40도(칠레와 아르헨티나)까지 확장되었다. 주요 옥수수 산지는 미국, 중국 그리고 브라질로 세 국가가 세계 옥수수 생산량의 65%를 차지한다(표 7-1). 하지만 전 세계에 유통(수출/수입)되는 옥수수 원산지는 아르헨티나, 브라질, 미국과 우크라이나이며, 상위 4개국의 수출량은 전체 수출량의 80%에 육박한다. 우리나라가 사료용 옥수수를 전량 수입하는 점과 생산량 대비 수출량이 12%인 점을 생각할 때 주요 수출국 작황 현황에 따라서 수입되는 옥수수 가격 변동이 크며, 우리나라 가금용 사료 가격에 미치는 영향 또한 지대하다.

3) 품 종

형태와 색상에 따라서 옥수수를 분류할 수 있는데, 형태로 보면 유부종(wild pod

표 7-1. 2012/13년 주요 국가별 옥수수 생산량, 사용량 및 교역량 (단위 : 천톤)

국 가	생산량	사용량	수출량	수입량
대한민국	-	8,384	-	8,174
아르헨티나	26,500	7,600	22,700	
브라질	81,000	53,000	26,044	871
중 국	205,600	202,000		2,702
EU	58,855	69,300	2,100	11,300
인 도	22,230	17,400	4,800	-
일 본	-	14,500	-	14,412
멕시코	21,591	27,000	-	5,600
남아프리카	12,200	10,800	2,400	-
미 국	273,832	263,579	18,300	4,150
우크라이나	20,922	8,100	12,700	-
전 세계 총합	862,707	860,302	99,705	99,705

(USDA, 2013)

corn), 연립종(flour corn), 팝콘용(pop corn), 감미종(sweet corn), 경립종(flint corn), 찰옥수수 (waxy corn) 그리고 마치종(dent corn)으로 나눌 수 있는데 사료 원료용 뿐 아니라 가장 보편적인 옥수수는 마치종이다. 마치종은 이름에 알 수 있듯이 치아와 유사한 형태로 상부 가운데가 움푹 들어가 있다.

옥수수는 색상에 따라 백색, 황색 그리고 적색으로 나눌 수 있는데 이는 옥수수 내 배유(endosperm)에 존재하는 카로틴(carotene)과 크산토필(xanthophyl) 등에서 기인된 것으로 위 물질들 모두 천연 색소라 할 수 있으며, 따라서 백색 옥수수에서 적색 옥수수로 색도가 높아질수록 카로틴 또는 크산토필 농도가 증가한다. 따라서 산란사료 내 옥수수 또는 옥수수 부산물(옥글루텐)의 사용 비율에 따라서 난황 색도 및 육계 피부색에 영향을 미치며, 합성 착색제 첨가 수준 축소에 따라 비용을 절감할 수 있다.

1.1.2 영양적 가치

옥수수는 가금 뿐 아니라 모든 가축에게 기호성이 우수하여 사료로 적합한 원료이다. 높은 전분 함량(약 65%)과 지방(약 3%) 그리고 낮은 섬유소(NDF, 약 10%)를 함유한 옥수수는 다른 곡류에 비해 높은 에너지를 공급할 수 있는 가치 있는 사료용 원료이다(표 7-2).

옥수수 내 단백질 종류는 zein과 glutelin이며, 이 중 zein이 대표적이다. Zein 내 함유황 아미노산 비율은 높은 반면에 라이신과 트립토판은 상대적으로 낮은 수준이다. 또한 옥수수 내 칼슘 함량은 낮으며 총 인의 수준은 비교적 높으나 단위 가축이 이용할 수 없는 피틴태 인(phytate P) 형태가 인 전체 중 75%를 차지하기 때문에 별도의 칼슘과 인 공급원의 사료 내 첨가가 필요하다. 그리고 옥수수에 기인된 비타민 B군의 공급은 충분한 반면 나이아신의 이용률은 낮은 것으로 알려져 있다.

1.1.3 가금 생산성에 미치는 영향

가금 사료를 형태에 따라 두 가지로 분류하면 가공사료(펠렛사료)와 가루사료로 나눌 수 있으며, 우리나라 가공 사료에 사용하는 옥수수 입자는 약 3.0mm 내외의 스크린을 통과하는 미립자이다. 따라서 옥수수 입도에 따른 생산성에 차이는 큰 편은 아니다. 입자도에 따라 생산성에 대한 변이가 큰 것은 가루사료이며, 가루사료를 사용하는 대표적인 가금 축종은 산란계와 육용종계라 할 수 있다.

다음 장 사료 가공 부분에서 자세히 다루겠지만 옥수수 입도 감소 공정에 사용하는 장비는 햄머밀과 롤러밀이 대표적이다. 옥수수 내 전분(약 65%) 소화율은 햄머밀보다 롤러밀이 우수한 것을 알려져 있는데, 이는 옥수수의 입자도 변이계수(CV)가 롤러밀이 햄머밀보다 낮으며, 이에 따라 사료의 장 내 통과속도를 변화시켜 소화율에 영향을 주기 때문이다.

옥수수 내 항영양인자는 다른 곡류와는 다르게 그 수준이 낮은 편으로 가금 사료 생산 시 특별하게 제한을 두지 않고 사용한다. 다만 생육 혹은 수확 중 발생할 수 있는 곰팡이 독소에 의해서는 사용 수준을 제한할 수 있는데, 가금 사료에 주로 영향을 미치는 곰팡이 독소는 아플라톡신(aflatoxin)과 오클라톡신(ochratoxin)으로 증체량 감소 및 간과 근위 비대 그리고 난각 등에 부정적 영향을 미친다. 하지만 다른 가축과 다르게 가금은 제랄레논(zearalenone) 등에 내성을 보이며 푸모니신(fumonisin)과 보미톡신(vomitoxin)도 타 축종에 비해 감수성이 크지 않다.

영양적 가치에서 살펴본 바와 같이 전분이 다른 원료에 비해서 높으며 옥수수 내에는 점성 비전분 탄수화물(non-starch polysaccharide, NSP) 함량이 다른 곡류(소

표 7-2. 옥수수의 영양소 함량 (%, kcal / kg)

성분 및 에너지	INRA 2002	Brazil 2011	아미노산	INRA 2002	Brazil 2011
건 물	86.4	87.5	라이신	0.24	0.23
조단백질	8.1	7.9	메티오닌	0.17	0.16
조지방	3.7	3.7	시스테인	0.20	0.17
조회분	1.2	1.3	트레오닌	0.30	0.32
조섬유	2.2	1.7	트립토판	0.05	0.06
NDF	10.4	11.9	이소류신	0.30	0.27
ADF	2.6	3.4	발 린	0.41	0.37
전 분	64.1	62.7	류 신	1.02	0.94
칼 슘	0.04	0.03	페닐알라닌	0.40	0.37
인	0.26	0.25	가소화 라이신	0.21	0.19
피틴태 인 / 총 인	75	76	가소화 메티오닌	0.16	0.15
ME poultry	-	3,381	가소화 시스테인	0.19	0.14
AME cockerel	3,203	-	가소화 트레오닌	0.27	0.27
AME boiler	3,131	-	가소화 트립토판	-	0.05

-. INRA 2002 : Sauvant 등, 2002, Brazil 2011 : Rostagno 등, 2011.

맥, 트리티케일, 보리 등)에 비해 낮기 때문에 영양적 변이차가 상대적으로 작아 전 세계적으로 가금 사료에 가장 중요한 원료로 인식되고 있다. 하지만 생육 및 수확 과정 중 환경 조건과 수확 이후 가공 특히 건조방식 및 저장조건에 따라 옥수수 영양성분의 변이가 크게 나타난다.

상기 변이 요인은 옥수수의 일반 성분 변화(특히 수분), 전분 함량, 아밀로스와 아밀로펙틴 비율, 전분의 구조, 전분이 다른 성분(단백질, 지방 및 NSP)과의 결합 형태에 영향을 미친다. 따라서 옥수수의 에너지 가치에 영향을 미치는데, 그 차이 범위는 대사에너지로서 대략 260 kcal/kg이다.

1.2 소맥(밀)

1.2.1 일반적 특징

1) 명칭 및 기원

소맥의 영어 명칭은 wheat이고, 학명은 소맥의 품종에 따라 달라지는데 사료용으로 사용되는 소맥의 대표적 품종인 연질 소맥의 학명은 *Triticum aestivum*이고, 경질 소맥은 *Triticum durum*이다. 소맥은 약 10,000년 이전부터 중동 지역에서 재배하기 시작하였으며, 현재 사용하는 소맥은 기원전 6,000년 4배체의 에머밀(Emmer wheat)과 2배체의 내한성 품종과의 교배 품종이다. 소맥의 용도는 제빵, 제과, 파스타 등으로 사용하며 아시아권과 다르게 소맥은 서구권의 주곡이다.

2) 산지 분포와 생산량

소맥은 북극권 및 고지대에서 생존할 수 있는 내한성 품종이다. 하지만 소맥 주요 산지는 북위 30도에서 60도 사이 그리고 남위 27도에서 40도 사이에 분포되어 있으며, 기후 및 토양 조건은 평균 기온 25℃, 강수량 375～875 mm, 질소 비율이 높은 토양 및 배수가 잘 되는 지역이다. 하절기 강수량이 높은 경우에는 곰팡이 오염으로 인해서 소맥 알곡 품질 및 생산성에 부정적인 영향을 미칠 수 있다.

다음 표 7-3에서 보는 바와 같이 소맥의 전 세계 연간 생산량은 약 6억 6천만 톤이며 최대 산지는 유럽과 중국이다. 또한 소맥의 내한성으로 인해 러시아 역시 소맥의 주요 산지에 속한다. 소맥 및 소맥 부산물의 연간 수출량은 약 1억 5천만 톤이며, 주요 수출국은 호주, 캐나다, 유럽, 러시아 및 미국이다.

3) 품종 및 형태

소맥의 분류는 다양한 방법으로 나뉘는데, 외피의 색상에 따라 백색(백맥) 또는 적색(적맥)과 서식지에 따라서 분류하기도 하지만 최근에는 전통적인 방법과 유전적 기법을 동시에 이용하여 분류한다(표 7-4). 하지만 사료용으로 주로 사용하는 것은 상기 명칭 및 기원에서 언급한 바와 같이 연질 소맥과 경질 소맥이다.

1.2.2 영양적 가치

소맥은 유럽의 양계 사료에 주로 사용되는 원료로서 에너지 공급원 중 약 50%, 필수 아미노산 공급의 약 25%를 담당하고 있다. 연질 소맥의 경우 조단백질은 11% 내외, 전분은 약 60%를 함유하고 있으며, 경질 소맥의 경우 조단백질 14%, 전분은 약

표 7-3. 2012 / 13년 주요 국가별 소맥 생산량, 사용량 및 교역량 (단위 : 천톤)

국 가	생산량	사용량	수출량	수입량
대한민국				5,439
아르헨티나	9,500		7,450	
호 주	22,079		21,269	
카나다	27,205	9,587	18,581	
중 국	121,000	125,000		2,960
EU	133,581	120,000	22,621	5,264
인 도	94,880	83,822	8,648	
일 본				6,598
카자흐스탄	9,481	6,500	7,060	
러시아	37,720	33,550	11,289	
터 키	15,500	17,500	3,583	3,312
미 국	61,671	38,269	27,695	3,443
우크라이나	15,761	11,800	7,190	
전 세계 총합	655,493	679,277	147,408	147,408

-. 수출량과 수입량 : 소맥 및 소맥 부산물(소맥분 등) 합계 (USDA, 2013)

표 7-4. 소맥 분류법

명 칭	사용용도	유전적 분류	전통적 분류
연질 소맥 (제빵용 소맥)	제빵용 사료용	*Triticum aestivum* L. supsp. aestivum	*Triticum aestivum* L.
경질 소맥	파스타 사료용	*Triticum turgidum* L. supsp. drum(desf.) Husn.	*Triticum durum* Desf.
스펠트 (Spelt)	건강식품	*Triticum aestivum* L. supsp. spelta (L.) Thell.	*Triticum spelta* L.
에머밀 (Emmer)	건강식품	*Triticum turgidum* L. supsp. dicoccum Thell	*Triticum dicoccum* Schrank ex Schubler

55%를 차지한다. 소맥의 영양적 가치는 품종, 재배조건 및 수확시기 등 많은 요인에 의해 영향을 받는다. 영양소 변이는 건물 기준으로 조단백질 9~23%, 전분은 50~80%정도로 주요 영양성분의 최대치와 최소치가 큰 차이를 보였다. 또한 소맥의 에너지 가치(양계 ME) 역시 2,250~3,230 kcal/kg으로 그 범위가 넓은데 이는 섬유소, 구체적으로는 점도가 높은 수용성 비전분 탄수화물(soluble NSP)의 함량이 높고, 변이가 크기 때문이다.

소맥 내 NSP의 평균 함량은 약 150 g/kg이며, 이 중 약 50~80%가 수용성 5탄당 즉 아라비노자일란(arabinoxylan)이다. 아라비노자일란은 소맥 내배유 세포벽에 존재하며, 가금 소화 생리에 있어 항영양인자(anti nutritional factor, ANF)로 작용한다. 이 탄수화물의 존재가 옥수수와 소맥이 총에너지(gross energy, GE)가 유사함에도 불구하고 소맥의 대사에너지가 옥수수보다 낮은 원인으로 작용한다.

표 7-5. 소맥의 영양소 함량 (%, kcal / kg)

성분 및 에너지	INRA 2002	Brazil 2011	아미노산	INRA 2002	Brazil 2011
건 물	86.8	88.1	라이신	0.31	0.35
조단백질	10.5	11.7	메티오닌	0.17	0.20
조지방	2.2	1.7	시스테인	0.26	0.29
조회분	1.6	1.6	트레오닌	0.32	0.37
조섬유	2.2	2.4	트립토판	0.13	0.15
NDF	12.4	12.3	이소류신	0.38	0.45
ADF	3.1	3.2	발 린	0.47	0.55
전 분	60.5	54.9	류 신	0.71	0.87
칼 슘	0.07	0.05	페닐알라닌	0.49	0.60
인	0.32	0.32	가소화 라이신	0.26	0.29
피틴태 인 / 총 인	65	66	가소화 메티오닌	0.15	0.18
ME poultry	-	3,046	가소화 시스테인	0.24	0.25
AME cockerel	2,988	-	가소화 트레오닌	0.27	0.30
AME boiler	2,892	-	가소화 트립토판	-	0.13

-. INRA 2002 : Sauvant 등, 2002, Brazil 2011 : Rostagno 등, 2011.

표 7-6. 가금 종류별 소맥 최대 사용량

축 종	육 계	산란용 병아리	산란계	종 계
최대 사용량	60%	50%	60%	65%

1.2.3 가금 생산성에 미치는 영향

소맥의 높은 전분 함량으로 주로 에너지원으로 사용하며, 너무 곱게 분쇄하지 않으면 모든 가금류에 있어서 기호성이 우수하다. 따라서 많은 국가에서 가금 사료에 소맥을 사용하는데 가금 종류별 최대 사용량은 표 7-6과 같다. 소맥의 에너지 가치는 전분 함량 및 소화율에 영향을 받는데, 전분 소화율은 곡류의 경도, 점도 등에 의해 결정된다. 소맥은 옥수수를 100% 대체가 가능하지만 적절한 효소제(자일라나제, xylanase)의 첨가가 필수적이며 경우에 따라서 착색제의 사용을 고려해야 한다.

소맥을 미립자로 분쇄하여 가루 사료 형태로 급여할 경우 점도 높은 식괴를 형상하기 때문에 사료 섭취량이 감소한다. 따라서 가금 사료의 경우 소맥을 분쇄 없이 첨가하는 것도 고려해 볼 대상이다. 비교적 일령이 어린 육계에서도 통 소맥(whole grain wheat) 사용 시 생산성이 양호하였으며 근위 발달에도 긍정적인 효과를 발휘하는 것으로 나타났다. 또한 소맥을 파쇄한 형태로 사용한 경우에도(햄머밀 스크린 크기, 4.5～6.4 mm) 육계 생산성이 양호하였다.

소맥 내 아라비노자일란은 장내 점도를 증가시켜 소화기관 기능에 영향을 미치는데 특히 지방 소화율을 하락시킨다. 이를 보완하기 위해서 효소제(xylanase)를 첨가하면 소맥의 에너지 가치는 향상되며 따라서 생산성은 개선된다. 특히 소맥의 가격이 옥수수에 비해 낮을 경우 효소제를 사용함으로써 사료 내 소맥 사용 비율을 상향 조정할 수 있으며 따라서 경쟁력 높은 사료를 생산하는 데 도움을 준다. 또한 효소제는 깔짚 품질에도 긍정적인 영향을 주어 육계의 생산성 및 도체 품질에도 긍정적으로 작용한다.

1.3 대맥(보리)

1.3.1 일반적 특징

1) 명칭 및 기원

보리의 영어 명칭은 barley이며, 학명은 *Hordeum distichon* L과 *Hordeum*

hexastichon L.이다. 보리의 기원은 중동 지역 혹은 북아프리카에서 재배를 하기 시작하였으며, 기원 전 5,000년 나일강을 따라서 남쪽으로 재배 면적이 넓어졌다. 그 후 유럽 등 세계 각지로 그 재배 영역이 확대되었다.

2) 산지 분포와 생산량

현재 보리 품종은 개량을 거쳐 많은 지역에서 생산되고 있으며, 북위 70도인 노르웨이에서 북위 17도(말리)까지 남반구의 경우 남위 53도 아래 지역으로 그 재배 지역이 넓다. 짧은 생육기간 덕분에 고도가 높거나 강수량이 상대적으로 작은 지역에서도 재배가 가능하다. 하지만 강수량 190～1760 mm, 일 평균 기온이 약 20℃ 내외 그리고 배수가 잘 되고 알칼리성 토양이 최적의 생장 조건이다. 보리의 주요 산지는 유럽과 캐나다 그리고 러시아이며 연간 총 생산량은 약 1억 3천만 톤이며, 이 중 교역량은 2천만 톤으로 생산량의 약 15%이다. 주요 수출국은 아르헨티나, 오스트레일리아, 유럽과 러시아이며, 주요 수입국은 중국, 일본과 사우디아라비아이다(표 7-7).

표 7-7. 2012 / 13년 주요 국가별 보리 생산량, 사용량 및 교역량 (단위 : 천톤)

국 가	생산량	사용량	수출량	수입량
아르헨티나	5,000		3,600	
호 주	6,761	3,100	3,800	
카나다	8,012	6,815	1,500	
중 국	2,350	4,500	1	2,184
EU	54,818	51,200	5,500	
일 본				1,356
러시아	13,952	12,100	2,400	
사우디아라비아		8,225		8,000
미 국	4,796	4,666	150	500
우크라이나	6,935	5,000	2,200	
전 세계 총합	129,870	132,113	19,831	19,831

(USDA, 2013)

3) 품종 및 형태

보리의 품종은 다양하며, 여러 가지 기준으로 보리를 분류할 수 있다. 분류 기준은 조성에 따른 분류; 6조종 보리(*Hordeum vulgare* L.)와 2조종 보리(*Hordeum distishum* L.)와 외피가 종자에 붙어 있는 유무에 따라 겉보리와 쌀보리로 나눌 수 있다. 또한 파종 시기에 따라 겨울보리와 봄보리로도 구분할 수 있으며, 색상에 따라 청보리와 보리로 나눌 수 있다.

보리는 전체 생산량 중 약 85%를 가축 사료용으로 사용하는데, 사료용 보리 품종은 6조종으로 2조종에 비해 조단백 함량이 상대적으로 높고 전분 함량이 상대적으로 낮다. 2조종의 경우 상대적으로 높은 전분 함량으로 알콜 발효 시 수율이 높아 주로 주정을 생산하기 위해 사용한다.

1.3.2 영양적 가치

보리는 다른 곡류와 마찬가지로 전분 함량이 상대적으로 높은 원료이나 옥수수와 소맥보다는 그 함량이 낮으며 수준은 약 60%(55~63%, 건물기준)이다. 조단백질 함량은 약 11~12%(건물기준) 정도로 옥수수에 비해서는 높은 편이고 소맥의 조단백질 함량과 유사하다. 옥수수와 소맥에 비해 조섬유 함량은 높기 때문에(조섬유 4~6%, ADF 5~7%, NDF 18~24%, 풍건기준) 에너지 가치는 낮다(표 7-8).

보리의 품종에 따라서 영양 조성이 달라지는데, 외피가 없는 쌀보리는 조섬유 함량이 낮으며, 조단백 함량은 겉보리에 비해 높아 에너지 가치는 쌀보리가 겉보리에 비해 상대적으로 높다. 또한 품종별 아밀로스와 아밀로펙틴의 비율이 다른데(아밀로펙틴 전분 중 비율, 54~97%), 찰보리(waxy barley)의 경우 아밀로펙틴 비율이 97%이며 따라서 전분 소화율이 높다. 또한 전분의 물리적 구조 혹은 다른 영양성분(지질, 단백질, 5탄당)과의 결합 형태에 따라서 소화율이 달라질 수 있으며, 이는 전분 분해효소(amylase 등)와 보리 내 전분과 접촉하는 면적이 축소 또는 확대되기 때문이다.

1.3.3 가금 생산성에 미치는 영향

보리를 옥수수나 소맥을 대체하여 사용하기 위해서는 지방의 첨가가 필수적인데, 앞서 설명한 바와 같이 높은 조섬유 함량으로 보리의 에너지 수준이 낮기 때문이다. 보리의 사료적 가치는 옥수수의 70% 정도이며, 외피가 없는 쌀보리의 경우 가치는 약 옥수수의 80% 정도이다. 따라서 육계 초이 혹은 산란계 초생추 사료와 같이 고에너지 사료의 경우 보리의 사용 수준이 증가함에 따라 생산성은 감소한다.

고 탄수화물 원료인 곡류에는 전분 뿐 아니라 NSP 역시 포함되어져 있는데, 단위

표 7-8. 보리의 영양소 함량 (%, kcal/kg)

성분 및 에너지	INRA 2002	아미노산	INRA 2002
건 물	86.7	라이신	0.38
조단백질	10.1	메티오닌	0.17
조지방	1.8	시스테인	0.23
조회분	2.2	트레오닌	0.35
조섬유	4.6	트립토판	0.13
NDF	18.7	이소류신	0.36
ADF	5.5	발 린	0.52
전 분	52.2	류 신	0.69
칼 슘	0.07	페닐알라닌	0.49
인	0.34	가소화 라이신	0.30
피틴태 인 / 총 인	55	가소화 메티오닌	0.14
ME poultry	–	가소화 시스테인	0.19
AME cockerel	2,749	가소화 트레오닌	0.26
AME boiler	2,605	가소화 트립토판	–

-. INRA 2002 : Sauvant 등, 2002.

가축인 가금은 대부분의 NSP을 이용하지 못하며 뿐만 아니라 NSP은 정상적인 소화과정을 방해하는 작용을 한다. 보리 역시 예외가 아닌데, 보리 내 존재하는 NSP은 베타 글루칸(β-glucan)이다. 베타 글루칸은 그 존재하는 형태에 따라 그 성질이 달라지는데, 곰팡이 혹은 효모에 존재하는 베타 글루칸은 그 결합형태가 (1→3), (1→6)으로 면역 조절작용을 하는 반면 보리는 (1→3), (1→4) 형태이며 장내에서 항영양인자로 작용한다.

장내에서 보리와 수분이 결합하면 섭취된 사료는 장내에서 젤(gel) 형태를 띠며 식괴(사료)의 점도를 높이게 된다. 높아진 점도는 영양소의 소화 흡수율을 저해하는데, 이는 장내에서 소화효소와 사료의 혼합을 저해하며 장내 조직 형태가 달라지고(미세

표 7-9. 가금 종류별 보리 최대 사용량

축 종	육 계	산란용 병아리	산란계	종 계
최대 사용량	20%	40%	35%	35%

융모 길이 축소, 두께 증가, 탈락 등), 내인성 효소의 역가가 하락하기 때문이다. 이와 같은 베타 글루칸의 부정적인 작용을 상쇄시키기 위해서 베타 글루카나제(β-glucanase) 첨가가 필수적이며, 장 내 점도를 떨어뜨려 소화 이용률 향상을 기대할 수 있다.

육계 전기 및 후기에 보리 20%까지 포함된 사료를 급여하였을 경우에 생산성 및 깔짚 품질에 부정적인 영향이 없었으나 30%를 사용한 경우에는 깔짚 품질이 하락하였다. 하지만 효소를 첨가하거나 열처리를 한 보리의 경우에는 그 사용수준을 높일 수 있으며, 옥수수를 100% 대체하여 사용한 경우에도 증체량 및 사료효율에 부정적인 효과가 나타나지 않았다. 육계와 다르게 산란 육추 사료의 경우 사료 내 보리의 사용 비율을 높이는 것이 가능하며 40%까지 별도의 처리 없이 첨가하여도 증체량 및 시산 일령, 즉 성성숙에 별다른 차이가 나타나지 않았다(표 7-9).

산란계의 경우 사료 내 35%의 보리를 사용할 경우 비록 체중은 감소하였지만 산란율에는 영향을 미치지 않았다. 하지만 보리 내 리놀산 수준이 낮기 때문에 좀 더 안정적인 생산성(산란율 및 난중)을 위해서는 제품 내 리놀산을 적정 비율로 첨가해야 한다.

1.4 수 수

1.4.1 일반적 특징

1) 명칭 및 기원

수수의 영명은 sorghum이며, 학명은 *Sorghum bicolor* L.이다. 수수의 원산지는 동아프리카(에티오피아)이며, 기원전 1,000년 재배하기 시작하였다.

2) 산지 분포와 생산량

수수의 원산지는 동아프리카(에티오피아)이며, 현재에는 북위 50도에서 남위 40도 사이 지역에서 재배하고 있다. 최적의 재배조건은 파종 시 온도가 25～30℃ 정도이

표 7-10. 2012/13년 주요 국가별 수수 생산량, 사용량 및 교역량 (단위 : 천톤)

국 가	생산량	사용량	수출량	수입량
아르헨티나	5,000	2,300	3,100	
호 주	1,721	655	1,400	
브라질	2,116	2,100		
중 국	2,556	3,200	27	631
EU				300
에티오피아	3,570	3,700	75	
인 도	5,300	5,100	200	
일 본		1,900		1,897
멕시코	6,174	8,100		1,800
나이지리아	5,943	5,950		
수 단	4,271	4,200		
미 국	6,272	4,786	2,150	245
전 세계 총합	57,066	56,444	7,252	7,252

(USDA, 2013)

고, 성장할 때 일일 평균 온도가 30℃, 연 평균 강수량이 400~750 mm 그리고 배수가 잘 되고 양질의 토양(토양 pH 5.5~7.5)이다. 수수의 주요 산지는 미주 대륙과 아프리카로 연간 총 생산량은 약 5천 7백만 톤이며, 주요 수출국은 아르헨티나, 호주 그리고 미국이고, 연간 세계 교역량은 약 7백만 톤으로 생산량의 12%이다(표 7-10).

3) 품종 및 형태

수수의 품종은 다양하지만 사료적 가치를 기준으로 볼 때 고 탄닌 수수와 저 탄닌 수수로 나눌 수 있다. 수수 내 존재하는 탄닌은 해충과 질병으로부터 저항력을 높이며 야생 조류로부터 알곡을 보호하기 위한 물질이다. 탄닌은 단백질과 결합하는 특성 때문에 단백질 소화를 억제하여 수수의 영양적 가치를 하락시킨다. 따라서 고 탄닌

수수는 "조류 저항 수수"라고도 명명한다. 품종에 따라 탄닌 함량은 다르며, 재래종의 경우 탄닌의 수준이 상대적으로 높으며, 신품종의 경우 개량을 통해 탄닌 수준을 99%까지 감소시켰다.

1.4.2 영양적 가치

수수의 조단백질 함량은 9.5%로 옥수수에 비해서는 높으나 소맥과 보리에 비해서는 낮으며, 전분 함량은 약 63%로 소맥과 보리보다 높으며 옥수수와 유사하다. 지방 함량이 옥수수에 비해 약 0.7% 정도 낮으며, 그 외 일반 성분은 옥수수와 유사하기

표 7-11. 수수의 영양소 함량 (%, kcal/kg)

성분 및 에너지	INRA 2002	Brazil 2011	아미노산	INRA 2002	Brazil 2011
건 물	86.5	87.9	라이신	0.22	0.20
조단백질	9.4	9.0	메티오닌	0.15	0.15
조지방	2.9	3.0	시스테인	0.18	0.15
조회분	1.4	1.4	트레오닌	0.31	0.29
조섬유	2.4	2.3	트립토판	0.10	0.10
NDF	9.4	10.0	이소류신	0.40	0.36
ADF	3.8	5.9	발 린	0.51	0.45
전 분	64.1	63.2	류 신	1.28	1.19
칼 슘	0.03	0.03	페닐알라닌	0.50	0.47
인	0.28	0.26	가소화 라이신	0.19	0.17
피틴태 인 / 총 인	70	69	가소화 메티오닌	0.14	0.13
ME poultry	-	3189	가소화 시스테인	0.15	0.13
AME cockerel	3,298	-	가소화 트레오닌	0.27	0.25
AME boiler	3,227	-	가소화 트립토판	-	0.09

-. INRA 2002 : Sauvant 등, 2002, Brazil 2011 : Rostagno 등, 2011.

때문에 에너지 가치는 옥수수에 비해 낮은 편이다.

아미노산 조성은 옥수수와 유사한데 라이신과 메티오닌 수준이 조금 낮으나 그 차이는 크지 않아 대두박의 영양성분과 상호 보완적이어서 옥수수와 대체 시 영양성분 차이가 크지 않다(표 7-11).

1.4.3 가금 생산성에 미치는 영향

수수의 품종에 따라 다르지만 최근 개량된 수수의 사료적 가치는 옥수수와 거의 유사하다. 특히 탄닌이 완전히 제거된 수수의 경우에는 오히려 옥수수에 비해 그 가치가 높았는데, Nyannor 등(2007)은 육계 사료에 수수를 옥수수와 중량 대 중량으로 완전 대체하였을 경우에 생산성이 옥수수와 동일하였다고 보고하였다(표 7-12).

이는 Huang 등(2006)의 소화율 실험에서도 찾아볼 수 있는데, 육계에서 조단백질 소화율의 경우 그 차이가 크지 않으며 메티오닌을 제외한 아미노산 소화율 역시 옥수수에 비해 수수의 소화율이 높았다고 보고하였다. 또한 산란계와 수탉의 경우에도 비록 조단백질 소화율이 옥수수에 비해 낮기는 하지만 그 차이는 적었으며, 아미노산 소화율 역시 전반적으로 높거나 유사하였다(표 7-13). 하지만 수수의 품종 간 변이는 큰 편이기 때문에 수수의 사료적 가치는 신중을 기해 평가하여야 한다.

수수가 포함된 사료의 펠렛 성형 시 펠렛의 물리적 품질이 하락하는 경향이 있는데, 이는 대체로 수수의 에너지 가치가 옥수수에 비해 상대적으로 낮기 때문에 수수 사용 시 우지 첨가 수준이 올라가며 그에 따라 펠렛 품질이 하락한다. 따라서 하락된 펠렛 품질을 올리기 위해서는 컨디셔너 체류시간 및 온도 등 펠렛 성형 조건을 변경시켜야 한다. 또한 수수 단백질의 50%를 차지하는 카라핀(karafin) 단백질의 경우 열에 민감하기 때문에 펠렛 성형으로 인해 화학적 구조가 변화(이황화 결합, disuphide bonde)되어 단백질 가치가 하락한다.

표 7-12. 옥수수 또는 수수-대두박 사료의 육계 생산성

구 분	옥수수	수 수
증체량(d 0~21), g	711	731
사료섭취량(d 0~21), g	966	959
사료 요구율	1.35	1.31

(Nyannor 등, 2007)

표 7-13. 육계, 산란계 및 수탉에서 옥수수와 소맥의 조단백질과 아미노산 외관 소화율(%) 비교

구 분	육 계		산란계		수 탉	
	수 수	옥수수	수 수	옥수수	수 수	옥수수
조단백질	82	80	76	78	78	79
라이신	83	79	80	75	81	73
메티오닌	88	91	80	87	84	92
트레오닌	71	67	67	61	67	63
평균 아미노산 소화율	84	84	77	80	80	82

(Huang 등, 2006)

열에 대한 수수 단백질 구조 변화의 정도는 다른 곡류에 비해 크며, 탄닌 함량이 증가할수록 그 변화 정도가 크다. 따라서 수수를 첨가하여 펠렛 성형을 할 경우 단백질 및 아미노산 소화율을 면밀히 검토하여 적용하여야 한다.

2. 식물성 박류

2.1 대두박

2.1.1 일반적 특징

1) 명칭 및 기원

대두박의 영어 명칭은 soybean meal이며 두과작물인 대두(영명 : soybean, 학명 : *Glycine max* L.)의 착유 이후의 생산물이다. 대두의 원산지는 중국 북부 지방으로 알려져 있으며 약 3,000년 전 재배되기 시작하였다. 초기 대두박은 착유 부산물로 간주되었으나 대두박의 경제적, 산업적 중요성이 증대되었으며, 현재에는 가장 많이 사용하는 식물성 박류로 인식되고 있다.

2) 산지분포와 생산량

대두는 북위 53도와 남위 53도 사이의 거의 모든 나라에서 재배하고 있으며 많은

표 7-14. 2012 / 13년 주요 국가별 대두 생산량과 대두박 생산량, 사용량 및 교역량 (단위 : 천톤)

국 가	대두 생산량	대두박			
		생산량	사용량	수출량	수입량
대한민국			2,374		1,780
아르헨티나	51,500	27,450		26,020	
브라질	83,500	27,550	14,275	13,750	
중 국	12,600	51,995	50,825		
EU		9,418	28,809		20,000
인 도	11,500	7,920	3,700	4,250	
일 본			3,847		2,370
멕시코		2,950	4,400		1,550
미 국	82,055	35,290	27,125	8,482	
전 세계 총합	269,628	181,789	179,945	58,599	56,455

(USDA, 2013)

국가에서 대두박 역시 생산하고 있다. 대두박의 연간 생산량은 1억 8천만 톤이며 이 중 교역량은 약 5천 5백만 톤으로 생산량의 30% 정도 된다. 주요 생산지는 중국, 미국, 아르헨티나와 브라질 등이며, 주요 수출국은 아르헨티나, 브라질, 인도 및 미국이다. 전 세계 식물성 박류 사용량(2억 6천만 톤, 2012/2013년) 중 대두박 사용 비율은 약 70%에 해당한다. 2013년 현재 국내 대두박 생산업체는 씨제이(주)와 ㈜사조해표로 연간 약 60만 톤을 생산하고 있다.

2.1.2 영양적 가치

대두박은 기호성 높은 원료로 높은 조단백질 함량(43～53%)을 가지고 있는 반면 조섬유 함량(3.0～6.5%)은 상대적으로 낮다. 라이신, 트레오닌 그리고 트립토판 등의 아미노산 수준이 높으며, 메티오닌 수준은 다른 아미노산에 비해 상대적으로 낮은 편이나 전체적으로 아미노산 조성이 우수하며 아미노산 소화율 역시 높기 때문에 대두박은 양질의 단백질 공급 원료라 할 수 있다(표 7-15).

대두박의 영양소 함량은 탈피 여부에 따라 차이가 있는데 탈피한 대두박은 조단백질이 50%이며 탈피하지 않은 일반 대두박은 44% 정도로 탈피 대두박에 비해 낮으며 반면 조섬유는 일반 대두박의 경우 5.5%, 탈피대두박은 3.5%로 일반 대두박이 탈피에 비해 높은 편이다. 또한 원산지별로 대두박의 영양 함량은 차이가 있다(표 7-16).

대두박은 가축사료에 사용하는 원료 중 그 변이가 가장 적은 원료 중 하나이지만 종자, 생장 및 저장조건 그리고 가공처리 방법에 따라서 그 영양적 가치가 달라지는데, 다른 박류에 비해 그 사용 비율이 높기 때문에 작은 품질 변화에도 가금의 생산

표 7-15. 대두박의 영양소 함량 (%, kcal/kg)

성분 및 에너지	INRA 2002	Brazil 2011	아미노산	INRA 2002	Brazil 2011
건 물	87.8	88.8	라이신	2.78	2.79
조단백질	45.3	45.2	메티오닌	0.64	0.60
조지방	1.9	1.7	시스테인	0.67	0.68
조회분	6.4	5.8	트레오닌	1.77	1.78
조섬유	6.0	5.3	트립토판	0.59	0.63
NDF	12.2	13.8	이소류신	2.09	2.12
ADF	7.3	8.1	발 린	2.18	2.21
전 분	0.0	12.4	류 신	3.34	3.50
칼 슘	0.34	0.24	페닐알라닌	2.28	2.36
인	0.62	0.56	가소화 라이신	2.53	2.57
피틴태 인 / 총 인	60	61	가소화 메티오닌	0.58	0.55
ME poultry	-	2,254	가소화 시스테인	0.57	0.58
AME cockerel	2,271	-	가소화 트레오닌	1.58	1.57
AME boiler	2,223	-	가소화 트립토판	-	0.58

-. INRA 2002 : Sauvant 등, 2002, Brazil 2011 : Rostagno 등, 2011.

성에 미치는 영향은 크다.

대두박의 영양적 변이뿐만 아니라 대두박 내 존재하는 여러 항영양인자 또한 가금 생산성에 영향을 미치는데 그 종류는 단백질 분해효소 저해인자, NSP이 대표적이다. 대두박에 존재하는 단백질 분해효소 저해인자로 항트립신인자가 대표적인데, 별도 처리 없이 대두를 가금에 급여한 경우에 증체량이 감소하고 췌장이 증대되는데 이는 항트립신인자에 기인된 결과이다. 항트립신인자는 췌장액의 분비량이 증가시키며 또한 췌장액의 높은 시스틴 함량으로 전구물질인 메티오닌 요구량 역시 증가시킨다.

항트립신인자는 열처리로 쉽게 불활성이 되기 때문에 대두의 효율적인 이용을 위해서 열처리는 필수적인 가공방법이라 하겠다. 하지만 지나친 열처리는 아미노산 특히 라이신 및 아르기닌과 탄수화물 간의 결합을 형성하여 소화율을 하락시키게 된다. 따라서 항영양인자는 파괴하면서 동시에 아미노산의 이용률을 높일 수 있는 대두박을 생산하기 위해서는 적절한 가공온도 준수가 필요하며, 사료회사는 대두박 사용에 앞서 열처리에 따른 품질 변화에 대한 정확한 평가가 필요하다.

대두박 중 탄수화물의 비율은 33%(가용무질소물 기준)로 비교적 높은 편이며, 그 중 15~18%는 항영양인자인 비전분 탄수화물인데 앞서 설명한 것처럼 NSP은 소화할 수 없어 영양적 가치가 낮고 정상적인 소화생리를 방해하는 물질이다. 대두박 내 NSP 중 대표적인 항영양인자는 만난(mannan)으로 비록 함량이 미미하지만 가축의 영양과 면역에 부정적인 영향을 미친다.

표 7-16. 2010년 원산지별 대두박의 영양소 함량

구 분	국 산	미 국	중 국	아르헨티나	브라질	인 도
시료 수	9	14	11	17	34	6
수 분	11.73	11.90	12.51	11.19	12.12	12.43
조단백	47.48	46.04	46.07	45.70	45.78	46.89
조지방	1.63	1.39	1.35	1.73	1.92	0.98
조섬유	3.55	3.68	4.30	4.31	5.76	6.33
조회분	5.85	5.96	5.76	6.24	5.86	7.01

(한국사료협회, 2010)

만난은 소화물 통과 시간을 지연시켜 사료 섭취량을 감소시킨다. 이를 'gastric empty dealy'라고 명명하며 소화물의 위 내 체류시간을 증가시키기 때문에 사료섭취량이 감소한다. 또한 높은 점도에 의해 장관 내 소화물이 서로 뭉치며 이로 인해 소화 효소가 사료와 맞닿는 면적 및 시간이 감소되어 소화율이 하락하게 된다. 만난의 화학적 형태는 병원성 미생물 세포벽과 유사하므로 가금 체내 면역시스템에서 대두박 내 만난을 항원으로 인식하게 되어 선천적 면역반응을 야기한다. 따라서 체 단백질 합성 등에 사용될 에너지를 면역반응에 소모하므로 가금 생산성을 감소시키는 작용을 한다.

또한 대두박 내에는 라피노즈(raffinose)와 스타키오즈(stachyose)와 같은 이당류(raffinose oligosaccharide family, ROS)를 가지고 있는데 가금을 비롯한 단위가축은 이와 같은 이당류를 분해하는 효소(galactosidase)를 분비하지 못한다. 분해하지 못한 위와 같은 성분은 식괴의 장내 통과속도를 높여 흡수율을 저해시키며, 이로 인해 대사에너지 등에 부정적인 영향을 미치는 것으로 알려져 있다. 학계에서는 대두박 내 항영양인자의 부정적인 생리작용을 막기 위해 장내에서 항영양인자를 분해할 수 있는 효소제를 첨가함으로써 생산성을 개선시키고자 하는 연구가 진행되고 있으며 업계에서도 이와 같은 효소제를 적용하고 있다.

2.1.3 가금 생산성에 미치는 영향

대두박은 모든 양계사료에 대표적인 단백질 공급원이다. 왜냐하면 대두박의 아미노산 소화율이 다른 박류(단백질 공급원)에 비해 높은 점과 옥수수(또는 수수)와 대두박은 가금의 영양적 요구량 기준에서 서로 상호 보완적이기 때문이다. 예를 들어 일반적인 곡류의 영양적 특성은 단백질이 낮고 필수 아미노산 중 라이신 및 트립토판의 비율이 낮은데, 상대적으로 대두박은 곡류에 부족한 단백질과 아미노산을 높은 수준으로 가지고 있어 서로 상호 보완적이며, 반대로 대두박의 에너지 가치는 낮은 반면에 곡류의 에너지는 높기 때문이다.

곡류의 함유황 아미노산의 비율이 상대적으로 높지만 그 수준이 요구량에는 미치지 못해 옥수수와 대두박을 혼합할 경우 가장 제한받는 아미노산은 함유황 아미노산 즉 메티오닌이기 때문에 별도의 합성 메티오닌 첨가가 필요하다. 또한 옥수수와 대두박 혼합 시 결핍되기 쉬운 영양성분이 비타민 B_{12}와 셀레늄이므로 이 두 영양소를 첨가하여 사료를 배합한다면 좀 더 높은 생산성을 기대할 수 있다.

대두박의 일반적으로 사용하는 수준은 산란용 병아리의 경우 25% 수준, 육계, 종계 및 산란계의 경우에는 30~40% 사용한다. 다른 단백질 공급원(식물성 박류)과 혼용해서 사용할 때에는 합성 라이신과 함께 사용해야 대두박의 높은 라이신 함량을 대체할 수 있다.

2.2 채종박과 캐놀라박

2.2.1 일반적 특징

1) 명칭 및 기원

채종박의 영어 명칭은 rapeseed meal이며 채종(영명 : rapeseed, 학명 : *Brassica napus*)의 착유 이후 생산되는 부산물이다. 채종을 재배하기 시작한 것은 기원전 5,000년으로 추정되며 약 2,000년 전 히말라야에서 중국을 거쳐 한국 그리고 유럽까지 전해진 것으로 알려져 있다.

2) 생산량과 사용량

채종을 생산하는 주요 국가는 유럽, 중국, 캐나다 그리고 인도이다. 2013년 전체 채종 생산량은 6천 3백만 톤, 채종박은 3천 7백 톤이었으며, 이 중 교역량은 약 5백 3십만 톤으로 생산량 중 약 14%이다. 주요 수출국은 캐나다와 인도이며,캐나다 채종박은 캐놀라박이라고 불리운다. 채종박은 전 세계적으로 대두박 다음으로 많은 양이

표 7-17. 2012 / 13년 주요 국가별 채종 생산량과 채종박 생산량, 사용량 및 교역량 (단위 : 천톤)

국 가	채종 생산량	채종박			
		생산량	사용량	수출량	수입량
카나다	13,310	3,750	530	3,300	5
중 국	13,350	9,691	9,851	120	300
EU	19,100	12,665	12,765	250	310
인 도	6,800	3,645	2,745	960	0
일 본		1,280	1,340	0	75
전 세계 총합	60,931	35,471	35,198	5,355	4,883

(USDA, 2013)

사용되며, 교역량 역시 두 번째로 많은 식물성 단백질 공급원이다.

3) 품종 및 형태

일반적으로 채종유에는 높은 수준의 에류신산(erucic acid)과 글루코시놀레이트(glucosinolate, GLS)가 함유되고 있는데, GLS는 갑상선 기능을 저해시키는 등 생리적으로 부정적인 작용을 한다. 이를 개선하기 위해 캐나다에서 개량을 통해 에류신산과 GLS의 함량을 낮춘 채종을 육종하였는데 바로 캐놀라(canola)이다. 캐놀라의 어원 자체도 'Canada Ola(oil)'의 축약이며 생산하는 캐놀라유에는 에류신산이 2% 이하, 캐놀라박에는 GLS가 30 umol/g 이하 수준이다. 캐놀라박을 유럽 등지에서는 double-zero rapeseed meal(low erucic acid, low glucosinolate)라고도 한다.

2.2.2 영양적 가치

캐놀라박은 조단백질이 약 36.5%이며, 상대적으로 함유황 아미노산 수준이 높아 대두박을 보완 대체할 수 있는 경제적인 단백질 공급원이다. 대두박에 비해 지방 함량은 유사하지만 조섬유 비율이 높아 유효 에너지가 낮고 항영양인자의 존재 때문에 대두박을 완전 대체하지는 못한다. GLS는 함유황 물질로 식물체의 2차 대사산물이다. GLS는 그 자체로는 독성이 없지만 채종 내 존재하는 효소(myrosinase ; thioglucoside glucohydrolase)에 의해 분해된 산물들(isothiocyanates, thiocyanates, goitrin 등)이 단위가축에게 갑상선 기능을 간섭하거나 생산성을 낮추는 작용을 한다.

2.2.3 가금 생산성에 미치는 영향

일부 연구에서 육계에 채종박을 대두박과 완전 대체하여 사용하여도 생산성에 변화가 없었다는 보고도 있으나, 일반적으로 육계의 생산성 감소 없이 채종박을 첨가하는 적정 수준은 사료 내 4%이다. 4% 이상의 채종박을 사용할 경우 육계에서 관찰되는 변화는 사료섭취량 감소, 성장 지연과 폐사율 증가이다.

산란계 역시 채종박을 높은 수준으로 사용할 경우 산란율 하락과 혈장 내 요산(uric acid) 증가 그리고 출혈성 간병변으로 인한 폐사율 증가 등과 같은 생산 지표들이 변화하는데, Ibramhim과 Hill(1980)은 사료 내 고농도 GLS와 저농도 GLS 채종박을 20% 수준으로 사용하였을 때 저농도 GLS 채종박의 경우 산란율이 대두박 처리구와 비교하여 큰 차이가 없었던 반면 고농도 GLS 채종박은 산란율 감소와 더불어 간 종대와 같이 대사성 장애가 관찰되었다고 보고하였다. 따라서 채종박 사용수준을 결정하는 데 있어서 채종박 내 GLS 함량이 중요한 요소임을 알 수 있다.

표 7-18. 채종박의 영양소 함량 (%, kcal / kg)

성분 및 에너지	INRA 2002	Brazil 2011	아미노산	INRA 2002	Brazil 2011
건 물	88.7	89.3	라이신	1.80	2.01
조단백질	33.7	38.0	메티오닌	0.69	0.78
조지방	2.3	1.2	시스테인	0.82	0.86
조회분	7.0	5.8	트레오닌	1.45	1.57
조섬유	12.4	11.2	트립토판	0.41	0.49
NDF	28.3	24.5	이소류신	1.36	1.56
ADF	19.6	2.1	발 린	1.70	0.84
전 분	0.0	7.0	류 신	2.26	2.65
칼 슘	0.83	0.56	페닐알라닌	1.31	1.45
인	1.14	0.81	가소화 라이신	1.40	1.72
피틴태 인 / 총 인	60	67	가소화 메티오닌	0.60	0.70
ME poultry	-	1,692	가소화 시스테인	0.67	0.78
AME cockerel	1,458	-	가소화 트레오닌	1.22	1.30
AME boiler	1,410	-	가소화 트립토판	-	0.42

-. INRA 2002 : Sauvant 등, 2002, Brazil 2011 : Rostagno 등, 2011.

-. INRA (2002), Brazil (2011) : Canola meal (double-zero rapeseed meal)

일반적으로 산란계의 경우 사료 내 GLS 수준이 4 umol/g일 때 그리고 육계는 1.5 umol/g 수준으로 사료 내 존재할 때 생산성의 변화가 없다. 최근 개량을 통해서 캐놀라박 내 GLS 수준이 지속적으로 감소해 왔다. 캐놀라박 내 GLS 농도가 4.0 umol/g 이라는 보고가 있었으나 캐놀라박 내 평균 GLS 수준이 10 umol/g으로 감안할 때 캐놀라박을 산란계에서 20% 이상 사용하여도 생산성에 문제가 없으며 육계의 경우 15% 정도가 최대 사용 범위라 하겠다.

시나핀(sinapine, choline ester of sinapic acid)은 캐놀라박에 약 1% 수준으로 존

재하는데, 시나핀은 장내에서 미생물에 의해 트리메틸아민(trimethylamine, TMA)으로 변환된다. 장내 TMA는 체내로 흡수, 난황에 침착되며, 침착된 TMA는 계란에서 어취를 발생시킨다. 이와 같은 현상은 일부 산란계 종(갈색계)에서 관찰되는데, 이는 TMA를 무취의 산화질소(N-oxide)로 변화시키는 효소(TMA-oxidase)가 결핍되었기 때문이다. 하지만 결핍된 효소의 유전자는 밝혀졌으며 개량을 통해서 이와 같은 문제점을 해결하기 위한 노력들이 진행되는바 빠른 시간 안에 해결되리라 생각된다.

2.3 옥수수 글루텐(옥글루텐)

2.3.1 일반적 특징

옥글루텐(corn gluten meal)은 전분과 에탄올을 생산하기 위한 옥수수 습식 가공공정에서 발생하는 부산물이다. 옥글루텐은 생산공정과 전분 수율에 따라 여러 종류로 구분되는데 단백질 60% 옥글루텐이 대표적이다. 전 세계에서 사료용 옥글루텐의 사용량은 약 1천 5백만 톤이며, 이 중 미국이 약 5백 6십만 톤, 유럽이 3백만 톤 그리고 우리나라와 일본이 각각 1백만 톤씩 사용한다(2011년 기준). 옥글루텐의 연간 교역량은 3백 5십만 톤이며 주요 수출국은 미국과 중국이다.

옥글루텐은 옥수수 알곡 외피 아래의 글루텐이 주성분이고, 여기에 배아 및 전분껍질 그리고 옥수수 수용액 등의 물질들을 혼합한 것으로 황색을 띠며 비중이 상대적으로 높고, 입자도는 분말에서 작은 알갱이(granule)까지 다양하다.

2.3.2 영양적 가치

옥글루텐은 글루텐이 주성분인 만큼 높은 조단백질 수준을 가지고 있어 사료 배합비에서 동물성 단백질과 비교된다. 옥글루텐은 메티오닌 수준은 높으나 라이신은 낮다. 대체로 아미노산 조성은 우수하지 못하지만 소화율은 높은 편이다. 또한 옥글루텐은 옥수수에 비해 에너지 함량이 높은 원료로 알려져 있다(표 7-19).

옥글루텐은 크산토필 함량이 200~500 ppm으로 높은 편이기 때문에 가금 산물의 착색 목적으로 사용할 수 있다. 하지만 옥글루텐 내 크산토필 수준 변이가 크기 때문에 사용 전 정확한 함량의 고려가 중요하다.

2.3.3 가금 생산성에 미치는 영향

옥글루텐은 메티오닌, 크산토필 및 리놀산 함량이 높아 가금 사료에 유용하게 사용

표 7-19. 옥글루텐의 영양소 함량 (%, kcal / kg)

성분 및 에너지	INRA 2002	Brazil 2011	아미노산	INRA 2002	Brazil 2011
건 물	89.5	91.1	라이신	1.07	1.00
조단백질	60.6	61.1	메티오닌	1.46	1.38
조지방	2.5	2.3	시스테인	1.08	1.07
조회분	1.8	1.6	트레오닌	2.03	2.09
조섬유	1.1	1.1	트립토판	0.28	0.31
NDF	2.3	6.4	이소류신	2.48	2.54
ADF	0.7	8.6	발 린	2.79	2.86
전 분	17.2	15.8	류 신	9.66	10.61
칼 슘	0.07	0.03	페닐알라닌	3.76	3.93
인	0.49	0.47	가소화 라이신	0.96	0.91
피틴태 인 / 총 인	80	87	가소화 메티오닌	1.43	1.33
ME poultry	-	3,696	가소화 시스테인	1.02	0.94
AME cockerel	3,585	-	가소화 트레오닌	1.89	1.92
AME boiler	3,561	-	가소화 트립토판	-	0.29

-. INRA 2002 : Sauvant 등, 2002, Brazil 2011 : Rostagno 등, 2011.

되는 원료이다. 하지만 기호성이 동물성 단백질(어분 및 육골분)에 비해 높지 않아 사용량에 제한을 두는 것이 타당하다. 육계의 경우 다른 가축에 비해 상대적으로 농축된 영양소를 공급해야 하기 때문에 높은 수준의 조단백질을 가지고 있는 옥글루텐은 육계 사료에 잘 맞는 원료이다. Babidis 등(2002) 역시 육계를 대상으로 한 실험에서 옥글루텐을 육골분과 어분을 대체하여 8% 수준으로 사용하였을 때 생산성 및 계육 품질에 차이가 없었으나 어린 일령에서 섭취량이 감소하는 결과를 보고하였다.

옥글루텐 내 크산토필은 계육 및 난황 내 황색 색소를 침착할 수 있기 때문에 황금색 가금 산물을 생산하여 부가가치를 높일 수 있으며, 사료 내 착색제의 사용 수준을 낮출 수 있어 원가 절감에도 도움을 줄 수 있다. 또한 산란계는 계란 생산을 위해 필요한 리놀산의 요구량이 높기 때문에 옥글루텐은 리놀산 공급원으로도 유용한 원료이다.

2.4 팜 박

2.4.1 일반적 특징

팜박의 영어 명칭은 palm kernel meal(pkm)이며, 팜(영명 : African plam, 학명 : *Elaeis guineensis*)을 착유한 이후 생산되는 부산물로 추출법에 따라 분류되는데, 압착법과 추출법으로 나눌 수 있다. 압착으로 생산된 팜박(expeller pkm)의 경우 용매법으로 추출한 팜박(solvent extracted pkm)에 비해 지방 함량이 높다. 팜은 전형적인 열대 식물로서 전 세계 생산되는 팜유 중 약 85%를 인도네시아와 말레이시아에서 생산하며, 인도네시아가 최대 팜유 및 팜박 생산 국가이다. 2013년 전 세계 팜 생산량은 1천 4백만 톤이며, 팜박 생산량은 7백 5십만 톤이다.

2.4.2 영양적 가치

팜박은 다른 박류에 비해 상대적으로 단백질 함량이 낮으며 세포벽 구성성분이 많아 조섬유 함량이 높다(표 7-20). 세포벽 내 리그닌 함량이 다른 박류에 비해 높기 때문에(팜박, NDF 중 18% ; 야자박, NDF 중 13%) 영양소 소화율이 낮으며 따라서 에너지 가치도 낮다. 또한 팜박 내 NSP은 약 64%를 포함하고 있으며, 이 중 약 60% 이상이 만난이다. 즉 팜박 내 존재하는 만난의 함량은 약 35%인데 리그닌과 마찬가지로 만난을 분해하는 효소가 부재한 단위가축에게는 팜박의 사용 수준의 증가에 따라서 사료 소화율, 질소 및 칼슘 축적량이 하락하게 된다.

2.4.3 가금 생산성에 미치는 영향

전통적인 사료 원료의 가격 상승에 따라서 많은 대체 원료에 대한 관심들이 높아지고 있으며 그 중 대표적인 원료가 팜박이라고 할 수 있다. 사실 팜박을 가금사료에 사용하기 시작한 것은 1940년부터이며, 팜박을 효과적으로 사용하기 위해 사료적 가치 평가 및 권장 수준을 설정하기 위한 많은 연구가 수행되었다. 하지만 대부분 연구에서 팜박은 생산성을 감소시킨다고 보고하였고, 육계를 공시한 실험에서도 증체량은 변화하지 않은 반면 사료 섭취량은 증가하였으며 산란계에서도 산란율이 하락한 반면 사료섭취량은 증가하였다(표 7-21). 양계사료 내 팜박 사용으로 사료섭취량이 증

표 7-20. 팜박의 영양소 함량 (%, kcal / kg)

성분 및 에너지	INRA 2002	아미노산	INRA 2002
건 물	90.6	라이신	0.40
조단백질	14.8	메티오닌	0.26
조지방	8.5	시스테인	0.17
조회분	4.1	트레오닌	0.45
조섬유	17.9	트립토판	0.10
NDF	65.8	이소류신	0.51
ADF	40.4	발 린	0.74
전 분	0.0	류 신	0.88
칼 슘	0.28	페닐알라닌	0.57
인	0.56	가소화 라이신	-
피틴태 인 / 총 인	65	가소화 메티오닌	-
ME poultry	-	가소화 시스테인	-
AME cockerel	-	가소화 트레오닌	-
AME boiler	-	가소화 트립토판	-

-. INRA 2002 : Sauvant 등, 2002.

가하는 이유는 팜박 내 딱딱한 외피(높은 섬유소와 리그닌화)가 근위의 수축 빈도를 높이며 장 연동운동을 촉진시켜 소화기관 내 사료 이동 속도를 증가시키기 때문이다.

2.5 야자박

2.5.1 일반적 특징

야자박의 영어 명칭은 copra meal 또는 coconut meal이며, 야자(영명 : coconut palm, 학명 : *Cocos nucifera*)를 착유한 이후에 생성되는 부산물이다. 추출하는 방법

표 7-21 . 팜박 사용으로 인한 육계와 산란계 생산성 변화[1]

팜박 수준	육 계						산란계			
	증체(%)			사료섭취량(%)			산란율(%)		사료섭취량(%)	
	A	B	C	A	B	C	D	E	D	E
10～12.5%	na[2]	na	na	na	na	na	-3.0	+0.2	+5.0	+7.0
20～25%	na	-0.3	-1.0	na	+6.0	+2.0	-4.0	+0.7	+5.0	+12.0
30～35%	+4.0	+2.0	+0.5	+7.0	+1.0	+2.0	-5.0	na	+7.0	na
40～47%	+2.0	-0.3	-7.0	+6.0	+5.0	-1.0	-3.0	na	+8.0	na

[1] A, Panigrahi와 Powell(1991) ; B, Sundu 등(2004) ; C, Onwudike(1986) ;
D, Perez 등(2000) ; E, Chong 등(2008).

[2] na, not analysis.

에 따라서 야자박 내 지방의 함량은 1～20%로 다양하며, 팜박과 마찬가지로 추출법에 따라서 용매추출 또는 압착추출 야자박으로 나눌 수 있다. 야자박 역시 전형적인 열대 식물이며, 습도가 높고 연 평균 온도 20～25℃, 평균 강수량 1,000～1,500 mm인 지역에서 잘 자란다. 2013년 기준 전 세계 야자 생산량은 5백 2십만 톤이며, 야자박 생산량은 약 1백 9십만 톤이다. 주요 산지는 필리핀(전체 생산량의 42%), 인도네시아 그리고 인도이다.

2.5.2 영양적 가치

야자박 조단백질 함량은 건물 기준으로 20～25% 수준이며, 조섬유 함량이 다른 식물성 박류에 비해서 높은 편으로 NDF 수준은 약 50% 정도로 영양적 가치가 대두박 및 채종박에 비해서 낮은 편이다(표 7-22). 야자박의 착유 방법은 대부분 물리적 방법이기 때문에 지방 함량이 다른 박류에 비해서 높다(건물 기준으로 약 10%, 범위 : 5～15%). 착유 방법이 용매추출법이라면 지방 함량이 상대적으로 낮으며 조단백질 수준은 물리적 추출법에 비해서 높아진다. 팜박과 동일하게 야자박에도 NSP이 다량 함유하고 있어 영양적 가치가 낮으며 필수 아미노산인 라이신과 메티오닌 함량이 적다. 특히 가공공정(열처리)에서 라이신이 파괴되는 비율 역시 높기 때문에 전반적 영양 수준은 낮은 원료라 할 수 있다.

표 7-22. 야자박의 영양소 함량 (%, kcal / kg)

성분 및 에너지	INRA 2002	Brazil 2011	아미노산	INRA 2002	Brazil 2011
건 물	91.2	90.9	라이신	0.54	0.58
조단백질	20.5	21.9	메티오닌	0.28	0.33
조지방	8.2	3.2	시스테인	0.26	0.29
조회분	6.2	6.4	트레오닌	0.61	0.67
조섬유	12.8	13.9	트립토판	0.28	0.18
NDF	49.7	51.4	이소류신	0.62	0.77
ADF	26.1	27.1	발 린	0.96	1.12
전 분	0.0	-	류 신	1.19	1.37
칼 슘	0.12	0.18	페닐알라닌	0.83	0.85
인	0.54	0.61	가소화 라이신	-	-
피틴태 인 / 총 인	50	67	가소화 메티오닌	-	-
ME poultry	-	1,921	가소화 시스테인	-	-
AME cockerel	-	-	가소화 트레오닌	-	-
AME boiler	-	-	가소화 트립토판	-	-

-. INRA 2002 : Sauvant 등, 2002, Brazil 2011 : Rostagno 등, 2011.

2.5.3 가금 생산성에 미치는 영향

옥수수와 대두박 등 주요 원료의 수요 증가에 따른 가격 상승으로 상대적으로 저렴한 야자박에 대한 관심이 증가되고 있다. 하지만 상기 영양적 가치에서 살펴본 바와 같이 야자박에는 NSP이 다량 함유하고 있어 그 사용이 제한되어 왔다. 야자박은 높은 섬유소 함량(높은 NSP 수준)으로 비중이 낮아 어린 가축의 사료 섭취량을 하락시키며, 비전분 탄수화물의 수분 결합능력으로 인해 육계의 바닥 깔짚 품질 및 증체량에 부정적인 영향을 미친다.

육계에서 야자박을 10~20% 사용할 경우 생산성이 하락하는데 이는 높은 일령에 비해 낮은 일령에서 그 영향이 더욱 크게 나타난다. 따라서 야자박의 부정적인 작용을 감소하기 위해 항영양인자를 제거할 수 있는 효소제의 첨가와 낮은 비중에 따른 사료 섭취량 감소에 대응할 수 있는 펠렛 공정이 육계 생산성을 향상시키는 대안으로 잘 알려져 있다.

연구자에 따라 육계에서 권장하는 야자박 수준이 다르지만 일반적으로 최적의 생산성을 유지하기 위한 사용수준은 약 10%이며, 그 대상이 어린 일령일 경우 5% 수준으로 축소하여 첨가하는 것이 바람직하다. 산란계 사료에서는 영양소 균형이 적절할 경우 육계에 비해서 야자박 사용수준이 높은데, 최대 수준은 15%이며 이 때 품질은 양질의 압착추출 야자박이다.

2.6 옥수수 주정박

2.6.1 일반적 특징

옥수수 주정박(dried distiller's grains with solubles, DDGS)은 옥수수로부터 에탄올을 증류하고 남은 부산물의 통칭이다. 에탄올의 사용 용도는 크게 두 가지로 나누는데 알코올 음료와 바이오 에너지이다. 1992년에 미국에서 생산된 옥수수 주정박은 2백만 톤이었으며, 이 중 알코올 음료 부산물로 생산된 비중이 40%, 그리고 바이오 에너지용이 60%이었으나 2010년 미국에서 생산된 옥수수 주정박의 97%는 바이오 에탄올 생산 후 발생된 부산물이며 그 양도 3천 4백만 톤으로 옥수수 주정박의 생산이 폭발적으로 증가하였다. 이는 증가하는 유가 및 화석원료 사용에 따른 지구 온난화의 진행 속도를 늦추기 위한 바이오 에너지 정책에 따른 결과이다.

이러한 옥수수를 이용한 바이오 에탄올 정책은 옥수수 최대 생산국인 미국이 주도하고 있으며 따라서 국내에서 사용하고 있는 옥수수 주정박은 대부분 미산이다. 바이오 에탄올 생산 공정은 크게 분쇄, 발효, 증류, 원심분리, 2차 증류 순이며, 원심분리를 통해 생산된 고형물(wet distillers grain)과 2차 증류 후 발생된 농축액(distillers solubles)을 혼합 건조한 원료가 바로 옥수수 주정박이다.

2.6.2 영양적 가치

옥수수 주정박은 전분을 발효하여 에탄올을 생산하는 공정이기 때문에 옥수수 중 약 65%를 차지하는 전분이 제거되는 과정으로 발효 기질로 사용되지 않는 단백질,

지방, 섬유소, 비타민과 무기질이 농축되며 그 비율은 옥수수의 약 2.5~3배 정도이다. 따라서 옥수수 주정박 내 영양소 수준은 생산 공정 및 옥수수의 영양소 함량에 따라서 그 변이가 크게 나타나는데, 생산 공정에서 옥수수 주정박의 변이에 미칠 수 있는 요인은 에탄올 생산 수율(전분 이용효율), 건조 전의 농축액(distiller solubles)의 혼합비율, 건조온도 및 건조시간이다.

옥수수 주정박의 조단백질 함량은 약 27%로 최대값과 최소값의 차이는 6%이며, 조지방은 평균 10%, 최대값과 최소값은 차이는 약 4.5% 정도이다. 또한 NDF는 평균 27%이고, 최대값과 최소값의 차이는 약 14%이다(표 7-23). 특히 에너지 함량에 영향을 미치는 조지방은 농축액의 사용비율에 영향을 받는데 이는 고형물에 비해 농축액이 지방 함량이 높기 때문이다. 옥수수 주정박이 높은 지방함량에 비해 에너지가가 낮은데 이는 섬유소 수준이 상대적으로 높기 때문이다. 따라서 옥수수 주정박의 에너지가에 가장 큰 영향을 주는 요인은 조지방과 조섬유로 볼 수 있으며 조지방은 정의, 조섬유는 부의 상관관계를 가지게 된다.

$$TMEn = 2957.1 + 43.8 \times (\text{조지방 }\%) - 79.1 \times (\text{조섬유 }\%)$$

($R^2 = 0.43$, Batal과 Dale, 2006)

조단백질 30.2%의 옥수수 주정박 내 라이신 함량은 0.85%, 메티오닌은 0.55%이며 라이신과 메티오닌이 옥수수 주정박의 제한 아미노산이다. 옥수수 주정박에 있어서 총 아미노산만큼 중요한 요소가 바로 아미노산 소화율인데 이는 농축액과 고형물의 혼합 후 건조되는 조건(시간, 온도)에 의해서 소화율이 영향을 받기 때문이다. 특히 라이신의 경우 열처리에 의해 당과 결합하는 갈변화 반응(Maillard reaction)이 일어날 경우 라이신 당 결합체가 형성되는데, 이 물질은 소화율이 낮아질 뿐 아니라 소화가 되더라도 체내에서 이용하지 못하는 형태이기 때문에 가금 생산성을 악화시킨다. 따라서 색상이 짙은(갈색) 옥수수 주정박에 비해 황색 옥수수 주정박의 라이신 이용률이 더 높으며 색도 측정을 통한 라이신 소화율에 대한 많은 연구가 진행되어 왔다.

옥수수 주정박 내 칼슘과 인의 함량은 각각 0.04%와 0.76%로 칼슘 함량은 낮으나 인의 함량은 높다. 특히 발효과정 중 옥수수 내 존재하는 피틴태 인은 단위 가축이 이용 가능한 형태로 변화되었기 때문에 이용률이 증가한다. 옥수수 주정박의 육계의 인 이용률은 62%로 식물성 원료에 비해서 높다(옥수수 내 인 이용률 : 24%). 또한 옥수수 내 존재하는 색소 역시 옥수수 주정박 내 농축되며 따라서 옥수수 주정박을 통해 착색 효과를 기대할 수 있지만 건조과정 중 열처리가 과한 경우 그 효과가 반감되는 것 또한 염두에 두어야 한다.

표 7-23. DDGS의 영양소 함량 (%, kcal / kg)

성분 및 에너지	평 균	최소~최대	비 고
건 물	88.9	85.8~91.5	Salim 등, 2010
조단백질	27.2	23.9~30.4	
조지방	10.7	7.8~12.2	
조회분	4.5	2.6~6.6	
조섬유	6.2	5.7~10.6	
NDF	26.8	19.8~34.1	
ADF	8.5	6.3~13.4	
전 분	8.1	3.9~12.3	
칼 슘	0.04	0.01~0.38	
인	0.76	0.48~0.91	
TMEn	2,905	2,490~3,190	Lumpkins 등, 2004 (육계)
	2,831	2,380~3,079	Batal과 Dale, 2004 (산란계)
	2,863	2,607~3,054	Parsons 등, 2006 (산란계)
	2,871	2,484~3,047	Fastinger 등, 2006 (산란계)
	2,904	2,863~2,976	Hong 등, 2008 (육계)

옥수수 주정박 내 황 역시 농축되는데 옥수수 내 황 함량은 0.12%인데 반해 옥수수 주정박 황 함량은 0.48~0.84%이다. 이는 옥수수에서 기인된 황뿐만 아니라 발효공정을 위한 가수과정 중 물속에 포함된 황 그리고 pH 유지 및 발효조 소독을 위해 사용되는 황산(H_2SO_4) 때문이다. 하지만 다른 축종과는 다르게 가금의 경우 사료 내 황에 대한 저항력이 크기 때문에 높은 수준의 황으로 인한 생산성 감소는 발생하지 않는다. 옥수수 주정박을 사용하는 데 있어 또 다른 주의할 점은 곰팡이 독소인데 발효과정 중 파괴되는 곰팡이 독소는 미미한데 반해 다른 영양성분과 마찬가지로 곰팡이 독소 역시 3배로 농축되기 때문에 주정박 사용에 앞서 독소의 오염 여부 평가는 필수적이다.

2.6.3 가금 생산성에 미치는 영향

옥수수 주정박의 생산량의 증가에 따라서 그 사료적 가치에 대한 많은 실험이 수행되어 왔는데, 최근 건설된 바이오 에탄올 공장에서 생산된 옥수수 주정박을 가금에 급여하였을 때 이전의 옥수수 주정박과 비교 또는 옥수수와 대두박을 옥수수 주정박으로 대체하였을 때 가금 생산성의 변화를 비교하기 위한 것이다. 1985년 이전 연구에서는 옥수수 주정박 사용 수준을 산란계 사료에 5%로 제한하는 것을 권장하였는데 이는 영양성분 및 소화율에 대한 변이가 크기 때문이다(Salim 등, 2010). 하지만 옥수수 주정박을 대상으로 한 최근 연구에서 산란계 사료에 15% 수준으로 사용하여도 산란 성적에 부정적인 영향을 미치지 않았으며 난황색도 및 난황 내 리놀산의 농도가 증가한다고 보고하였다. 또한 호우유니트 및 난각 강도 또한 옥수수 주정박에 의한 영향은 없었다.

현재 육계에서 옥수수 주정박의 사용제한 수준은 초이는 6% 선기와 후기는 12~15%이다. 옥수수에 비해 권장 수준이 낮은 이유는 옥수수 주정박의 높은 섬유소 함량과 낮은 아미노산 이용률 때문이다. 또한 이용되지 못한 아미노산의 경우 장관 내 이상 발효를 야기할 수 있기 때문이다.

또한 아미노산 중 특히 라이신의 경우 그 이용률을 정확하게 평가하기는 어려운 점도 있다. 따라서 높은 수준으로 옥수수 주정박(30%)을 육계에 급여할 경우 가슴육 생산이 감소할 수 있으며 그에 따라 정육률 또한 낮아진다. 그리고 산란계와 마찬가지로 계육 내 리놀산 및 불포화 지방산 축적량이 증가하게 되며 그로 인해 계육의 산패 가능성이 높아질 수 있다.

3. 동물성 박류

3.1 어 분

3.1.1 일반적 특징

어분(fish meal)은 생선 혹은 생선을 다듬은 후 부산물을 열처리, 압착 그리고 건조과정을 통해 생산하는 갈색의 사료원료이다. 어분은 어종 또는 생선 부산물 등 사용하는 원료에 따라서 구분할 수 있으며 또한 가공방법에 따라서 구분이 가능하다. 어분을 생산하는 원료는 크게 세 가지로 나눌 수 있는데, 포획 목적이 애초부터 어분을 제조하기 위한 것으로 대표적인 어종은 청어, 멸치, 다랑어, 대구 등이 있다. 다음으로는 잡어로서 포획 목표와 다른 어종을 처리하기 위한 목적으로 제조하는 어분이며, 마지막으로는 식품가공 후 발생하는 장기 혹은 부산물이다.

3.1.2 영양적 가치

어분은 높은 단백질을 포함하고 있으나 가공방법 및 사용하는 원료에 따라서 단백질 수준 변이(55~75%)는 높은 편이다. 하지만 어분은 필수 아미노산인 라이신과 메티오닌 함량이 높으며, 불포화지방산의 비율이 우수하고 가용 인 함량이 높은 수준으로 포함되어져 있다(표 7-24).

표 7-24. 어분의 영양소 함량 (%, kcal/kg)

성분 및 에너지	INRA 2002	Brazil 2011	아미노산	INRA 2002	Brazil 2011
건 물	91.7	92.1	라이신	4.89	3.40
조단백질	65.3	54.6	메티오닌	1.79	1.35
조지방	8.9	7.5	시스테인	0.54	0.93
조회분	16.2	22.7	트레오닌	2.70	2.30
조섬유	0.0	0.0	트립토판	0.65	0.47
NDF	0.0	0.0	이소류신	2.73	2.24
ADF	0.0	0.0	발 린	3.24	2.82
전 분	0.0	0.0	류 신	4.68	3.89
칼 슘	3.85	5.88	페닐알라닌	2.55	2.24
인	2.52	2.89	가소화 라이신	4.35	2.96
피틴태 인 / 총 인	0	0	가소화 메티오닌	1.65	1.20
ME poultry	-	2,670	가소화 시스테인	0.43	0.73
AME cockerel	3,227	-	가소화 트레오닌	2.46	1.95
AME boiler	3,227	-	가소화 트립토판	-	0.41

-. INRA 2002 : Sauvant 등, 2002, Brazil 2011 : Rostagno 등, 2011.

어분을 적절하게 보관하지 못하면 단백질과 지방의 변성이 일어나며, 이로 인해 발생하는 산패된 지방 및 생체 아민(biogenic amine, 히스타민)은 가축의 생산성을 저해시키며 또한 어분의 품질을 평가하는 잣대가 된다. 지방 산패는 기호성을 저하시킴은 물론 지방 소화율을 하락시키는 작용을 하며, 높은 수준의 히스타민을 섭취하는 경우 근위 내 염증을 발생시킨다. 또한 어분은 어종의 포획된 지역에 따라서 여러 독성물질에 오염될 수 있는데, 대표적인 물질이 염소화 탄화수소(다이옥신 등)이며 해당 어종이 최종 포획자인 경우 그 정도가 심하다. 또한 살모넬라 등과 같은 병원성 미생물로부터의 오염 확률도 높기 때문에 가공공정과 보관 시 위생이 다른 원료보다 중요하다.

3.1.3 가금 생산성에 미치는 영향

어분은 단백질이 농축된 사료원료로 식물성 박류가 부족한 영양소를 다량 함유하고 있어 사료적 가치가 우수하며 또한 광우병(Bovine spongiform encephalopathy, BSE) 발생 이후 육골분 등 육상 동물성 단백질 사용 금지(EU)에 따라 수요 및 관심이 예전에 비해 더욱 높아지고 있다.

비록 원료 및 생산 공정에 따라 원료의 변이가 클 수 있지만 비교적 단백질 이용률이 높고 칼슘과 인 공급원으로 우수한 원료이기 때문에 가금에 있어서 가치가 높다. 하지만 저장 방법에 따라서 품질 차이가 크기 때문에 사용하기에 앞서 소화율 평가 및 안전성에 대한 품질 평가가 수행되어야 한다.

육계를 공시한 어분 첨가 실험에서 증체량, 섭취량 및 사료효율이 대두박을 일부 대체한 경우 생산성이 개선된 보고가 있었으나(표 7-25) 과도한 양을 첨가한 경우 가금 생산물에서 어취가 나는 문제점을 가지고 있어 그 사용 수준이 제한된다. 일반적으로 가금사료 사용되는 어분의 수준은 5%이다.

표 7-25. 어분 대체에 따른 육계 생산성 차이

구 분	사료섭취량, g	증체량, g	사료요구율
어분 처리구	3,828g	2,026g	1.89
대두박 처리구	3,754g	1,945g	1.93

(Mikulec 등, 2004)

3.2 육골분

3.2.1 일반적 특징

육골분(meat bone meal)은 도축과정 중 발생하는 가공 부산물 혹은 부적격 지육 그리고 장기를 원료로 이용하며 통상 발굽과 혈액 등은 포함되지 않는다. 공급되는 원료의 물리적·화학적 품질이 일정하지 않기 때문에 육골분의 영양적 가치 및 품질이 달라질 수 있다. 품질 변이에 영향을 주는 요인은 수집하는 해당 원료가 유래하는 축종이 돼지 혹은 비육우 인지 또는 특정 배치(batch)에 내장이 다량 포함되어 있는지에 따라 그리고 가공공정(가공 온도, 압력 및 뼈를 제거하는 유무 등) 조건에 의해 품질이 영향을 받는다.

1990년대 광우병 발생 원인이 축우사료에 육골분을 사용하는 것으로 밝혀짐에 따라서 2002년부터 유럽국가에서는 육골분을 사료 원료로 사용할 수 없도록 규제하고 있다. 하지만 국내에서는 축우 사료를 생산하지 않는 단위가축 전용 공장에 한해 사용이 가능하다. 또한 BSE 뿐만 아니라 살모넬라 등 질병 오염을 차단하기 위해 적절한 열처리가 필수적인 사항이다.

3.2.2 영양적 가치

육골분의 균형 잡힌 아미노산 조성 및 높은 단백질 수준으로 볼 때 우수한 단백질 공급원으로 볼 수 있다. 뿐만 아니라 높은 수준의 칼슘과 인을 함유하고 있으며, 인에 대한 단위 가축 이용률이 높기 때문에 인산칼슘의 대체효과 또한 크다. 육골분 내 칼슘과 인은 도축 후 뼈로부터 기인하기 때문에 그 비율이 2:1이어야 하며, 다른 무기물이 혼입되었는지 여부를 알 수 있는 지표로 활용할 수 있다.

하지만 상기에서 살펴본 바와 같이 육골분의 영양적 변이가 큰데, Hendriks 등(2002)은 영국 내 풍건 상태의 육골분의 조단백질 함량은 31%~66%, 조회분 함량 12~40%이라고 보고하였으며, 또한 공정 중 열처리 및 가압작용에 의해 질소 소화율이 영향을 받는데, Parsons 등(1997)은 북미에서 수집한 육골분의 라이신 소화율은 53~79%이었다고 보고하였으며, Hendriks 등(2002)은 94개의 뉴질랜드산 육골분의 라이신 소화율을 조사한 결과, 45.8~89.0%로 최소와 최대의 차이가 2배 이상 나타났다고 보고하였다. 따라서 최근에는 육골분의 단백질 이용률 변이를 최소화할 수 있도록 단백질 분해 효소제에 대한 연구가 진행되고 있다.

3.2.3 가금 생산성에 미치는 영향

표 7-26. 육골분의 영양소 함량 (%, kcal/kg)

성분 및 에너지	INRA 2002	Brazil 2011	아미노산	INRA 2002	Brazil 2011
건 물	96.3	93.5	라이신	2.57	2.91
조단백질	51.3	54.7	메티오닌	0.65	0.77
조지방	10.6	11.54	시스테인	0.55	0.55
조회분	30.5	26.9	트레오닌	1.70	1.80
조섬유	0.0	0.0	트립토판	0.31	0.32
NDF	0.0	0.0	이소류신	1.47	1.60
ADF	0.0	0.0	발 린	2.25	2.46
전 분	0.0	0.0	류 신	3.06	3.16
칼 슘	10.19	9.14	페닐알라닌	1.73	1.70
인	4.90	4.57	가소화 라이신	2.08	2.35
피틴태 인 / 총 인	0.0	0.0	가소화 메티오닌	0.56	0.65
ME poultry	-	2,710	가소화 시스테인	0.32	0.42
AME cockerel	2,749	-	가소화 트레오닌	1.38	1.43
AME boiler	2,677	-	가소화 트립토판	-	0.24

-. INRA 2002 : Sauvant 등, 2002, Brazil 2011 : Rostagno 등, 2011.

육골분은 경제성과 높은 조단백질 및 칼슘과 인 공급원 등 영양소 함량을 고려할 때 가금사료 원료로 중요한 원료라 할 수 있다. 하지만 비교적 큰 영양소 변이와 어분 및 대두박에 비해 낮은 소화율로 인해 사용이 제한되고 있다. 일반적으로 육골분의 육계 사료 권장 사용 수준은 3% 정도이며 통상 육골분을 통해 공급되는 인의 요구량이 충족되는 수준인 5~10% 수준이 최대 사용수준이다.

Bozkurt 등(2004)은 육계를 공시한 실험에서 육골분 2.0%, 3.5%, 5.0%를 대두박과 대체하여 생산성 및 지육량의 변화를 조사한 결과 그 차이가 없었다고 보고하였으며(표 7-27), 또한 Drewyor과 Waldroup(2000)은 10% 이상의 육골분을 사용할 경우 사료 내 칼슘과 인 비율이 적정하다면 생산성의 차이가 없었다고 보고하였다.

산란계를 공시한 육골분 첨가 실험에 의하면 6% 수준으로 급여하여도 생산성뿐만 아니라 난질의 차이가 나타나지 않았다고 Bozkurt 등(2004)이 보고하였으며(표 7-28), Cath 등(2012)은 석회석과 패분을 일부 대체하여 육골분을 4% 사용하였을 때 계란 생산성(산란량 기준)에서 큰 차이를 나타내지 않는다고 하였으며 난각질의 경우 육골분을 사용하지 않은 처리구에 비해 개선되었다고 보고하였다.

표 7-27. 육골분의 사용수준에 따라 육계 (22-42일령)에서 생산성 및 지육량 변화

구 분	대조구	2.0% 육골분	3.5% 육골분	5.0% 육골분
증체량, kg	1.273	1.254	1.268	1.282
사료 섭취량, kg	2.341	2.366	2.352	2.438
사료 요구율	1.83	1.88	1.85	1.90
폐사율, %	1.60	2.39	2.79	2.79
지육량, kg	73.73	73.93	73.95	74.50

(Bozkurt 등, 2004)

표 7-28. 육골분의 사용수준에 따라 산란계(84주령)에서 생산성 및 난질 변화

구 분	대조구	2.0% 육골분	4.0% 육골분	6.0% 육골분
산란율, %	63.82	65.33	64.34	64.37
난중, g	70.14	69.02	68.96	69.14
산란량	44.77	45.06	44.36	44.50
사료섭취량, g/수/일	117.40	117.65	117.46	116.44
사료요구율	2.62	2.61	2.64	2.61
난각 두께, um	350.68	359.07	359.77	357.16
난각 강도, kg/cm^2	2.13	2.26	2.23	2.32

(Bozkurt 등, 2004)

산란계를 공시한 두 실험에서 모두 계란의 호우유니트가 개선되었으며, 육계와 마찬가지로 인산칼슘을 완전히 대체하는 수준에서 육골분 사용은 최적의 생산성에 도달하는데 문제가 없는 것으로 결론 내렸다.

3.3 우모분

3.3.1 일반적 특징

우모분(feather meal)은 도계 중 발생하는 부산물로 주로 육계의 깃털을 고압 가열처리하여 생산하는 사료 원료이다. 육골분과는 달리 가금류의 깃털만을 가공처리 하기 때문에 영양 성분상 변이가 육골분에 비해 크지 않으나 도축 중 발생하는 머리, 피부 및 장기 등의 깃털 이외의 부산물이 포함될 경우 화학적 조성 변이가 발생한다. 또한 각각의 제조시설마다 온도 및 압력 조건이 다르기 때문에 영양소 이용률에도 영향을 미칠 수 있다.

우모 단백질 중 85% 이상은 케라틴(keratin)으로 구성되어 있어 결합력이 강한 시스틴 이황화 결합(disulfide bond)이 존재하기 때문에 가공하지 않은 우모분을 가금사료에 사용할 경우 그 이용률이 낮다. 따라서 사료원료로 사용하기 위해 우모분의 가공처리는 필수적이다. 하지만 지나친 가공(열)처리는 아미노산 소화율을 낮추게 되며 적절한 생산 조건은 146℃, 3.2기압, 30분이다.

3.3.2 영양적 가치

우모분의 조단백질 함량은 80% 내외로(75~87%) 다른 원료에 비해 높은 수준이다. 시스틴과 트레오닌 함량이 높은 편이나 라이신과 메티오닌 그리고 트립토판 수준은 낮아 조성이 우수하지 못하며, 아미노산 소화율이 대두박 및 육골분에 비해 낮기 때문에 양질의 단백질 원료라 할 수 없다. 최근에는 영양적 가치를 높이기 위해 효소를 처리하여 단백질 분자량을 낮춘 우모분에 대한 연구도 진행되고 있다.

우모분의 일반적인 지방 함량은 6% 내외이나 12%에 달하는 지방을 함유한 우모분이 있으며 이에 따라서 에너지 가치도 달라지며 다른 동물성 단백질원처럼 탄수화물에 기인된 에너지 가치는 미미하다(표 7-29).

3.3.3 가금 생산성에 미치는 영향

육계 사료에 에너지 및 아미노산 수준을 동일한 수준으로 공급한다는 조건에서 우

표 7-29. 우모분의 영양소 함량 (%, kcal / kg)

성분 및 에너지	INRA 2002	Brazil 2011	아미노산	INRA 2002	Brazil 2011
건 물	92.1	89.7	라이신	1.82	2.32
조단백질	79.0	74.9	메티오닌	0.59	0.66
조지방	6.8	6.1	시스테인	3.75	3.14
조회분	-	3.0	트레오닌	3.95	3.66
조섬유	0.0	0.0	트립토판	0.53	0.55
NDF	0.0	0.0	이소류신	4.15	3.56
ADF	0.0	0.0	발 린	6.15	5.56
전 분	0.0	0.0	류 신	6.81	6.47
칼 슘	1.22	0.35	페닐알라닌	4.06	3.77
인	0.80	0.63	가소화 라이신	1.14	1.65
피틴태 인 / 총 인	0.0	0.0	가소화 메티오닌	0.42	0.51
ME poultry	-	2,621	가소화 시스테인	2.21	1.71
AME cockerel	2,749	-	가소화 트레오닌	2.84	2.50
AME boiler	2,749	-	가소화 트립토판	-	0.41

-. INRA 2002 : Sauvant 등, 2002, Brazil 2011 : Rostagno 등, 2011

모분을 어분 혹은 계육분과 3% 수준으로 대체한 경우에 지방 소화율을 제외한 다른 영양소 소화율은 다른 처리구와 큰 차이가 나타나지 않았다. 또한 우모분을 단독을 사용하여도 육질 및 도체 중 가식성 부위 비중의 변화가 나타나지 않았다. 하지만 일부 연구에서는 5%의 우모분을 사용함으로 인해서 증체량 및 사료 효율이 감소하는 결과의 감안할 때 육계 사료에 권장하는 우모분의 사용 수준은 3%라 하겠다. 하지만 42주령 산란계를 공시한 실험에서는 대두박 및 전지대두를 우모분 5%로 대체 사용하여도 산란율 및 난질 등의 생산성 차이가 없었으며 사료 효율에서는 오히려 긍정적인 효과를 발휘하였다(표 7-30).

표 7-30. 우모분 5% 첨가에 따른 산란계 생산성 및 난질의 변화

구 분	산란율 %	사료 섭취량 g/hen/day	난중 g/egg	산란량 g/hen/d	사료 효율	호우 유니트	난각 강도 kg/cm^2
대조구	92.2	110.3	62.6	57.7	1.913	84.6	2.12
우모분, 5%	94.3	109.8	62.3	58.7	1.870	82.6	2.02

(Senkoylu 등, 2005)

3.4 계육분

3.4.1 일반적 특징

계육분(poultry by-product meal)은 도계장 혹은 육계가공 공장에서 발생하는 부산물로 깃털을 제외한 머리, 발, 미성숙 계란 및 소화 장기를 스팀을 통한 가열 가압 공정으로 계유를 추출한 후 분쇄한 원료이다. 육골분과는 달리 단일 축종으로 생산되었기 때문에 비교적 품질 변이가 낮은 편이나 우모의 혼입 유무 혹은 소화기관 등 내부 장기의 사용 비율에 따라 품질 변이가 나타나기도 한다.

3.4.2 영양적 가치

계육분은 다른 동물성 단백질과 유사하게 조단백질(60% 내외), 조지방(15%), 조회분(20%) 함량이 높은 편이고 조섬유를 비롯한 탄수화물 수준은 낮다(표 7-31). 또한 불포화 지방산이 높기 때문에 동물성 유지와 함께 사용할 경우 대사 에너지를 높이는 효과가 있지만 산패되기 쉬워 사료생산 공정 중 항산화제 첨가는 필요하다. 생산 혹은 저장 중 산패가 발생하였을 경우 설사, 섭취 거부 및 지용성 비타민 흡수 저해 등 가금 생산성을 악화시키는 요인으로 작용을 하기 때문에 생산과정 혹은 저장 중에 주의가 필요하다. 뼈로부터 기인된 회분이므로 계육분 내 칼슘과 인의 비율은 2.2 : 1이며, 시스틴 함량은 가공과정 중 깃털이 포함되었는지를 나타내는 간접적인 지표가 될 수 있다.

3.4.3 가금 생산성에 미치는 영향

표 7-31. 계육분의 영양소 함량 (%, kcal / kg)

성분 및 에너지	Brazil 2011	아미노산	Brazil 2011
건 물	93.0	라이신	3.33
조단백질	57.7	메티오닌	1.10
조지방	14.2	시스테인	0.85
조회분	15.2	트레오닌	2.36
조섬유	0.0	트립토판	0.54
NDF	0.0	이소류신	2.31
ADF	0.0	발 린	2.93
전 분	0.0	류 신	4.10
칼 슘	4.34	페닐알라닌	2.39
인	2.54	가소화 라이신	2.67
피틴태 인 / 총 인	0.0	가소화 메티오닌	0.92
ME poultry	3,241	가소화 시스테인	0.61
AME cockerel	-	가소화 트레오닌	1.85
AME boiler	-	가소화 트립토판	0.42

-. Brazil 2011 : Rostagno 등, 2011

육계를 대상으로 한 실험에서 비교적 낮은 수준인 4%로 계육분을 사용했을 때 육계 생산성의 부정적인 영향을 보고한 결과가 있는 반면에 9% 수준으로 급여하여도 생산성에 문제가 없는 결과도 있었다. 이는 계육분의 품질이 일정하지 않다는 반증이며 따라서 입고되는 계육분의 품질의 변이를 최소화할 수 있는 품질관리와 정확한 영양성분 평가가 필요하다.

또한 높은 수준의 계육분을 사용할 경우 필수 아미노산의 불균형 및 기호성이 하락될 수 있으므로 계육분의 사용 확대에 앞서 신중한 평가는 필요하다. 하지만 계육분은 우수한 칼슘 및 인 공급원이며 식물성 단백질을 일부 대체할 경우 육계의 피부염 증상을 개선할 수 있다.

산란계에서도 5% 수준의 계육분을 사용한 경우 산란 성적 및 난질에 미치는 영향이 없었으나 높은 수준으로 사용할 경우 품질 변이에 따라 호우유니트가 낮아지므로 사용에 신중을 기해야 한다.

4. 강피류

4.1 소맥피

4.1.1 일반적 특징

소맥피(wheat bran)는 기호성이 우수하며 낮은 비중을 가진 사료 원료로 축종 관계없이 폭넓게 사용하는 사료 원료이다. 밀기울로도 불리우는 소맥피는 제분 부산물의 대표적인 원료로서 주로 소맥의 외피(과피 및 종피)와 일부 내배유(전분층)를 포함하고 있다. 소맥 부산물을 분류하는 기준은 명확하지 않으나 조섬유 함량에 따라 나누는 것이 일반적이며 소맥피의 조섬유 기준 함량은 9.5%이다. 제분 부산물의 생산량은 최종 제품 즉 소맥분의 품질에 따라 영향을 미치는데, 일반적으로 소맥분의 생산수율이 80～85%이기 때문에 부산물은 약 15～20% 생산되며, 이 중 약 50%가 소맥피이다.

제분과정은 이물질을 제거하는 정선과정부터 시작하고, 템퍼링(tempering)으로 불리우는 가수작용을 거쳐 분쇄하는데 가수작용은 외피 등과 소맥분(내배유 전분층)의 분리가 용이하도록 하기 위한 공정이며, 그 이후 분쇄와 여러 체를 통한 입자도 분리의 반복과정을 통해 소맥분과 제분 부산물로 분리한다. 따라서 소맥피는 과피(pericarp) 혹은 종피(seedcoat) 및 소맥 배아 그리고 일부 전분층 등을 포함하고 있어 제분과정 및 원료로 사용되는 소맥의 영양성분에 따라서 그 영양적 가치는 달라질 수 있다.

4.1.2 영양적 가치

소맥피는 소맥에 비해 단백질, 지방, 무기물 그리고 섬유소함량이 높은데 이는 소맥의 외피 내 단백질 및 섬유소 등의 영양 성분이 많이 포함되어져 있기 때문이다. 소맥피의 주요 영양 성분은 약 40%의 NDF, 전분 25% 그리고 15%의 조단백질이다(표 7-32). 전분과 섬유소 비율은 부의 상관관계를 가지는데 이는 소맥피 내 내배유 및 외피 등의 혼합 비율에 영향을 받기 때문이다. NDF 비율이 높기 때문에 비중 및

표 7-32. 소맥피의 영양소 함량 (%, kcal/kg)

성분 및 에너지	INRA 2002	Brazil 2011	아미노산	INRA 2002	Brazil 2011
건 물	87.1	88.4	라이신	0.58	0.62
조단백질	14.8	15.6	메티오닌	0.23	0.24
조지방	3.4	3.5	시스테인	0.31	0.34
조회분	5.0	4.7	트레오닌	0.47	0.51
조섬유	9.2	9.5	트립토판	0.19	0.24
NDF	39.6	40.1	이소류신	0.47	0.50
ADF	11.9	13.6	발 린	0.67	0.72
전 분	19.8	31.4	류 신	0.91	0.95
칼 슘	0.14	0.14	페닐알라닌	0.58	0.60
인	0.99	0.97	가소화 라이신	0.43	0.47
피틴태 인 / 총 인		66	가소화 메티오닌	0.17	0.18
ME poultry	-	1,795	가소화 시스테인	0.24	0.25
AME cockerel	1,673	-	가소화 트레오닌	0.34	0.37
AME boiler	1,601	-	가소화 트립토판	-	0.19

-. INRA 2002 : Sauvant 등, 2002, Brazil 2011 : Rostagno 등, 2011.

에너지 가치가 소맥에 비해 낮기 때문에 사료 내 에너지를 낮추는 원료로 사용할 수 있다.

소맥피 내 칼슘 함량은 약 0.15%로 낮으나 인 수준은 1.0%로 비교적 높다. 하지만 1.0%의 인 함량 중 80%는 단위 가축이 이용하지 못하는 피틴태 인의 형태로 존재하기 때문에 그 이용성이 높지 않지만 소맥피 내 존재하는 파이테이즈(phytase)를 타당하게 평가한다면 첨가용 파이테이즈 함량을 줄일 수 있어 사료비용 절감에 도움이 될 수 있다. 왜냐하면 우리나라 단위 가축의 주요 원료인 옥수수 대두박 내 존재하는 파이테이즈 함량은 낮기 때문이며, 옥수수 내 파이테이즈는 70 unit/kg이고, 대두박은

표 7-33. 소맥피 5% 첨가에 따라 육계(1~21일령)에서 생산성 변화

구 분	대조구 (AP[1] 0.35)	대조구 +AP[1] 0.05	소맥피 처리구	소맥피 펠렛 처리구[2]	대조구 +500 FTU/kg[3]
증체량, g	602	608	645	641	704
사료효율	0.735	0.726	0.744	0.748	0.765
Toe ash (%)	11.88	12.37	12.28	111.86	12.35

[1] AP : Available phosphorus. (Cavalcanti와 Behnke, 2004)

[2] 펠렛 후 온도 : 80℃.

[3] 500 FTU : 미생물태 파이테이즈 첨가수준.

32 unit/g인데 반해 소맥피는 4,600~5,700 unit/kg으로 월등히 높다(Cavalcanti와 Behnke, 2004 ; Vivero 등, 2000).

4.1.3 가금 생산성에 미치는 영향

소맥피는 곡류인 옥수수와 소맥에 비해서 낮은 에너지 함량을 가지고 있지만 곡류에 비해 높은 조단백질 함량 및 파이테이즈를 함유하고 있어 적절한 수준으로 사용한다면 최적의 생산성을 나타낼 수 있다. Cavalcanti와 Behnke(2004)는 육계를 공시한 실험에서 소맥피를 5% 대체하여도 생산성에는 큰 차이가 없으며 또한 소맥피 내 파이테이즈로 인해 0.05%의 추가 인을 공급하는 효과가 있다고 보고하였다. 하지만 소맥피를 열처리 즉 펠렛 성형으로 인해 내생 파이테이즈를 파괴되기 때문에 위의 추가적인 인 공급 효과를 기대할 수 없다고도 하였다.

하지만 소맥피 분류에 대한 명확한 기준은 없어 지역에 따라 제분 부산물의 영양적 가치가 다르기 때문에 소맥피의 사료적 가치를 평가하는 데 있어서 신중해야 한다. 또한 소맥피 내 존재하는 리그닌은 소화 효소의 역가를 감소시키는 기능을 하기 때문에 가금 사료의 영양적 가치를 하락하는 작용을 하며 또한 소맥피 사용 수준을 너무 높게 설정할 경우 부피 증가에 따른 사료 섭취량이 감소하기 때문에 단계적으로 증량 반응 정도를 확인한 후 사용하는 것이 필요하다. 하지만 위와 같은 부피 증가의 작용을 활용하여 환우 사료에 이용하거나 혹은 상대적으로 영양수준이 낮은 종계 및 중추 사료에 첨가하기도 한다.

4.2 단백피

4.2.1 일반적 특징

단백피(corn gluten feed)는 옥수수 전분 및 당류를 제조하기 위한 공정(습식 가공 공정) 중 발생하는 부산물로 습식가공 중 옥수수 입자 구분은 크게 침지액, 옥배아, 글루텐, 옥피로 나눌 수 있는데, 단백피는 옥피에 침지액을 혼합 건조함으로 생산된다. 또한 일부 공장에서는 옥배아의 착유 후 발생하는 옥배아박을 같이 혼합하는 경우도 있다. 습식 가공의 시작은 침지공정(steeping)인데 이는 견고한 옥수수 조직을 부드럽게 만들어 옥수수 내 전분을 쉽게 분리하도록 하기 위함이다.

옥수수 침지 조건은 약 40℃(35~47℃) 이산화황 수용액에 옥수수를 30~35시간 수침시키는 것이며, 이 과정 중에 일부 영양소가 용출되어진다. 단백피의 영양적 품질을 결정하는 것은 침지액의 영양적 조성 및 사용 비율이다. 왜냐하면 옥피 내 존재하는 영양적 가치는 낮으며 따라서 단백피의 영양성분의 대부분은 침지액에서 기인되기 때문이다. 따라서 단백피의 가치는 옥수수의 영양 조성보다는 제조공정에 따라서 결정된다.

4.2.2 영양적 가치

단백피는 중간 수준의 단백질과 낮은 수준의 에너지를 가지는데, 조단백질은 약 20% 내외이며, 조지방 3.0%, NDF 약 20%, 전분은 약 18%를 포함하고 있는 원료이다(표 7-34). 에너지원으로 작용하는 영양소인 전분과 지방함량이 비교적 낮기 때문에 대사 에너지는 약 1,800 kcal/kg를 함유하고 있다. 제조 시 건조 과정 중 휘발성 물질의 손실은 단백피의 에너지 가치를 더욱 낮게 하며 단위 가축이 이용하지 못하는 NDF 함량이 약 35%이기 때문에 총에너지 중 대사에너지가 차지하는 비중은 40%에 불과하다(Rochell 등, 2011).

옥수수 유래 산물이기 때문에 라이신과 트레오닌 수준은 낮은 편이나 함유황 아미노산 비중은 높은 편이다. 또한 소맥피와 마찬가지로 칼슘 함량은 낮으나 인 함량은 높은 편으로 0.9% 수준이며, 이 중 피틴태 인은 0.6%로 전체 인 중 약 65%를 차지한다.

4.2.3 가금 생산성에 미치는 영향

단백피는 옥수수 혹은 대두박처럼 가금 사료에 대중적으로 사용하는 원료는 아닌데, 이는 높은 수준으로 사용할 경우 사료의 소화율 및 영양소 이용률을 하락시키기

표 7-34. 단백피의 영양소 함량 (%, kcal / kg)

성분 및 에너지	INRA 2002	Brazil 2011	아미노산	INRA 2002	Brazil 2011
건 물	88.0	88.5	라이신	0.58	0.55
조단백질	19.3	21.1	메티오닌	0.33	0.35
조지방	2.7	3.3	시스테인	0.38	0.50
조회분	6.1	5.7	트레오닌	0.66	0.77
조섬유	7.5	7.8	트립토판	0.12	0.13
NDF	33.8	36.2	이소류신	0.59	0.64
ADF	8.8	11.1	발 린	0.89	1.05
전 분	18.0	21.5	류 신	1.56	1.87
칼 슘	0.16	0.11	페닐알라닌	0.68	0.76
인	0.89	0.74	가소화 라이신	0.41	0.40
피틴태 인 / 총 인	65	86	가소화 메티오닌	0.28	0.30
ME poultry	-	1,813	가소화 시스테인	0.24	0.34
AME cockerel	1,840	-	가소화 트레오닌	0.49	0.58
AME boiler	1,793	-	가소화 트립토판	-	0.10

-. INRA 2002 : Sauvant 등, 2002, Brazil 2011 : Rostagno 등, 2011.

때문이다. 더불어 단백피 공급처가 다양할 경우 그 품질의 변이가 일정하지 않으므로 사용에 앞서 영양적 평가에 신중을 기해야 한다. 하지만 적절한 평가와 더불어 양질의 단백피를 적정 수준으로 사용한다면 최적의 생산성을 도출할 수 있는데, Castanon 등(1990)은 산란계를 공시한 15%의 단백피 첨가 실험에서 대조구의 생산성과 큰 차이가 없었다고 보고하였다(표 7-35). 또한 El-Deek(2009) 등은 20% 수준으로 단백피를 첨가하여도 산란량에 영향을 미치지 않았으며 또한 사료요구율이 개선된다고 보고하였다. 사료요구율 개선은 사료 섭취량 감소에도 생산성에 영향을 미치지 않은 것을 의미하며, 이는 산란 생산성에 필요한 불포화 지방산 즉 리놀산이 단백피 내 비교적 높은 수준으로 함유하고 있기 때문이다.

표 7-35. 단백피 첨가 수준에 따른 산란계(32~65주령) 생산성 변화

구 분	산란율	난중 (g/egg)	산란량	사료섭취량 g/수/일	사료효율 g/g[1]
대조구[2]	83.4	61.4	51.0	116	0.440
15% CGF[3]	84.8	62.2	52.5	115	0.459
25% CFG[3]	80.1	60.1	47.9	112	0.426

[1] g/g : gram of egg per gram of feed. (Castanon 등, 1990)

[2] 옥수수-대두박 사료.

[3] CGF : Corn gluten feed.

4.3 미 강

4.3.1 일반적 특징

미강(rice bran)은 쌀 도정 부산물로서 현미를 백미로 분리하는 공정 중 발생하는 부산물로 과피(pericarp)와 중피(bran)가 혼합되어져 있으며, 도정과정에 따라서 아호분층(aleurone) 및 전분층인 내배유 일부가 포함될 수 있다. 따라서 이들 구성물질의 비율에 따라 미강의 영양적 가치는 달라질 수 있다. 도정공정 중 발생하는 미강의 양은 도정 양의 약 8%에 해당하고, 2013년 세계 쌀 생산량이 4억 7천만 톤으로 볼 때 2013년 미강의 생산량은 약 3천 8백만 톤으로 추산되며, 미강의 사용은 주로 쌀 생산국에서 이루어진다. 쌀 생산국은 아시아권에 집중되어져 있으며, 주요 산지는 중국과 인도이다.

미강의 지방함량은 도정방법에 따라 상이하지만 보통 15%이며, 조지방 중 지방산 비율이 80%이고, 불포화 지방산이 지방산 중 약 80%를 차지하기 때문에 미강 내 불포화 지방산 비율은 약 10% 수준으로 높다. 특히 미강 내에는 지방을 분해하는 효소를 포함하고 있어 지방 산패의 위험에 노출되어 있다. 따라서 유기용매를 탈지시켜 지방 함량을 줄이거나 혹은 열처리를 통해 지방 분해효소의 활성을 제거하는 방법으로 저장성을 높일 수 있다.

4.3.2 영양적 가치

미강의 에너지 수준이 곡류에 비해 낮지만 높은 조지방 함량으로 다른 강피류에

표 7-36. 미강의 영양소 함량 (%, kcal / kg)

성분 및 에너지	INRA 2002	Brazil 2011	아미노산	INRA 2002	Brazil 2011
건 물	90.1	89.3	라이신	0.61	0.63
조단백질	13.8	13.1	메티오닌	0.30	0.26
조지방	16.4	14.5	시스테인	0.30	0.26
조회분	8.2	9.0	트레오닌	0.51	0.49
조섬유	7.8	8.1	트립토판	0.18	0.16
NDF	20.5	21.5	이소류신	0.50	0.46
ADF	8.9	12.6	발 린	0.74	0.70
전 분	27.4	22.7	류 신	0.98	0.94
칼 슘	0.08	0.11	페닐알라닌	0.64	0.60
인	1.61	1.67	가소화 라이신	0.45	0.49
피틴태 인 / 총 인	85	86	가소화 메티오닌	0.23	0.20
ME poultry	-	2,521	가소화 시스테인	0.20	0.18
AME cockerel	2,844	-	가소화 트레오닌	0.35	0.35
AME boiler	2,749	-	가소화 트립토판	-	0.12

-. INRA 2002 : Sauvant 등, 2002, Brazil 2011 : Rostagno 등, 2011.

비해 약 900 kcal/kg(AME cockerel, INRA 2002 기준) 정도 높다. 조단백질은 타 강피류보다 낮으나 곡류에 비해서는 높고 지방산 조성 및 단백질 가치 또한 양호한 편이다. 그리고 미강은 비타민 B군이 풍부하게 존재하며, 지방산 중 불포화 지방산 비율이 높아 산패가 발생하지 않는다면 소화율 또한 우수하다.

하지만 미강 내에는 지방 분해효소(lipase)와 페록시다아제(peroxidase)를 포함하고 있기 때문에 지방의 산패를 야기하여 유리 지방산(free fatty acid) 함량을 증가시키는데 도정 직후 미강 내 유리 지방산 함량은 3% 이하이지만 그 비율이 시간당 1%씩 증가한다. 지방 산패는 가금의 섭취량을 감소시키며 성장이 지연되며 심한 경우 연변을 유발한다. 따라서 산패를 지연시키기 위해 미강을 열처리 하는데 이는 지방 산패를 야기하는 두 효소(lipase, peroxidase)를 불활성화 시켜 유리지방산 생성이 지연시키기 위함이다. 열처리 방법은 100℃에서 4~5분간 처리하거나 산 처리(1% acetic acid 첨가)와 함께 135℃에서 10초간 익스트루젼(extrusion)하는 방법을 이용한다.

미강 내 조단백질 함량은 약 13.5%이며 조섬유 함량은 약 8.5% 그리고 NDF 함량은 20%정도 그리고 전분은 25% 수준으로 함유하고 있다(표 7-36). 칼슘 수준은 0.1%로 낮으나 인 수준은 1.6%로 높다. 하지만 인 중 피틴태 인 함량이 85%로 높기 때문에 다른 무기물의 이용성을 저해시키며 단백질 소화율과 에너지 이용률을 하락시켜 높은 수준의 미강을 사용할 경우 인 분해 효소제의 사용이 필요하다.

4.3.3 가금 생산성에 미치는 영향

미강은 높은 수준의 라이신과 메티오닌을 함유하고 있지만 도정과정 중 발생하는 영양적 변이, 산패 그리고 피틴태 인의 높은 함량으로 인해 가금 사료에 미강을 높은 수준으로 사용하지 않는다. 미강의 가금 사료 내 적절한 사용 수준을 도출하기 위해 많은 연구가 있었지만 결과들이 일정하지 않았다. Rezaei(2006)는 산란계 실험에서 미강을 25%까지 첨가하여도 생산성에 문제가 없었다고 보고한 반면 Nobakht (2007)은 7.5% 초과하여 미강을 급여할 경우 산란 성적 및 난질에 부정적인 영향을 미친다고 보고하였다.

이와 같은 상이한 결과는 도정공정이 일정하지 않아 발생하는 지방함량의 차이 또는 보관 중 발생하는 산패로 인한 미강 품질 변이가 주요한 원인으로 작용했기 때문이다. 그리고 Gallinger 등(2004)은 육계를 공시한 실험에서 미강 40%를 급여하였을 경우 생산성은 물론이고 췌장 및 소장의 무게가 대조구에 비해 증가하였다고 보고하면서 피틴태염 이외의 다른 항영양인자의 존재를 제안하기도 하였으나 아직 명확하게 밝혀지지 않았다.

5. 유지사료

유지의 두 가지 요소는 지방과 기름으로 여러 종류의 지방산(fatty acid)들이 글리세롤과 에스테르 결합(ester bond)을 한 중성지방(triacylglycerol)을 의미하는데 실온에서 물리적 형태가 고체인 것은 지방(fat)이며, 액체인 것은 기름(oil)으로 지칭한다. 가축 사료에 사용하는 유지 사료를 크게 두 가지로 나눌 수 있는데, 사용하는 원료에 따라 식물성 유지와 동물성 유지로 구분한다. 식물성 유지는 대두유(soy oil), 팜유 (palm oil), 옥수수유(corn oil), 채종유(rapeseed oil), 면실유(cotton seed oil)가 있으며, 동물성 유지로는 돈지(lard), 우지(tallow), 가금유(poultry fat), 어유(fish oil)가 있다. 하지만 국내 가금 사료에 보편적으로 사용하는 유지사료는 크게 두 가지로 나눌 수 있는데, 돈지와 우지가 혼합된 형태의 동물성 지방과 식물성 유지로는 대두유가 있다.

사료 내 지방 첨가는 다양한 역할을 수행하며 그 역할은 다음과 같다.

① 필수지방산 및 에너지를 공급한다.
② 지용성 비타민의 소화흡수를 도와 체내로 공급한다.
③ 사료의 먼지 발생을 감소시킨다(특히 가루 사료).
④ 육계 펠렛 사료의 성형 시 펠레밀의 마모도를 감소시킨다. 하지만 너무 많은 유지사료를 첨가할 경우 같은 작용(마모도 감소 작용)에 대한 반작용으로 펠렛 품질을 하락시킨다.
⑤ 사료의 이용효율을 높이는데, 사료의 장 내 통과속도를 지연시켜 모든 영양소의 소화흡수를 향상시킨다.

유지사료의 품질에 가장 큰 영향을 미치는 것은 지방의 산패이다. 지방 산패는 유지 원료 내 존재하는 불포화 지방산이 유리기(free radical)와 반응하면서 시작하는데 이와 같은 반응을 촉매하는 것은 빛, 높은 온도, 여러 무기질(Cu, Fe, Ni, Cd, Zn) 등이 있다. 이러한 산패작용으로 생성되는 물질은 알데히드(aldehyde), 케톤(ketone)과 낮은 분자량의 산들을 형성하게 되는데, 이는 사료의 향미, 색상 및 질감 등에 영향을 미쳐 사료섭취량이 낮아질 뿐 아니라 지방 소화율을 하락시켜 영양적 가치를 감소시킨다. 더욱이 지방의 산패가 발생한 경우 지용성 비타민인 비타민 A와 E가 파괴된다.

따라서 위와 같은 산패를 방지하기 위해 사료 내 항산화제를 첨가하기도 하는데, 주로 사용하는 항산화제는 BHA(butylated hydroxy anisole), BHT(butylated hydroxyl toluene), 에톡시퀸(ethoxyquin) 등과 같은 합성제가 있으며, 비타민 A와 E와 같이 천연 항산화제를 사용하기도 한다. 따라서 산패가 발생할 확률이 높은 하절기에는 비타민 A와 E를 사료 내 별도로 첨가하는 것을 검토하는 것도 사료의 품질을 향상하는 방안이 될 수 있다.

유지사료는 99% 이상 지방을 함유하고 있는데, 지방을 구성하는 지방산 내 탄소는 탄수화물의 탄소에 비해 좀 더 환원된 형태로 존재하고 있다. 따라서 세포 내 에너지 발생은 주로 산화반응에 의해서 발생하기 때문에 좀 더 환원된 형태인 지방은 탄수화물에 비해 더 많은 에너지를 세포에서 발생시킬 수 있으며 그 차이는 2배 이상이다. 유지사료의 에너지(대사에너지) 가치에 영향을 줄 수 있는 가장 큰 요인은 소화율이

표 7-37. 돈지, 우지 및 대두유의 지방산 조성 및 에너지가

	돈지 (lard)	우지 (tallow)	대두유(soy oil)
지방산 (%, 총 지방산)			
C12 : 0	0.1	0.1	
C14 : 0	1.4	3.3	0.1
C16 : 0	24.4	25.3	10.5
C16 : 1	2.9	3.4	0.2
C18 : 0	14.4	19.2	4.3
C18 : 1	42.3	37.5	20.3
C18 : 2 ω-6	9.2	2.8	64.9
C18 : 3 ω-3	0.9	0.6	0.3
C20 : 0	0.4		
C20 : 1	0.9		
C20 : 4 ω-6	1.7	0.2	
에너지			
AMEn cockerel, kcal/kg	8,628	7,983	9,106
AMEn broiler, kcal/kg	8,246	7,218	9,010

(Sauvant 등, 2002)

며 각각의 유지 원료마다 다른 소화율을 가지고 있어 에너지 가치 역시 상이하다(표 7-37). 유지사료의 소화율에 영향을 줄 수 있는 요인은 지방산의 탄소 수(사슬의 길이), 이중결합의 숫자(불포화 정도), 글리세롤과 결합된 불포화 지방산과 포화 지방산의 배열, 유리지방산의 비율, 사료 내 중성지방 포함되는 비율 및 가금의 성별과 일령 등이다.

5.1 동물성 지방

일반적으로 동물성 지방의 주요 지방산은 올레인산(C18:1)으로 그 함량이 대략

40% 정도이며 식물성 유지인 대두유와 뚜렷한 차이를 나타낸다. 돈지와 우지의 주요 차이점은 우지에 비해 돈지가 불포화 지방산(올레인산, 리놀산) 함량이 높은 반면 우지는 돈지보다 포화지방산(팔미틴산과 스테아린산) 함량이 높다.

표 7-37에서 보는 바와 같이 돈지가 우지에 비해서 에너지 가치가 높은데 이는 돈지의 지방산이 우지에 비해서 높은 불포화도에 따라 소화율이 높기 때문이다. 우지의 경우 육계 사료에 다른 유지 원료(해바라기유, 어유)와 8% 대체하여 사용하였을 때 우지가 사료효율이 가장 불량하게 나타났으며, 이는 우지가 해바라기유와 어유에 비해 포화도가 높을 뿐만 아니라 품질 변이가 커 소화율이 낮았기 때문이다. 하지만 돈지와 우지를 혼합한 경우 해바라기유 혹은 다른 유지(대두유, 캐놀라유)를 대체하여 사용해도 생산성에 차이가 없었다. 따라서 육계 사료에 양질의 돈지 혹은 돈지와 우지의 혼합된 형태를 사용하기 권장하며, 가급적 어린 일령에는 식물성 유지를 권장한다.

산란계의 경우 우지를 해바라기유 혹은 아마인유와 대체하여 사용해도 산란율, 난중 및 사료효율 등의 생산성에서 차이가 없었으며, 이는 산란계의 경우 육계에 비해 소화기관의 성숙도가 높기 때문에 지방산 조성에 따른 소화율 차이가 없었다는 것을 의미한다. 하지만 혈액 내 지질 조성은 사료 내 유지 원료 종류에 따라서 달라지는데 우지의 경우 해바라기유 및 아마인유에 비해 총 콜레스테롤, 중성 지질 및 초저밀도 지단백질(very low density lipoprotein, VLDL)-콜레스테롤의 혈액 내 수준이 증가한 반면 고밀도 지단백질(high density lipoprotein, HDL)-콜레스테롤은 감소한다. 즉 사료 내 지방산 조성은 체내 지질대사에 영향을 주며 따라서 혈액 내 지방 분획이 달라진다.

유지사용 수준이 증가함에 따라 육계의 복강 내 지방 함량이 증가한다. 또한 사료 내 지방산 함량에 따라 복강 내 지방산 조성이 변화하며 따라서 포화도가 높은 우지를 다른 유지 대신 사용한다면 복강 내 포화지방산 비율은 증가하는 반면 불포화지방산 함량은 감소한다. 또한 같은 수준으로 유지를 사용한다고 하더라도 사료 내 포화지방산 비율이 높을수록 복강 및 근간 지방 함량이 증가한다.

5.2 대두유

대두유는 가금의 필수지방산인 리놀산 비율(약 65%)이 다른 지방산에 비해서 높다. 불포화 지방산이 약 85%로 불포화도가 높기 때문에 동물성 유지보다 소화율이 높으며, 식용으로 사용하는 만큼 안전성 및 안정성 모두 동물성 유지에 비해 우수하다. 따라서 상대적으로 소화기관이 덜 발달된 육계 초이 사료와 같이 어린 일령을 위한 사료에 주로 사용한다.

육계 사료를 대두유를 첨가하여 급여할 경우 사료효율이 다른 유지원료에 비해 높았으며 섭취량은 캐놀라유가 대두유보다 우수하였지만 우지에 비해서는 대두유가 더 좋은 결과가 나왔다. 또한 대두유를 사용함으로 인해서 가슴육과 다리육 내 수분 및 지방 함량의 차이가 없었으며 내장 지방에도 영향을 미치지 않았다. 산란계의 경우에는 앞서 동물성 유지에서 살펴본 바와 마찬가지로 식물성 유지 역시 유지 종류 및 수준(2～4%)에 따라 생산성에 미치는 영향은 미미하였다.

6. 무기질사료

6.1 칼슘 사료 - 석회석, 패분

6.1.1 일반적(영양적) 특징

대표적인 칼슘(calcium, Ca) 사료인 석회석(limestone)은 탄산칼슘 성분으로 구성된 퇴적암으로 우리나라 주요 산지는 강원도 삼척, 정선, 충북 단양, 충남 금산, 경북 울진 등이다. 석회석은 백색이 본래의 색이며 불순물 함유량에 따라 회색, 암회색 등의 색상을 띠며 색상의 진함 정도와 불순물과는 일정한 관계가 있다. 탄산칼슘의 분자식은 $CaCO_3$로 탄산은 위내 염산과 반응하면 이산화탄소를 발생되어 소멸되며 잔류 물질인 칼슘이 영양적 요소이다. 칼슘의 비율은 40%이지만 국내에서 유통되고 있는 석회석의 칼슘 함량은 약 36% 내외로 일부 불순물을 함유하고 있으며, 사료 관리법에 등록하기 위해서는 석회석의 칼슘 함량은 최소 34%이어야 한다.

가금 사료에 석회석 이외에 사용하는 칼슘 공급원은 패분(oyster shell)으로 굴 껍질, 꼬막 껍질 등의 조개껍질을 수집, 건조, 분쇄한 것이 있다. 수집 혹은 가공하는 과정 중 혼입되는 토사 등의 불순물의 정도에 따라서 칼슘 함량이 달라지는데 유통되고 있는 패분의 칼슘 함량은 대략 30% 내외이며, 생산되는 배치에 따라서 혹은 제조업체에 따라서 칼슘 함량이 달라질 수 있기 때문에 지속적인 칼슘 분석이 필요하다.

6.1.2 가금 생산성에 미치는 영향

난각의 97%는 탄산칼슘으로 난각 무게를 6.0g/개로 감안할 때 산란계가 난각 합성을 위해 필요한 일일 칼슘 함량은 2.4g이다. 하지만 혈액 내 존재하는 칼슘은 0.03g

/100 ml이며, 이는 일일 난각 합성에 필요한 2.4g의 1/80 수준에 불과하다. 따라서 산란계는 지속적으로 칼슘을 공급받아야 한다. 칼슘 공급원은 사료와 골수골(medullary bone)이며 난각 합성을 하지 않는 시점에는 혈액 내 칼슘은 골격에 침착된다. 하지만 골수골에서 동원될 수 있는 칼슘 함량은 한계가 있기 때문에 사료 내 칼슘의 함량 및 이용성은 중요하다. 난각 합성을 위한 사료 내 칼슘 이용성에 영향을 주는 요인은 칼슘 공급원과 입자 크기이며 공급원보다 입자가 더욱 크게 영향을 미친다.

미분의 석회석은 소화기관을 빠르게 통과하기 때문에 닭이 사료를 섭취하는 낮 시간에만 체내로 칼슘이 공급되며, 난각이 형성되는 밤 시간에 필요한 칼슘의 공급은 기대하기 어렵다. 하지만 대립자의 석회석 또는 패분은 근위 내에서 머무는 시간이 지연되기 때문에 소장에서 칼슘 흡수가 단계적으로 이루어진다. Zhang과 Coon (1997)은 근위 내 석회석 체류시간이 난각 품질에 직접적인 영향을 미치며 이는 칼슘의 용해도와 관련이 있다고 보고하였다. 즉 고운 석회석을 석회서 대립자(2～4mm) 혹은 패분으로 대체하면 난각 강도가 개선된다.

난각 합성을 위한 칼슘 요구량이 큰 노계의 경우 그 효과가 더욱 크게 나타나는데, Rabon 등(1991)은 75주령 산란계에게 입자가 큰 패분으로 미립자를 50% 대체하여 급여하였을 때 난각질이 개선된다고 하였다. 이는 패분 자체의 급여 효과보다는 패분 즉 칼슘 공급원의 입자도가 더욱 중요하다고 주장하면서 패분으로 석회석 미립자와 대체한 연구에서는 그 효과가 인정되지만 큰 입자의 석회석과 대체했을 때 난각질이 유의하게 증가되는 결과는 20%에 불과하다고 설명하였다. 즉 패분 등의 공급원에 따른 것이 아닌 칼슘 공급원(석회석과 패분)의 구성 입자도에 따라 난각질에 미치는 영향이 다르다.

육계 역시 칼슘의 입자도에 따라서 생산성에 영향을 받는데 McNaughton(1981)은 USBS체 20～60(8장 참조) 크기의 석회석을 급여하였을 때 USBS체 12～20 또는 100～200에 비해서 증체량이 높다고 하였으며 또한 칼슘 입자도에 따라서 요구되는 인 함량이 달라진다고 보고했다.

6.2 칼슘 · 인 사료

6.2.1 일반적 특징

가금에 있어서 인 역시 최적의 생산성을 위해서 필요한 영양소이다. 하지만 가금 사료에 주로 사용하는 식물성 원료 내 인은 대부분 피틴태 인의 형태로 존재하기 때문에 그 이용성이 낮아 요구량에 비해 부족하며 동물성 원료(어분, 육골분 등)는 인 함량 및 그 이용성이 높지만 전체 사료 중 차지하는 비중이 높지 않아 별도의 인은 높은 생산성을 위해서 반드시 첨가하여야 한다.

1940년대 후반까지 가축사료의 인의 첨가 형태는 주로 골분 혹은 인광석 자체를 사용하였으나 가축에 있어서 인의 중요성이 커짐에 따라 인의 함량 및 이용성을 높이는 제조공법이 개발되었다. 시판되고 있는 사료용 인은 칼슘염 형태인 인산칼슘(calcium phosphate)이며 그 종류로는 제1 인산칼슘(monocalcium phosphate, MCP), 제1, 2 인산칼슘(mono-di calcium phosphate, MDCP), 제2 인산칼슘(dicalcium phosphate, DCP) 등이 있다. 국내에서 주로 사용하는 형태는 MDCP와 DCP 형태이며 대부분은 중국에서 수입하고 있다. MDCP는 MCP와 DCP가 혼합되어 있는 형태로 MCP 비율이 50~80% 수준이며, MCP 비율이 80%가 넘으면 MCP로 분류한다.

6.2.2 영양적 가치 및 가금 생산성

인산칼슘은 인광석을 산에 용해시켜 침전하거나 고온(1,250℃)으로 가열 반응시켜 생산한다. 따라서 제조공정 및 사용하는 인광석의 종류에 따라 인산칼슘의 인 함량, 칼슘과 인의 비율 및 결합형태, 수분 함유 유무가 다를 수 있으며 따라서 인의 가용성도 상이하다(표 7-38). 인의 함량 및 이용성이 가장 높은 인산칼슘은 제1 인산칼슘이고 MDCP, DCP 순으로 인의 이용성은 하락하며 총인 대비 이용성은 각각 84%, 79%, 77%이다.

또한 같은 종류의 인산칼슘도 그 제조공정 즉 제조사에 따라서 달라지는데 Waibel 등(1984)는 20종류의 시판되고 있는 DCP의 이용성을 평가하였는데, 그 차이는 30%이였으며, MCP의 경우에는 18%라고 보고하였다. 이와 같은 차이가 발생하는 이유는 MCP와 DCP의 비율 그리고 생산물의 함수 유무 그리고 물리적 특징이 다르기 때문으로 평가하였다. 즉 MCP, MDCP, DCP에는 MCP와 DCP가 혼재되어져 있으며, MCP와 DCP의 이용성이 다르기 때문에 같은 DCP라고 하더라도 MCP 비율에 따라 인의 이용성은 달라진다. 또한 함수 DCP($CaH_2PO_4 \cdot 2H_2O$)는 위산의 용해성이 무수에 비해서 높아 흡수율이 무수에 비해서 크다. 1주령 병아리를 공시하여 실험 결과에서도 골격 내 인 침착률이 무수에 비해서 함수 DCP가 25~50%가량 높아진 것을 확인할 수 있었다.

하지만 육계에서 다른 종류의 인산칼슘을 사용하더라도 유효성 평가가 정확하다면 단백질 합성을 비롯한 생산성에는 차이가 없는데, Lee(2011)도 육계를 공시하여 MCP, MDCP, DCP 등을 사료 내 첨가하여 5주간 실험한 결과에서 일부 인산칼슘의 경우 골격강도와 인 소화율이 낮았지만 생산성에는 차이가 없었다고 보고하였다.

표 7-38. 인산칼슘의 종류별 분자식과 인 함량

항 목	분자식	총 인(%)	평균 총 인(%)	가용성 인(%)
Monocalcium phosphate	$Ca(H_2PO_4)_2$	22.0~22.8	22.6	19.0
Mono-dicalcium phosphate (hydrous)	-	20.5~22.5	21.3	16.8
Dicalcium phosphate (anhydrous)	CaH_2PO_4	17.5~21.5	19.7	10.8
Dicalcium phosphate (hydrous)	$CaH_2PO_4 \cdot 2H_2O$	17.0~21.0	18.1	13.9
Calcium sodium phosphate (DFP)	$CaH_2PO_42H_2O$	17.5~19.5	18.0	10.6

(Van der Klis와 Versteegh, 1999)

표 7-39. 인산칼슘의 EU 불순물 최대 허용 범위

항 목	최대 함량
불소 (F)	0.2%
비소 (As)	10mg / kg
카드뮴 (Cd)	10mg / kg
납 (Pb)	30mg / kg
수은 (Hg)	0.1mg / kg

인산칼슘의 원료인 인광석의 불순물의 함유 정도에 따라서도 가금 생산성에 영향을 주는데 중금속과 불소가 대표적이다. 높은 수준의 중금속을 함유한 사료를 급여하면 그 사료를 섭취한 가축의 체내에 농축되며 그로 인해 축산물 안전성에도 영향을 미칠 수 있다. 불소의 경우에는 체내 완충 함량(불소는 골격 안에 축적이 됨)이상으로 섭취할 경우, 치아 변형 및 뼈와 관절 이상 등의 중독 증상을 야기하며 식욕이 감퇴하고 성장이 저하되는 등 생산성 역시 하락한다. 따라서 안전성 및 생산성 측면에서 인산 칼슘의 불순물에 대한 품질관리가 필요하며, EU에서 설정한 기준은 표 7-39와 같다.

7. 보조사료

7.1 영양성 보조사료

7.1.1 콜린 보충제

사료첨가제로 사용되는 합성 콜린 제제는 염화콜린(choline chloride), 판토텐산 콜린(choline pantothenate) 및 주석산 콜린(choline bitartrate) 등이 있으나, 산업적으로 경제성 측면에서 염화콜린이 주류를 이루고 있다. 염화콜린은 조해성(潮解性)을 지닌 백색 결정체로서 암모니아와 메틸알콜을 결합하여 얻어지는 TMA를 염화시킨 다음 산화에틸렌(ethylene oxide)과 반응시켜서 얻어진다.

1) 염화콜린 내 콜린 함량

염화콜린 중의 순수 콜린함량은 분자량(121.18/139.63)으로 환산하게 되면 86.8% 순수 콜린을 함유하고 있다(표 7-40). 즉, 분자량 기준으로 염화콜린(분자량, 139.6) 내에 염소(분자량, 35.4) 이온이 25%, 콜린(104.2) 이온이 75% 함유된 것이 맞지만, 자연 상태에서 콜린은 이온으로 존재하지 않고 수산화기(-OH)를 함유한 상태로 존재하기 때문에 콜린의 분자량은 121.18 g/mol로서, 염화콜린 내 순수 콜린의 함량은 86.8%로 계산하여야 한다.

2) 콜린의 분석방법

사료원료 및 배합사료 내 콜린 함량 분석방법으로 다음과 같이 6가지 정도가 소개

표 7-40. 콜린(choline)과 염화콜린(choline chloride)의 분자량 및 화학구조식

구 분	콜 린	염화콜린
분자량	121.18	139.63
구조식	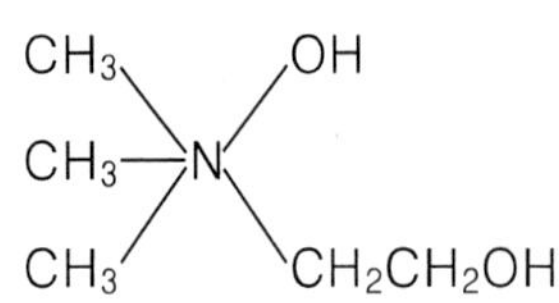	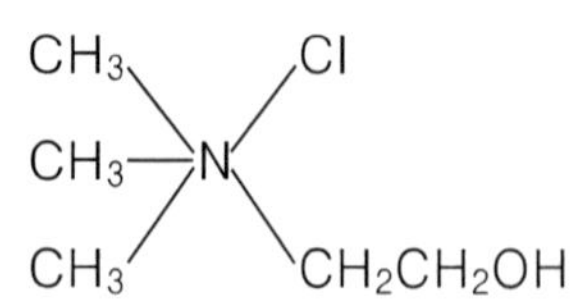

되고, 이 가운데 사료업계에서는 Mohr 분석법과 라이네케이트염(Reineckate salt) 분석법 및 과염소산적정법이 많이 쓰이고 있다. 그러나 이러한 분석법은 매우 신속하고 간편한 이점은 있으나 사료 내 염소(Cl)이온이나 잔류 TMA 또는 NPN도 콜린으로 오인되어 과다 정량되는 오류를 범하게 된다. 아울러 염화콜린 합성 시 제품에 잔류될 수 있는 미반응 물질인 TMA나 TMA-HCl의 경우 Mohr법 등의 간이분석법으로는 분석해 낼 수가 없다.

TMA는 눈과 점막 및 폐를 자극하는 유해한 성분일 뿐만 아니라 어취를 심하게 풍겨 가축의 생산성 저하는 물론 계란이나 계육 내로 잔류되어 축산물의 품질에 직접적으로 영향을 미칠 수 있기 때문에 철저한 품질관리가 이루어져야 한다. 따라서 원료 및 배합사료 내 콜린의 정확한 함량분석과 염화콜린 제품 내 미반응 유해물질의 관리를 위해서는 간이분석법보다는 효소분석법, HPLC 분석법 및 ion chromatography 분석법 등의 정밀기기 분석법이 권장되고 있다.

3) 염화콜린과 메티오닌 및 비테인 염산염간의 상호관계

콜린이나 메티오닌 및 비테인은 생체대사에 있어서 유효 메틸기의 공급원이라는 공통적인 기능을 가지고 있다. 이러한 기능의 공통점으로 인해 오래전부터 콜린과 메티오닌은 어느 정도까지는 서로 절약효과를 지니고 있음이 알려져 왔다. 또한 최근에는 기존의 사탕무우 추출 천연비테인 외에 합성 비테인염(betain-HCl)의 등장으로 염화콜린과 메티오닌 및 비테인 염산염 간의 영양적 상호관계에 관심이 높아졌다.

닭의 경우 분으로 배설되는 질소 형태는 요산(uric acid)으로 되어 있는데 사료 내 단백질 수준이 높아짐에 따라 요산의 배설이 증가하게 되고, 결국 요산 합성을 위한 메틸기의 수요가 증가하게 됨으로써 메틸기 공급원으로서의 콜린이나 메티오닌 또는 비테인의 충분한 공급이 필요하다.

콜린, 메티오닌 및 비테인 세 가지 영양소의 상호 관련성에 관한 일련의 병아리실험 결과를 보면 사료 내에 콜린이 결핍된 경우 비테인이 메틸 공여체로서의 역할을 담당하여 비테인 첨가 시 증체효과가 뚜렷하였으나, 사료 내 콜린의 양이 충분한 경우에는 비테인 첨가에 따라 생산성 증진 효과가 없었다(Dudley-Cash, 1996). 또한 메티오닌과 콜린 모두 결핍된 사료에 메티오닌과 콜린을 첨가했을 때 두 가지 모두 증체효과를 나타냈으나, 콜린이 충분하지만 메티오닌이 결핍된 경우에는 메티오닌 첨가효과는 뚜렷하였으나 비테인 첨가 효과는 없었다. 이처럼 비테인이 메틸기 공여체로서 역할은 할 수 있지만 이는 콜린이 결핍되었을 때 얻어지는 결과이므로 비테인의 경제성이 매우 크지 않는 한 콜린을 사용하는 것이 안전할 것이다.

콜린은 체내에서 비테인으로 산화되어 대사과정을 거친다. 따라서 비테인은 메틸기 공급원으로서의 기능은 가능하지만 콜린의 주요 생리적 기능 중 신경전달 물질인 아세틸콜린의 합성 및 지방간 예방기능은 할 수 없다. 메틸기 공여체 기능만을 고려할 때 합성 비테인은 염화콜린을 대체할 수 있는데 대체 비율은 동일한 수의 메틸기 3개를 소유하고 있고 동일한 대사 경로이기 때문에 분자량으로 계산할 수 있다. 즉 합성 비테인 HCl(분자량 153.6)과 염화콜린(분자량 139.6)의 분자량 고려 시 1.1mg의 합성 비테인 HCl은 1mg의 염화콜린을 대체할 수 있다. 실제 사료에 사용하는 것을 기준으로 보면 1.73 mg의 합성 비테인 HCl 95%는 1mg의 염화콜린 50%를 대체할 수 있다는 의미이다. 결국 사료 배합 시 세 가지 영양소의 영양적 상호관계는 유효 메틸기 공급원으로서의 경제성 평가 외에도 각자 고유기능을 고려하여 판단하여야 할 것이다.

7.1.2 아미노산제(supplementary amino acids)

일반적으로 사용하는 옥수수, 대두박 등 원료로 기인된 아미노산 중 가금에서 필요한 요구량에 비해 수준이 낮은 필수 아미노산을 제한 아미노산이라고 명명한다. 산란계를 비롯한 가금의 경우에는 메티오닌과 시스테인과 같은 함유황 아미노산이 결핍되기 쉬우며, 자축 즉 성장단계에서는 라이신이 부족하다. 따라서 이와 같은 부족한 아미노산을 사료 내 별도로 첨가한다면 필요 이상으로 공급되는 단백질 수준을 감소시켜 사료 원가를 낮출 수 있을 뿐 아니라 과잉된 단백질로부터 발생하는 유해한 미생물 대사산물(아민 및 암모니아 발생 억제 등) 및 질소 배출량을 낮출 수 있으며, 다른 아미노산 등을 유효하게 이용할 수 있는 장점 등을 가질 수 있게 된다.

아미노산의 제조방법에는 단백질 높은 원료를 염산과 같은 산으로 분해 후 분리 정제하는 산분해법, 화학반응으로 생산하는 합성법, 그리고 미생물 발효를 통해 생산하는 발효법이 있다. 현재 가축용으로 사용하는 아미노산제는 합성법과 미생물 발효를 통해 생산하고 있으며, 메티오닌은 합성법 그리고 라이신과 트레오닌 그리고 트립토판은 발효를 통해 상업적으로 이용하고 있다. 최근에는 발린 및 알지닌도 사료용 첨가제로 개발되었으나 일부 유럽 국가에서 사용하고 있으며, 국내에서는 아직 그 사용이 확산되어 있지 않다.

1) 라이신(lysine)

사료 원료의 50% 이상을 차지하는 곡류(옥수수, 소맥 등)에는 라이신 함량이 가금 요구량에 비해 부족하며 이에 따라 사료 첨가제로서 라이신의 첨가는 필수적이다. 이에 따라 가금을 비롯한 가축 영양학에 있어서 라이신의 중요성은 커졌으며, 이를 대량 생산하기 위한 미생물 연구가 활발해졌고, 수십 년 동안 지속적으로 많은 라이신 생산업체 및 학자들에 의해 좀 더 높은 생산수율을 위해 많은 연구가 진행되었다.

사료용 라이신은 미생물 발효산업을 통해 생산되는데, 발효에 사용되는 균주는 1956년에 발견된 *Corynebacterium glutamicum*으로 지금까지 아미노산 발효산업에 이용되고 있고 있으며 최적의 생산 효율을 위해 지속적으로 발전되어 왔다. 라이신 생산의 주요 공정은 발효, 정제 공정으로 나눌 수 있다. 또한 정제 이후 액상 라이신은 결정화 공정으로 분말 라이신으로 생산할 수 있으며, 분말 라이신 염 형태에 따라서 L-라이신 염산염(HCl-lysine, 78.8% 라이신 활성)과 L-라이신 황산염(sulphur-lysine, 53% 라이신 활성)으로 구분되어 생산된다.

2) 메티오닌(methionine)

메티오닌은 가금 사료 특히 식물성 원료로 구성된 사료에서 가장 부족되기 쉬운 제1 제한 아미노산이다. 이는 가금류가 포유류와 다르게 깃털을 가지고 있으며, 깃털의 유지와 성장에 함유황 아미노산의 요구량이 높기 때문이다. 시스틴과 함께 메티오닌은 함유황 아미노산으로 1922년 카제인 가수분해 과정 중 발견되었으며, 체내에서 글루타치온 및 판토테인 등 황을 함유한 효소의 생성 원료로 사용된다. 또한 메틸기 전이 반응에 관여하여 크레아틴, 콜린 등 가금 생리에 필수적인 물질을 체내에 합성하는데 전구물질로 이용되며 여러 대사 작용 및 생화학적 반응에 관여한다. 메티오닌 요구량은 오직 메티오닌으로 충족되고 가금의 시스틴 요구량은 메티오닌의 전변을 통해 충족시킬 수 있다.

현재 상용화되어 있는 메티오닌 첨가제는 화학법으로 합성되며, DL-메티오닌(분말, 98%)과 메티오닌 수산화 유도체(액상, 88%; MHA, methionine hydroxy analogue)로 두 가지이다. 이 두 물질의 생물학적 활성에 대한 많은 연구가 진행되어 왔는데, 이는 세포 내에서 이용 가능한 L-메티오닌으로 전변되어야 하기 때문이다. DL-메티오닌은 D형 메티오닌과 L형 메티오닌이 50 : 50으로 구성되는데, 이 중 D-메티오닌의 경우 체내에서 대사적 전변 비율이 70～100%으로 L-메티오닌으로 전변되지 않은 D-메티오닌이 존재할 수 있으며, 이는 사료용 첨가제인 DL-메티오닌 이용률이 낮아질 수 있음을 의미한다.

하지만 일반적으로 DL-메티오닌 이용률은 100%로 설정한다. 액상 메티오닌인 MHA는 세포 내 전변 비율은 MHA의 74～100%이며, 따라서 제품으로 보았을 때 생물학적 활성은 65～88%(수분 : 12%)이다. 최근에는 발효를 통한 L-메티오닌이 개발되어 상용화 예정이다. L-메티오닌은 체내에서 전변될 필요가 없는 만큼 그 이용성이 높을 것으로 기대되나 효율성에 관한 보다 많은 연구가 선행되어야 한다.

3) 트레오닌(threonine)

트레오닌은 1935년 Rose에 의해서 발견되었으며, 1980년 이후 트레오닌 요구량에 대한 많은 연구가 진행되었다. 트레오닌 역시 라이신과 마찬가지로 발효를 통해서 제조하는 아미노산이며, 일반적으로 가금에서 세 번째 제한 아미노산이다. 특히 곡류에 트레오닌 함량이 낮으며 식물성 단백질원을 공급하여도 요구량에 비해 공급 수준은 높지 않다. 산란계에 보다 육계에서 그 요구량이 높은데 이는 육계의 가슴육 생산에 트레오닌 요구량이 높기 때문이다.

4) 트립토판(tryptophan)

1980년대 의약품으로 사용되기 시작한 트립토판은 1990년 후반부터 사료용으로 사용하기 시작하였고, 세로토닌(serotonin)과 그렐린(ghrelin)의 전구물질 혹은 주요 구성성분으로 알려지면서 그 사용은 더욱 확대되었다. 그렐린은 28개의 아미노산으로 이뤄진 펩타이드로 위와 십지지장에서 합성되어 분비되는 식욕촉진 호르몬으로 단백질 합성, 뼈 성장 및 근육 성장에 관여하는 합성(anabolic) 호르몬이다. 그리고 세로토닌은 기분과 스트레스 그리고 잠과 관련된 중요한 신경전달 물질로 특히 가축의 스트레스와 깊은 관련이 있다. 가금의 유전적 개량에 의해 그 요구량이 증가하고 있으며, 라이신 대비 트립토판 요구량에 대한 많은 연구가 진행되고 있으나 트립토판은 양돈에서 주로 사용하는 원료이며 가금에서 사용은 아직 제한적이다.

7.2 사료 품질 보존제

사료 내 영양소 함량의 수준만큼 중요한 사항이 바로 사료의 보존성이다. 가축에게 공급하는 사료 내 많은 영양소는 미생물에 의해서 이용될 수 있으며, 이로 인해 목적에 부합되지 않는 상태로 변질될 수 있어 가금 생산성 저하는 물론이고 사료의 안전성에 영향을 미친다. 또한 가공 사료의 낮은 품질(가루 발생량 증가 등)은 생산싱에 부정적인 영향을 미쳐 애초 의도한 가공 사료의 긍정적인 작용을 감소시킨다. 따라서 의도한 목적에 맞추어 사료가 보존 및 생산하기 위해 생산 및 보관 중 발생할 수 있는 문제점을 검토하고 대처할 필요가 있다.

7.2.1 항곰팡이제(anti-fungal agent)

사료 및 원료를 저장하는 곳은 밀폐된 공간을 이용하지 않기 때문에 미생물 특히 곰팡이에 오염될 가능성은 상존한다. 특히 분쇄 원료의 저항성 손실과 사료의 높은 영양소 수준 그리고 높은 온도와 습도는 곰팡이가 생육하기 좋은 조건이 된다. 따라서 하절기 곰팡이 오염(곰팡이병, mycosis)은 사료 섭취량 저하 등의 생산성을 하락시키며 및 곰팡이의 2차 대사산물인 곰팡이 독소(mycotoxin)로 인한 2차 생산성 저하는 명백하다. 따라서 곰팡이 생육 환경을 제어할 필요가 있으며 이를 위해 사용하는 대표적 원료가 항곰팡이제이다.

가장 대표적인 항곰팡이제는 프로피온산(propionic acid)이며, 염 형태에 따라서 프로피온산 나트륨(Na propionate)과 프로피온산 칼슘(Ca propionate)이 있다. 또한 소르빈산 군(sorbic acid, Ca sorbate, K sorbate, Na sorbate) 역시 항곰팡이제로 사용하나 높은 가격으로 국내 사용은 미미하다. 프로피온산 나트륨 혹은 칼슘의 사료 내 첨가 수준은 0.15%에서 0.5% 정도이며, 곰팡이 제어 즉 사멸은 하지 못하나 증식 억제는 가능하다.

7.2.2 결착제(pellet binder)

가금 생산성에 있어서 펠렛 성형(8장 참조)은 사료 허실량을 감소시키며, 선택 채식을 방지하는 등 여러 장점을 가지고 있으나 펠렛 성형에 올바르지 않아 가루 발생이 많아지면 펠렛의 생산성 기대효과는 반감된다. 펠렛 성형에 영향을 미칠 수 있는 것은 다양하지만 변동 요인이 가장 큰 것은 펠렛 지수(pelleting factor)가 높은 원료의 사용 유무이며 그 대표적인 원료는 소맥이다. 따라서 소맥을 사용하지 못할 경우 펠렛 품질을 높일 수 있는 결착제 사용이 일반적이다.

결착제 사용은 펠렛 내구성(pellet durability)를 증가시킬 뿐 아니라 펠렛 다이(die)의 마찰을 감소시켜 마모도를 감소시켜 다이의 생산 수명을 연장시킬 뿐 아니라 에너지 절약 효과를 가질 수 있다. 결착제로 사용하는 원료는 젤라틴(gelatin), 구아검(guar gum), 리그닌설포네이트(ligninsulfonate), 점토무기질(clay) 등이 있다.

7.3 사료 효율 증강제

7.3.1 효소제(enzyme)

효소제는 다음과 같은 목적으로 사용하는데, 첫째는 사료 원료의 항영양인자를 제거하는 것으로 항영양인자는 가축이 직접 분비하는 내인성 효소에 의해 분해되지 않는 물질이며 소화 이용률을 떨어뜨리고 소화기관에 문제를 야기할 수 있다. 둘째는 소화에 이용할 수 없는 섬유소의 세포벽에 결합된 전분, 단백질 및 무기질의 이용률을 증가시키는 것이다. 마지막으로 어린 가축의 경우 가축 장내 소화기관의 미발달로 불충분한 소화효소를 보충하는 것이다. 그 밖에 사양 환경 개선 목적 또는 깔짚 문제를 해결하는 방안으로 효소제를 사용하기도 한다.

가금 사료에 주로 많이 사용하는 효소제의 종류는 다음 표 7-41과 같다. 상기에서 설명한 바와 같이 효소제는 내인성 효소와 외인성 효소로 나눌 수 있으며, 외인성 효소는 비전분 탄수화물 소화제(NSPase)로 β-glucanase, cellulase, xylanase 및 mannanase가 있으며 올리고당 항영양인자인 galactoside를 분해하는 α-galactosidase 그리고 피틴태인을 분해하는 phytase로 나눌 수 있다. 내인성 효소는 전분을 분해하는 amylase, 단백질을 분해하는 protease, 그리고 지질을 분해하는 lipase가 있다. 또한 위의 효소 단일로 존재하는 단일 효소제가 있는 반면 2개 이상의 효소제가 혼합되어

표 7-41. 사료용 효소제의 작용 및 기대 효과

구분	효소명	기질	원료	기대효과
외인성 효소	β-Glucanase	β-Glucan	보리, 귀리, 호밀	연변 예방 사료효율 증가
	Cellulase	Cellulose	고 섬유소 사료	에너지 용성 증가
	Xylanase	Arabinoxylan	소맥, 보리, 귀리	연변 예방 사료효율 증가
	Mannanase	Mannan	대두박, 팜박, 야자박 등	점도 감소(연변 예방) 사료효율 증가
	α-Galactosidase	Galactoside	대두박 및 두과 원료	에너지 이용성 증가 변비 예방
	Phytase	Phytate	식물성 원료	무기태 인 사용량 감소
내인성효소	Amylae	전 분	곡류(고 전분 사료)	원료 이용성 증가
	Protease	Protein, peptide	소맥 부산물 두과 단백질 원료	단백질 소화율 증가 질소 배출량 감소
	Lipase	Fat	동물성 및 식물성 유지	지방 소화율 증가 에너지 이용 증가

있는 복합 효소제로 구분할 수 있다.

7.3.2 생균제(DFMs, direct fed microbials)

생균제의 영어 명칭인 'Probiotic'는 그리스어로 '생물체를 위한(For life)'이라는 의미를 가지고 있으며, 1989년 영국의 Fuller에 의해 '장내 세균총의 균형을 개선함에 따라 생산성을 향상시키는 살아있는 미생물을 생균제'라고 정의 내렸고, 1989년 미국 FDA(Food and Drug Administration)와 미 농무부(USDA, United State Departement of Agriculture)와의 연계를 통해 가축 생산성에 도움이 되는 미생물을 DFMs (directed fed microbials)로 정의 내렸다.

생균제의 작용기전은 아직 명확하지 않으나 이에 대한 가설은 몇 가지가 있으며 이는 다음과 같다.

① 항생물질(acid, bacteriocin, antibiotics) 생산
② 병원성균과의 경쟁적 배제(competitive exclusion)
③ 영양분의 생산 및 미지 성장인자 합성
④ 소화효소 분비
⑤ 독소 등의 유해물질 제거
⑥ 가축의 면역기능 강화

위와 같은 작용기전을 수행하기 위해서 균주의 선발이 중요한데 아래와 같은 기준을 가지고 선발해야만 효율성 높은 생균제 생산이 가능하다.

1) 균주의 안전성

계통학적 및 유전체 자료 등으로 이용하고자 하는 균주의 특성을 파악하여 독성물질을 생산하는 병원성 세균인지 여부를 판단해야 한다.

2) 장내 우점 여부

섭취한 균주가 장내에서 점막(mucous) 및 세포 표피(glycocalix)에 집락을 형성해야 하는데, 이는 균락을 통해서 항균물질을 포함해서 여러 영양분을 생산하며 또한 경쟁적 배제를 통해 유해 미생물의 점착을 억제함으로써 생산성을 개선할 수 있기 때문이다.

3) 균주의 pH 저항성

선택한 균주는 광범위한 pH에서 작용해야 하는데, 이는 위내에서 분비하는 위산의

낮은 pH와 십이지장에서 분비하는 담즙의 높은 pH에 저항성을 가지는 것을 의미한다. 이는 생균제의 주요 활동 영역이 소화기관 하부이며 그 영역에 도달하기까지 균주의 활성을 유지해야 하기 때문이다.

4) 열안정성

생균제가 열안정성이 필요한 이유는 사료 가공공정 중 발생하는 고온, 고압처리에도 생균의 활력 즉 총균수를 유지해야 섭취 후 장내에서 활성을 가지기 때문이다.

5) 기타 사항

생산성 개선을 위해 생균제는 장내 우점 뿐 아니라 생리활성 물질인 유기산, 항균물질 및 여러 효소를 분비해야 한다. 예로 들어 유산균은 유기산, 박테리오신 그리고 항산화 물질을 분비하며, 고초균(*Lactobacillus subtilis*)의 경우에는 많은 종류의 효소제를 분비하는 것으로 알려져 있다.

7.3.3 점토무기질(clay)

제올라이트, 벤토나이트 등이 대표적인 점토무기질로 탈취제, 이온 교환제 등의 용도로 사용된다. 점토무기질을 첨가하였을 때 최근 연구 결과에서는 산란율 등 생산성이 개선되었으며 연변 예방효과가 입증되었다. 가장 많이 사용하는 규산염제는 제올라이트와 벤토나이트가 있는데, 제올라이트는 화성암 또는 화강암이나 편마암에서 발견되며 주성분은 조회분으로 실리카와 알루미늄을 70% 이상 함유하고 있다. 양이온 교환능력으로 과잉 수분을 흡수할 수 있어 연변을 예방하고 장내 암모니아 등 유해가스와 곰팡이 독소를 흡착을 할 수 있으며, 사료의 통과속도를 지연시켜 소화율을 향상시키는 효과를 발휘한다.

벤토나이트는 화산 분출 후 퇴적된 점토광물로 나트륨과 칼슘의 결합에 따라 나트륨 벤토나이트와 칼슘 벤토나이트로 구분된다. 수분에 대한 흡습능력을 가지고 있어 펠렛 결착제로도 사용하며, 제올라이트와 마찬가지로 이온교환 능력을 발휘할 수 있기 때문에 곰팡이 독소 및 유해가스를 결합해 분으로 배출할 수 있다.

7.3.4 항생물질(antibiotics)

1950년 미국에서 항생제를 사료 첨가제로 사용하기 시작하면서 반세기 이상 항생제는 가금 생산성 개선 목적으로 사용해 왔다. 성장 촉진용 항생제는 소화기 미생물 균총과 상호작용을 통해 질병의 억제 등으로 동시에 효율적인 축산물 생산에 중추적인 역할을 했다. 하지만 항생제 남용에 따른 축산물의 잔류 문제와 더불어 내성을 가진 슈퍼박테리아의 출현 등의 문제로 유럽국가 및 우리나라는 성장 촉진용 항생제 사용을 금지하고 있으며 농가에서 사용하는 항생제에 대해서도 2013년 8월부터 수의사 처방제를 도입하여 시행하고 있다.

성장 촉진용 항생제 종류는 표 7-42와 같다. 분자생물 기술이 많이 발전했음에도 불구하고 성장 촉진용 항생제의 작용 기전은 명확하지 않다. 하지만 여러 가지 가설이 존재하는데 이는 다음과 같다.

(1) 병원성 질병을 예방 및 치료한다.

양계의 낮은 수준의 성장 촉진용 항생제 사용은 최소한의 질병을 예방하는데 이는 주로 소화기관에 한정되어 있으며 괴양성 대장염의 경우 고농도의 항생제가 필요하다.

(2) 비타민 이용성 및 합성 촉진

경구 투여한 chlorotetracycline이 비타민 이용성을 증가시켜 비타민 배출 감소를

표 7-42. 성장 촉진용 항생제의 종류 및 발견년도

일반 명칭	분 류	발견년도
아빌라마이신 (Avilamycin)	Orthosomycin	1961
바시트라신 (Bacitracin)	Polypeptide	1945
밤버마이신 (Bambermycin)	Glycolipid	1965
라살로시드 (Lasalocid)	Ionophore	1951
모넨신 (Monensin)	Ionophore	1967
나라신 (Narasin)	Ionophore	1975
살리노마이신 (Salinomycin)	Ionophore	1972
키타사마이신 (Kitasamycin)	Macrolide	1953
올렌도마이신 (Oleandomycin)	Macrolide	1956
타이로신 (Tylosin)	Macrolide	1961
버지니아마이신 (Virginiamycin)	Streptogramin	1955

보였으며 streptomycin은 비타민 B_{12}를 생산하는 *Bacillus megaterium* 균수를 증가시킨다.

(3) 소화관 내 세균수 감소 - 영양소 소화율 및 체내 에너지 이용 증가

세균수 감소는 영양소에 대한 경쟁을 낮출 수 있을 뿐 아니라 장관 조직 두께를 감소시킴으로써 영양소 흡수율을 증가시킬 수 있다. 이는 세균이 생성하는 독소에 대한 반응으로 장관의 방어기작 활성화에 따라 소화 조직이 두꺼워진다. 따라서 항생제 첨가에 따라 면역시스템 불필요한 활성을 억제하여 기초대사율을 감소시킬 뿐 아니라 장 점막 두께 감소는 소화관으로 공급되는 혈류 즉 에너지(유지 에너지)의 양을 감소시킬 수 있기 때문에 성장에 필요한 에너지 공급량을 증가시키는 것으로 귀결, 생산성을 향상시킬 수 있다.

(4) 아민(biogenic amine) 발생량 감소

다수의 항생제는 육계의 장관 내에서 *Clostridium perfringens*의 성장을 억제하는데 이는 *C. perfringens*에 의한 발생되는 독성물질(탈아미노산과 탈카르복실화 작용) 분비량을 감소시킬 수 있어 생산성을 개선된다. 예로 들어 라이신의 탈카르복실화로 인해 카다베린(cadaverine)이 생성되고, 티로신과 트립토판은 많은 휘발성 페놀 등과 같은 방향성 대사물질로 전환되는데 이것들은 모두 악취를 풍기고 잠재적으로 독성을 가지기 때문이다. 또한 요소분해효소에 의해 생성된 암모니아는 장내 점막을 손상시켜 영양소 흡수를 방해하여 성장을 지연시킨다.

(5) 세균 콜릴타우린(cholyltaurine) 가수분해 효소 활성 억제

담즙산은 십이지장으로 분비되고 지방과 지용성 비타민의 소화, 유화 및 흡수를 돕는데, 주로 그람 양성 세균은 담즙산을 가수분해 시켜 답즙산의 기능을 감소시키고 간에 독성이 야기하며 소장에 염증을 유발하는 리토콜산(lithocholic acid)를 만들어낸다.

7.3.5 항콕시듐제(coccidiostat)

콕시듐증은 양계산업, 특히 육계산업에 많은 경제적 손실을 주는 주요 질병으로 육계 평사사육 시 분변으로 배설된 충란이 사료, 물, 깔짚 등을 통해 다른 계군에 경구로 전파되는 특징을 가진다. 원인체는 콕시듐 원충(*Eimeria* spp.)은 그 종류에 따라 9개로 구분되며 소화기관의 기생부위 특이성이 강한 원충이다. 병원성이 강한 종류

에 속하는 아이메리아 테넬라(*E. tenella*), 아이메리아 네카트릭스(*E. necartrix*)는 각각 닭의 맹장과 소장 중간 부위에서 기생하는데 출혈이 심하게 일어나 혈변이 계사 바닥에서 관찰되며 식욕부진 및 빈혈 증상을 보이다가 폐사한다. 상대적으로 병원성이 약한 아이메리아종은 대체로 연변을 보이면서 만성형으로 진행된다.

항콕시듐제는 크게 아이노포아(ionopohore) 계열과 화학요법(chemotheraphy) 계열로 나눌 수 있다. 아이노포아 계통은 다시 1가 양이온, 1가 글리코계 그리고 2가 이온계로 나눌 수 있는데, 1가 양이온 계열은 모넨신, 나라신, 살리노마이신이, 1가 글리코 계열은 샘두라마이신, 마두라마이신 그리고 2가 이온계열은 라살로시드가 있다. 또한 화학요법에는 디클라주릴과 크로피돌 제재가 있다. 아이노포아 계열은 원충 세포박의 양이온 투과성에 영향을 미쳐 삼투압 항상성을 파괴하여 세포막을 파열시키고, 화학요업의 계열의 경우 원충의 무성, 유성 생식기 전반에 작용을 하는데, 분열체(schizont)와 가본느(gamont)를 파괴시키고 오오시스트 아포형성을 방해하는 작용기전을 가진다(표 7-43).

표 7-43. 항콕시듐제의 계통 분류

계 열		Ionophore (아이노포아) 계통	화학요업(Chemotheapy) 계열
종류 (첨가 수준)	1가 양이온	모넨신 (100～121ppm) 나라신 (60～80ppm) 살리노마이신 (44～1266ppm)	디클라주릴 (1ppm) 크로피돌 (125～250ppm)
	1가 글리고계	샘두라마이신 (25ppm) 마두라마이신 (5ppm)	
	2가 이온계	라살로시드 (75～125ppm)	
작용기전		원충세포막의 양이온투과성 → 삼투압의 불균형 유발 → 세포막 파열	무성, 유성생식 전반에 작용함 • 분열체와 가몬트 파괴 • 오오시스트 아포형성 방해
교차내성		• 1가 양이온 간 교차 내성 강함 • 1가 글리코계 간 교차 내성 강함 • 2가 이온계, 1가 글리코계 교차 내성 중간 수준 • 2가 이온계, 1가 양이온계 간 교차 내성 약함	디클라주릴 타 제재와 교차 내성 없음.

7.3.6 식물 추출제(plant extract)

식물 추출제(plant extract)는 식물을 추출하여 생산하는 물질로 최근에는 파이토제닉(phytogenic)이라고도 불린다. 식물 추출제는 에센셜 오일(essential oil), 허브(herb) 및 스파이스(spice)로 구분할 수 있으며, 우리나라와 중국의 한약도 식물추출제에 포함될 수 있다. 에센셜오일은 정유라고도 불리우며 스팀추출법 또는 냉압착법으로 생산하는 물질이다. 약 3,000여 종의 에센셜 오일이 알려져 있으며, 이 중 10%인 300종이 상업적으로 사용되고 있다. 보편적인 에센셜 오일은 타임 오일(thyme oil), 오레가노 오일(oregano oil), 레몬 오일(lemon oil) 등이 있다.

허브는 꽃을 피우는 단년생 식물로 예로부터 진통, 진정, 방부, 살충을 위한 약포로 사용되어 왔다. 종류를 살펴보면 라벤더, 페파민트, 로즈마리 등이 있으며, 이 식물들을 건조, 분쇄하여 사용한다. 스파이스는 강한 향과 맛을 가지고 있는 허브로 보통 음식에 많이 사용된다. 향신료에 더욱 가까우며 음식에 풍미를 주어 식욕을 촉진시키는 식물을 일컫는다. 그 종류로는 겨자, 계피, 커민, 후추, 생강, 고추, 마늘 등을 분쇄하여 얻은 분말 형태가 주를 이룬다.

항균력은 식물 추출물이 보이는 가장 분명한 효과 중 하나이다. 식물 추출물의 항균력은 구성성분의 소수성(hydrophobic)이 중요하게 작용하는데, 미생물의 세포막 등의 지질에 손상을 주어 세포 내 이온의 유출(이온교환 능력)과 양성자 동력(proton motive force)에 부정적인 효과를 발휘하여 항균력을 나타낸다. 많은 식물 추출물은 항산화 능력을 가지고 있으며 오레가노 오일 내 카바크롤 및 티몰 역시 항산화 작용을 발휘하는 것으로 알려져 있다.

티몰을 첨가 급여한 산란계의 난황에서 과산화물질인 말론디알데하이드(malondialdehyde, MDA)의 생성이 감소되었고(Botsoglou 등, 1997), 육계에서 오레가노 오일의 사료 내 급여로 생육의 보관성과 산패가 개선되었다고 Young 등(2003)이 보고하였다. 이외에도 식물추출물은 항염증 작용과 소화 개선효과를 발휘하는 것으로 알려져 있다(Cao 등, 2010 ; Mountzouris 등, 2008).

7.3.7 산성화제(acidifier)

가축의 소화기 1차 방어(면역) 기작은 위에서부터 시작하는데, 일정한 산도를 위 내에서 유지해야만 병원성 세균의 증식을 억제시킬 수 있기 때문이다. 또한 단백질 소화 역시 위의 낮은 산도에 의해서 진행된다. 하지만 어린 자축의 경우 위에서의 염산 생성이 불충분하므로 위내 산도 조절이 되지 않아 병원성 세균이 증식되며 단백질 소화율이 저하된다. 따라서 산성화제의 사용은 위 내 산도를 조절시킬 수 있을 뿐만 아니라 소화 작용을 활성화시켜 가축의 최적의 생산성을 유지할 수 있다.

또한 분자량이 낮은(90 Da 이하) 유기산(formic acid, acetic acid, propionic acid, lactic acid)은 항균효과를 발휘하는데, 낮은 분자량의 유기산은 세포벽을 쉽게 통과하여 세포 내로 진입할 수 있고(표 7-44), 유입된 산은 즉시 해리되어 증가된 수소이온을 제거하기 위해 미생물은 많은 에너지를 소비하여 세포 증식을 억제하며 해리된 음이온은 세포의 DNA를 파괴한다.

7.3.8 중쇄지방산(MCFA)

중쇄지방산(medium chain fatty acid, MCFA)이란 지방산 중 탄소수가 6～12개인 지방산으로 카프로익산(caproic acid, C6), 카프릴릭산(caprylic acid, C8), 카프릭산(capric acid, C10), 라우릭산(lauric acid, C12)이 있다. 중쇄지방산은 모유에서도 발견되는데 유아의 성장 발달뿐만 아니라 다양한 감염성 질병으로부터 유아를 보호해 주는 것을 많은 연구를 통해 확인할 수 있어 90년대 후반 항생제 대체제로서 각광을 받은 이후 사료에 적용하기 시작하였으며, 주로 코코넛 오일이나 열대 식물에서 추출하여 생산되고 있다.

중쇄지방산은 미생물의 인지질 이중층의 구조를 용해시켜 항균효과를 나타내는데, 이중층 외막과 미셀(micelle)을 형성하여 막을 파괴함으로써 유해균 세포 내 물질이 밖으로 용출되어 사멸시키는 기작을 가지고 있다. 이러한 기전은 박테리아 뿐 아니라 바이러스에도 유효하다. 또한 각각의 중쇄지방산은 서로 다른 세균에 대해 그 작용 크기가 다르기 때문에 중쇄지방산은 혼합하여 사용하면 광범위한 항균효과 및 상승

표 7-44. 산성화제의 특성

유기산	pKa	용해도(물)	분자량	성 상	항균작용
Formic acid	3.75	매우 우수	48.0	액상	우 수
Acetic acid	4.75	매우 우수	60.1	액상	우 수
Propionic acid	4.87	매우 우수	74.1	액상	우 수
Lactic acid	3.08	우 수	90.1	액상	매우 우수
Fumaric acid	3.03 / 4.44	낮 음	116.1	고형	없음
Citric acid	3.14 / 5.95 / 6.39	우 수	210.1	고형	없음

작용을 기대할 수 있다. 또한 중쇄지방산은 항균작용 뿐 아니라 에너지로도 작용하는데, 장쇄지방산과는 다르게 미토콘드리아로의 이동을 위해 카르니틴(carnitine)을 필요로 하지 않으며, 섭취 후 소장 점막세포로 직접 흡수되어 문맥혈관을 거쳐 간으로 운반되기 때문에 빠르게 에너지원으로 이용될 수 있다.

7.3.9 올리고당(oligo-saccharide)

올리고당은 2~10개의 단당류가 결합된 탄수화물로 장내 유익균을 선택적으로 촉진시켜 가금의 장 내 건강에 효과를 발휘하는 물질이다. 올리고당은 제조법이나 원료에 따라 만난 올리고당, 프락토올리고당, 이소말토 올리고당, 자일로 올리고당, 키토올리고당, 락툴로즈 등이 있으나 대표적인 올리고당은 만난 올리고당과 프락토 올리고당이다.

만노스(mannose)는 탄수화물의 6탄당이며, 만난올리고당은 만노스를 포함하는 과당류로 주로 세포막 성분으로 존재하며 대장균이나 살모넬라와 같은 특정 미생물과 결합하는 역할을 수행한다. 장내 병원성 미생물이 상피세포와 결합함으로 감염이 시작되는데, 만난 올리고당은 상피세포와 유해미생물의 결합을 방해하여 감염 증상을 예방하는 기능을 수행한다.

프락토올리고당은 주로 프락토즈로 구성되어 있으며 가금의 소화효소로 분해되지 않는다. 하지만 프락토올리고당을 기질로 사용하는 미생물에 의해서 분해되어 해당 미생물의 에너지원으로 이용되는데, 프락토올리고당을 이용하는 미생물은 축체의 유익한 유산균이 대표적이다. 따라서 프락토올리고당은 유익균의 우점에 도움을 주며 유해균의 장내 점착을 방해하는 작용을 통해 가금의 생산성을 개선시킬 수 있다.

7.3.10 박테리오파지(bacteriophage)

축산 뿐 아니라 공중보건 측면에서 항생제 내성균 출현 및 빈도 증가는 질병관리에 있어서 많은 문제를 야기하고 있다. 내성균에 대한 위험성의 인식을 바탕으로 유럽 및 우리나라는 각각 2006년과 2011년에 사료 내 성장 촉진용 항생제의 사용을 규제하기 시작했다. 이에 따라 항생제를 대체하기 위한 많은 연구가 이루어지고 있는데, 이 중 하나가 박테리오파지이다. 국내에서는 2010년 *S. gallinarium* 박테리오파지, 2011년 *S. typhimurium* 박테리오파지가 사료첨가제로 등록 및 고지되었고, 일부 아시아 국가에서도 박테리오파지를 사료첨가제로 등록 사용하고 있다.

박테리오파지는 바이러스의 일종이나 동물 바이러스 및 식물 바이러스와 달리 특정 미생물만 공격하는 바이러스로서 동물 및 식물 세포는 공격할 수 없을 뿐 아니라 속명이 다른 미생물에 대해서도 감염성이 없거나 매우 약하며 특이성이 높아 목표로 하는 미생물에만 영향을 미친다. 최근 박테리오파지 첨가가 가축 생산성에 미치는 영향을 평가하는 연구가 진행되고 있으며, 앞서 기술한 바와 같이 국내 사료관리법상 제품의 규격 설정 등 기준 마련이 이루어지고 있다.

참고문헌

1. Babidis V., Florou-Paneri, P., Kufidis, D., Christaki, E., Spais, A. B. and Vassilopoulos, V. 2002. The use of corn gluten meal instead of herring and meat meal in broiler diets and its effect on performance, carcass fatty acid composition and other carcass characteristics. Arch. Geflügelk. 66:145-150.
2. Batal, A. B. and Dale, N. M. 2004. True metabolizable energy and amino acid digestibility of distillers dried grains with solubles. Poster #W18, Joint Annual Meeting Abstracts pp. 317-318.
3. Botsoglou, N. A., Yannakopoulos, A. L., Fletouris, D.J., Tserveni-Goussi, A. S. and Fortomaris, P. D. 1997. Effect of dietary thyme on the oxidative stability of egg yolk. J. Agric. Food Chem. 45:3711-3716.
4. Bozkurt, M., Basmacioglu, H. and Ergul, M. 2004[a]. Effect of dietary concentration meant and bone meal on broiler chickens performance. Int. J. Poult. Sci. 3:719-723.
5. Bozkurt, M., Alcicek, A. and Cabuk, M. 2004[b]. The effect of dietary inclusion of meat and bone meal on the performance of laying hens at old age. South African J. Anim. 34:31-36.
6. Cao, P. H., Li, F. D., Li, Y. F., Ru, Y. J., Péron, A., Schulze, H. and Bento, H. 2010. Effect of essential oils and feed enzymes on performance and nutrient utilization in broilers fed a corn/soy-based diet. Int. J. Poult. Sci. 9:749-755.
7. Castanon, F., Leeper, R. W. and Parsons, C. M. 1990. Evaluation of corn gluten feed in the diets of laying hens. Poult. Sci. 69:90-97.
8. Cath, A. U., Bozkurt, M., Kucukyilmaz, K., Cinar, M., Bintas, E., Coven, F. and Atik, H. 2012. Performance and egg quality of aged laying hens fed diets supplemented with meant and bone meal or oyster shell meal. South African J. Anim. Sci. 42:74-82.
9. Cavalcanti, W. B. and Behnke, K. C. 2004. Effect of wheat bran phytase

subjected to differnet conditioning temperatures on phosphorus utilization by broiler chicks based on body weight and oe ash measurements. Int. J. Poult. Sci. 3:215-219.

10. Chong, C. H., Zulkifli, I. and Blair, B. 2008. Effects of dietary inclusion of palm kernel cake and palm oil, and enzyme supplementation on performance of laying hens. Asian-Aust. J. Anim. Sci. 21:1053-1053.
11. Drewyor, M. A. and Waldroup, P. W. 2000. Utilization of high levles of meat and bone meal in broiler diets. J. Appl. Poult. Res. 9:131-141.
12. Dudley-Cash, W. 1996. Review compares use of betaine as methionine replacement for poultry. Feedstuffs. 68(27):11.
13. El-Deek, A. A., Osman M., Yarkout, H. M. and Mahmoud, M. 2009. Evaluation of corn gluten feed as a feed ingredient for laying hens. Egypt. Poult. Sci. 29:1-19.
14. Fastinger, N. D., Latshaw, J. D. and Mahan, D. C. 2006. Amino acid availabililty and true metabolizable energy content of corn distillers dried grains with solubles in adult cecectomized roosters. Poult. Sci. 85:1212-1216.
15. Gallinger, C. I., Suarez, D. M. and Irazusta, A. 2004. Effects of rice bran inclusion on performance and bone mineralization in broiler chicks. J. Appl. Poult. Res. 13:183-190.
16. Hendriks, W. H., Butts, C. A., Thomas, D. V., James, K. A. C., Morel, P. C. A. and Verstegen, N. W. A. 2002. Nutritional quality and variation of meat and bone meal. Asian-Aust. J. Anim. Sci. 10:1507-1516.
17. Hong, E. C., Chung, W. T., Kang, G. H., Park, H. D., Suh, O. S., Na, J. C., Kim, W., Nho, W. G. and Hwangbo, J. 2008. Evaluation of true metabolizable energy and the effect of corn distillers dried grains with solubles in the diets on broiler performance and nutrient availablility. Kor. J. Poult. Sci. 34:381-389.
18. Huang, K. H., Li, X. Ravindran, V. and Bryden, W. L. 2006. Comparison of apparent ileal amino acid digestibility of feed ingredients measured with broilers, layers, and roosters. Poult. Sci. 85:625-634.
19. Ibrahim, I. K. and Hill, R. 1980. The effects of rapeseed meals from brassica napus varieties and the variety tower on the production and health of laying fowl. Br. Poult. Sci. 21:422-430.
20. Lee, C. H. 2011. Comparison of different calcium phosphate sources on growth performance in broiler chickens. In Seoul National University.
21. Lumpkins, B. S., Batal, A. B. and Dale, N. M. 2004. Evaluation of distillers dried grains with solubless as a feed ingredient for broilers. Poult. Sci. 83:1891-1896.

22. McNaughton, J. L. 1981. Effect of calcium carbonate particle size on the available phosphorus requirements of broiler chicks. Poult. Sci. 60:197-203.

23. Mikulec, Z., Mas, N., Masek, T. and Strmotic, A. 2004. Soybean meal and sunflower meal as a substitute for fish meal in boiler diet. Veterinarski Arhiv. 74:271-279.

24. Mountzouris, K. C., Tsirtsikos, P., Paraskeuas, V. and Fegeros, K. 2008. Evaluation of the effect of a phytogenic essential oils product on broiler performance and nutrient digestibility. In : Proc. World's Poult. Congr., Brisbane, Australia. pp. 444.

25. Nobakht, A. 2007. The effects of inclusion different levels of rice bran in laying hens diets on performance and plasma and egg yolk cholesterol contents. J. Anim. Vet. Adv. 6:1120-1124.

26. Nyannor, E. K. D., Adedokun, S. A., Hamaker, B. R., Ejeta, G. and Adeola, O. 2007. Nutritional evaluation of high-digestible sorghum for pigs and broiler chicks. J. Anim. Sci. 85:196-203.

27. Onwudike, O. C. 1986. Palm kernel as a feed for poultry 2. Diets containing palm kenel meal for starter and grower pullets. Anim. Feed Sci. Technol. 16:187-194.

28. Panigrahi, S. and Powell, C. J. 1991. Effects of high inclusion of palm kerneal meal in broiler chick diets. Anim. Feed Sci. Technol. 34:37-47.

29. Parsons, C. M., Castanon, F. and Han, Y. 1997. Protein and amino acid quality of meat and boen meal. Poult. Sci. 76:361-368.

30. Parsons, C. M., Martinez, C., Singh, V., Radhakrishman, S. and Noll, S. L. 2006. Nutirtional value of conventional and modified DDGS for poultry. Presented at the multi state poultry nutrition and feeding conference, Indianapolis, IN. URL:http://www.ddgs.umn.edu

31. Perez, J. F., Gernat, A. G. and Murillo, J. G. 2000. The effect of different levels of palm kernel meal in layer diets. Poult. Sci. 79:77-79.

32. Rabon, H. W., Roland, D. A., Bryant, M., Barnes, D. G. and Laurent, S. M. 1991. Influence of sodium zeolite A with and without pullet-sized limestone or oyster shell on eggshell quality. Poult. Sci. 70:1943-1947.

33. Rezaei, M. 2006. Utilization of mixed rice bran in laying hen diets. Pakistan J. Biol. Sci. 9:1420-1423.

34. Rochell, S. J., Kerr, B. J. and Dozier III, W. A. 2011. Energy determination of corn co-products fed to broiler chickens from 15 to 24 days of age, and use of composition analysis to predict nitrogen-corrected apparent metabolizable energy. Poult. Sci. 90:1999-2007.

35. Rostagno, H. S., Albino, L. F. T., Donzele, J. L., Gomes, P. C., Oliveira, R.

F., Lopes, D. C., Ferreira, A. S., Toledo Barreto S. L. and Euclides, R. F. 2011. Brazil tables for poultry and swine, composition of feedstuffs and nutrioonal requirement 3rd edition. Universidade Federal de Vicosa-Departamento de Zootecnia.

36. Salim, H. M., Zruk, Z. A. and Lee, B. D. 2010. Nutritive value of corn distillers dried grains with solubles as an ingredient of poultry diets : A review. World's Poult. Sci. J. 66:411-431.

37. Sauvant, D., Perez, J. M. and Tran, G. 2002. Tables of composition and nutritional value of feed materials, pig, poultry, cattle, sheep, goats, rabbits, horses and fish. INRA edition.

38. Senkoylu, N., Samli, H. E., Akyurek, H., Agma, A. and Yasar, S. 2005. Performance and egg characteristics of laying hens fed diets incorporated with poultry by-product and feather meals. J. Appl. Poult. Res. 14:542-547.

39. Sundu, B., Kumar, A. and Dingle, J. 2004. The effect of commercial enzymes on chicks fed high copra meal and palm kernel meal diets. Proceedings Seminar Nasional Pemanfaatan sumber Daya hayati berke-lanjutan. Ed. M. H. Husain pp26-31 Tradulako University Press, Indonesia.

40. USDA grain 2013. Grain : World Markets and Trades. Circular Series, November 2013.

41. USDA oilseed 2013. Oilseeds : World Markets and Trades. Circular Series, April 2013.

42. Van der Klis, J. D. and Versteegh, H. A. J. 1999. Phosphorus nutrition of poultry. In : Recent developments in poultry nutrition 2, Wiseman, J. and Garnswothy, P. C. (Eds). Nottingham University press (UK), pp. 309-320.

43. Viveros, A., Centeno, C., brenes, A., Canales, R. and Lozano, A. 2000. Phytase and acid phosphatase activities in plant feedstuffs. J. Agri. Food Chem. 48:4009-4013.

44. Waibel, P. E., Nahorniak, N. A., Dziuk, H. E., Walser, N. M. and Olsen, W. G. 1984. Bioavailability of phosphorus in commercial feed phosphate supplements for turkey. Poult. Sci. 63:730-737.

45. Young, J. F., Stagsted, J., Jensen, S. K., Karlsson, A. H. and Henckel, P. 2003. Ascorbic acid, alpha-tocopherol, and oregano supplements reduce stress-induced deterioration of chicken meat quality. Poult. Sci. 82:1343-1351.

46. Zhang, B. and Coon, C. N. 1997. Improved in vitro methods for determining limestone oyster shell solubility. J. Appl. Poult. Res. 6:94-99.

47. 한국사료협회 사업보고서(사료기술연구부문). 2010년.

제 8 장

가금 사료의 배합과 생산

가금의 생산성 향상과 안전한 축산물 생산을 위하여 실제 급여하는 사료에 대한 올바른 지식의 습득과 정확한 이해가 필요하다. 그 중에서도 배합사료의 설계와 제조 그리고 적절한 품질관리는 매우 중요한 것이며, 사료의 설계와 설계에 부합되게 제품을 생산하는 것은 사료회사의 핵심적인 업무이다. 그리고 가금을 사육하는 축산농가에게도 사료는 전체 생산비 중 가장 높은 부문을 차지하는 주요인으로 경영수익을 좌우하는 매우 중요한 요소가 된다.

1. 사료 배합비의 정의와 중요성

사료 배합비(feed formula)란 사용 가능한 원료 즉 단미사료(feed ingredient)들을 이용하여 가장 경제적인 방법으로 성장단계와 환경조건에 맞춰 가금이 필요로 하는 영양소를 충족시키도록 원료구성비를 설계한 것이다. 급여하는 사료는 설계기준에 맞는 정확한 배합비로 작성된 후 일련의 생산과정을 거쳐 완제품으로 만들어진 후 가금에게 급여하게 되는데, 사료의 배합비 및 특징을 규정하는 설계품질(design quality)은 가금의 생산성과 직결되며 양축농가의 수익을 달성할 수 있도록 그 품질이 보증되어야 함은 물론 생물학적 또는 물리적 위해에 대하여 안전하여야만 한다.

또한 사료배합표상의 원료 구성비에 따라 사용 원료의 사용량이 결정되고, 제조 및 가공방법에 영향을 끼치게 되며 농장에서의 사료 급이 관리에 영향을 미치는 등 제품의 가격과 품질 결정에 가장 중요한 핵심요인인 것이다. 이러한 배합비 작성의 핵심은 양질의 사료를 최소비용으로 만들어 최고의 생산성을 도출하는 것이며, 배합비 작성에 영향을 미치는 요인은 다음과 같다.

(1) 사용하는 원료의 영양소 함량과 가격

(2) 주어진 기간 내 원료별 구입 및 사용가능 물량
(3) 원료의 소화이용률과 이화학적 특성 평가의 정확도
(4) 원료의 품질과 신선도
(5) 제품의 영양소 수준과 물리적 형태 및 특성
(6) 생산 설비의 제한
(7) 원료의 생물학적·물리적 특성과 위해
(8) 환경적 요인(계절, 가금의 사육시설과 설비 등)
(9) 기타(법규의 규제성, 특정 질병의 유행, 기타 요인)
(10) 배합비 작성자의 전문적 기술수준과 숙련도

이와 같이 사료 배합비 작성은 사료의 품질을 결정하는 품질관리의 시발점으로서 가금의 영양소 요구량을 올바르게 충족시킬 수 있고 설계한대로 제조될 수 있는 정확한 사료 배합비 작성이 품질관리의 기초가 된다.

사료의 품질은 고객인 양축가가 사료를 사용하였을 때 얻어지는 만족감(customer's satisfaction)을 나타내며, 품질을 결정하는 요인을 크게 세 가지 항목으로 나누어 설명할 수 있다. 즉, 설계품질(design quality, 사료배합 및 특징), 규격품질(conformance quality, 설계치와 부합되는 정도) 및 고객품질(performance quality, 가축의 생산성과 양축가의 수익성)로서 최종적인 평가는 고객품질에 의해서 이루어지게 되지만 그 품질은 설계품질에 기인하게 되며 설계품질은 사료배합비 구성비로 표현되는 것이다.

2. 사료 배합비 작성

사료 배합비 작성(feed formulation)은 가축의 영양소 요구량을 충족시키기 위해 여러 가지의 단미사료를 적절한 비율로 조합시키는 동시에 원료비가 최소가 되게 하는 작업이다. 따라서 사료 배합비 작성은 가축생산의 성패를 결정할 수 있는 매우 중요한 것이다. 일반적으로 컴퓨터를 이용하지 않는 배합비 작성은 배합비 담당자의 오랜 경험을 바탕으로 많은 시간을 필요로 하며, 작업시점의 원료수급 사정 또는 제품의 규격이 변경되었을 때 재계산을 하여야 하는 등 비교적 큰 변동이 없는 경우에 간단한 수정을 할 수 있다.

사료 배합비 작성 시 요구하는 영양소 조건을 충족시키기 위하여 원료별 영양소 함량과 가격을 고려해야 하는 수학적인 계산 양이 방대하므로 최적의 배합비를 계산하는 것은 그렇게 간단한 것이 아니다. 컴퓨터(computer)는 많은 계산을 단시간 내

에 정확하게 할 수 있고 수계산(手計算)으로는 거의 불가능한 최저가격(least cost)의 산출 및 영양소 및 원료에 대한 감도분석(sensitivity analysis)을 손쉽게 해결할 수 있으므로 사료 배합비 계산에 있어서 컴퓨터의 도입은 필수적이라 할 수 있다.

그러나 보다 값싼 사료를 생산하기 위해서는 최저 가격의 배합비는 물론 원료의 구매 시 그 원료가 현재의 제품가격에 어떠한 영향을 미칠 것인지 또는 어떤 원료의 사용비율이 제품의 생산원가에 미치는 영향이 큰 것인지 그리고 제품규격 중의 어떠한 영양소가 생산원가에 얼마나 영향을 끼치는지와 원료의 사용량 제한이 제품가격에 어떤 영향을 미치는지에 대한 분석이 필요하며 이러한 요소들을 적절히 고려해 배합비가 작성되어져야 할 것이다.

2.1 배합비 작성 이론

가축이 필요로 하는 영양소를 공급하기 위해서 여러 가지 원료들을 가지고 비용을 최소화시키면서 영양소 요구량을 충족시킬 수 있는 백 여 개가 넘는 제품의 배합표를 단기간 내에 작성하는 데는 컴퓨터 없이는 불가능에 가까운 일이다. 따라서 컴퓨터 산업의 성장과 자료처리와 계산의 전산화가 발달됨에 따라 사료배합 기술도 빠르게 향상되어 왔다.

현재의 사료 배합비 작성은 특정한 축종의 생산목적에 따라 영양소 요구량을 설정하고 이 요구량을 충족시키기 위한 여러 가지 사료원료의 배합비율 가운데 가장 비용이 적게 드는 배합비율을 찾아내는 즉, 최소 비용 사료 배합표(least cost formula, LCF)를 작성하는 것이다. 이러한 LCF를 작성하기 위해서 전산처리 방법으로 선형식 프로그램(linear programming, LP)이 보편적으로 적용되고 있으나, 최근 들어서 지금까지의 사료배합 기술에서 미비한 점을 보완하고자 새로운 방법인 통계식 프로그램(stochastic programming, SP)이 개발되어 사용되고 있다.

2.1.1 사료 배합표 작성에 필요한 구비조건

사료 배합표 작성의 주요한 세 가지 요인은

① 영양소(nutrients) : 가금의 생명유지, 성장 및 생산을 위해 체외로부터 섭취하는 물질

② 원료평가(raw material evaluation) : 단미사료의 영양소 함량, 항 영양물질, 유해 미생물 등을 평가하는 것

③ 제품설계(product specification) : 가금의 종류와 생육, 생산단계별로 필요한 영양소 요구량 그리고 제품의 형태에 맞춰 제품의 영양소 수준을 설계하는 것이며, 이를 충족시키기 위하여 축종별, 생육단계별 영양소 요구량(사양표준)과 각 원료별 영양성분 분석표, 각 원료의 사용가격 및 각 원료의 사용 가능량 그리고 각 원료의 위해요소 및 소화이용성에 대한 정보지식 등이 필요하다.

한편, 실제 사료 배합표 작성은 다음의 다섯 단계에 거쳐 시행되어진다.

① 배합비의 작성 목적이나 목표를 설정(define objectives)
② 축종별, 생육단계별 영양소와 에너지 요구량의 결정(establish requirement)
③ 원료별 소화 생리와 이용성을 고려한 적합한 선택과 평가(select and characterizing ingredients)
④ 컴퓨터 프로그램을 활용한 배합비 작성(formulate diet)
⑤ 생산된 제품의 영양소 분석 및 가금의생산성 평가 후 피드백(evaluate diet)

2.1.2 배합비 작성

1) 대수방정식(algebraic equation)

옥수수와 대두박을 사용하여 조단백질 함량이 15%인 사료의 배합표 작성하는 경우 대수방정식을 이용하여 산출하는 방법이다.

X = 옥수수 중량(%)　　CP = 8.8%
Y = 보충사료 중량(%)　　CP = 36%

$$X + Y = 1$$
$$0.088X + 0.36Y = 0.15$$
$$X = 100 - Y$$
$$0.088(100 - Y) + 0.36Y = 15$$
$$0.272Y = 15 - 8.8 = 6.2$$
$$X = 77.21(\%)$$
$$Y = 22.79(\%)$$

2) Square method(방형법) 또는 Pearson's square method

단백질이 8.8%와 36%인 옥수수와 보충사료를 써서 15%인 배합표를 작성하는 경우 방형법을 이용하여 산출하는 방법은 다음과 같다.

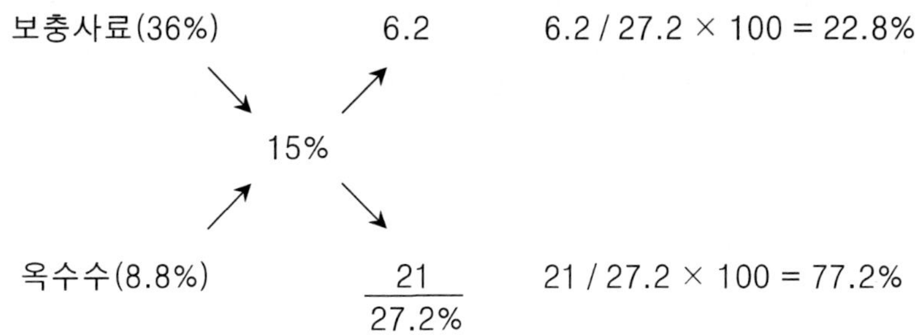

[배합비 실습]

1. 다음 원료를 가지고 조 단백질 15%인 사료 제조 시 각 배합률(%)은?

구 분	조 단백질(%)	비 고
옥 수 수	8.0	
대 두 박	44.0	

2. 조단백질 15%인 사료 제조 시 각 배합률(%)은?

구 분	조 단백질(%)	비 고
옥 수 수	8.0	
대 두 박	44.0	
단, 아래 원료를 각 비율대로 사용할 것		
어 분	60.0	3%
알 팔 파	15.0	2%
프리 믹스	0	1%

3. 조단백질 18%인 사료 제조 시 각 배합률(%)은?

구 분	조 단백질(%)	비 고
옥 수 수	8.0	50%
대 두 박	44.0	20%
보 리	10.0	30%
단, 옥수수는 50% 사용할 것		

4. 조단백질 12%, TDN 74%인 사료 제조 시 각 배합률(%)은?

구 분	조 단백질(%)	TDN(%)
옥 수 수	8.0	80
대 두 박	44.0	75
알 팔 파	15.0	60

5. 조단백질 12%, TDN 74%인 사료 제조 시 각 배합률(%)은?

구 분	조 단백질(%)	TDN(%)
옥 수 수	8.0	80
대 두 박	44.0	75
알 팔 파	15.0	60
미 강	9	70

6. 조 단백질 16%, DE 3500Kcal인 사료 제조 시 각 배합률(%)은?

구 분	조 단백질(%)	D.E(Kcal)
옥 수 수	8.0	3800
대 두 박	44.0	3400
알 팔 파	18.0	3200
보 리	10.0	3350
단, 어분 3%, 소맥 10%, 프리믹스 1%는 반드시 사용할 것		
어 분	60.0	3600
소 맥	15.0	3550
프리 믹스	0	0

3) 선형프로그래밍(linear programming, LP)

선형프로그래밍(linear programming)은 제한된 조건식을 가지는 다원 1차 연립방정식에서 그 해를 구하되 주어진 목표를 최대화 또는 최소화하는 기법이다. 1948년

LP가 소개된 이래로 컴퓨터 프로그램에 사용되는 대부분의 계산방식은 주로 이 LP를 채택하게 되었고, 사료 배합비 작성을 전산화하는 데도 이 방식이 적용되었다.

1980년 초에 들어와서 소형컴퓨터에 의한 배합표 작성 프로그램 역시 이 LP를 사용한 덕택이었다. 이용한 배합비 계산은 배합사료 분야에서 획기적인 발전을 가져왔으며 이 방법에 의해서 최소비용 배합비를 실현할 수 있었고, 이로 인해 보다 적은 생산비로 축산물을 생산(least cost production)할 수 있게 되었다.

사료 배합비 작성에서 제한된 조건식은 주로 영양소의 함량 또는 원료사료의 재고가 제한요인이며, 그 목표는 가격을 최소화하는 것이다. 즉, 미지수는 각 원료의 배합비율이 되며 배합사료에 필요한 영양소의 요구량을 충족하면서 그 비용이 가장 적게 되는 배합비를 구하는 것이 1차적인 목표이다. 선형계획법을 이용한 사료 배합비의 계산은 고려하여야 할 요소가 많고 여러 가지의 사료를 생산하는 공장에서 보다 큰 효과를 볼 수 있다.

한편, 컴퓨터를 이용하여 배합비를 구하는 것은 다음과 같은 장단점을 가진다.

① 비용을 최소로 하는 배합비를 계산한다.
② 단시간 내에 많은 양의 자료를 계산하고 수정이 용이하다.
③ 배합비의 정밀도를 높인다.
④ 세밀한 감도 분석을 통해 원료의 수급계획에 도움을 준다.
⑤ 사료의 품질에 대한 고려가 어렵다(영양학적 경험이 필요한 부분).

선형프로그래밍에 의한 문제의 해결, 즉 최소비용 배합비 도출은 다음과 같은 순서로 이루어진다.

① 주어진 문제를 읽어 조건식(부등식이 포함되어 있음)을 만들고 여기에 잉여변수와 여유변수 등을 첨가하여 표준형(등식의 형태)으로 만든다.
② 첫 번째 답을 구한다.
③ 보다 나은 답이 있는지 검사하고 있으면 첫 번째 답을 수정한다.
④ 위 3번 과정을 반복하여 최적의 답을 구한다.
⑤ 이때 자료의 모순이나 답이 얻어질 수 없는 조건이 발견되면 프로그램은 사용자에게 이를 제시하고 수정을 요구한다.
⑥ 답은 한 가지, 다수 및 무한 등이 있을 수 있으며 답이 구해지지 않는 경우도 있다. 이때는 문제의 조건을 수정해서 원하는 결과를 얻는다.
⑦ 문제의 답에 대한 감도 분석을 한다.

이러한 일련의 과정을 더 상세히 풀어 LCF를 도출해 내기 위한 LP식 사료배합 모델을 설명하면 다음과 같다.

$$\text{Minimize} = \sum_{j=1}^{n} Cj\ Xj \cdots\cdots\cdots\cdots\cdots\cdots (1)$$

$$\sum_{j=1}^{n} aij\ Xj \geq bi \cdots\cdots\cdots\cdots (2)$$

$$\sum_{j=1}^{n} aij\ Xj \leq bi \cdots\cdots\cdots\cdots (3)$$

$$\sum_{j=1}^{n} Xj = 1 \cdots\cdots\cdots\cdots\cdots (4)$$

$$Xj \geq bi \cdots\cdots\cdots\cdots\cdots\cdots (5)$$

여기서 j는 n개의 원료 중의 특정 원료를 지칭하고 계산식 (1)은 각 원료 Xj의 단위 가격 Cj으로부터 얻어진 총합 즉 배합사료 원료가격이 됨을 뜻한다. (2)와 (3)은 영양소의 최저, 최고 한계를 나타내며, (4)는 각 원료의 배합비율 합계가 100%가 되게 하며, (5)는 각 원료 구성 비율에 음의 부호가 들어가지 않게 하기 위한 것이다.

예를 들어 어느 공장에 4가지 원료가 준비되어 있다고 가정하자. 즉 kg당 가격이 200원인 옥수수(C), 400원인 대두박(SB), 400원인 육분(MM), 그리고 1,000원인 효모(y)가 있다고 하고 이들을 가지고 에너지가 130단위, 단백질 20%, 칼슘 1.0%, 유효인이 0.5%인 사료 100kg을 만들고자 한다.

원료의 에너지 함량은 C=1.5, SB=1.1, MM=0.9, y=1.0이라면 LP에 의한 계산은 다음과 같은 모양으로 이루어진다.

① 200C + 400SB + 400MM + 1000y가 최소화되면서 다음 조건을 만족시켜야 한다.
② C + SB + MM + y = 100
③ 1.5C + 1.1SB + 0.9MM + 1.0y ≥ 130
④ 0.09C + 0.5SB + 0.5MM + 0.451y ≥ 20(계수는 각 해당원료의 단백질 수준)
⑤ 0C + 0.003SB + 0.1MM + 0.001y ≥ 1.0(계수는 칼슘함량)
⑥ 0.001C + 0.002SB + 0.05MM + 0.014y ≥ 0.5(계수는 유효인 함량)

컴퓨터는 처음에는 ①의 가격에 관계없이 ②~⑥에 걸린 제한을 충족시킬 수 있는 각 원료의 배합비율을 찾아내는 작업을 진행하며 이 가운데 ①의 가격이 최소인 배합비를 최종적으로 제시한다. 이 최소가격을 형성할 때의 원료 비율이 곧 LCF가 되는 것이다.

LP에 의해 사료 배합비를 작성할 때 원료성분표(ingredient matrix)에 성분분석치의 산술평균을 사용하면 실제 배합된 사료의 성분함량은 배합표에 제시된 계산치와 차이가 생겨 사료의 영양성분이 요구량보다 낮을 확률은 50%가 될 것이다. 이 문제점을 극복하기 위해서는 배합비 작성자들은 다음 두 가지 방법을 사용하게 된다.

고전적인 방법으로는 각 제품의 영양소 요구량, 즉 최저한도(minimum bound)와 최고한도(maximum bound)를 설정할 때 미리 안전범위를 계산하여 최저 한도치(예, 단백질)에 안전범위를 가산하여 높게 설정하거나 최고한도가 문제되는 성분(예, 섬유소)치에는 안전범위 만큼 낮게 설정하는 것이다. 한편 보다 더 합리적이고 일반적으로 통용되고 있는 방법으로는 원료성분표(ingredient matrix)에 성분을 입력할 때 산술평규에서 표준편차(standard deviation, SD) 또는 그 절반 값(SD/2)을 빼거나 더한 값을 사용하며, Combs(1970)에 의하면 표준편차의 설반 값만큼 보정을 해주면 충분하다고 했다.

이처럼 matrix에 안전범위를 미리 입력시켜 배합표를 작성하는 것은 안전판 설정법(margin of safety method, MSM, 평균치에서 SD/2 값을 뺀 것)이라고 한다. 그러나 이 두 가지 방법 모두 보정해 주는 수치만큼 비용이 발생하게 된다. 위의 두 가지 가운데 첫 번째 방법보다는 두 번째 방법이 좀 더 합리적이고 원가에 미치는 영향이 적으며, 실험분석의 발달과 자료의 전산화로 인해 처리가 용이하기 때문에 많이 이용되고 있다.

4) 동세식 프로그래밍(stochastic programming, SP)

LP에 있어서는 원료성분 측정치의 변이도(variability)가 고려되지 못한 채 평균치나 평균치에서 편차를 보정한 보정치 중 한 가지 숫자를 사용하여 배합률을 계산하게 된다.

이러한 제한을 극복하기 위해서 통계적 개념 즉, 원료내의 영양소의 분산(variation)과 오차의 한계를 최소화하기 위한 신뢰도(confidence level)개념을 도입한 통계식 프로그래밍(SP)를 써서 배합률을 계산하는 시도가 미국의 펜실바니아 주립대학 연구팀에 의하여 개발되고 실제 적용 시 유리한 점이 증명됨으로써 사료배합 기술의 새로운 발전을 가져왔고 사료회사에서 실제 적용되고 있다.

LP 모델에 있어서는 원료성분의 변이를 계산에 넣지 않았지만 SP에서는 영양소의 변이도를 예상하여 배합률이 어느 특정 영양소의 최저 또는 최고한도를 지킬 수 있는 신뢰 범위를 설정하고 신뢰도에 따라 최저, 최고한도가 움직이게 된다. 이것을 SP 모델로 표시하면 다음과 같은 계산식으로 나타낼 수 있다.

LP 모델에서 계산식 (2), (3)은

$$P(\sum_{j=1}^{n} akj\ Xj \geq bk) \geq ak \cdots\cdots\cdots\cdots\cdots\cdots\cdots\cdots (2)$$

$$P(\sum_{j=1}^{n} akj\ Xj \leq bk) \geq ak \cdots\cdots\cdots\cdots\cdots\cdots\cdots\cdots (3)$$

여기서 P(A)는 A, 즉 영양소 요구량을 충족시킬 수 있는 통계적 확률을 의미하고 bk는 영양소 요구량 한계치, 그리고 ak는 신뢰도 또는 신뢰구간을 나타낸다.

(1) SP 사용 시 필요한 기본 자료

① 단미사료의 주요 영양소의 산술평균(mean)과 분산(variance)
② 가축의 생산성을 보장하기 위한 영양소 성분요구량
③ 사료관리법규에 저촉 되지 않기 위한 법적 성분요구량
④ 보장하고자 하는 통계적 신뢰의 정도(확률)

(2) 원료성분표의 작성

모든 원료성분에 분석 또는 추정치의 산술평균을 입력하고 보장이 요구되는 성분에는 분산치를 입력한다.

표 8-1에서 *로 표시된 성분에 대해서 SP가 적용되어진다. 만약 LP를 이용하여 배합표를 작성할 경우에는 *표를 한 영양성분은 평균치에서 표준편차의 절반이 되는 SD/2를 감하면 영양소 최저한계치가 보장될 확률 즉, 신뢰도인 것이다. 반드시 보장할 필요가 없는 영양소들의 경우에는 LP나 SP 경우 모두 평균치를 사용한다.

(3) 영양소 요구량의 설정

원료의 사용한도는 LP에서와 마찬가지로 사용하고자 하는 수준을 정확히 입력해야 하며, 영양소 요구량 설정 시는 보장을 필요로 하는 쪽에 신뢰도를 설정한다. 즉, 단백질 최저 한계치에 신뢰도를 69%로 했으므로 사료의 샘플을 채취해서 분석해 보면 단백질 성분이 최저치인 20.0%보다 높거나 같은 확률이 69%가 되는 것으로 나타났다(표 8-2).

표 8-1. 옥수수와 영양성분표

Number	Description	Value	Variance
2	MET ENERGY Kcal / Kg	3,510.000	
10	CRUDE PROT (%)	8.7000	0.2000
11	DIG PROT (%)	6.4991	
13	ARGININE (%)	0.4843	
14	LYSINE (%)*	0.1977	0.0002
15	METHIONINE (%)*	0.1799	0.0003
16	METH & CYS (%)	0.3360	
17	TRYPTOPHAN (%)	0.0988	
18	GLYCINE (%)	0.4942	
19	HISTIDINE (%)	0.2076	
20	LEUCINE (%)	1.0674	
21	ISOLEUCINE (%)	0.3593	
22	PHENYLALA (%)	0.4942	
23	PHENYLALA & TYRO	0.8500	
26	CRUDE FAT (%)	3.8000	
27	CRUDE FIBER (%)	2.0000	
28	DRY MATTER (%)	88.000	
30	CALCIUM (%)	0.0200	
31	AV. PHOSPH (%)*	0.100	0.0014
32	PHOSPHOUS (%)	0.2900	

표 8-2. 원료사용 제한과 제품의 영양소 요구량의 설정

제품명 : 육계전기				
INGREDIENT	MIN	MAX	MIN	MAX
70 MEDICATION	0.0500	0.0500		
103 ANIMAL BYPROD				
112 CORN LOCL				
174 SOY MEAL 49%				
271 FISH ML MENHDN	1.0000	3.0000		
281 LIMESTONE				
291 DEFLUOR PHOS				
401 LYSINE		0.2000		
421 LTQUIMETH 40%				
460 FAT A&V				
481 TRACE MIN	0.0500	0.5000		
511 SALT				
546 VITAMIN PREMIX	0.5000	0.5000		
육계전기 영양성분	NUTRIENT LIMITS		CONFIDENCE LEVEL	
NUTRIENTS	MIN	MAX	MIN	MAX
1 WEIGHT LBS CAL/LB	1.0000	1.0000		
2 MET ENERGY PCT*	1460.0000			
10 CRUDE PRO PCT*	20.0000		69.0	
14 LYSINE PCT*	1.1000		69.0	
15 METHIONINE PCT*	0.4800		69.0	
16 METH & CYS PCT*	0.7600			
26 CRUDE FAT PCT*	3.0000			
27 CRUDE FIVER PCT*		7.0000		
30 CALCIUM PCT*	0.9500	1.0000		
31 AV. PHOS PCT*	0.4500		69.0	
32 PHOSPHORUS-T PCT				
34 SODIUM PCT	0.1900	0.2200		

(4) SP와 LP와의 비교

위와 같이 원료성분과 영양소 요구량을 입력한 후 SP 방정식에 의한 배합표와 MSM 값을 사용한 LP방식에서 얻은 결과를 단백질 성분을 예로서 비교해 보면 아래 표 8-3과 같다. MSM 값은 평균치에서 SD/2값을 뺀 것이다. 얻어진 배합표를 비교하면 표 8-4와 같다.

표 8-3. 실험실 분석자료

INGREDIENT	MEAN	VARIANCE	S.D.	MSM VALUE
CORN	9.00	0.20	0.447	08.776
SOYBEAN MEAL	47.00	0.10	0.000	46.500
CORN GLUTEN	60.00	10.24	0.200	58.400
ANIMAL BY PRODUCT	49.50	2.33	1.526	48.737
FISH MEAL	60.00	0.04	0.200	59.900

표 8-4. SP와 LP의 배합표 비교 사례

ING. NO	AMOUNT SP	AMOUNT MSM	DIFFERENCE
/475*241	72.58	71.98	+0.60
103 ANIMAL BY PRODUCT	9.30	8.76	+0.54
174 SOY MEAL	8.13	8.12	+0.01
201 CORN GLUTEN	7.77	8.63	−0.86
271 FISH ML	1.00	1.00	0.00
401 LYSINE	0.43	0.46	0.03
511 SALT	0.32	0.29	−0.03
546 VITAMIN	0.13	0.13	0.00
291 DEFLOUR		0.17	−0.17
481 TRACE MI	0.05	0.05	0.00
70 MEDICATI	0.01	0.01	0.00

(계속)

NUTRIENTS	AMOUNT SP	AMOUNT MSM	DIFFEREANCE
1 WEIGHT	1.00	1.00	0.00
2 MET ENERGY	1480.00(MIN)	1480.00(MIN)	0.00
10 CRUDE PROTEIN	20.22(MIN)	20.00(MIN)	+0.22
14 LYSINE	1.20(MIN)	1.20(MIN)	0.00
15 METHIONINE	0.50(MIN)	0.50(MIN)	0.00
16 METH & CYST	0.87	0.93	0.06
17 TRYPTOPHANE	0.18	0.18	0.00
24 THREONINE	0.83	0.84	-0.01
26 CRUDE FAT	4.09	4.04	+0.05
27 CRUDE FIVER	2.09	2.08	+0.01
30 CALCIUM	1.05(MIN)	1.05(MIN)	0.00
31 AV. PHOSPH	0.51	0.45(MIN)	+0.06
34 SODIUM	0.19(MIN)	0.19(MIN)	0.00
COST	151.32	154.14	SAVINGS=$2.82

두 개의 결과를 비교해 보면 SP쪽의 함량은 설정된 최저한계치 20.0%보다 높게 20.22%로 계산되었다. 즉 주어진 사료원료를 써서 사료를 배합할 때 20.22%인 단백질 사료를 만들면 단백질 최저한도인 20.0%를 보장할 수 있는 확률은 69%라는 뜻이다.

한편 가축의 생리적 또는 법적 보장이 별로 중요시 되지 않는 다른 성분 여기서는 메티오닌과 시스틴, 트레오닌 등은 LP에 비해 다소 낮은 수준은 유지하고 있다. 이렇게 해서 최종적으로 원료비 면에서 볼 때 SP를 쓸 경우 LP 방식에 의해 톤당 $2.82가 절약되는 효과를 나타내고 있다.

3. 전산프로그램을 활용한 사료배합표 작성
(Linear programming의 예, Format)

3.1 기초자료 입력

3.1.1 영양소(nutrient) 파일 작성

각종 영양소에 코드번호와 이름 및 단위를 부여한다. 이 때 Ratio라는 기능을 이용할 수 있다. 이는 특정 영양소들의 비율이나 연관성을 고려하여 임의로 정해놓은 설정에 따라 그 영양성분을 주어진 조건에 맞춰 자동 계산 후 보여주는 기능이다. 또한 모든 영양소를 다 고려할 수도 있고 필요한 영양소들만 보여주거나 프린트 할 수도 있고, 영양소의 입력 순서와 별도로 배열을 달리 할 수 도 있는 등 프로그램의 특성에 따라 활용방법과 편이성은 차이가 있다.

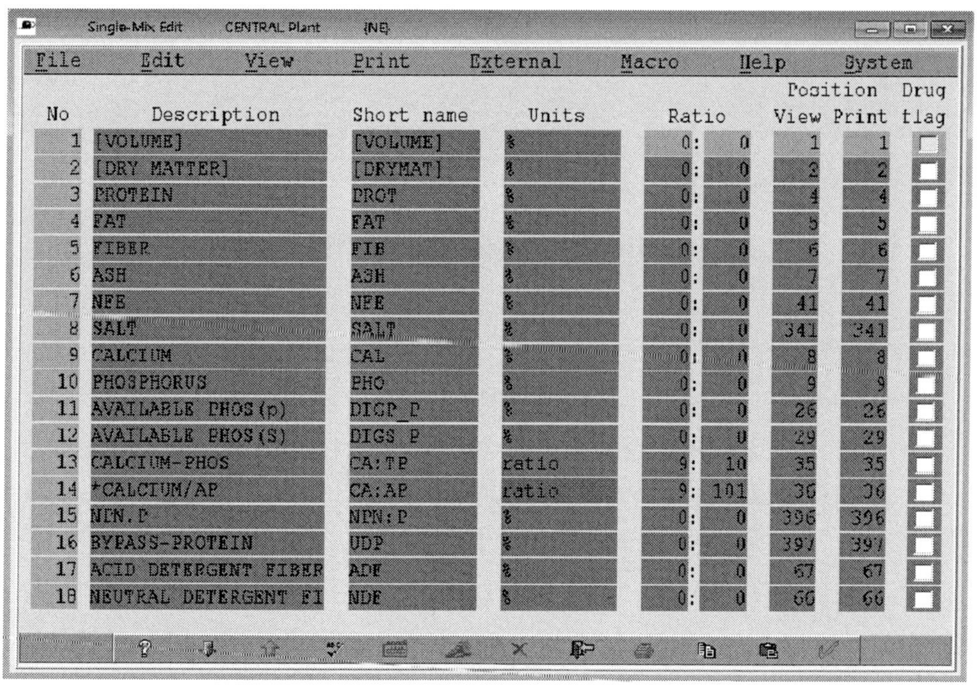
Single-Mix Edit CENTRAL Plant (NE)

File Edit View Print External Macro Help System

No	Description	Short name	Units	Ratio		Position View	Position Print	Drug flag
1	[VOLUME]	[VOLUME]	%	0:	0	1	1	
2	[DRY MATTER]	[DRYMAT]	%	0:	0	2	2	
3	PROTEIN	PROT	%	0:	0	4	4	
4	FAT	FAT	%	0:	0	5	5	
5	FIBER	FIB	%	0:	0	6	6	
6	ASH	ASH	%	0:	0	7	7	
7	NFE	NFE	%	0:	0	41	41	
8	SALT	SALT	%	0:	0	341	341	
9	CALCIUM	CAL	%	0:	0	8	8	
10	PHOSPHORUS	PHO	%	0:	0	9	9	
11	AVAILABLE PHOS(p)	DIGP_P	%	0:	0	26	26	
12	AVAILABLE PHOS(S)	DIGS_P	%	0:	0	29	29	
13	CALCIUM-PHOS	CA:TP	ratio	9:	10	35	35	
14	*CALCIUM/AP	CA:AP	ratio	9:	101	36	36	
15	NPN.P	NPN:P	%	0:	0	396	396	
16	BYPASS-PROTEIN	UDP	%	0:	0	397	397	
17	ACID DETERGENT FIBER	ADF	%	0:	0	67	67	
18	NEUTRAL DETERGENT FI	NDF	%	0:	0	66	66	

3.1.2 원료(ingredient) file 작성

원료별로 코드번호와 이름을 부여하고, 가용 여부와 가격을 입력한다.

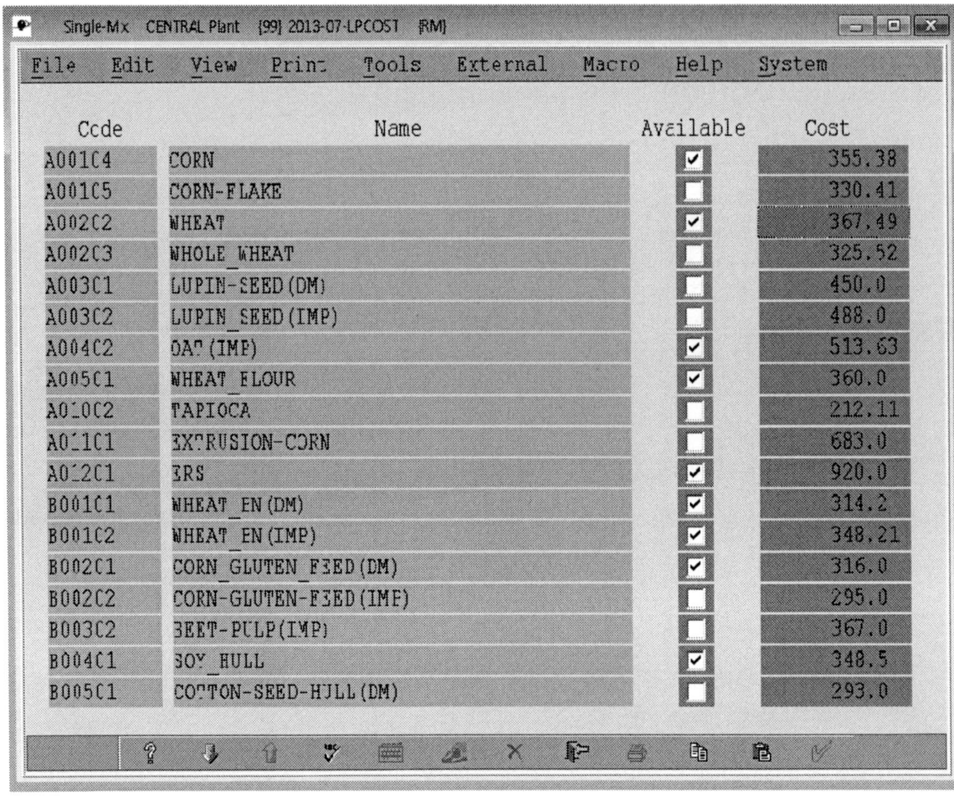

3.1.3 원료 성분표(ingredient specification file) 작성

일명 원료 메트릭스(ingredient/nutrient matrix file)라고도 부르며 각 원료에 따른 영양성분 함량과 가격을 입력하는 것으로 정확한 자료의 입력이 성공적인 사료배합의 기본이 된다. 영양성분 가운데 일반성분(조단백질, 조지방, 회분, 섬유소, 건물량)은 실제 분석치를 사용한다. 그리고 미량 무기질이나 비타민 같은 미량영양소의 분석에는 많은 시간과 비용이 소요되므로 일정 기간을 두고 분석하거나 문헌상 참고자료를 이용한다.

아미노산이나 유효아미노산 및 대사에너지 등은 원료가 바뀔 때마다 실제 가축을 이용하여 분석 평가하기에는 너무 많은 시간과 비용의 부담이 크지만 그렇다고 참고서에 나타난 자료를 사용하기에는 영양가의 변이가 크기 때문에 회귀방정식(regression equation)을 이용한 간접 평가법을 활용하는 것이 권장된다. 이밖에도 크산토필, 아플라톡신, gossypol, glucosinolates 등의 특수성분은 필요한 원료에 따라 실험 분석치를 사용한다.

한편, 일반성분과 아미노산 그리고 평가된 에너지 등 분석 결과를 입력한 후에 일

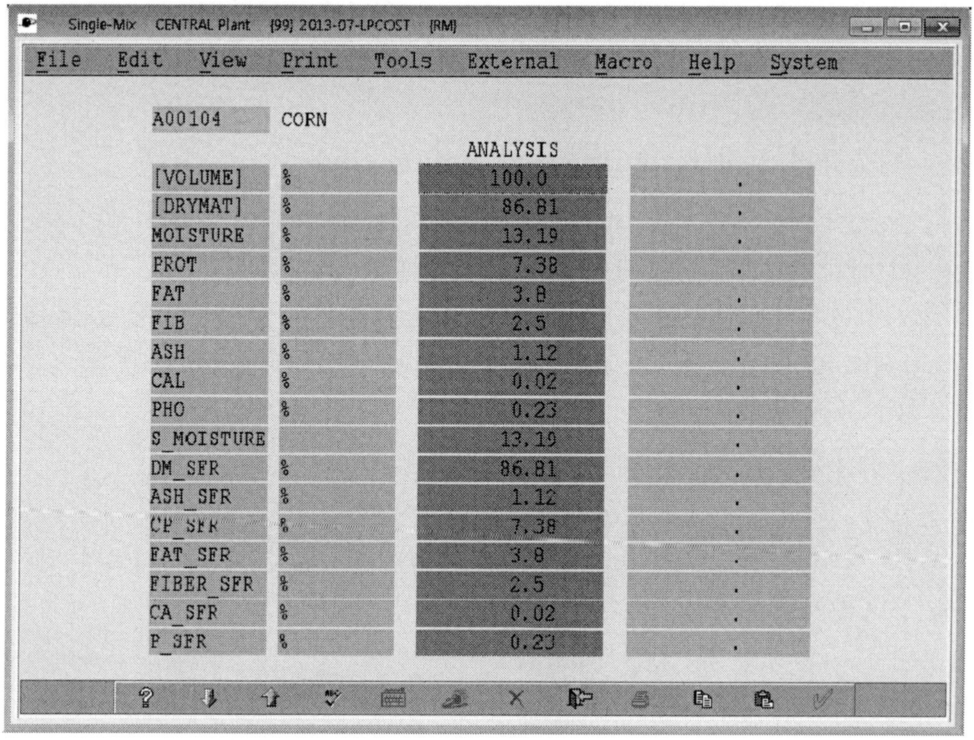
Single-Mix CENTRAL Plant [99] 2013-07-LPCOST [RM]
File Edit View Print Tools External Macro Help System
A00104 CORN
ANALYSIS
[VOLUME] % 100.0 .
[DRYMAT] % 86.81 .
MOISTURE % 13.19 .
PROT % 7.38 .
FAT % 3.8 .
FIB % 2.5 .
ASH % 1.12 .
CAL % 0.02 .
PHO % 0.23 .
S_MOISTURE 13.19 .
DM_SFR % 86.81 .
ASH_SFR % 1.12 .
CP_SFR % 7.38 .
FAT_SFR % 3.8 .
FIBER_SFR % 2.5 .
CA_SFR % 0.02 .
P_SFR % 0.23 .

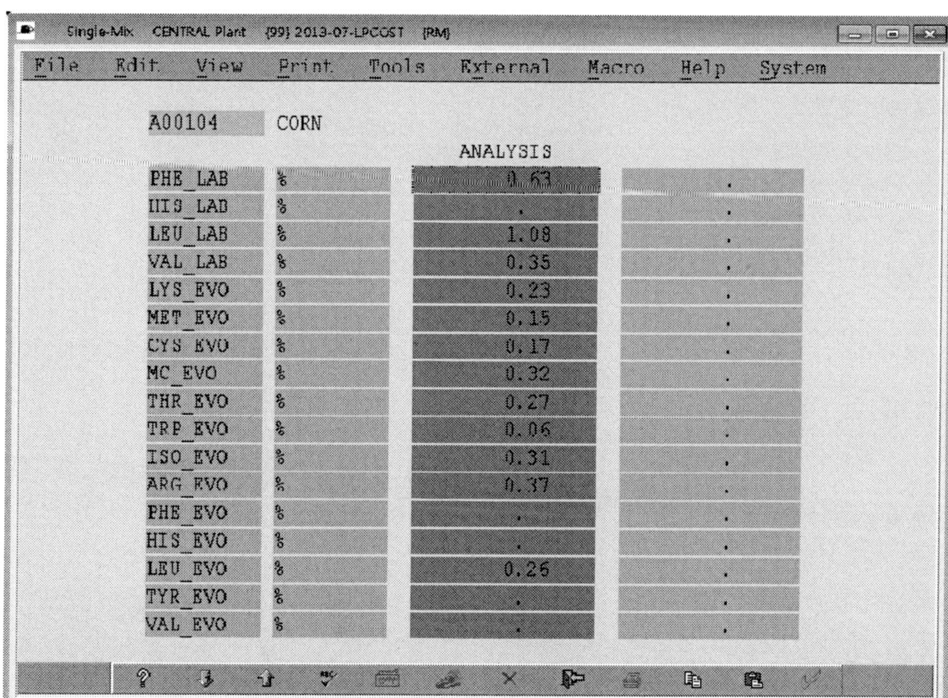
Single-Mix CENTRAL Plant [99] 2013-07-LPCOST [RM]
File Edit View Print Tools External Macro Help System
A00104 CORN
ANALYSIS
PHE_LAB % 0.63 .
HIS_LAB % . .
LEU_LAB % 1.08 .
VAL_LAB % 0.35 .
LYS_EVO % 0.23 .
MET_EVO % 0.15 .
CYS_EVO % 0.17 .
MC_EVO % 0.32 .
THR_EVO % 0.27 .
TRP_EVO % 0.06 .
ISO_EVO % 0.31 .
ARG_EVO % 0.37 .
PHE_EVO % . .
HIS_EVO % . .
LEU_EVO % 0.26 .
TYR_EVO % . .
VAL_EVO % . .

차회귀방정식 혹은 다중회귀방정식을 통해 특정 원료성분은 자동으로 계산할 수도 있으며 비율을 주고 평가할 수도 있다.

3.1.4 제품규격 설정(formula specification file)

사료 배합비 작성에서 가장 어렵고 중요한 작업으로서 가축의 영양과 생리학적 지식은 물론이고 사양관리, 사료제조 및 법적 제한과 기업이윤이 모두 고려되는 작업이다. 제품의 명칭, 사료원료의 번호와 이름 그리고 원료의 사용범위(최소치와 최대치) 및 사료에 설정이 요구되는 영양소의 코드 번호, 영양소명칭 및 영양수준 범위(최소치와 최대치)를 정확히 입력해야 한다.

제품규격이 곧 제품의 성능과 특징을 결정짓게 되므로 규격설정에는 영양소 요구량, 원료의 이화학적 특성(성장 저해인자의 존재 유무, 입자도, 기호성), 제품의 형태 및 제조시설과 기계의 특징, 농장에서의 관리상태, 가축별 기호도와 사료의 외관상 특징, 그리고 사료 관리법상의 제한 등 영양, 사양, 관리, 제조, 급이 관리, 법적제한 등 모든 지식과 정보 및 경험이 사용된다.

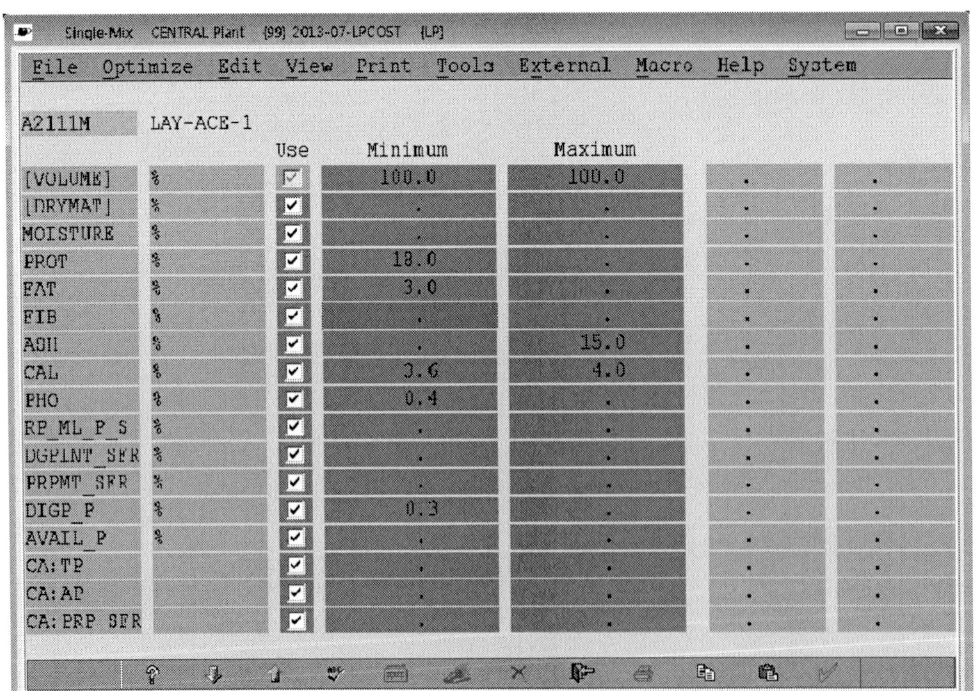

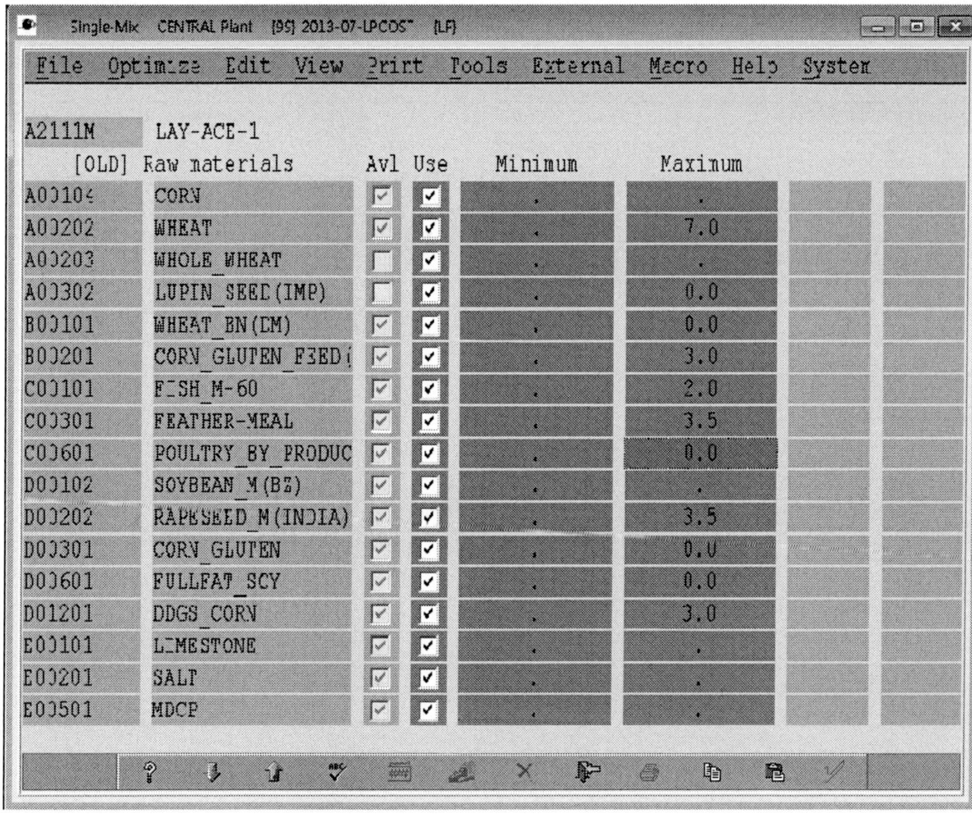

3.2 전산프로그램을 활용한 배합비 작성(LP의 경우)

사료 배합비 작성 전산프로그램 가운데 가장 보편화되어 있는 것은 선형식(LP)에 의한 최소비용 배합비 작성이라고 볼 수 있다. 전산프로그램 개발회사에서 LP 시스템을 여러 가지 형태로 발전시킨 각종 소프트웨어가 현재 널리 보급되어 있으며, 그 중 하나의 LP 프로그램인 Format®의 경우에 여러 기능 중에서 single-mix, multi-mix, parametrics 이 세 가지가 주요한 프로그램이라 할 수 있다.

3.2.1 싱글믹스 ; single - mix 프로그램(Format NC version)

전산에 의한 배합표 작성의 가장 기본이 되는 프로그램으로 원료의 가격, 영양성분 함량, 특정한 제품의 영양수준 및 제품 내 원료사용수준을 설정 입력한 후 설정치를 충족시키는 범위 내에서 원료비가 최소가 되는 배합비를 작성하는 방법이다.

[육계 배합비 예시]

: SP: A3302P 육계후기(P) 100.0 %, 2000.0 Kg (Recost: 472.207) Optimal cost: 470.979 :

INCLUDED RAW MATERIALS		%	Kg	Cost	Lim	Minimum	Maximum	Lower Cost	New %	Upper Cost	New %
A00104	CORN	53.5588	1071.176	366.170		0.0000	*********	360.501	61.8685	373.487	49.0250
A00203	WHOLE_WHEAT	9.8033	196.067	351.830		0.0000	*********	344.458	13.4945	356.559	0.0000
A00501	WHEAT_FLOUR	5.0000	100.000	340.000	min	5.0000	*********	257.044	7.3518	.	.
C00101	FISH_M-60	3.0320	60.640	870.000		0.0000	5.0000	830.158	3.7150	906.325	2.1168
C00601	POULTRY_BY_PRODUCT	1.5000	30.000	980.000	min	1.5000	2.0000	802.877	2.0000	.	.
D00102	SOYBEAN M(BZ)	21.7326	434.653	490.270		0.0000	*********	460.027	23.0160	504.590	19.0324
E00101	LIMESTONE	0.8378	16.755	32.000		0.0000	*********	-218.286	1.2576	598.823	0.7898
E00201	SALT	0.2200	4.400	140.000	min	0.2200	*********	184.005	0.7063	.	.
E00501	MDCP	0.0658	1.315	815.000		0.0000	*********	401.050	0.1459	1228.756	0.0000
E11203	SEAPRO_FMR	0.1500	3.000	2500.000	min	0.1500	*********	-184.095	0.6363	.	.
E22903	CTCZYME(mannan+xylan)	0.0500	1.000	6000.000	min	0.0500	*********	-184.095	0.5363	.	.
E26703	GENOPHOS5000G	0.0100	0.200	5300.000	MAX	0.0100	0.0100	.	.	53968.168	0.0100
E51903	IS-VITAMIN-A	0.1500	3.000	4900.000	min	0.1500	*********	-104.095	0.6363	.	.
E53703	CHOLINE-50	0.0500	1.000	1460.000	min	0.0500	*********	-184.095	0.5363	.	.
E53803	L THREONINE	0.0907	1.813	2050.000		0.0000	*********	487.254	0.2519	8680.520	0.0826
E56103	MHA(81%)	0.3099	6.198	4320.000		0.0000	*********	514.976	0.6329	9169.651	0.3005
E56403	LYSINE-S(50%)	0.3891	7.782	1930.000		0.0000	*********	576.640	0.4136	3989.113	0.3666
F00201	TALLOW(D)	3.0000	60.000	1150.000	min	3.0000	5.0000	1081.267	3.4826	.	.
F12503	COXYNIL(MADURAMYCIN)	0.0500	1.000	2400.000	min	0.0500	*********	-184.095	0.5363	.	.

REJECTED RAW MATERIALS		Minimum	Maximum	Cost	Lower Cost	New %
B00201	CORN_GLUTEN_FEED(DM)	0.0000	3.0000	311.000	222.989	0.862
D00301	CORN_GLUTEN	0.0000	5.0000	830.000	688.397	0.340
E51303	VIT-AD3	0.0000	*********	1700.000	-184.095	0.406

NUTRIENT ANALYSIS			Limit	Minimum	Maximum	Unit Cost	Lower Level	Saving	Upper Level	Saving
[VOLUME]	%	100.0000	MAX	100.0000	100.0000	1.8409	.	.	100.5923	1.090
[DRYMAT]	%	88.3520		0.0000	999999.0000	.	.	.	.	.
MOISTURE	%	11.6480		0.0000	999999.0000	.	.	.	.	.
PROT	%	19.0000	min	19.0000	999999.0000	3.3031	18.8049	0.300	.	.
FAT	%	6.2806		3.5000	999999.0000	.	.	.	.	.
FIB	%	2.9751		0.0000	4.5000	.	.	.	.	.
ASH	%	4.1196		0.0000	7.5000	.	.	.	.	.
CAL	%	0.5770		0.0000	3.8000	.	.	.	.	.
PHO	%	0.4462		0.0000	999999.0000	.	.	.	.	.
DIGP_P	%	0.2800	min	0.2800	999999.0000	63.5184	0.2640	1.014	.	.
AVAIL_P	%	0.1900		0.0000	999999.0000	.	.	.	.	.
AME	KCAL/KG	3000.0000	min	3000.0000	999999.0000	0.1478	2977.4793	3.329	.	.
LYS	%	1.2809		0.0000	999999.0000	.	.	.	.	.
MET	%	0.6633		0.0000	999999.0000	.	.	.	.	.
SAA	%	0.9659		0.0000	999999.0000	.	.	.	.	.

[산란계 배합비 예시]

: SP: A2111M 산란전기 100.0 %, 2000.0 Kg (Recost: 390.953) Optimal cost: 374.037 :

INCLUDED RAW MATERIALS		%	Kg	Cost	Lim	Minimum	Maximum	Lower Cost	New %	Upper Cost	New %
A00104	CORN	56.4097	1129.994	366.170		0.0000	*********	333.075	62.7276	387.848	56.4097
A00202	WHEAT	7.0000	140.000	351.830	MAX	0.0000	7.0000	.	.	381.274	0.0000
B00201	CORN_GLUTEN_FEED(DM)	0.8731	17.461	311.000		0.0000	3.0000	304.639	2.3377	314.548	0.8731
D00102	SOYBEAN_M(BZ)	23.4902	469.803	490.270		0.0000	*********	466.864	23.4902	505.058	22.8602
E00101	LIMESTONE	10.1411	202.822	32.000		0.0000	*********	2039.908	10.1411	49.652	9.6133
E00201	SALT	0.2700	5.575	140.000		0.2200	*********	51.374	0.6025	975.045	0.2676
E00501	MDCP	0.5553	11.107	815.000		0.3000	*********	150.053	1.0522	1569.448	0.5430
E26703	GENOPHOS5000G	0.0100	0.200	5300.000	MAX	0.0000	0.0100	.	.	38338.245	0.0000
E51303	VIT-AD3	0.0500	1.000	1700.000	min	0.0500	*********	49.515	0.3671	.	.
E56103	MHA(81%)	0.1019	2.038	4320.000		0.0000	*********	509.704	2.0075	8014.819	0.1019
F00201	TALLOW(D)	1.0000	20.000	1150.000	min	1.0000	*********	805.115	1.4719	.	.

REJECTED RAW MATERIALS		Minimum	Maximum	Cost	Lower Cost	New %
C00101	FISH M-60	0.0000	2.0000	870.000	737.060	1.312
D01201	DDGS_CORN	0.0000	3.0000	424.200	411.258	2.989

NUTRIENT ANALYSIS			Limit	Minimum	Maximum	Unit Cost	Lower Level	Saving	Upper Level	Saving
[VOLUME]	%	100.0000	min	100.0000	100.0000	0.4951	99.6829	0.157	.	.
[DRYMAT]	%	88.8879		0.0000	999999.0000	.	.	.	.	.
MOISTURE	%	11.1121		0.0000	999999.0000	.	.	.	.	.
PROT	%	18.0000	min	18.0000	999999.0000	4.4691	15.1164	3.049	.	.
FAT	%	3.5366		3.0000	999999.0000	.	.	.	.	.
FIB	%	2.9241		0.0000	999999.0000	.	.	.	.	.
ASH	%	13.0477		0.0000	15.0000	.	.	.	.	.
CAL	%	3.6500	MAX	3.6000	3.6500	0.4658	.	.	4.1102	0.056
PHO	%	0.4420		0.4000	999999.0000	.	.	.	.	.
DIGP_P	%	0.3100	min	0.3100	999999.0000	42.0755	0.2734	1.541	.	.
AVAIL_P	%	0.1958		0.0000	999999.0000	.	.	.	.	.
AME	KCAL/KG	2700.0000	min	2700.0000	999999.0000	0.0807	2672.5751	2.214	.	.
LYS	%	0.7966		0.0000	999999.0000	.	.	.	.	.
MET	%	0.4046		0.0000	999999.0000	.	.	.	.	.
SAA	%	0.7300		0.0000	999999.0000	.	.	.	.	.
THR	%	0.5936		0.0000	999999.0000	.	.	.	.	.

[종계 배합비 예시]

: SP: A4359C 육용종계(C) 100.0 %, 2000.0 Kg (Recost: 388.309) Optimal cost: 370.073 :

INCLUDED RAW MATERIALS		%	Kg	Cost	Lim	Minimum	Maximum	Lower Cost	New %	Upper Cost	New %
A00104	CORN	50.6105	2530.523	366.170		0.0000	*********	343.565	53.3217	436.106	49.9974
A00202	WHEAT	3.0000	150.000	351.830	MAX	0.0000	3.0000	.	.	372.259	0.0000
A00302	LUPIN_SEED(IMP)	5.0000	250.000	330.620	MAX	0.0000	5.0000	.	.	341.036	3.0832
A00501	WHEAT_FLOUR	3.0000	150.000	340.000	MAX	2.0000	3.0000	.	.	355.818	2.0000
D00101	WHEAT_DN(DM)	10.5350	526.750	294.200		0.0000	12.0000	200.572	12.0000	300.100	10.5350
D00102	SOYBEAN_M(BZ)	16.7146	835.731	490.270		0.0000	25.0000	461.692	17.4132	596.004	16.5736
E00101	LIMESTONE	0.9239	446.196	32.000		0.0000	10.0000	-3600.355	0.9294	105.090	0.3437
F00201	SALT	0.3000	15.000	140.000	min	0.3000	0.3000	105.224	0.3000	.	.
E00501	MDCP	0.0603	43.417	615.000		0.0000	1.0000	61.659	1.0000	2456.155	0.0562
F52103	HS-VIT-MIN-PREM(C)	0.1300	6.500	6270.000	min	0.1300	*********	105.224	4.0608	.	.
E53703	CHOLINE-50	0.0500	2.500	1460.000	min	0.0500	*********	105.224	3.9000	.	.
E56103	MHA(H1%)	0.1676	8.382	4320.000		0.0000	1.0000	354.695	1.0000	7884.536	0.1620
F00201	TALOW(D)	0.7000	35.000	1150.000	min	0.7000	1.5000	729.732	1.0503	.	.

REJECTED RAW MATERIALS		Minimum	Maximum	Cost	Lower Cost	New %
D01201	DDGS_CORN	0.0000	2.0000	424.200	389.648	0.432
D01601	SESAME-M(DM)	0.0000	0.0000	420.000	0.000	0.000
E50003	VIT E 10%	0.0000	*********	7000.000	105.224	3.931

NUTRIENT ANALYSIS			Limit	Minimum	Maximum	Unit Cost	Lower Level	Saving	Upper Level	Saving
[VOLUME]	%	100.0000	min	100.0000	100.0000	1.0522	96.0692	4.136	.	.
[DRYMAT]	%	88.7939		0.0000	999999.0000	.	.	.	.	.
MOISTURE	%	11.2061		0.0000	999999.0000	.	.	.	.	.
PROT	%	15.4108		15.0000	999999.0000	.	.	.	.	.
FAT	%	3.6819		0.0000	999999.0000	.	.	.	.	.
FIB	%	4.1099		0.0000	999999.0000	.	.	.	.	.
ASH	%	12.3054		0.0000	999999.0000	.	.	.	.	.
CAL	%	3.6000	MAX	3.0000	3.6000	1.9475	.	.	4.0083	0.795
PHO	%	0.5432		0.0000	999999.0000	.	.	.	.	.
DIGP_P	%	0.2700	min	0.2700	999999.0000	44.1946	0.1220	6.542	.	.
DIGP_P	%	0.2805		0.0000	999999.0000	.	.	.	.	.
AVAIL_P	%	0.2211		0.0000	999999.0000	.	.	.	.	.
AME	KCAL/KG	2550.0000	min	2550.0000	999999.0000	0.0667	2529.4880	1.369	.	.
LYS	%	0.7419		0.0000	999999.0000	.	.	.	.	.
MET	%	0.3678		0.0000	999999.0000	.	.	.	.	.
SAA	%	0.6390		0.0000	999999.0000	.	.	.	.	.
THR	%	0.5653		0.0000	999999.0000	.	.	.	.	.

3.2.2 멀티믹스 ; multi-mix(Format NC version)

싱글믹스(single-mix)를 기본으로 하되 일정한 시기에 각종 사료제품 생산을 위해 주어진 원료를 사용하여 전체 제품의 원료비용을 최소화 할 수 있도록 각 제품별 원료 구성 비율을 최적화시킬 수 있는 프로그램이며, 구매정책 및 경영정책 수립에 널리 활동된다.

각 제품별로 최적화 된 배합비(single mix) 결과들은 전체 원료의 가득량과는 무관한 최소비용 배합비로 작성된 상태이며, 실제 각 원료별 사용 허용량 이내에서 다시금 배합비가 산정되어야 한다. 이때 각 원료별 최소 사용량과 최대사용 가능량을 설정하고, 이 범위 내에서 각 제품별 배합비를 다시 작성하는 것을 multi-mix라 한다. 대개 멀티믹스에 의한 배합비 결과는 원료별 가득성 제한에 따라 차이가 있을 수 있으나 싱글믹스(single-mix) 결과보다 제품별 원료비가 상승하게 된다

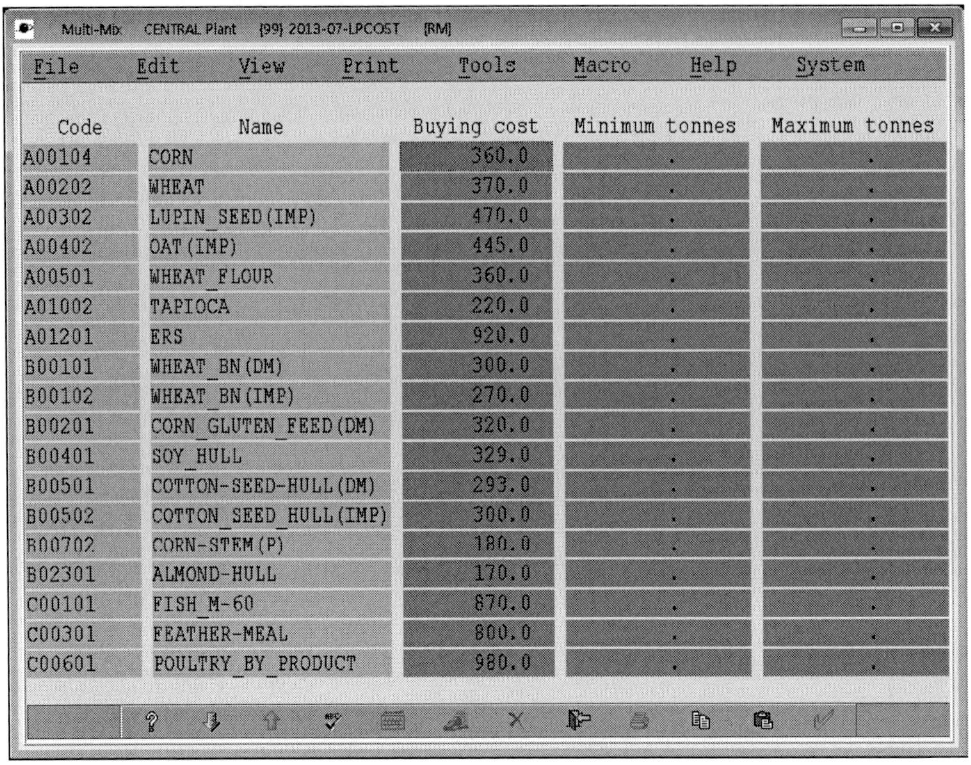

3.2.3 파라메트릭스(Parametrics)

이 프로그램은 ① 원료의 가격변동, ② 원료의 성분 변동, ③ 원료의 사용수준 변동, ④ 제품의 성분변동에 따른 배합표의 가격이나 원료의 사료 수준 변화 등을 연구

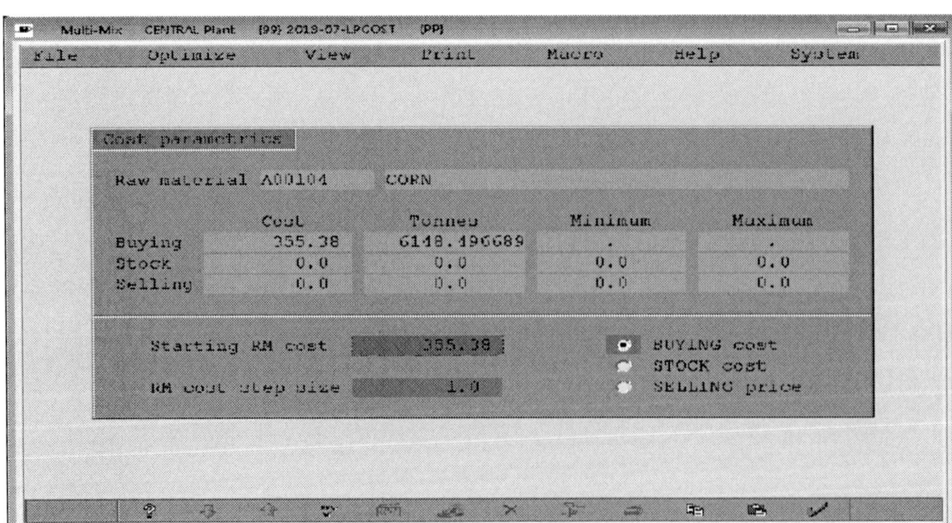

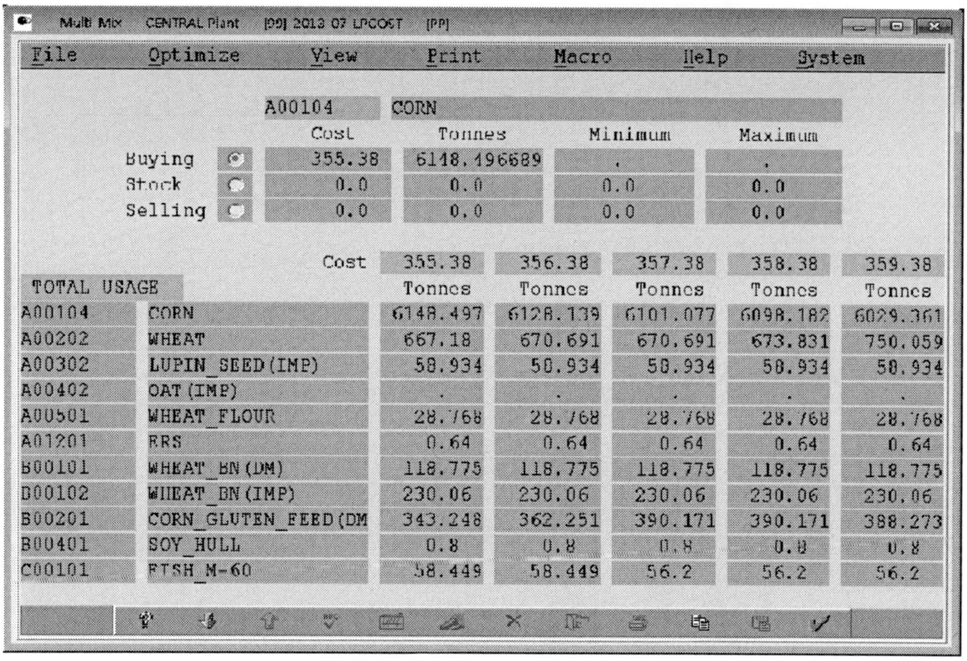

하기 위해 사용되는 프로그램 기법이다. 여기에도 크게 single-mix parametrics와 multi-mix parametrics로 나누어 볼 수 있는데 사용법은 유사하다.

3.2.4 사료 배합비 작성 시 기타 고려 사항

1) 축종별 원료의 사용범위

각 원료별로 항영양인자의 유무와 기호성(palatability) 그리고 성장단계별 소화생리 등을 고려하여 배합비 작성 시 특정원료의 사용범위를 축종 및 생육단계에 따라 제한하는 것이 필요하다. 이를 위해 가금의 소화생리 및 성장 단계별 특징 및 영양학적 지식이 필요하며, 산란계 사료의 배합비 작성 시 각 원료별 사용량 제한의 한 예를 들면 표 8-5와 같다.

2) 사료배합비와 가공 사료(펠렛) 품질

육계나 오리 사료의 경우 사료의 허실을 방지하고 섭취량 증가를 유도하며 열처리 가공을 통한 소화 이용성 증진과 생산성 향상을 도모하기 위해서는 주로 펠렛이나 크럼블 등 가공 사료의 형태로 급여한다. 그러나 열처리 가공과정을 거친 펠렛 사료의 급여 시 가루발생이 많게 되면 가루가 급이기 바닥에 쌓이게 되어 급이기 내 사료의 신선도가 떨어지고 부패 또는 변패되거나 유해미생물에 오염되기 쉬어 결국 생산성

표 8-5. 산란계 사료의 원료별 최대 사용량(%)

산란계 사료 내 원료별 최대 사용 수준(%)	
보 리	30
타피오카	35
콘글루텐	10
탈지미강	20
소 맥 피	10
전지대두	20
채 종 박	7.5
호 마 박	10
당 밀	3
해바라기씨박	10
육 골 분	7.5

감소와 경제적 손실을 초래할 수도 있다.

이러한 관점에서 사료 배합비 작성 시 원료의 영양적 특성 외에도 물리적 성질에 따른 생산 적합성과 생산설비와의 부합 등을 고려해야 한다. 즉, 사료공장의 기존 생산 설비와 연관되어 설계품질과 최종제품의 제조품질의 보증을 위한 고려가 필요하다. 원료의 영양소 성분과 물리적 특성이 펠렛 사료 제조에 미치는 영향을 요약하면 표 8-6, 8-7과 같다.

3.2.5 배합비 작성 시 원료의 위해요소파악 및 제품에의 영향

안전한 축산물 생산을 위한 사료의 안정성은 매우 중요하며 우리나라 모든 사료공장은 HACCP 기준에 의하여 원료와 제품 품질 안정성과 위해요소 평가에 따른 관리를 철저히 하고 있으며 사료 배합비 설계 시 이러한 점이 고려되어야 한다.

(1) 사용하는 모든 원료의 물리적, 화학적, 생물학적 위해요소를 파악한다.

(2) 위해 종류별 법적 위해기준과 가축에의 영향을 파악하고, 각종 분석 자료를 검토하여 분석 자료의 최대치(최악의 경우)를 배합비에 적용해 제품별 법적기준의 초과여부를 확인한다.

표 8-6. 원료의 영양 성분이 펠렛 사료 제조에 미치는 효과

영양성분	효 과
단백질	열이 단백질을 가소화(plasticize)시켜서 결착력을 높임으로써 분화율을 낮춘다.
지 방	펠렛 다이에서 윤활작용을 함으로써 결착력을 저하시켜 내구성을 저하시킨다. 배합기내 지방 첨가량을 4% 이상 높이지 않는다. 지방첨가는 가능한 한 펠렛 성형 후 지방분사에 의한 피복기술을 적용시킨다.
섬유소	생산성을 저하시킨다.
전 분	수분과 열에 의하여 젤라틴화(gelatinization)함으로써 결착력이 증가한다. 다만 전분의 종류에 따라 전분화를 최대로 하는 온도 범위가 다르다
무기질	마찰계수가 높아 펠렛 다이 손상이 심하므로 다량 첨가 시는 지방을 소량 첨가하여 윤활도를 높인다.

표 8-7. 원료별 물리적 특징과 펠렛 영향

원 료	효 과
밀과 밀가루	전분의 호화도(gelatinization)가 증대되며 결착력이 증진된다.
당 밀	열을 받아 카라멜화(caramelization)가 형성되고 결착력 증진 효과가 있다.
유제품	열에 쉽게 파괴되며, 펠렛 결착력은 우수하나 펠렛 제조 시 막힘 현상이 발생되므로 유지를 첨가하여 펠렛 다이를 유가공 제품이 파괴되지 않고 쉽게 통과하도록 유도한다.
결착제	각종 천연 또는 합성 펠렛결착제 사용은 펠렛 결착력을 강화하고 내구성을 증진시킨다.

(3) 법적 관리기준 / 자체 관리기준을 초과하는 위해요소는 관리대상으로 정한다.

(4) 상기 (2)항의 자료를 근거하여 FMEA법(failure mode and effects analysis)에 의해 원료의 관리대상 위해가 무엇인지를 확정하고, DT(decision tree)를 수행하여 원료의 CCP(critical control point)를 결정한다.

(5) 각 원료에 대한 RAN(risk assessment number) 값은 배합비에 적용하여 제품별 SCI(sensitivity classification index)에 적합한 수준인가를 평가하는 데 이용함으로써 제품생산의 위해여부를 평가할 수 있도록 한다. 화학적 위해 요소의

표 8-8. 사료원료의 위해요소와 대상

구 분	위해요소	대상원료
물리적 요인	이물질(금속, 비철금속, 실, 비닐 등)	모든 원료
화학적 요인	잔류 농약(유기인계, 유기염소계 등)	곡류, 곡류 부산물, 식물성 단백질 원료, 조사료 등
	중금속	모든 원료(동물성 단백질 원료)
생물학적 요인	곰팡이독소 살모넬라	모든 원료(옥수수)

경우 배합비 작성 시 기준을 초과하지 않도록 배합프로그램이 운영됨을 입증하는 것이 좋다. 생물학적 위해 요소의 경우는 사용량에 무관하지만 가루사료의 경우 살모넬라에 민감한 원료들은 배합비 작성 시 가능한 제외하거나 사용 시에는 분석 자료를 근거로 활용한다.

(6) 제품의 SCI와 원료의 RAN 값의 제품 배합비에 적용 사료 종류별 위해분석에 따라 위해요소를 위해의 수준별로 분류하여 위해도 평가를 위한 범주와 검토사항을 정한다. 참고로 사료공장에서 생산되는 모든 제품을 아래의 표와 같이 SCI 값을 정하여 4 이상인 제품에 대하여 배합비 작성 시 RAN 값을 고려한 배합비를 작성하는 방식을 활용할 수 있다.

	위험성 평가
A	이 사료는 허약하며 스트레스를 받은 가축 또는 어린가축에게 급여 빈도가 높은가?
B	이 사료를 섭취한 가축은 스트레스를 받을 수 있는가? (백신접종, 단미, 부리제거, 제각)
C	이 사료는 과거의 미생물학적 위험성과 관련이 있었는가?
D	이 사료는 가루사료인가?
E	이 사료는 치료수준의 항생제를 함유하고 있는가?
F	이 사료는 장기보관 급여하는가?

(7) 사료 제품별 SCI 평가지수 사례(농림부 국책보고서 참조)

축 종	제품명	가공 형태별	포장 형태별	분 류							비고
				A	B	C	D	E	F	SCI	
LA	어린병아리	M	지대	1	1	-	1	-	1	4	
LA	중병아리	M	지대	-	1	-	1	-	-	2	
LA	산란종계	M	지대	-	1	1	1	-	-	3	
BR	육계후기	P	벌크	-	1	-	-	-	-	1	

사료의 종류별로 그 위해도를 조사하여 설정한 SCI의 수치는 실제로 각 원료별 RAN 값을 계상하여 얻어낸 수치와는 차이가 있다. 왜냐하면 제품으로 만드는 과정 중에 원래의 원료 RAN 값이 현저한 변화가 발생할 수 있기 때문이다. 그러므로 원료의 RAN 값으로부터 제품의 SCI 값을 얻어 낼 수 있는 체계를 구축하기 위해서는 반복적인 시험을 거쳐 사료제품의 SCI 값과 원료의 RAN 값을 비교함으로써 원료의 가공과정에서 변화가 발생하는 RAN의 값을 조정해 줄 수 있는 상호관계를 얻어내야 할 것이다.

4. 가금 사료의 가공처리와 효용성 증진

사료의 가공기술에 따른 영양소 이용성을 증진할 수 있음은 주지의 사실이며 이를 위해 사료 제조 시 여러 가지 물리적, 화학적 가공기술이 지속적으로 개발되어져 사료산업에 활용되고 있다. 본 장에서는 여러 가지 가공기술에 있어 양계 생산성에 영향을 끼치는 주요한 요인들 즉, 입자도(분쇄과정), 배합과정, 열처리 방법들에 대하여 간략하게 알아본다. 각 공정별 설비 및 기계적 구조에 대해 구체적인 사항은 사료생산공학(이 등, 2002) 또는 Feed Manufacturing Technology V(Schofield, 2005) 등의 참고서에 자세히 설명되어 있다.

4.1 배합사료의 제조공정

배합사료 제조공정은 목표로 하는 물량 및 대상 축종에 따라 결정된다. 최근에는

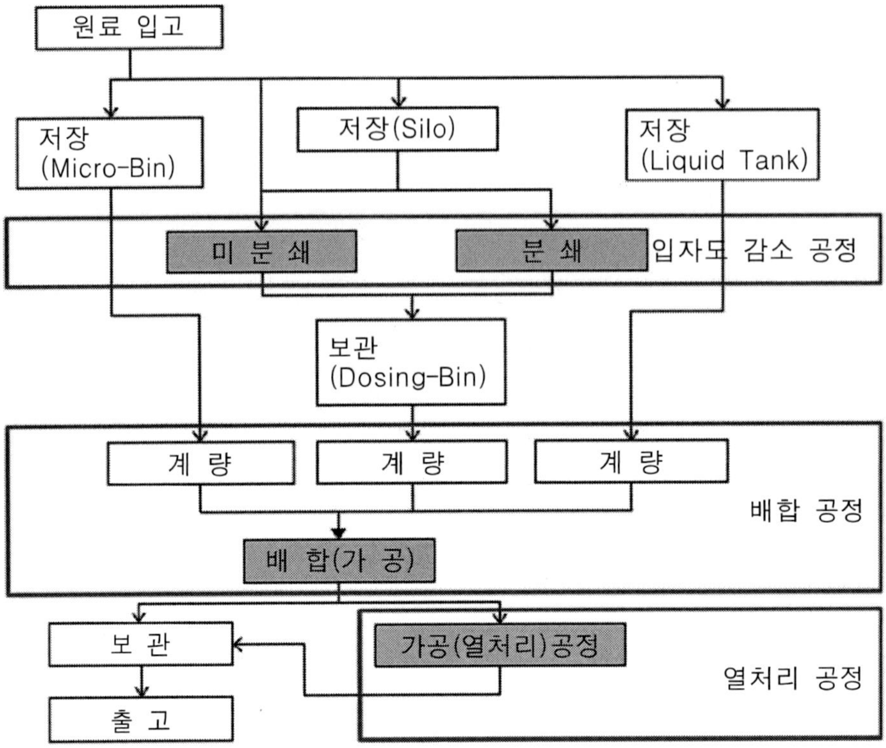

그림 8-1. 배합사료 제조공정 모식도

BSE(bovine spongiform encephalopathy) 문제로 인해 단위가축과 반추가축을 별도로 생산하는 공장이 많으며, 일부 공장은 단일 가축만 생산하는 공장도 있다. 어떤 축종을 생산하느냐에 따라 필요한 설비가 달라지며 얼마나 생산하느냐에 따라 설비의 용량 및 도입 수량을 결정해야 한다. 일반적인 배합사료 제조공정은 그림 8-1과 같다.

4.2 사료 입자도와 생산성

양계산물 생산비 중 가장 높은 비율을 차지하는 항목은 사료비로 전체 생산비 중 약 60~70% 이상을 차지한다. 이처럼 가장 큰 생산비 비중을 차지하는 사료비를 감소시키기 위해서 사료 원료의 영양적 특성과 성분을 정확히 적용한 최적 배합비의 도출뿐만 아니라 적절한 가공기술을 통하여 그 사료적 가치를 향상시키는 것은 매우 중요하다.

양계사료 특히 산란계나 종계에 있어 물리적 가공 즉, 사료의 입자도 조절을 통한 사료적 가치를 높이는 것은 생산성 증대에 매우 효과적인 수단이므로 적절한 분쇄와 효과적인 입자도 유지를 위한 가공공정 관리는 사료공장에서 필수적 항목인 것이다.

4.2.1 분쇄기의 종류와 분쇄 목적

사료공장에서 주로 사용하는 분쇄기는 햄머밀(hammer mill)과 롤러밀(roller mill)이다. 분쇄는 사료 원료 특히 곡류의 경우 외피를 분쇄하여 내배유(endosperm)를 외부로 노출시켜 표면적을 넓히는 것으로 반추가축보다 가금류를 포함한 단위가축에게 더 의미가 있다. 외피는 단위가축이 소화효소에 의해 분해하지 못하는 섬유소로 구성되어 있어 만약 분쇄를 않고 급여하는 경우 소화이용률이 현저하게 낮아지게 된다.

이렇게 분쇄과정을 통한 원료사료의 입자도 감소는 장내에서 소화효소와 반응하는 표면적을 넓게 해주고 사료의 소화기내 통과속도에 영향을 미치게 된다. 또한 균일한 입자도의 형성은 사료 제조 시 배합률과 징밀도를 향상시키고 혼합 후 펠렛 공정에 있어 펠렛 성형을 보다 용이하게 할 뿐만 아니라 결착도 개선을 유도하여 펠렛 결착도지수(pellet durability index, PDI)와 생산성에 좋은 효과를 미친다.

1) 햄머밀

햄머밀은 회전체 축(rotor shaft), 회전체(rotor), 회전체에 부착하여 실질적으로 원료를 분쇄하는 햄머(hammer), 스크린(screen)으로 구성되어져 있으며, 분쇄기 최상부에서 회전하는 햄머와 햄머밀로 유입된 원료가 부딪치며 마찰되는 과정을 통해 분쇄가 이루어지게 된다. 분쇄 원료의 입자도는 주로 스크린 규격(screen hole size)에 의해 결정되어 지며(표 8-9), 햄머 끝 부위의 마모정도와 회전속도에 이해서도 영향을 받을 수 있나.

표 8-9. 햄머밀 스크린 규격(screen hole size)에 따른 옥수수 분쇄입자도.

스크린 규격 (hole size, mm)	옥수수 분쇄 입자도(㎛)
6.35	1,300～2,100
4.75	1,000～1,200
3.18	600～800
2.38	500～600
1.59	400～600

햄머밀은 스크린 교체에 의해 입자도 조정이 쉬우며, 롤러밀에 비해 도입 비용이 저렴한 장점을 가지고 있는 반면 동력 소비량이 많아 운전비용이 높으며 소음이 크다는 단점을 가지고 있다.

2) 롤러밀

롤러밀은 회전하는 속도가 다른 2개의 롤러 사이로 원료를 투입하여 분쇄를 하는 장치로 일조(on-pair), 이조(double pair), 삼조(triple pair)등의 형태로 구성되어 있다. 분쇄입자 크기는 롤러간의 간격 및 속도에 의해서 결정되며 롤러의 상부표면 형태의 구조(그림 8-2)와 마모도에 따라서 영향을 받는다.

롤러밀의 장점은 햄머밀에 비해 운전비용이 저렴하며 분쇄 입자의 균일도가 높은 반면 도입비용이 높으며 섬유소가 높은 곡류(귀리, 보리)의 분쇄에 적합하지 않은 단점을 가지고 있다.

4.2.2 입자도의 결정과 표현방법

분쇄과정을 거친 원료는 일차적으로 햄머밀에 장착된 스크린의 크기나 롤러밀의 롤러 간극에 따라 일차적인 분쇄 입자도가 결정되어진다. 배합사료 공장에서는 가축의 섭취 형태나 소화생리 및 이용성을 고려하여 사료의 종류에 따라 필요한 입자로 분류하는 2차 분류 과정 즉, 입자분리기(sieve shaker)를 이용하여 필요한 입자 크기와 비율로 사용목적에 맞춰 입자의 균질성을 측정 후 생산하는 제품별로 적용한다.

미국 캔사스 주립대학의 분쇄 후 입자도의 결정과 표현방법을 소개하면 다음과 같다(Behnke, 1994).

옥수수의 경우 균질성 결정은 분쇄 옥수수 시료 250g을 Ro-Tap 또는 유사한 진탕방법으로 5분간 진탕한 후 7개의 체(3/8, 4, 8, 14, 28, 48 및 100 메쉬)와 접시에 잔류하는 비율을 기준하여 결정한다. 균질계수(modulus of uniformity)는 거칠은 입

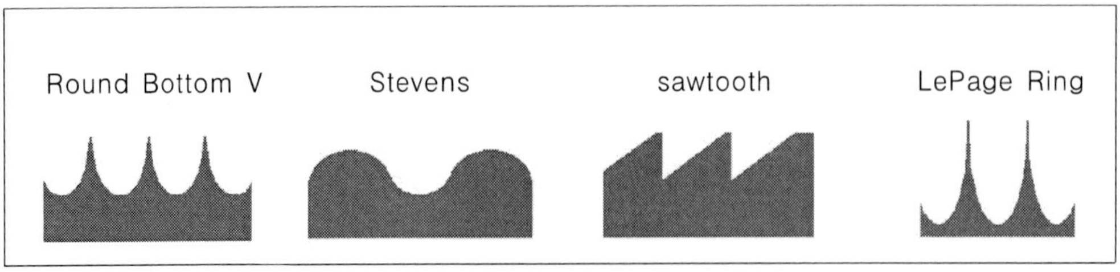

그림 8-2. 롤러밀 롤러 상부 표면 형태

자, 중정도 입자 및 미세한 입자를 표시하는 세 수치로 표현될 수 있는데 이들의 합계는 항상 10으로 표시된다.

예를 들어 1 : 6 : 3은 분쇄된 특정 시료에 있어서 거칠은 입자(coars), 중정도 입자(medium) 및 미세한 입자(fines)의 비율을 표시하며, 그 시료의 균질성을 나타낸다. 3/8, 4 및 8 메쉬 체의 검사 후 잔류하는 시료는 거칠은 입자, 14 및 28 메쉬 체에 잔류하는 것을 중정도 입자 그리고 48 및 100 메쉬체에 잔류하는 것과 접시에 남아 있는 것을 미세한 입자로 명명할 수 있다.

한편, 배합사료 공장에서는 일반적으로 가금 사료의 주요 원료인 옥수수의 경우 분쇄 입자도는 1000g의 대표 시료를 10분간 진동기(shaker)에서 진탕 후 개별 체에 남아 있는 입자 중량을 측정 후 평가한다. 체(sieve, screen)는 보통 5개에서 7개를 사용하며 7개를 이용해 평가하는 경우 8번 체(pore size, 2.36mm ; USBS, United States Bureau of Standard) 이상을 대립자, 16번 체(porc size, 1.19mm ; USBS) 이상을 중립자, 그 외 나머지를 소립자로 분류하기도 한다(표 8-10).

대립자, 중립자, 소립자의 구분은 사용상의 편의성은 가지고 있으나 각기 다른 시료와의 직접적 비교는 어려움이 있다. 따라서 입자도 표현지수라 하여 각 체별로 정해진 지수와 체위에 남은 중량의 백분율을 곱한 값을 이용해 시료 간 비교를 하는 방법을 사용하기도 하며 이 수치가 클수록 입자도가 큰 것으로 평가한다.

표 8-10. USBS 체와 Tyler 체의 규격

구 분	USBS 체 No.	Tyler 체	체 규격(μm)
대립자	4	4	4,760
	6	6	3,360
	8	8	2,380
중립자	10	9	2,000
	12	10	1,680
	16	14	1,190
소립자	20	20	840
	25	24	710
	50	48	297
	100	100	149

4.2.3 사료입자도와 생산성

1) 육성계 및 육계

가금의 소화기관의 발달 특히 근위의 발달과 급여하는 사료의 입자도는 높은 상관관계를 가지고 있다. 육성기간 동안 가루사료를 급여하는 경우 중립자 이상으로 사료입자도를 키움으로써 근위 발달을 촉진시켜야 한다.

잘 발달된 근위는 소화기관의 운동성, 췌장 소화효소의 분비에도 영향을 미칠 뿐 아니라 소화기관 내 사료의 통과속도를 지연시킴으로 인해서 에너지를 포함한 영양소 이용률을 향상시킨다. 또한 사료의 입자도는 가금의 장내 세균총에도 영향을 미치는데 너무 고운 입자는 유해세균의 성장을 촉진시키는 반면에 유익균의 성장을 방해할 수 있다. 따라서 급여하는 사료 입자도를 적정히 하여 생산성에 긍정적 효과를 도출해야 할 것이다(표 8-11).

대부분의 육계사료는 펠렛 형태로 생산하여 급여한다. 따라서 육계에 있어서 가루의 입자도가 생산성에 미치는 영향을 확인하는 것은 무의미 할 수 있다. 하지만 펠렛 사료 내 입자도에 의해 생산성이 변화 될 수 있으며 펠렛 성형을 위한 원료사료의 분쇄입자도 결정 시 비교 자료로 가치가 있어 이에 대한 많은 연구가 수행되어져 왔다 (표 8-12).

표 8-11. 육계 21일령 옥수수 입자도에 따른 근위 무게, 에너지가, 장내 균총 및 생산성

항 목		옥수수 입자도 (㎛)			
		557	858	1210	1387
근위 중량(체중대비 %)		1.52	1.93	2.07	2.17
대사에너지(kcal / kg)		3,479	3,507	3,509	3,554
장내 균총 (log10 cfu / g DM)	*Bifidobacteria*	8.25	7.69	7.44	7.23
	Lactobacilli	11.00	11.43	11.37	11.57
	E. Coli	10.32	10.99	10.84	10.55
증체량(g / 수)		773	788	719	750
사료효율(증체 g / 사료 kg)		720	719	672	693

(Jacobs 등, 2010)

주지하는 바와 같이 입자가 너무 작으면 근위 발달에 부정적 요인으로 작용하게 되고 그로 인해 생산성이 하락하지만, 반대로 입자가 너무 크면 근위가 충분히 발달되지 않은 육계에서는 근위 내 적절한 분쇄가 이뤄지지 않아 원료 내 영양소를 충분히 이용하지 못할 뿐만 아니라 사료 섭취에도 문제를 야기할 수도 있다.

표 8-12. 육계 가루사료에 입자도가 생산성에 미치는 영향

일 령	곡 류	입자도 (㎛)	증체량 (g/수)	사료섭취량 (g/수)	사료요구율 (사료/증체)	참고문헌
1～21	옥수수	814 1,343	582[a] 635[b]	- -	1.43[a] 1.40[b]	Reece 등 (1985)
1～21	옥수수	947 1,470	521[a] 488[b]	- -	1.49[a] 1.55[b]	Douglas 등 (1990)
7～21	옥수수	897 1,102 2,010	522[a] 463[b] 473[b]	725 716 740	1.37[a] 1.54[b] 1.60[b]	Nir 등 (1994)
7～42	옥수수와 밀	소립자 중립자 대립자	1,942[c] 1,982[b] 2,004[a]	- - -	1.91 1.92 1.92	Hamilton & Proudfoot (1995)
21～42	옥수수	781 950 1,042 1,109 2,242	1,568 1,590 1,619 1,566 1,610	3,015[b] 3,093[b] 3,132[b] 3,089[b] 3,347[a]	1.92[b] 1.95[b] 1.93[b] 1.97[b] 2.08[a]	Parsons 등 (2006)
1～21	밀	839 1,164	453[b] 539[a]	777[b] 877[a]	1.72[a] 1.63[b]	Amerah 등 (2007)
0～42	옥수수와 대두박	597 953	2,119 2,225	3,963 4,205	1.87 1.89	Zang 등 (2009)
0～21	옥수수	557 858 1210 1,387	773 788 719 750	1074 1095 1070 1083	1.39 1.39 1.49 1.44	Jacobs 등 (2010)
1～42	옥수수	460 730 870	2,753 2,725 2,704	5,030 5,059 5,045	1.84 1.87 1.88	Benedetti 등 (2011)
0～44	옥수수	267 570	2,462 2,440	4,776[b] 5,149[a]	1.94[b] 2.11[a]	Chewning 등 (2012)

한편, 소맥의 경우 소립자 급여 시 중립자 또는 대립자를 급여할 때 보다 장내 점도가 높아지게 된다. 장내 점도가 높아지면 소화물질의 장내 통과속도가 빨라져 영양성분 이용률이 하락한다. 따라서 육계에서의 사료섭취량 및 증체량은 대립자에 비해서 소립자 급여 시 낮아진다. 결국 육계의 경우 성장, 부리의 크기 및 소화기관 발달 정도에 따라 사료의 최적 입자도는 달라짐을 유념해야 한다.

2) 산란계

분쇄 정도에 따라 사료의 입자도와 성상은 차이가 있으며 사료 섭취량과 소화기관의 발달 정도에 영향을 줄 수 있다. 하지만 사료 입자도가 생산성에 미치는 영향에 대하여 그 효과가 명확하지는 않다. 십이지장을 통과하는 사료 입자도의 크기는 급여하는 사료의 입자도 차이에도 불구하고 균일하여 약 46～70%의 입자가 100 ㎛인 것으로 미뤄볼 때 근위의 활동으로 충분한 입자도 감소가 일어남을 알 수 있다.

반면 Amerah 등(2007)은 입자도 감소에 의해 사료 표면적이 확대되며 그에 따라서 입자와 사료 효소간의 상관관계가 증가할 것으로 예측하고 소화이용률이 향상된다고 하였다. 즉, 가금 소화기관의 특징인 근위 존재로 인해 사료 입자에 따라 영양소 이용효율(사료 효율)은 달라지지 않지만(표 8-13), 사료 입자도에 따라서 섭취량은 영향을 받게 된다.

가금류의 부리에는 기계적 자극 수용기(mechano-receptor)를 가지고 있어 사료의 입자를 구별하여 인식할 수 있기 때문이다. 일령에 상관없이 가금류는 큰 입자를 선호하며 일령이 증가할수록 즉, 부리 크기가 커질수록 선호하는 입자도 크기도 증가한다(Nir 등, 1994). 또한 산란계의 경우에도 대립자 비율이 증가함에 따라 섭취량도 증가하는 경향이 있어 산란율과 난중에는 영향을 미칠 수 있다.

사료배합시 첨가한 비타민, 무기질, 아미노산과 같은 미량성분들은 대체로 입자도가 작은 소립자 가루 부분에 포함되어 있다. 하지만 사료의 이동과정을 통해 작은 입자도 원료는 사료 급이통 아래로 내려가는 반면 큰 입자도의 경우 위쪽에 위치할 확률이 높다. Portella 등(1988)은 사료 입자도 중 가장 선호하는 범위는 600～2,260㎛라고 하였다. 즉 산란계는 큰 입자는 쉽게 보이며, 선호하는 입자이기 때문에 먼저 섭취하며 상대적으로 작은 입자의 섭취량은 낮아진다.

따라서 작은 입자로 구성된 비타민, 미네랄과 아미노산의 섭취량이 감소하게 된다. 따라서 큰 입자 비중이 높은 사료의 경우 영양성분 균일도가 낮아 필수 비타민과 미네랄이 충분히 공급되지 않아 체내 사료 효율을 떨어뜨리며 필요 이상의 대립자 섭취량이 높아 사료 효율을 낮아진다. 반대로 작은 입자 위주로 섭취하는 산란계의 경우 사료 섭취량이 감소하여 난중이 하락하는 것으로 귀결된다.

결국 산란계에 있어서 사료의 입자도 만큼이나 중요한 부분이 사료 입자의 균일도라 할 수 있으며, 균일도가 우수하면 입자크기가 작더라도 생산성이 향상된다(표 8-14). 종계회사인들도 500~3,200um 크기의 입자가 적어도 75~80% 이상 유지할 것을 권장하고 있다.

표 8-13. 사료 입자도에 따른 20주령~48주령 산란계의 생산성 변화

항 목	옥수수 입자도		
	소립자 (fine)	중립자 (medium)	대립자 (coarse)
증체량 (g)	483	466	516
산란율 (%)	79.9	79.9	81.6
난중 (g)	64.1	64.1	64.4
산란중 (g)	51.8	51.8	53.1
사료섭취량 (g / 일 / 수)	107.9	108.0	110.6
사료요구율 (사료 / 산란량)	2.09	2.09	2.08
폐사율 (%)	2.19	1.56	1.25

(Safaa 등, 2009)

표 8-14. 사료 입자의 균일도와 크기에 따른 산란계 생산성에 미치는 효과.

균일도	낮 음 (Hammer mill)		높 음 (Roller mill)		LSD
입자도	소립자 (1,260um)	대립자 (1,630um)	소립자 (1,310um)	대립자 (1,560um)	
사료섭취량 (g / 일 / 수)	109.3	110.6	110.6	111.4	2.1
산란율 (%)	89.6	91.6	90.6	90.2	1.3
난중 (g / 개)	58.0	57.8	58.2	58.7	0.7
산란중 (g / 일)	51.9	52.9	52.7	52.9	1.0
사료요구율	2.104	2,090	2.100	2.105	0.031

입자도가 계란 품질에 미치는 영향은 제한적이다. Safaa 등(2009)은 분쇄된 곡류의 종류뿐만 아니라 입자도가 계란의 품질에 영향을 미치지는 않는다고 하였다. 즉 사료 입자도가 난각질과 호우유니트(Haugh unit) 등 난질에 미치는 영향은 미미하다(Amornthewaphat 등, 2007). 하지만 만약 산란계가 밀사된 경우에는 사료의 입자도는 계란 품질의 균일도에 영향을 미친다. 그 중 난가에 지대한 영향을 주는 난중과 난황색 균일도와 사료의 입자도는 비교적 높은 상관관계를 가진다.

대립자(1,079㎛)에 비해 소립자(638~870㎛)로 구성된 사료를 섭취한 산란계는 난중, 난황색 및 난백고를 증가시키는데(Amornthewaphat 등, 2007)(표 8-15), 이는

표 8-15. 옥수수 입자도가 계란 품질 및 계란 품질 균일도에 미치는 영향

항 목	옥수수 입자도 (㎛)		
	600	900	1,200
[난 질]			
호우유니트(HU)	77.4	77.5	75.8
난각 두께(mm)	0.37	0.38	0.38
계란 비중치	1.089	1.089	1.088
난황 색도	8.59	9.44	9.12
난황 무게(g)	17.0	17.0	16.9
난백 무게(g)	40.14	40.11	39.91
난백 높이(mm)	5.26	5.25	5.08
[난질의 변이계수(CV)]			
난 중	7.91	7.92	8.74
호우유니트(HU)	16.49	14.95	17.08
난황색	12.27	11.79	13.55
난황 무게	10.09	9.77	10.04
난백 무게	7.70	7.61	8.27
난백 높이	21.96	20.14	22.43

CV(변이계수) = (표준편차 / 평균) × 100 (Amornthewaphat 등, 2007)

산란계의 사료섭취 형태와 밀접하게 관련이 있다. 만약 밀사로 인해 사료 경쟁이 치열한 환경에서 대립자 사료를 급여하는 경우 서열 높은 개체의 경우 선호하는 대립자를 먼저 채식하고 그 후 서열 낮은 개체가 소립자를 섭취하게 된다.

따라서 서열 높은 개체의 경우 상대적으로 아미노산 및 비타민으로 구성된 소립자의 섭취량이 적어져 난질에 부정적인 영향을 미치며 난질의 변이를 높이는 것으로 귀결된다. 이는 입자도의 크기 못지않게 입자의 균일도 역시 산란계 생산성에 중요하다는 앞서의 언급과 그 궤를 같이 한다 하겠다.

4.2.4 알곡(whole grain) 급여와 양계 생산성

옥수수를 주원료로 사용하는 미주와는 달리 유럽에서는 맥류 특히 소맥을 사료의 주된 에너지 공급원으로 사용해 왔다. 가금의 소화기 특성과 생리적 요인을 고려하여 분쇄하지 않은 채 알곡 상태인 통소맥을 사료에 일부 사용해 왔으며 특히 육용종계 회사에서는 급여사료의 일부를 반드시 알곡상태의 소맥을 권장하고 있다.

최근 배합사료회사에서도 원유(oil) 가격 상승에 따른 분쇄 에너지 비용(전체 공정 에너지 비용 중 25~30%) 절감 목적과 더불어 가금 소화기 특징인 근위의 체내 입자도 감소를 적절히 활용하기 위해 알곡을 가금 사료에 적용하는 것을 고려하고 있다. 또한 대표적 통곡사료에 사용하는 소맥의 경우 햄머밀로 분쇄, 급여하면 장내 소화물 점도를 높이게 되고 점도가 상승되는 경우 영양소 이용효율은 하락하게 되므로 배합사료 내 소맥 사용수준을 제한하게 되는데, 알곡 상태인 통소맥을 가금사료에 적용하는 경우 소맥 사용 수준을 대폭 확대하는 것이 가능하고 소맥의 시장가격에 따라 차이가 있으나 대체적으로 배합비상 원재료비 절감효과를 기대할 수 있다.

1) 산란계에서의 급여 효과

통소맥을 사료에 첨가하여 급여하는 경우 소맥을 분쇄하여 첨가한 사료와 비교하여 볼 때 대체로 생산성의 차이는 없다. 하지만 통소맥 첨가 수준이 적정 이상으로 높게 되면 평균 입자도가 상승하고 균일도가 하락하게 되어 사료 급여 시 통소맥의 급이기 내 분리현상이 발생할 수도 있다. 이와 같은 분리현상은 사료 섭취의 불균형을 유발시켜 영양소 불균형이 발생하는 동시에 사료 효율도 떨어뜨린다(표 8-16). 이러한 분리현상에 대한 문제점을 해소하기 위해 농축사료와 소맥을 번갈아 급여하는 방안도 있으며(그림 8-3), 관행 급여와 비교할 때 생산성 차이는 없었다.

결론적으로 곡류를 분쇄 않고 급여하는 것 자체가 생산성에 미치는 영향은 미미하지만 통곡의 높은 비율은 사료의 분리현상을 증가시키기 때문에 일반 산란계 사료에 적용하기 위해서는 통곡의 적절 비율을 고려하여 분리현상을 최대한 억제해야 할 것이다.

표 8-16. 산란계에 있어서 통소맥 급여와 사료급여 방안이 생산성에 미치는 영향 (19~46 주령)

항 목	일반사료	통소맥+농축사료	통소맥-순차급여
평균 사료섭취량 (g / bird)	115.2^{a}	115.9^{a}	108.7^{b}
평균 소맥섭취량 (g / bird)	–	60.2^{a}	51.2^{b}
평균 농축사료섭취량 (g / bird)	–	58.4^{a}	60.1^{b}
산란율 (%)	93.1	90.2	93.1
난중 (g)	59.1	59.2	58.8
산란중 (g / 일 / 수)	55.2	53.6	55.0
사료요구율 (산란중 / 섭취량)	2.11^{a}	2.21^{a}	2.01^{b}
체중 (g)	1,823^{a}	1,862^{a}	1,723^{a}

$^{a, b}$: 통계적 유의차 ($P<0.05$). (Umar Faruk 등, 2010)

그림 8-3. 일반사료, 통소맥 및 통소맥 순차급여(sequential feeding) 모식도

(Umar Faruk 등, 2010)

표 8-17. 통소맥 사용에 따른 육계 생산성 변화

항 목	분쇄소맥 200g / kg	분쇄소맥 100g / kg 통 소맥 100g / kg	통소맥 200g / kg
증체량 (g / 수)	2,431[b]	2,525[a]	2,494[a]
사료 섭취량 (g / 수)	4,633	4,566	4,563
사료효율	1.93[b]	1.81[a]	1.82[a]
복강 지방 (g / kg 체중)	19.6[a]	17.2[b]	19.1[a]
근위 (g / kg 체중)	15.0[b]	15.1[b]	16.5[a]

a, b : 통계적 유의차 (P<0.05). (Plavnik 등, 2002)

2) 육계에서의 급여 효과

산란계와 마찬가지로 육계에서도 통소맥 급여가 분쇄소맥과 비교하여 사료 섭취량에 미치는 영향은 없었던 반면, 증체량 개선효과와 더불어 사료효율이 향상되었다 (표 8-17). 이는 근위의 발달과 관련이 있는 것으로 영양소 이용효율이 증가되었기 때문이다. 하지만 통소맥 비율이 20%가 넘을 경우 소화기관이 충분히 발달하지 못한 육계의 경우 근위에서 입자 감소가 원활하지 않아 오히려 영양소 이용효율이 하락할 수 있으며 그에 따라서 생산성 역시 하락할 것으로 예상된다. 소화기관의 발달을 고려한 통소맥 비율 결정과 더불어 일령이 증가에 따라서 소맥 사용수준을 단계적으로 확대하는 것이 필요하다.

4.3 사료 균일도가 생산성에 미치는 영향

배합사료 생산 시 배합과정은 사료 제조공정의 가장 중요한 과정으로 설계된 제품의 품질규격을 보증하는 중요한 첫 단계라고 할 수 있다. 필요한 영양소를 충족시키고 물리적 특성과 각종 위해요소를 고려하여 설계한 배합비 품질에 대응하여 곡류 및 박류 등 각기 다양한 원료와 미량으로 첨가되는 비타민류나 생균, 효소제 등의 보조사료 및 특정 목적의 동물용 의약품(항콕시듐제, 구충제) 등이 정확하게 혼합되어져야만 한다.

4.3.1 배합공정 및 배합기

사료배합의 일반적인 공정은 그림 8-4와 같다. 분쇄과정을 거치거나 직접 투입되는 원료들은 각각 저장빈(dosing bin)에 저장되었다가 제품별 배합비에 맞춰 계량되어 배합기(mixer)로 투입된 후 적정시간 동안 혼합되어진다. 이때 액상 원료(동물성 및 식물성 유지, 당밀, 아미노산, 콜린 등)도 필요에 따라 계량 후 각각의 이송라인을 통해서 배합기 안으로 분사되어 혼합된다.

배합기는 수직(vertical)형과 수평(horizontal)형이 있으며, 배합기 내부 구조에 따라 리본(ribbon), 오거(auger), 패들(paddle)형이 있고 경우에 따라서 배합기 자체가 움직(360도 회전)이는 형태도 있다. 사료공장에서 주로 사용하는 배합기는 수평으로 설치되어 있는 리본형이다.

4.3.2 균일도와 생산성(육계)

육계는 다른 축종에 비해 가장 빠른 성장을 하지만 반대로 출하까지의 사료 섭취량이 가장 적은 가축이다. 따라서 영양소 불균형 즉, 배합 균일도가 낮은 사료를 급여한다면 생산성에 미치는 영향이 타 축종에 비해서 매우 높다고 하겠다. McCoy 등(1994)은 육계 병아리를 이용하여 배합 균일도(불량, 보통, 우수)가 생산성에 미치는 영향을 조사하였는데, 균일도가 골격 강도 및 회분 함량 그리고 도체 내 조단백, 조지방 및 조회분에는 영향을 미치지 않았지만 사료 효율과 증체량은 균일도가 향상될수록 증가하였다(표 8-18).

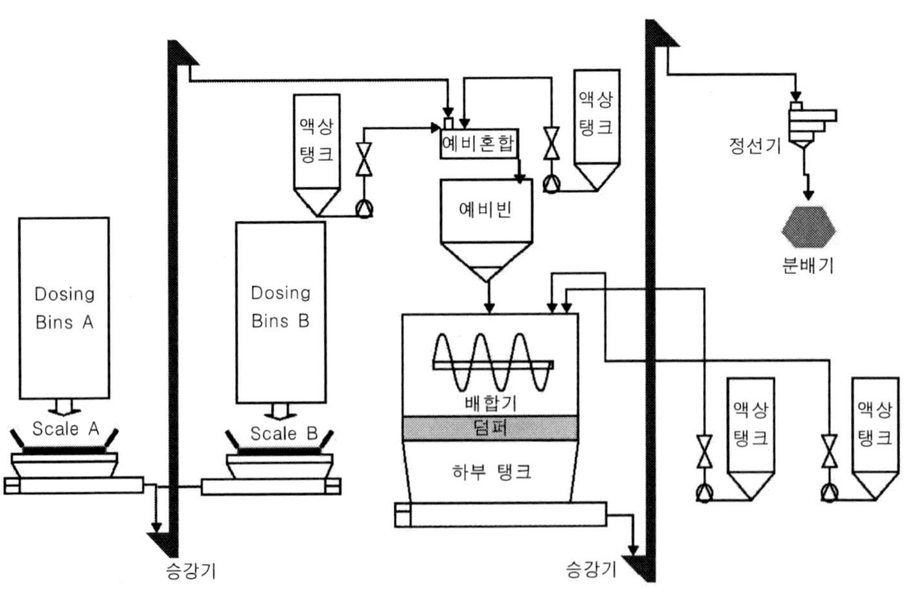

그림 8-4. 배합공정 흐름도

표 8-18. 배합기 균일도에 따른 생산성 변화.

구 분	균일도			SE	Linear	Quadratic
	불량	보통	우수			
소금 CV (%)	40.5	12.1	9.7	3.4	0.001	0.001
나트륨 CV (%)	44.5	23.2	22.8	3.1	0.001	0.001
일당 증체량 (g / bird)	23.6	30.0	30.3	1.7	0.045	0.036
일당 사료섭취량 (g / bird)	43.1	51.5	52.7	2.9	0.074	0.097
사료효율 (증체 / 섭취량)	0.548	0.583	0.575	0.018	0.170	0.063
폐사율 (%)	12.0	0	0	5.8	0.280	0.215

CV(변이계수) = (표준편차 / 평균) × 100 (McCoy 등, 1994)

4.3.3 배합 균일도에 미치는 영향

사료 배합 균일도에 영향을 미치는 요인은 원료입자 크기, 모양 및 비중 등이 있으며 또한 원료 투입량 및 순서, 배합기 구조, 배합 시간 등도 영향을 미친다. 배합 균일도에 영향을 미치는 주요 요인들은 다음과 같다.

1) 원료 입자도

제품 전체 입자도를 구성하는 평균 입자도에 비해 큰 입자도 원료를 투입하면 배합비 균일도가 나빠진다. 예를 들어 평균 입자도 700㎛인 제품에 1,200~1,500㎛의 옥수수 대립자를 혼합하게 되면 700㎛ 이하의 입자와 혼합되는 정도가 낮아지며 배합공정 후에도 분리현상이 쉽게 발생하게 된다(표 8-19).

이와 같은 분리현상은 사료공장 공정중 뿐만 아니라 농장의 급이 라인에서도 발생할 수 있으며 산란계 급이 라인 부위별 시료 채취를 하여 분석해 보면 부위별 입자도 차이가 있고 사료 내 영양성분 함량도 차이가 있음을 알 수 있다(표 8-20).

2) 혼합기 내 원료 투입 순서

배합공정은 투입되는 원료를 확산시킴과 동시에 각각의 입자가 결합하는 공정이다. 하지만 작은 입자의 경우 이러한 분산과 결합작용이 쉽게 일어나지 않으며 특히 내부 구조가 노후한 경우 이런 현상은 더욱 크게 나타난다. 따라서 작은 입자의 배합 후

표 8-19. 입자도와 자유낙하 전후의 염도의 변이계수 변화

구 분	입자도, um			
	1200	800	600	400
햄머밀 체의 크기(인치)	1/2	1/4	9/64	1/16
평균 입자도(㎛)	1200	825	597	475
입자도 표준편차(㎛)	2.41	2.29	1.93	1.81
자유낙하 전 염도 CV(%)	7.01	8.45	7.56	5.22
자유낙하 후 염도 CV(%)	12.13	9.43	8.92	8.07

CV(변이계수) = (표준편차 / 평균) × 100 (Amornthewaphat, 1998)

표 8-20. 사료 급이 라인 시료 채취 위치에 따른 입자도와 영양성분 차이

채취 위치	입자도 크기	수분	조단백	조지방	조섬유	조회분	전분
전반부	대립자	11.4%	16.5%	5.8%	4.3%	7.6%	39.9%
후반부	소립자	8.2%	19.6%	7.2%	5.6%	25.2%	17.1%

균일도를 높이기 위해서는 원료의 투입 순서가 중요한데, 수평형 배합기는 곡류 및 대두박 등의 비교적 입자가 큰 원료를 우선으로 투입하고 그 후 약품과 같이 미량이고 입자가 작은 원료를 나중에 투입하는 것이 배합기 성능을 극대화하는 데 도움을 준다. 한편 수직형 배합기의 경우 반대로 작은 입자 가장 먼저 투입하고 대두박, 곡류 순으로 투입하는 것이 바람직하다.

3) 배합기 크기 대비 사료 투입량

배합기의 혼합용량(3톤 또는 5톤) 대비 과도하게 많은 양을 혼입하거나 적은 양(성능 대비 50% 미만)을 투입하는 것은 배합기 성능을 충분히 발휘하는데 도움이 되지 않는다. 이러한 요인은 수직형 배합기에 비해 수평형 배합기에서 더 잘 나타나며 배합기의 효능과 혼합능력을 고려하여 최소, 최대 투입량이 결정되어져야 하고 사료 생산 시 가급적 최적량의 원료를 투입하여 혼합하는 것이 바람직하다고 하겠다.

4) 배합시간

배합기 용량 및 배합시간은 배합사료 공장의 생산 능력에 직접적으로 영향을 미친다. 설치된 배합기 용량은 고정된 요인이라면 배합시간은 가변 요소로 배합시간을 짧게 설정한다면 공장의 생산능력을 증가시킬 수 있다. 하지만 배합시간이 짧으면 각기 다른 원료가 충분히 분산되는 시간적 여유를 가지지 못하게 하여 균일도를 하락하는 요인으로 작용한다. 따라서 적절한 배합시간은 사료의 특성이나 배합기에 따라 다를 수 있으므로 배합시간이 균일도(mixability)에 미치는 영향을 조사하여 결정한다.

5) 배합기 내 잔류 물질

배합사료 내 투입하는 많은 원료는 다양한 특징을 가지는데 점도가 높은 당밀이 있는가 하면 입자가 극히 작은 비타민 같은 원료뿐만 아니라 입자가 1,500㎛에 달하는 곡류도 있으며 경우에 따라서는 동물용 의약품도 첨가할 수 있다. 입자도가 낮은 비타민이나 미량 무기질 및 동물용 의약품 등은 배합 후 믹서 내에서 당밀이나 우지 등 액상원료와 함께 배합기 구조물(리본, 오거 등)에 부착될 수 있으며 차후에 생산하는 제품에서 고착물이 탈락(교차오염)될 수도 있다. 사료의 교차 오염의 발생 가능성이 높은 제품을 생산하는 경우 배합기를 청소를 자주하거나 의약품 첨가 사료 생산 직후 교차 오염에 영향이 없는 사료를 일정량 생산함으로써 잔류물을 제거(flushing)해야 한다.

4.3.4 제품 균일도 측정방법

배합된 제품의 균일도를 측정하는 방법은 배합기 내 내표 시료를 채취하여 특정 화학성분을 측정해 평가하거나 추적물질을 배합기 내 투입 후 분석할 수도 있다. 이때 시료 채취는 배합 직후 배합기에서 시료 채취도구(probe)를 이용하여 일정한 간격을 두고 해당 위치 최상위 부분에서 채취하는 것이 바람직한 방법이나 배합기의 구조와 안전문제 등으로 실질적으로 배합기에서 직접 시료를 채취하는 것은 쉽지 않다.

따라서 현실성 높은 방법은 배합 후 제품을 지대로 포장할 때 일정 간격을 두고 10회 시료를 채취하여 평가할 수도 있다. 예를 들어 4톤 용량 배합기의 경우 25kg 지대 160포가 생산되는데 지대 포장작업 시 첫 번째, 17번째, 33번째, 이와 같은 순서로 마지막까지 각각의 지대에서 시료를 채취하여 균일도를 측정하는 것이다. 또한 채취 시료가 10개 미만일 경우 통계 결과의 정확도가 떨어지므로 시료는 10개 이상이 되어야 한다.

표 8-21. 변이 계수에 따른 배합기 성능(균일도) 평가 및 고려사항

변이계수(%)	평 가	고려사항
<10	우 수	-
10~15	보 통	배합시간 25~30% 증가 후 균일도 측정
15~20	불 량	배합시간 50% 증가 후 균일도 측정 배합기 내부 및 배합기 용량 점검
>20	심 각	가능한 모든 사항 점검 외부 컨설턴트에게 점검 요청

CV(변이계수) = (표준편차 / 평균) × 100 (Herrman과 Behnke, 1994)

균일도 평가의 정확도 향상을 위해서 분석 항목인 마커(marker)의 선택이 중요한데 선택한 원료가 가능하면 동일한 입체구조를 가지고 있어야 하며(입자도, 비중), 거의 모든 원료에서 기인된 영양성분은 피해야 하며(조단백, 조회분 등), 분석 오차가 가능한 적고 비용이 저렴한 항목으로 선택하는 것이 바람직하다.

일반적으로 현장에서 배합비 균일도 측정을 위해서 소금을 주로 이용하는데 소금은 구조가 비교적 일정하며, 다른 원료에 비해 비중이 높고 분석 비용이 저렴하기 때문이다. 소금을 분석하는 방법은 나트륨이온을 측정하는 퀀탑(quantab)법, 염소 이온 측정법(omnion sodium analysis), 그리고 염도 자체를 분석하는 방법($AgNO_3$ 적정법)이 있다.

한편, 제품의 혼합 균일도를 평가하는 통계방법은 분석항목의 농도(평균)와 시료간 변이(표준편차)를 고려한 변이계수를 이용하여 분석하며, 일반적으로 통상 변이계수가 10% 이하이면 배합비 성능에 문제가 없는 것으로 판단하며, 15% 이하이면 허용할 정도의 수준으로 평가한다(표 8-21).

4.4 가금 사료의 열처리 가공과 효과

최근에 식품 안전성에 대한 소비자의 관심은 크게 늘어나고 있으며 또한 효율적인 사료의 제조와 생산성 향상을 위한 보다 효과적인 사료가공기술에 대해 많은 관심과 노력들이 시행되고 있으며 이러한 방법 중 대표적인 사료 가공방법이 열처리를 통한 가공방법이라 할 수 있다.

4.4.1 열처리와 영양소 변화

1) 전분의 젤라틴화(gelatinization)

가금 사료에 사용하는 원료 중 전분을 주성분으로 하는 곡류로는 옥수수, 소맥, 소맥분 등이 있으며 이들 원료 내 전분의 함량은 옥수수의 경우 약 65%, 소맥은 약 60%, 소맥분은 약 40% 내외이다. 이러한 전분은 글루코스가 탈수 축합반응에 의해서 생성되는 다당체로 식물의 광합성 작용에 의해서 생합성 되며 주된 에너지원으로 사용되어진다.

전분은 글루코스가 결합되는 형태에 따라서 α-1, 4 결합의 아밀로스(amylose)와 α-1, 6 결합으로 구성된 아밀로펙틴으로 나눌 수 있으며 아밀로스와 아밀로펙틴의 전분 중 비율은 식물원(botanical source)에 따라 달라진다. 가금 사료에 사용되는 옥수수와 소맥의 경우 아밀로스는 약 25%, 아밀로펙틴은 약 75% 내외로 구성되어져 있고, 타피오카, 감자, 쌀의 아밀로스와 아밀로펙틴의 비율은 약 2 : 8 정도가 되며 주로 식용으로 사용되는 찰옥수수(waxy corn)의 경우 100% 아밀로펙틴으로 이뤄져 있다.

아밀로스와 아밀로펙틴의 비율에 따라 전분의 성격이 바뀌는데, 이는 아밀로스와 아밀로펙텐의 입체구조가 상이하기 때문이다. 아밀로스는 선형에 일부 나선구조의 형태이지만 아밀로펙틴은 방사상 나선구조 형태로 존재한다. 따라서 열과 수분에 의해 변화(젤라틴화)되는 형태도 달라진다. 원료 내 전분 입자(starch granule)는 동심원의 형태로 골격을 유지하며 그 사이에 아밀로스가 채워져 있는 형태로 아밀로스와 아밀로펙틴 사이에는 수소결합이 존재한다.

전분의 젤라틴화는 투입되는 열이 아밀로스와 아밀로펙틴 사이의 수소 결합을 끊으며 열과 함께 공급되는 수분이 끊어진 부분에 수소결합을 통해서 전분 입자 안으로 유입되고, 유입된 수분으로 인해서 견고한 전분 입자는 부풀어 오르게 되며 이때 아밀로펙틴을 지지하던 아밀로스가 전분구조 밖으로 침출되는 즉, 견고한 전분입자가 열과 함께 공급되는 수분에 의해서 구조가 바뀌게 되는 것이다.

따라서 젤라틴화는 전분의 구조, 아밀로스와 아밀로펙틴의 비율, 온도(양과 시간), 수분의 양에 의해서 결정되는데, 젤라틴화의 율속적(rate-limited) 요인은 전분과 투입되는 수분의 비율이다. 또한 충분한 수분이 존재한다는 가정 하에 젤라틴화가 시작되는 온도는 45℃이며 통상 75℃라면 충분한 전분의 젤라틴화를 기대할 수 있으며, 첨가되는 수분의 양이 충분치 않다면 이 온도는 상승하게 된다.

2) 단백질 구조 변성과 단백질 분해효소 억제 인자

전분처럼 단백질 역시 열처리에 의해서 구조적 변화가 일어난다. 가금 사료에 사용되는 원료 중 주요 단백질원은 식물성 박류이다. 박류는 식물성 지방을 추출하고 남은 부산물이기 때문에 제조공정 중 이미 열처리 과정을 거치게 된다. 하지만 원료 제조 공정 중 단백질 구조가 변화되는 정도는 일부에 지나지 않을 확률이 크며, 같은 원료라고 하더라도 생산 공장에 따라 공정이 일부 차이가 있기 때문에 단백질 구조 변성 변이는 크다.

대표적 박류인 대두박은 높은 단백질원과 우수한 아미노산 조성을 지니고 있어 단위가축에 주로 사용하는 원료이다. 대두박의 영양적 단점은 항영양인자를 가지고 있는 것으로 그 중 하나가 트립신 억제인자(trypsin inhibitor)이다. 트립신 억제인자는 구형 단백질로 이뤄져 있으며 명칭 그대로 트립신의 활성을 저해하는 작용을 한다. 또한 트립신 활성저해로 인해 과도한 콜레시스토키닌(cholecystokinin, 췌장효소 분비 촉진 호르몬) 분비량을 증가시켜 췌장이 비대(hypertrophy)해진다.

일반적으로 사료공장 열처리(펠렛, 익스트루딩, 익스팬딩 등) 공정은 트립신 억제인자를 제거시킬 수 있다. 하지만 과도한 열처리는 대두박을 포함한 식물성 단백질 원료의 영양 가치를 떨어뜨리게 된다. 특히 라이신의 경우 과도한 열처리는 소화율에 영향을 미치게 되는데 이는 라이신과 환원당(reducing sugar)이 결합하는 갈변화 반응 때문이며 이는 과도한 열처리로 수반되는 한 결과이다.

갈변화 반응을 통해 생성되는 화합물은 ε-라이신으로 다른 아미노산과 결합(펩타이드 결합)을 할 때 트립신에 의해서 분해되지 못하며 췌장에서 분비되는 효소와의 민감도 역시 하락한다. 또한 환원당과 결합된 라이신이 체내로 흡수가 되었더라도 체내에서 단백질 축적으로 이용되지 못한다. 따라서 열처리를 하는 사료의 경우에는 추

표 8-22. 열처리가 대두 내 아미노산 소화율에 미치는 효과

열처리[1] 시간 (min)	소화율(%)			
	Lysine	Methionine	Cystine	Threonine
0	73	65	67	64
9	78	70	70	68
18	87	86	83	82

[1] 열처리 방법 : autoclave (Britzman, 2000)

가적으로 라이신을 첨가함으로 생산성을 높일 수 있다(표 8-23).

앞서 언급한 것처럼 사료의 적절한 열처리는 대두박 내 존재하는 항영양인자(anti-nutritional factor, ANF)인 트립신 저해인자의 활성을 억제한다(강과 채, 2001). 처리되는 온도의 변화에 대한 트립신억제인자 활성 변화의 유사성이 높은 대두박 내 효소는 유레아제(urease)이다.

따라서 유레아제 활성을 측정하면 트립신 억제인자의 활성 정도 즉 대두박 품질 평가 및 가금 생산성을 간접적으로 평가할 수 있다. 유레아제는 요소를 암모니아 형태로 변형시키며 그로 인해 pH는 상승시키므로 pH를 측정하면 유레아제의 활성을 가늠할 수 있는 것이다. 열처리 전후의 대두의 pH 변화는 약 2.0 unit이며 적절하게 열처리가 된 대두박의 pH 변화는 0.05～0.2unit이다.

대두박의 과열처리 유무를 평가하는 또 다른 평가 방법으로 0.2% 수산화칼륨(KOH) 용해도와 PDI(protein dispersibility index)가 있는데 분석 용이성으로 인해 주로 KOH 용해도를 이용하지만 PDI가 보다 더 진보되고 정확한 평가 방법이라 할 수 있다. KOH 용해도에 영향을 미치는 요인은 대두박 열처리 온도와 더불어 대두박 입자 크기인데 입자도가 낮을수록 KOH 용해도는 증가한다. KOH 용해도와 가금 생산성은 정의 상관관계를 가지는 것으로 알려져 있다(표 8-24).

주 등(1994)에 의하면 육계사료내 KOH 용해도가 다른 대두박 함량을 30%가 되

표 8-23. 과열처리 대두박에 L-라이신 첨가가 육계 생산성에 미치는 영향

처리구	증체량 (g / bird)		사료효율	
처리구 (PS[1] 80.6%)	391		1.41	
처리구 + 0.2% L-Lys	411		1.38	
	67% PS[1]	54% PS[1]	67% PS[1]	54% PS[1]
처리구 (과열처리)	383[b]	361[b]	1.52	1.55
처리구 + 0.05% L-Lys	394[ab]	381[b]	1.44	1.42
처리구 + 0.10% L-Lys	405[ab]	393[ab]	1.43	1.50
처리구 + 0.15% L-Lys	412[a]	417[a]	1.36	1.40

[1]PS : 단백질 용해도

[a,b] : 통계적 유의차($P<0.05$)

(Britzman, 2000)

도록 하고, 각 사료의 단백질과 대사에너지 값을 동일하게 배합하여 3주간 급여한 결과 단백질의 용해도가 높은 대두박은 육계의 증체와 사료효율은 증가하지만 반대의 경우에는 증체량과 사료효율은 감소하게 된다(그림 8-5).

표 8-24. 전지대두의 열처리가 유레아제 활성도, 트립신억제인자 및 성장률에 미치는 영향

가열시간	유레아제 (pH 변화)	트립신억제인자 (mg / g)	증체량 (g / 수)
0	2.26	-	248
30	1.74	8.2	376
35	0.48	5.0	393
40	0.40	5.5	405
45	0.25	4.6	416
50	0.18	4.8	403
55	0.11	4.6	415
60	0.05	2.5	409

(Waldroup 등, 1995)

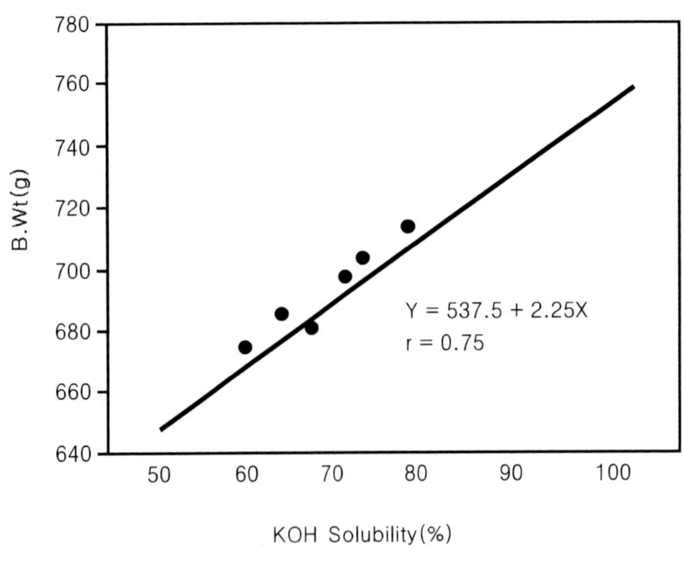

그림 8-5. 대두박의 KOH 용해도와 육계의 3주령시 체중 관계

이외에도 대두박의 품질 평가를 할 수 있는 방법은 펩신소화율(pepsin digestibility index)법과 질소용해지표(nitrogen water solubility index)법이 있다. 다음 표 8-25은 유레아제 측정과 KOH 용해도 분석법에 대한 간단한 실험방법이다.

3) 열처리와 비타민 소실

비타민은 유기화합물로서 체내 합성량에 비해 요구량이 높은 필수 영양성분으로 번식 및 대사 조절에 중요한 역할을 담당하고 있다. 하지만 비타민의 화학적 안정성은 매우 낮기 때문에 여러 가지 요인(압력, pH, 저장기간, 빛의 노출 등)에 의해서 영향을 받게 되는데 열처리 과정 또한 비타민의 체내 이용률을 하락시킨다. 비타민의 안정성은 수용성 비타민에 비해 지용성 비타민이 더 낮은 편으로 비타민 A의 경우 펠렛팅 후 약 15%의 손실이 발생하며 수개월간 보관을 할 경우 약 50% 손실이 일어난다. 또한 비타민 K_1의 경우에는 열과 압력을 동시에 기하는 익스트루전 가공에 의해서 55% 손실이 발생하기도 한다(표 8-26).

4) 위해 요소 감소 효과

국내 사료산업에서 안전성에 대한 인식의 중요성을 매우 강조되는 사항으로 사료산업이 단순히 가축 사료를 제조하는 것에서 벗어나 식탁 안전성의 기초 산업으로 인식의 변화가 있어 왔다. 여기에 더불어 계열화가 상당부분 진행되고 있는 육계산업 특징상 종계에서 육계로의 감염이 가능한 살모넬라의 오염은 계열 주체 생산성 저해에 미치는 효과는 상당히 크다고 할 수 있다.

표 8-25. 대두박 열처리 적절성을 평가하는 KOH 용해도와 유레아제 측정방법

구 분	측정방법	비 고
KOH 용해도	1. 1.5g 대두박과 0.2% KOH 용액 75ml 20분간 혼합 2. 원심분리 3. 추출 4. 질소 용해도 측정	과열처리 유무
유레아제 측정	1. 개시 pH 측정 2. 0.2g 대두박과 요소 용액 10ml 혼합 3. 30℃ 수조에서 30분간 반응 4. 종료 pH 측정 5. 종료 pH와 개시 pH 차이 확인	열처리 유무

표 8-26. 가공방법에 따른 사료 내 비타민 손실량 (%)

종 류	펠렛팅 (가온)	익스트루전 (가온, 가압)
비타민 A	15	20
비타민 D_3	12	20
비타민 E	5	10
비타민 K_1	30	55
Thiamin HCl	10	40
Riboflavin	5	5
Niacin	0	5
Ca-pantothenic acid	5	10
Folic acid	10	20
Pyridoxine HCl	0	5
Biotin	0	5
비타민 B_{12}	15	25
Choline Cl	0	5
Ascorbic acid	15	30

따라서 종계사료의 유해미생물 pathogenic bacteria 제거 사료에 대한 관심이 크며 이는 한국뿐만 아니라 전 세계적으로도 마찬가지이다. 현실적으로 사료 내 존재하는 미생물(총 세균수 : 10^6~10^7 cfu/kg)을 완전히 제거된 사료를 제조하는 것은 불가능하다. 하지만 열처리를 통해서 사료 내 존재하는 미생물 오염 정도를 감소(일반 컨디셔너; 총 세균수 : 10^4~10^5 cfu/kg, 롱텀 컨디셔너 ; 총 세균수 : 10^2~10^3 cfu/kg) 시킬 수 있으며 그 가공 방법(익스트루전, 롱텀 컨디셔너)에 따라 살모넬라 컨트롤이 가능하다(표 8-27).

사료 내 존재하는 위해요소 중 하나인 곰팡이 독소는 곰팡이가 분비하는 독소로서 수 많은 종류가 있으며 각기 독특한 특징을 가지고 있는데, 대표적인 곰팡이 독소는 아플라톡신(aflatoxin), 오클라톡신(ochratoxin), 제랄레논(zearalenone) 그리고 퓨모니신(fumonisine)이 있다. 이 모든 독소가 열에 민감하게 반응하는 것은 아니지만 일부 곰팡이 독소는 열에 의해서 파괴가 된다.

표 8-27. 가공방법에 따른 살모넬라 감소 효과

구 분	펠렛팅	익스트루전
시료 수	35	775
가공온도(℃)	60~85	95~120
수분함량(%)	11~19	25~35
살모넬라 검출수	21	0
살모넬라 검출 비율(%)	60	0

(Riaz, 2009)

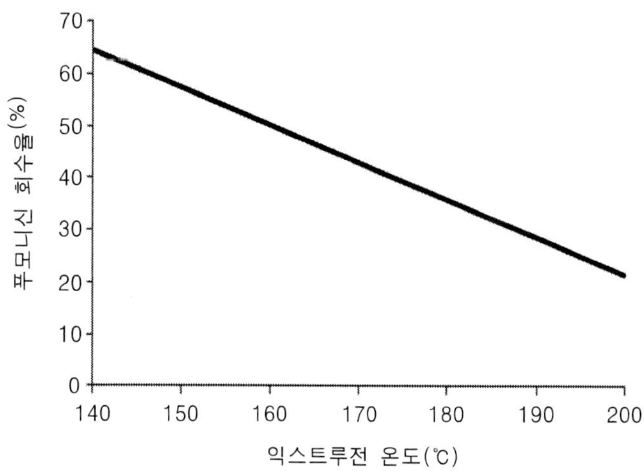

그림 8-6. 익스트루전 온도에 따른 퓨모니신 수준 변화(Riaz, 2009)

퓨모니신의 경우 열과 압력이 함께 가하는 익스트루전으로 인해 구조적 변화가 일어나 독성을 잃게 된다(그림 8-6). 하지만 아직 이에 대한 좀 더 많은 연구가 필요하다.

5) 열처리와 효소제

사료 내 에너지 및 단백질의 이용효율을 높이기 위해 여러 가지 효소제(xylanase, amylase, protease, glucanase 등)를 첨가하고 있다. 하지만 열과 압력 pH 등 에 취약한 단백질로 이뤄진 효소는 사료의 가공공정의 높은 수준은 열과 압력을 가진 스팀의 혼입으로 인해 효소의 구조적 변성이 일어나며 그에 따라 활성이 낮아질 수 있다.

열처리에 따른 효소의 역가를 유지하기 위해서 펠렛 후 액상을 펠렛 표면에 분사하는 방법이 있으나 균일한 분사가 어려우며 설비에 필요한 비용이 발생하는 단점이 있다. 최근에는 지방으로 코팅을 하여 고온 고압으로부터 효소의 활성을 유지하는 열 안정 효소제가 개발되었다.

4.4.2 가금사료와 펠렛팅

1) 펠렛 가공

Falk(1985)는 펠렛 공정을 포화된 스팀(열과 압력)을 이용하여 작은 입자를 좀 더 큰 입자로 응축시키는 물리적 화학적 과정이라고 정의하였고 오늘날 펠렛 사료는 육계와 오리를 비롯해 양돈과 소 사료의 주된 형태이다. 펠렛공정 설비는 공급빈(supply bin), 피더(screw feeder), 커디셔너(conditioner), 펠렛밀(pellet mill) 그리고 냉각기(cooler)로 구성되어져 있다(그림 8-7).

공급빈은 배합된 가루사료를 펠렛 가공 전 저장하는 공간으로 통상 하나의 펠렛

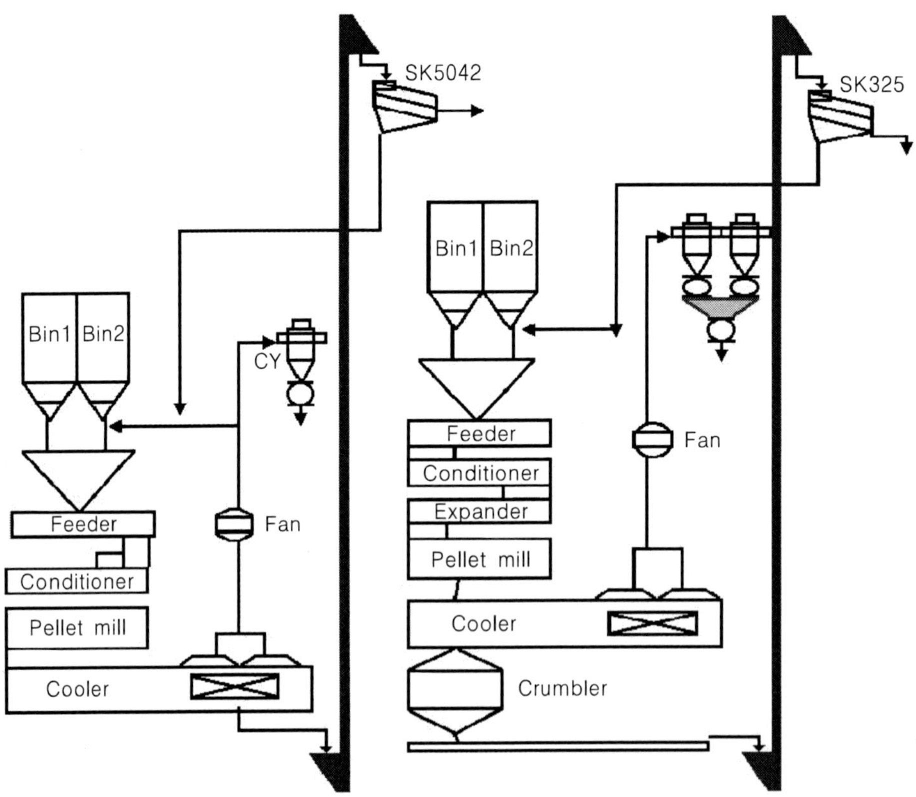

그림 8-7. 펠렛 가공공정 흐름도

그림 8-8. 펠렛밀(3개 롤러) 내부

라인에 2기를 설치한다. 피더(feeder)는 최종적으로 펠렛밀에 공급되는 가루 입자(사료)의 양을 조절하는 기능을 수행하며 펠렛 생산성을 결정하는 장비이고 컨디셔너는 스팀, 경우에 따라서 액상 원료(예 : 지방원료)의 첨가가 가능하며, 투입되는 스팀과 가루 입자를 혼합하는 기능을 수행, 펠렛 품질에 직접적으로 영향을 미칠 수 있다.

펠렛밀은 실질적으로 펠렛을 성형하는 장비로 롤러와 사출판(die)로 구성되어져 있으며 롤러의 수는 펠렛밀에 따라 2개 혹은 3개로 나눌 수 있다. 투입되는 가루 입자는 롤러가 회전하면서 발생하는 압력에 의해 사출판을 통과되며 이로 인해서 펠렛이 성형된다.

2) 펠렛과 육계 생산성

펠렛은 가루에 비해 다음과 같은 장점이 있어 육계의 사료 효율 및 증체량 등과 같은 생산성을 개선시킨다.

① 사료 허실량을 줄임
② 사료의 선택 채식 방지
③ 원료 분리현상 적음
④ 사료 섭취에 필요한 체내 에너지 소비량을 감소
⑤ 유해미생물 수 감소
⑥ 전분과 단백질 이용효율 향상
⑦ 기호성 증가

표 8-28. 육계생산성에 가루와 펠렛이 미치는 영향 비교

참고문헌	가 루			펠렛 / 크럼블			비 고
	ADG[1]	FI[2]	FCR[3]	ADG[1]	FI[2]	FCR[3]	
Amerah 등, 2007	496	827	1.67	829	1,262	1.52	P<0.001
Jafarnejad 등, 2010	1,381	1,796	1.30	1,581	1,935	1.22	P<0.001
Chenwning 등, 2012	2,457	4,964	2.02	2,904	5,372	1.85	P<0.0001
Zohair 등, 2012	1,176	1,474	1.25	1,311	1,562	1.19	

[1] ADG : 일당증체량(g / 수)

[2] FI : 사료섭취량(g / 수)

[3] FCR : 사료요구율(kg / kg)

현재 육계사료의 형태는 대부분 펠렛과 크럼블 형태이다. 육계사료를 펠렛 형태로 급여하는 이유는 사료 섭취량 증가와 열처리로 인한 소화율 향상, 그로 인한 사료효율이 개선되기 때문이다(표 8-28). 가금은 포유류와는 다르게 부리를 가지고 있기 때문에 알곡 형태를 가진 입자가 섭취가 용이하다.

펠렛은 일종의 인공 알곡이라 할 수 있어 사료 섭취량이 증가되며, 아직 소화기간이 성축에 비해서 미성숙한 육계의 경우 열처리로 인한 단백질의 구조적 변화가 소화율의 향상에 더욱 크게 영향을 미친다.

3) 펠렛 품질과 육계 생산성

균일도가 낮거나 작은 입자(fine, 가루)는 사료의 허실을 증가시키며 그로 인해 사료 효율도 낮아지게 되며 더 많은 채식활동을 필요로 한다. 급여하는 펠렛사료의 제조품질은 육계의 생산성과 밀접한 연관이 있다(표 8-29).

4) 펠렛 품질에 영향을 미치는 요인

육계 생산성에 영향을 미치는 펠렛 품질 기준은 펠렛 대비 가루 비율이라 할 수 있다. 가루의 발생은 사료 출고 이후에도 지속적으로 일어나므로 펠렛 품질에 영향을 미치는 요인을 확인하고 이에 대처하는 것이 무엇보다 중요하다(그림8-9).

그림 8-9에서 보는 바와 같이 펠렛 공정에 들어가기 전에 이미 펠렛 품질의 미치는 영향은 대략 60% 정도 차지하며 컨디셔닝까지로 범위를 확장하면 영향력이 80%로 늘어나게 된다. 사료 배합비적 요인 외에 제조공정 중 펠렛 성형에 미치는 영향

표 8-29. 펠렛경도(pellet durability index, PDI)에 따른 육계 생산성 변화

참고문헌	PDI (%)	증체량 (g/bird)	사료섭취량 (kg/pen)	사료요구율 (g/g)	비 고
McKinney 등, 2001	20	447	1,082$^{ab,\ 1}$	2.48	P<0.05
	40	440	1,022^{b}	2.38	
	80	510	1,195^{a}	2.39	
Cutlip 등, 2008	89.59	1,336	45.76	2.16^{ab}	P<0.003
	89.76	1,317	45.43	2.19^{c}	
	93.33	1,376	42.80	1.95^{a}	
	94.35	1,400	43.77	1.99^{bc}	
Hott 등, 2008	93.39	2,500^{b}	99.64^{a}	1.92^{a}	P<0.02
	95.53	2,610^{a}	103.7^{a}	1.92^{a}	
	96.59	2,530^{b}	91.88^{b}	1.83^{b}	
Lilly 등, 2011	0	1,301^{c}	38.20^{b}	1.84^{a}	P<0.005
	30	1,354^{b}	38.71^{b}	1.81^{b}	
	60	1,391^{a}	39.82^{a}	1.80^{b}	
	90	1,393^{a}	39.57^{a}	1.80^{b}	
Hu 등, 2012	0^{2}	466^{c}	539$^{c,\ 1}$	1.29^{2}	P<0.0001
	25	482^{b}	570^{b}	1.31	
	50	490^{ab}	590^{a}	1.34	
	75	498^{a}	587^{a}	1.31	
	100	503^{a}	594^{a}	1.30	

[1] 단위 : g / 수,

[2] FCR : 폐사율을 고려한 사료요구율

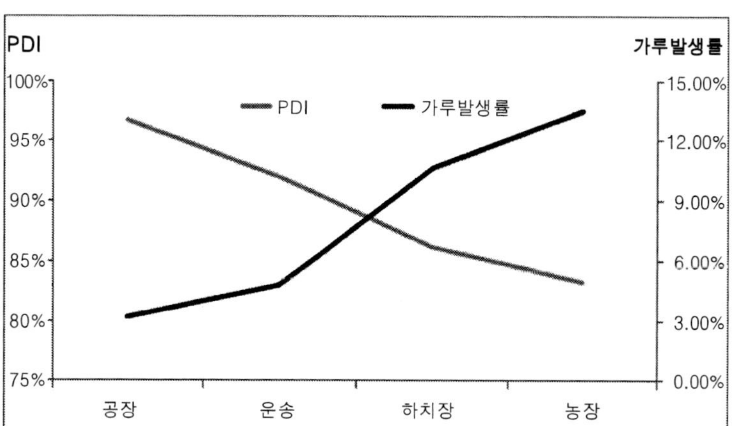

그림 8-9. 사료 이송에 따른 펠렛 품질 변화

중 가장 크게 요인은 가루입자도와 컨디셔닝이라 할 수 있다.

(1) 배합비와 펠렛 품질

최소의 비용으로 최적의 배합비를 운용하는 배합사료 특성상 사용하는 원료는 다양하며, 사용하는 각각의 원료별로 각기 다른 특징들을 가지고 있다. 따라서 어떤 배합비를 운용하느냐에 따라 펠렛 품질에도 다르게 영향을 미친다. 예를 들어 옥수수가 주종인 제품에 소맥을 일부 혹은 전체를 대체하게 되면 펠렛 품질이 향상된다. 이는 소맥의 조단백질 함량이 높기 때문인데, 단백질 중 친수성(hydrophilic) 부분과 스팀으로 공급되는 수분의 수소결합이 펠렛 성형에 도움을 주기 때문이다. 또 다른 이유는 소맥 내 고 점도의 특징을 가진 헤미셀룰로스(hemicellulose)를 다량 포함하고 있기 때이다.

반대로 지방 첨가의 경우 펠렛 사출판를 통과할 때 발생하는 마찰력을 감소시키는 기능을 가지고 있어 펠렛 생산성을 높여 주지만 펠렛 품질(PDI)에는 부정적으로 작용한다. 또한 높은 수준으로 지방을 사용하는 경우, 지방이 사료입자 외부로 막을 형성하기 때문에 컨디셔너에서 스팀이 가루입자 내부로 침부를 방해, 전분 호화도를 떨어뜨린다. 결국 원료 내 존재하는 영양성분 함량 및 특징들이 다르기 때문에 원료의 사용 여부와 수준에 따라서 펠렛 품질은 달라진다(표 8-30).

(2) 분쇄원료 입자도

펠렛 성형에 사용하는 분쇄원료의 입자도가 클수록 펠렛 품질은 하락하는데, 큰 입자일수록 스팀이 입자 중심으로 침투하지 못하며, 표면적이 상대적으로 작기 때문에

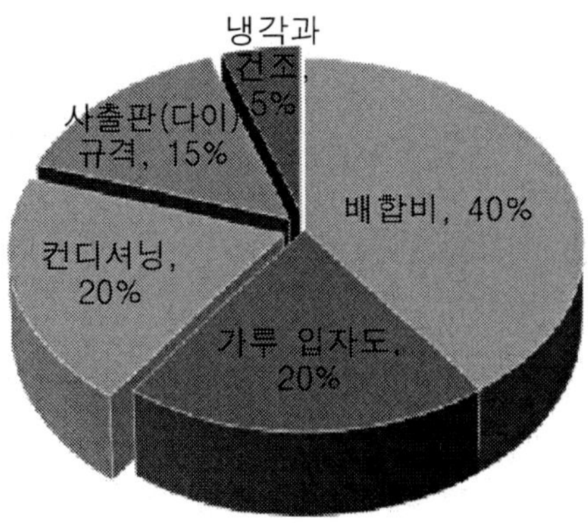

그림 8-10. 펠렛 품질에 영향을 미치는 요인

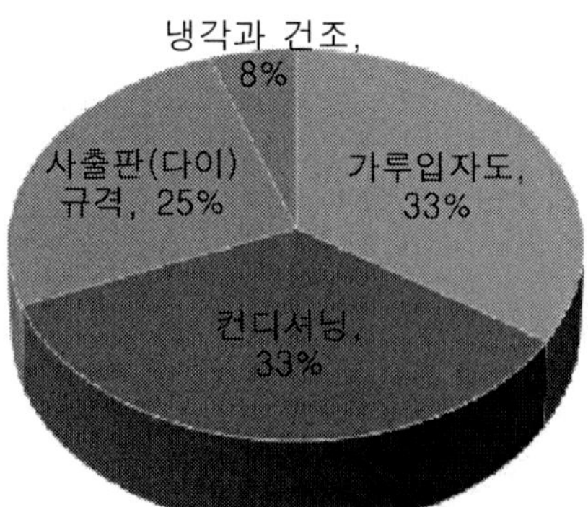

그림 8-11. 배합비를 제외한 펠렛 품질 요인

표 8-30. 원료별 영양성분 수준 및 펠렛 품질 및 생산성 기여정도

원 료	영양성분				펠 렛[1]	
	조단백질	조지방	조섬유	전 분	품 질	생산성
[곡 류]						
옥수수	8.7	3.8	2.1	58.5	5	7
소맥	11.9	1.7	2.3	55.5	8	6
대맥	10.7	2.2	4.7	49.0	5	6
쌀	7.8	2.0	8.8	58.0	5	5
[박류 기타]						
면실박	43.6	3.0	11.8	0.8	8	6
아마박	33.4	3.1	9.4	1.6	7	6
팜박	15.2	2.1	18.9	0.3	6	5
채종박	34.3	2.2	11.4	1.1	6	6
대두박	44.9	1.8	5.3	0.8	4	5
전지대두	35.6	18.9	5.3	0.9	4	8
[동물성 부산물]						
사료지방	0	100.0	0	0	<-10	>10
우모분	82.4	7.6	0	0	4	5
어분	56.4	11.6	0	0	4	7
육골분	49.8	9.1	1.6	0	4	7
가금부산물	71.1	13.3	2.7	0	3	8
[기 타]						
콘글루텐	18.5	3.8	7.0	18.8	3	4
콘글루텐밀	60.7	3.7	1.1	15.6	4	5
타피오카	2.4	0.4	4.3	65.5	5	3

[1] factor : 해당사항 기여도가 높을수록 수치가 크며, 범위는 0～10 ; 펠렛 공정 담당자 경험 수치

(Thomas 등, 1998)

입자와 스팀과의 혼합 균일도가 하락되어 전분 젤라틴화 및 단백질 변성 정도가 낮아지기 때문이다. 따라서 스팀과 가루입자가 혼합되는데 필요한 시간이 증가되어야 하며(컨디셔너 체류시간 증가), 스팀의 품질이 높아져야 하므로 펠렛 생산성은 낮아지며, 펠렛 가공비용은 증가된다.

(3) 컨디셔너 상태

컨디셔너의 목적은 사료 입자 중심까지 수분이 도달하여 입자의 화학성분들이 충분한 화학변화를 통해서 사료의 펠렛 성형을 용이하게 하는 것이다. 입자 중심까지 수분이 도달하는데 영향을 미치는 요인은 크게 3가지로 나눌 수 있는데, 스팀 압력, 스팀 양, 컨디셔너의 구조이다.

열과 수분의 첨가는 젤라틴화 및 단백질 구조적 변화를 야기 입자 접착력을 증가시켜 펠렛 품질을 향상시키게 된다. 컨디셔너 내부 온도를 10℃(80℃～90℃) 상승되면 펠렛 PDI를 약 4% 증가시킬 수 있다.

또한, 컨디셔너 구조(직경, 길이, 픽(Pick) 각도・수・배열, 스팀 투입 위치)에 따라서 가루입자의 체류시간이 달라진다. 체류시간이 길어짐에 따라서 수분과 가루입자가 접촉 확률 및 시간이 길어지고 그에 따른 입자 내부 변화(젤라틴화 등)도 증가하기 때문에 펠렛 품질에 영향을 미친다(표 8-31).

(4) 펠렛 사출판 규격

펠렛밀 사출판(pellet die)의 두께와 사출판 내 홀(hole)의 크기는 펠렛 품질에 직접적인 영향을 미치는데 사출판 두께가 두꺼울수록, 사출판 홀의 직경이 작을수록 사출판을 통과하면서 생기는 마찰력은 증가하며 그에 따라 더 큰 마찰열이 발생하게 되어 입자의 젤라틴화가 가속되며 펠렛 품질을 향상시키게 된다. 또한 펠렛밀의 사출판과 롤러 사이의 간극 역시 펠렛 품질에 영향을 미치는데 펠렛 품질을 향상시키기 위

표 8-31. 컨디셔너 체류시간에 따른 젤라틴화 비율

컨디셔너 형태	체류 형태	젤라틴화
싱글 컨디셔너	15～20 seconds	15～20%
이중 컨디셔너	40～45 seconds	20～25%
Different Diameter/speed	120～180 seconds	40～50%

(Kenny와 Rollins, 2007)

해서는 간극이 커야만 한다. 가능한 길이가 적당하며 고른 펠렛으로 생산하는 것이 PDI를 증가시키는 방안이다.

(5) 냉각과 건조

펠렛기 통과 직후 펠렛의 온도는 대략 65~85℃이며 수분함량은 최대 17%로 높으며 부드러운 특징을 가지고 있다. 따라서 위와 같은 열과 수분을 제거할 공정 즉 냉각과 건조 공정이 필요하며 높은 속도에 기인된 빠른 냉각공정은 외부 표면의 열만을 제거하는데, 이런 상황에 놓은 펠렛은 외부와 내부의 물리적 차이가 발생하여 크랙(crack, 잔금)이 발생하는 원인이 되며 크랙은 추후 펠렛 품질을 감소시키는 요인으로 작용한다. 또한 냉각공정이 너무 길면 너무 건조해진 펠렛은 서로 마찰하여 마모로 인한 가루 발생이 증가할 수 있다.

참고문헌

1. Amerah, A. M., Ravindran, V., Lentle, R. G. and Thomas, D. G. 2007. Influence of feed particle size and feed form on the performance, energy utilization, digestive tract development, and digesta parameters of broiler starters. Poult. Sci. 86:2615-23.
2. Amornthewaphat, N., Behnke, K. C. and Hancock, J. D. 1998. Effects of particle size and mixing time on uniformity and segregation in pig diets. Swine day 1998.
3. Amornthewaphat, N., Attamangkune, S., Songserm, O., Ruangpanit, Y. and Thomawong, P. 2007. Effects of corn particle size in layer diet on laying performance and uniformity of egg quality under high stocking density. World Poultry Science Association, Proceedings of the 16th European Symposium on Poultry Nutrition, 479-482
4. Benedetti, M. P., Sartori, J. R., Carvalho, F. B., Pereira, L. A., Fascina, V. B., Stradiotti, A. C., Pezzato, A. C., Costa, C. and Ferreira, J. G. 2011. Corn texture and particle size in broiler diets. Rev. Bras. Cienc. Avic. 13:
5. Behnke, K. C. 1994. Determining and expressing particle size(Appendix C). In Feed Manufacturing Technology IV. American Feed Industrial Association.
6. Britzman, D. G. 2000. Soybean meal : An excellent protein source for

poultry feeds. American Soybean Association, Technical bulletin.

7. Chewning, C. G., Stark, C. R. and Brake, J. 2012. Effects of particle size and feed form on broiler performance. J. Appl. Poult. Res. 21:830-837
8. Cutlip, S. E., Hott, J. M., Brchanan, N. P., Rack, A. L., Latshaw, J. D. and Moritz, J. S. 2008. The effect of steam-conditioning practices on pellet quality and grwoing broiler nutritional value. J. Appl. Poult. Res. 17:24-261.
9. Douglas, J. H., Sullivan, T. W., Bond, P. L., Struwe, F. J., Baier J. G. and Robeson, L. G. 1990. Influence of grinding, rolling, and pelleting on the nutritional value of grain sorghums and yellow corn for broilers. Poult. Sci. 69:2150-2156.
10. Fairfield, D. 1994. Pelleting cost center. In Feed Manufacturing Technology IV. American Feed Industrial Association.
11. Herrman, T. and Behnke, K. 1994. Testing mixer peformance. Kansas state university agricultural experiment station and cooperative extension service.
12. Hamilton, R. M. G. and Proudfoot, F. G. 1995. Ingredient particle size and feed texture effects on the performance of broiler chickens. Amin. Feed Sci. Technol. 51:203-210.
13. Hott, J. M., Buchanan, N. P., Cutlip, S. E. and Moritz, J. S. 2008. The effect of moisture addition with a mold inhibitor on pellet quality, feed manu-facture, and broiler performance. J. Appl. Poult. Res. 17:262-271.
14. Hu, B., Stark, C. R. and Brake, J. 2012. Evaluation of crumble and pellet quality on broiler performance and gizzard weight. J. Amin. Vet. Adv. 11:2453-2458.
15. Jacobs, C. M. Utterback, P. L. and Parsons, C. M. 2010. Effects of corn parti-cle size on growth performance and nutrient utilization in young chicks. Poult. Sci. 89:539-544.
16. Jafarnejad, S., Farkhoy, M., Sadegh, M. and Bahonar, A. R. 2010. Effect of crumble-pellet and mash diets with different levels of dietary protein and energy on the performance of broilers at the end of the third week. Vet. Med. Int. vol. 2010, Article ID 328123, 5 pages.
17. Lilly, K. G. S., Gehring, C. K. Beaman, K. R., Turk, P. J., Sperow, M. and Moritz, J. S. 2011. Examining the relationships between pellet quality, broiler performance, and bird sex. J. Appl. Poult. Res. 20:231-239.
18. Kenny, M. and Rollins, M. 2007. Feed physical quality, The modern broiler requires optimal feed intake in order to support optimal and efficient growth. Aviatech. Technical information for broiler industry.
19. McKinney, L. J., Skinner-Noble L. J. and Teeter, R. G. 2001. Pellet quality

effects on broiler grwoth and efficiency. Ochlahoma Agricultural Experiment Station.

20. McCoy, R. A., Behnke, K. C., Hancock, J. D. and McEllhiney, R. R. 1994. Effect of mixing uniformity on broiler chick performance 1. Corn. Poult. Sci. 73:45–49.
21. Riaz M. N. 2009. The role of extrusion technology on feed safety and hygiene. 17th Annual ASAIM SEA Feed Technology and Nutrition Workshop.
22. Parsons, A. S., Buchanan, N. P., Blemings, K. P., Wilson M. E. and Moritz. J. S. 2006. Effect of corn particle size and pellet texture on broiler performance in the growing phase. J. Appl. Poult. Res. 15:245–255.
23. Plavnik, I., Macovsky, B. and Sklan, D. 2002. Effect of feeding whole wheat on performance of broiler chickens. Anim. Feed Sci. Technol. 96:229–236.
24. Portella, F. J., Caston, L. J. and Leeson, S. 1988. Apparent feed particle size preference by laying hens. Can. J. Anim. Sci. 682:915–922.
25. Reece, F. N., Lott B. D. and Deaton, J. W. 1985. The effects of feed form, grinding method, energy level, and gender on broiler performance in a moderate(21 C) environment. Poult. Sci. 64:1834–1839.
26. Safaa, H. M., Jiménez-Moreno, E., Valencia, D. G., Frikha, M., Serrano, M. P. and Mateos, G. G. 2009. Effect of main cereal of the diet and particle size of the cereal on productive performance and egg quality of brown egg-laying hens in early phase of production. Poult Sci. 88:608–14.
27. Schofield, E. K. 2005. Feed Manufacturing Technology V. American Feed Industry Association.
28. Thomas, M., van Vliet, T. and van der Poel, A. F. B. 1998. Physical quality of pelleted animal feed 3. Contribution of feedstuff components. Anim. Feed Sci. Technol. 70:59–78.
29. Umar Faruk, M., Bouvarel, I., Meme, N., Rideau, N., Roffidal, L., Tukur, H. M., Bastianelli, D., Nys, Y. and Lescoat, P. 2010. Sequential feeding using whole wheat and a separate protein-mineral concentrate improved feed efficiency in laying hens. Poult. Sci. 89:785–796.
30. Zang, J. J., Piao, X. S., Huang, D. S., Wang, J. J., Ma X. and Ma, Y. X. 2009. Effects of feed particle size and feed form on growth performance, nutrient metabolizability and intestinal morphology in broiler chickens Asian-Aust. J. Anim. Sci. 22:107–112
31. Zohair, G. A. M., Al-Maktari, G. A. and Amer, M. M. 2012. A comparative effect of mash and pellet feed on broiler performance and ascites at

high altitude(field study). Global Veterinaria 9:154-159

32. 강창원, 채병조. 2001. A to Z on Soybean Meal. 미국대두협회(ASA/Korea)
33. 이영철. 2002. 사료생산 공학. 유한문화사
34. 주용진, 강경래, 남기택, 강창원, 정명섭. 1994. 가금사료에 있어서 대두박의 영양적 품질 평가. 한국영양사료학회지 11:216-223.

부 록

<부록 Ⅰ> 한국사양표준(가금) – 2012

표 1-1. 갈색종 육성계의 영양소 요구량(사료 kg당 함량)

구 분	어린 병아리 (0~6주)	중병아리 (6~2주)	큰 병아리 (12~16주)	산란 전 (16주~시산)
대사에너지(metabolizable energy), kcal/kg	2,900	2,800	2,750	2,800
조단백질(crude protein), %	19.0	17.0	15.0	16.0
아미노산(amino acids)				
아르기닌(arginine), %	1.10	0.90	0.74	0.80
글리신 + 세린(glycine+serine), %	0.78	0.63	0.51	0.57
히스티딘(histidine), %	0.30	0.24	0.19	0.23
이소류신(isoleucine), %	0.66	0.56	0.42	0.48
류신(leucine), %	1.15	0.92	0.75	0.85
라이신(lysine), %	0.94	0.68	0.52	0.57
메티오닌(methionine), %	0.35	0.28	0.24	0.26
메티오닌+시스틴(methionine + cystine), %	0.68	0.58	0.47	0.51
페닐알라닌(phenylalanine), %	0.61	0.49	0.39	0.43
페닐알라닌 + 티로신(phenylalanine + tyrosine), %	1.10	0.89	0.72	0.78
트레오닌(threonine), %	0.75	0.62	0.43	0.48
트립토판(tryptophan), %	0.20	0.16	0.13	0.15
발린(valine), %	0.68	0.57	0.45	0.49
필수지방산(essential fatty acids)				
리놀산(linoleic acid), %	1.00	1.00	1.00	1.00
다량무기질(macro minerals)				
칼슘(calcium), %	0.90	0.85	0.85	2.00
비피틴태인(nonphytate phosphorus), %	0.40	0.35	0.30	0.32
칼륨(potassium), %	0.30	0.28	0.27	0.27
나트륨(sodium), %	0.17	0.16	0.16	0.16
염소(chlorine), %	0.15	0.14	0.14	0.14
마그네슘(magnesium), mg	600	500	400	400

(계 속)

구 분	어린 병아리 (0~6주)	중병아리 (6~12주)	큰 병아리 (12~16주)	산란 전 (16주~시산)
미량무기질(trace minerals)				
망간(manganese), mg	50.0	40.0	30.0	30.0
아연(zinc), mg	50.0	40.0	35.0	35.0
철(iron), mg	80.0	58.0	56.0	58.0
구리(copper), mg	5.0	4.5	4.0	4.0
요오드(iodine), mg	0.50	0.45	0.40	0.40
셀레늄(selenium), mg	0.15	0.14	0.13	0.13
지용성 비타민(fat soluble vitamins)				
A, IU	3,000	2,700	2,700	2,700
D_3, IU	220	200	200	300
E, IU	12.0	8.0	8.0	8.0
K, mg	0.60	0.50	0.50	0.50
수용성 비타민(water soluble vitamins)				
B_1(thiamin), mg	2.0	1.8	1.5	1.5
B_2(riboflavin), mg	6.0	4.0	3.0	4.5
나이아신(niacin), mg	30.0	26.0	25.0	25.0
판토텐산(pantothenic acid), mg	12.0	10.0	10.0	10.0
B_6(pyridoxine), mg	4.0	3.0	3.0	3.0
바이오틴(biotin), mg	0.20	0.15	0.12	0.12
엽산(folic acid), mg	0.60	0.50	0.40	0.40
B_{12}(cyanocobalamin), mg	0.009	0.006	0.005	0.005
콜린(choline), mg	1,500	1,000	600	600

표 1-2. 갈색종 산란계의 영양소 요구량(사료 kg당 함량) - 산란 초기, 100g ; 중기 이후 110g 섭취 기준

구 분	산란 초기 (1%~32주)	산란 중기 (32~45주)	산란 후기 (45~55주)	산란 말기 (55주 이후)
대사에너지(metabolizable energy), kcal/kg	2,950	2,700	2,650	2,600
조단백질(crude protein), %	17.5	16.5	15.5	14.5
아미노산(amino acids)				
아르기닌(arginine), %	0.84	0.78	0.72	0.66
글리신 + 세린(glycine + serine), %	-	-	-	-
히스티딘(histidine), %	0.20	0.19	0.18	0.17
이소류신(isoleucine), %	0.77	0.72	0.67	0.62
류신(leucine), %	1.00	0.93	0.85	0.77
라이신(lysine), %	0.86	0.78	0.71	0.65
메티오닌(methionine), %	0.35	0.33	0.31	0.29
메티오닌 +시스틴(methionine+cystine), %	0.71	0.68	0.64	0.60
페닐알라닌(phenylalanine), %	0.54	0.52	0.49	0.46
페닐알라닌 + 티로신(phenylalanine + tyrosine), %	1.01	0.93	0.86	0.78
트레오닌(threonine), %	0.54	0.52	0.49	0.46
트립토판(tryptophan), %	0.21	0.19	0.17	0.16
발린(valine), %	0.84	0.78	0.72	0.67
필수지방산(essential fatty acids)				
리놀산(linoleic acid), %	1.10	1.05	1.05	1.05
다량무기질(macro minerals)				
칼슘(calcium), %	3.80	3.90	4.00	4.10
비피틴태인(nonphytate phosphorus), %	0.32	0.31	0.30	0.28
칼륨(potassium), %	0.18	0.17	0.16	0.15
나트륨(sodium), %	0.18	0.17	0.16	0.15
염소(chlorine), %	0.16	0.15	0.14	0.13
마그네슘(magnesium), mg	580	550	520	500

(계 속)

구 분	산란 초기 (1%~32주)	산란 중기 (32~45주)	산란 후기 (45~55주)	산란 말기 (55주 이후)
미량무기질(trace minerals)				
망간(manganese), mg	25.0	23.0	22.0	21.0
아연(zinc), mg	42.0	37.0	35.0	33.0
철(iron), mg	52.0	47.0	45.0	43.0
구리(copper), mg	-	-	-	-
요오드(iodine), mg	0.045	0.04	0.035	0.03
셀레늄(selenium), mg	0.10	0.09	0.08	0.07
지용성 비타민(fat soluble vitamins)				
A, IU	4,500	4,300	4,100	4,000
D_3, IU	500	470	450	430
E, IU	7.0	6.5	6.0	5.5
K, mg	0.7	0.6	0.5	0.5
수용성 비타민(water soluble vitamins)				
B_1(thiamin), mg	0.9	0.8	0.8	0.7
B_2(riboflavin), mg	3.0	2.8	2.6	2.5
나이아신(niacin), mg	12.0	11.0	10.5	10.0
판토텐산(pantothenic acid), mg	2.5	2.4	2.3	2.2
B_6(pyridoxine), mg	3.0	2.8	2.6	2.5
바이오틴(biotin), mg	0.14	0.12	0.11	0.10
엽산(folic acid), mg	0.30	0.28	0.26	0.24
B_{12}(cyanocobalamin), mg	0.005	0.004	0.003	0.003
콜린(choline), mg	1,300	1,200	1,100	1,000

표 1-3. 육계의 영양소 요구량(사료 kg당 함량)

구 분	초기 (0~1주령)	전기 (1~3주령)	후기 (3주령 이후)
대사에너지(metabolizable energy), kcal/kg	3,050	3,100	3,200
조단백질(crude protein), %	22	21	19
아미노산(amino acids)			
아르기닌(arginine), %	1.45	1.31	1.12
글리신 + 세린(glycine+serine), %	1.31	1.30	1.10
히스티딘(histidine), %	0.51	0.46	0.40
이소류신(isoleucine), %	0.92	0.84	0.72
류신(leucine), %	1.50	1.36	1.17
라이신(lysine), %	1.38	1.25	1.07
메티오닌(methionine), %	0.50	0.44	0.39
메티오닌 + 시스틴(methionine+cystine), %	1.00	0.90	0.78
페닐알라닌(phenylalanine), %	0.80	0.73	0.62
페닐알라닌 +티로신(phenylalanine + tyrosine), %	1.45	1.12	1.13
트레오닌(threonine), %	0.92	0.84	0.72
트립토판(tryptophan), %	0.22	0.19	0.17
발린(valine), %	1.06	0.96	0.82
프롤린(proline), %	0.61	0.55	0.47
필수지방산(essential fatty acid)			
리놀산(linoleic acid), %	1.00	1.00	1.00
다량무기질(macrominerals)			
칼슘(calcium), %	1.00	0.90	0.85
비피틴태인(nonphytate phosphorus), %	0.45	0.45	0.40
칼륨(potassium), %	0.60	0.60	0.60
나트륨(sodium), %	0.16	0.16	0.16
염소(chlorine), %	0.23	0.23	0.23
마그네슘(magnesium), mg	600	600	600

(계 속)

구 분	초 기 (0~1주령)	전 기 (1~3주령)	후 기 (3주령 이후)
미량무기질(trace minerals)			
망간(manganese), mg	60	60	60
아연(zinc), mg	50	50	50
철(iron), mg	80	80	80
구리(copper), mg	8	8	8
요오드(iodine), mg	0.40	0.40	0.40
셀레늄(selenium), mg	0.12	0.12	0.12
지용성 비타민(fat soluble vitamins)			
A, IU	2,700	2,700	2,700
D_3, ICU	400	200	200
E, IU	15	10	10
K, mg	0.5	0.5	0.5
수용성 비타민(water soluble vitamins)			
B_1(thiamin), mg	2.0	1.8	1.8
B_2(riboflavin), mg	5.5	3.6	3.6
나이아신(niacin), mg	37	22	22
판토텐산(pantothenic acid), mg	9.9	9.9	9.9
B_6(pyridoxine), mg	4.0	3.5	3.5
바이오틴(biotin), mg	0.15	0.15	0.11
엽산(folic acid), mg	0.55	0.55	0.55
B_{12}(cyanocobalamin), mg	0.013	0.011	0.007
콜린(choline), mg	4.0	3.5	3.5

표 1-4. 육용종계 산란기의 1일 수당 영양소 요구량

구 분	암 탉(주령)									수탉
	24	25	26	27	28	29	30~39	40~49	50~64	
대사에너지(ME), kcal (케이지)	300	320	340	360	380	400	420	400	380	400
(평 사)	320	345	365	385	410	430	450	430	410	430
조단백질(crude protein), g	18			20			22	20	18	15
아미노산(amino acids)										
라이신(lysine), g	0.86			0.95			1.05	0.95	0.86	0.68
메티오닌(methionine), g	0.38			0.42			0.46	0.42	0.38	0.32
메티오닌 + 시스틴 (methionine + cystine), g	0.68			0.75			0.83	0.75	0.68	0.56
트레오닌(threonine), g	0.64			0.71			0.78	0.71	0.64	-
트립토판(tryptophan), g	0.20			0.22			0.24	0.22	0.20	-
다량무기질(macro minerals)										
칼슘(calcium), g	3.60			3.80			4.00	3.80	3.60	1.35
비피틴태인(nonphytate phosphorus), g	0.48			0.51			0.53	0.51	0.48	0.55
나트륨(sodium), g	0.20			0.21			0.22	0.21	0.20	-
마그네슘(magnesium), mg	106.5			112.4			118.3	112.4	106.5	-
미량무기질(trace minerals)										
아연(zinc), mg	109.9			116.0			122.1	116.0	109.9	-
철(iron), mg	88.4			93.3			98.2	93.3	88.4	-
구리(copper), mg	7.8			8.3			8.7	8.3	7.8	-
요오드(iodine), mg	1.1			1.2			1.2	1.2	1.1	-
셀레늄(selenium), mg	0.3			0.3			0.3	0.3	0.3	-

(계 속)

구 분	암 탉(주령)									수탉
	24	25	26	27	28	29	30~39	40~49	50~64	
지용성 비타민 (fat soluble vitamins)										
A, IU	13.8			14.6			15.3	14.6	13.8	–
D_3, IU	3.5			3.7			3.9	3.7	3.5	–
E, IU	48.5			51.2			53.9	51.2	48.5	–
K, mg	2.8			3.0			3.1	3.0	2.8	–
수용성 비타민 (water soluble vitamins)										
B_1(thiamin), mg	4.1			4.3			4.5	4.3	4.1	–
B_2(riboflavin), mg	10.1			10.7			11.2	10.7	10.1	–
나이아신(niacin), mg	47.6			50.3			52.9	50.3	47.6	–
판토텐산(pantothenic acid), mg	16.9			17.9			18.8	17.9	16.9	–
B_6(pyridoxine), mg	5.4			5.7			6.0	5.7	5.4	–
바이오틴(biotin), mg	0.3			0.3			0.3	0.3	0.3	–
엽산(folic acid), mg	1.5			1.6			1.7	1.6	1.5	–
B_{12}(cyanocobalamin), mg	20.2			21.3			22.4	21.3	20.2	–
콜린(choline), mg	856.4			904.0			951.5	904.0	856.4	–

표 1-5. 육용오리의 영양소 요구량(사료 kg당 함량)

구 분	0~3주령	3~8주령
대사에너지(metabolizable energy), kcal/kg	2,900	3,000
조단백질(crude protein), %	22.0	18
아미노산(amino acids)		
아르기닌(arginine). %	1.10	1.03
히스티딘(histidine), %	0.32	0.23
이소류신(isoleucine), %	0.63	0.52
류신(leucine), %	1.26	1.03
라이신(lysine), %	0.90	0.73
메티오닌(methionine), %	0.40	0.33
메티오닌 + 시스틴(methionine+cystine), %	0.70	0.60
트레오닌(threonine), %	0.65	0.48
트립토판(tryptophan), %	0.23	0.19
발린(valine), %	0.78	0.63
필수지방산(essential fatty acid)		
리놀산 (linoleic acid), %	1.0	1.0
다량무기질(macro minerals)		
칼슘(calcium), %	0.65	0.62
비피틴태인(nonphytate phosphorus), %	0.40	0.33
칼륨(potassium), %	0.83	0.80
나트륨(sodium), %	0.15	0.15
염소(chlorine), %	0.12	0.12
마그네슘(magnesium), mg	500	500

(계 속)

구 분	0~3주령	3~8주령
미량무기질(trace minerals)		
망간(manganese), mg	50	50
아연(zinc), mg	60	60
셀레늄(selenium), mg	0.20	0.20
지용성 비타민(fat soluble vitamins)		
A, IU	2,500	2,500
D_3, IU	400	400
E, IU	10	20
K, mg	0.5	0.5
수용성 비타민(water soluble vitamins)		
B_2(riboflavin), mg	4.0	4.0
나이아신(niacin), mg	55	55
판토텐산(pantothenic acid), mg	11.0	11.0
B_6(pyridoxine), mg	2.5	2.5

표 1-6. 메추리의 영양소 요구량(사료 kg당 함량)

구 분	육추기(0~6주령)	산란기
대사에너지(metabolizable energy), kcal/kg	2,900	2,800
조단백질(crude protein), %	24.0	22.0
아미노산(amino acids)		
아르기닌(arginine). %	1.32	1.30
글리신 + 세린(glycine+serine), %	1.21	1.23
히스티딘(histidine), %	0.38	0.44
이소류신(isoleucine), %	1.03	0.95
류신(leucine), %	1.78	1.49
라이신(lysine), %	1.36	1.10
메티오닌(methionine), %	0.55	0.50
메티오닌 + 시스틴(methionine+cystine), %	0.80	0.78
페닐알라닌(phenylalanine), %	1.01	0.82
페닐알라닌 + 티로신(phenylalanine+tyrosine), %	1.89	1.47
트레오닌(threonine), %	1.15	0.94
트립토판(tryptophan), %	0.23	0.20
발린(valine), %	1.00	0.97
필수지방산(essential fatty acid)		
리놀산(linoleic acid), %	1.0	1.0
다량무기질(macro minerals)		
칼슘(calcium), %	0.80	3.0
비피틴태인(nonphytate phosphorus), %	0.30	0.35
칼륨(potassium), %	0.45	0.4
나트륨(sodium), %	0.20	0.18
염소(chlorine), %	0.14	0.14
마그네슘(magnesium), mg	300	500

(계 속)

구 분	육추기(0~6주령)	산란기
미량무기질(trace minerals)		
망간(manganese), mg	80	80
아연(zinc), mg	80	75
철(iron), mg	0.3	0.3
구리(copper), mg	5	5
요오드(iodine), mg	0.3	0.3
셀레늄(selenium), mg	0.2	0.2
지용성 비타민(fat soluble vitamins)		
A, IU	1,650	3,300
D_3, IU	750	900
E, IU	12	25
K, mg	1	1
수용성 비타민(water soluble vitamins)		
B_1(thiamin), mg	2	2
B_2(riboflavin), mg	4	4
나이아신(niacin), mg	40	20
판토텐산(pantothenic acid), mg	10	15
B_6(pyridoxine), mg	3	3
바이오틴(biotin), mg	0.3	0.15
엽산(folic acid), mg	1	1
B_{12}(cyanocobalamin), mg	0.003	0.003
콜린(choline), mg	2,000	1,500

<부록 Ⅱ> 브라질 사양표준 – 2011

Table 2-1. 체중별 육계 수컷의 영양소 요구량

		일 령				
		1~7	8~21	22~33	34~42	43~46
체중 범위 (weight range)	kg	0.04~0.18	0.21~0.89	0.96~1.94	2.03~2.83	2.93~3.21
평균 체중(average weight)	kg	0.104	0.503	1.430	2.431	3.069
증체(gain)	g/일	21.1	53.9	89.30	99.70	91.40
사료섭취량(feed intake)	g/일	24.8	75.7	153.60	201.30	209.60
유효인	g/일	0.115	0.296	0.525	0.599	0.563
가소화 인	g/일	0.101	0.260	0.480	0.549	0.517
가소화 라이신	g/일	0.325	0.889	1.656	2.030	1.961
대사에너지 (metabolizable energy)	kcal/kg	2950	3000	3100	3150	3200
		영양소				
조단백질(crude protein)	%	22.20	20.80	19.50	18.00	17.30
칼슘(calcium)	%	0.920	0.819	0.732	0.638	0.576
유효인	%	0.470	0.391	0.342	0.298	0.260
가소화 인	%	0.395	0.343	0.313	0.273	0.247
칼륨(potassium)	%	0.590	0.585	0.580	0.580	0.580
나트륨(sodium)	%	0.220	0.210	0.200	0.195	0.190
염소(chlorine)	%	0.200	0.190	0.180	0.170	0.165
리놀산(linoleic acid)	%	1.090	1.060	1.040	1.020	1.000
		가소화 아미노산				
라이신(lysine)	%	1.310	1.174	1.078	1.010	0.936
메티오닌(methionine)	%	0.511	0.458	0.431	0.404	0.374
메티오닌 + 시스틴 (methionine + cystine)	%	0.944	0.846	0.787	0.737	0.683
트레오닌(threonine)	%	0.852	0.763	0.701	0.656	0.608

(계 속)

		일 령				
		1~7	8~21	22~33	34~42	43~46
트립토판(tryptophan)	%	0.223	0.200	0.194	0.182	0.168
아르기닌(arginine)	%	1.415	1.268	1.164	1.091	1.011
글리신 + 세린 (glycine + serine)	%	1.926	1.726	1.445	1.353	1.254
발린(valine)	%	1.009	0.904	0.841	0.788	0.730
이소류신(isoleucine)	%	0.878	0.787	0.733	0.687	0.636
류신(leucine)	%	1.402	1.257	1.164	1.091	1.011
히스티딘(histidine)	%	0.485	0.435	0.399	0.374	0.346
페닐알라닌(phenylalanine)	%	0.826	0.740	0.679	0.636	0.590
페닐알라닌 + 트립토판 (phenylalanine + tryptophan)	%	1.507	1.351	1.240	1.161	1.076
총 아미노산						
라이신(lysine)	%	1.444	1.294	1.189	1.114	1.032
메티오닌(methionine)	%	0.549	0.492	0.464	0.434	0.402
메티오닌 + 시스틴 (methionine + cystine)	%	1.040	0.932	0.868	0.813	0.753
트레오닌(threonine)	%	0.982	0.880	0.809	0.758	0.702
트립토판(tryptophan)	%	0.245	0.220	0.214	0.201	0.186
아르기닌(arginine)	%	1.516	1.359	1.248	1.170	1.084
글리신 + 세린 (glycine + serine)	%	2.166	1.941	1.629	1.526	1.414
발린(valine)	%	1.141	1.022	0.951	0.891	0.826
이소류신(isoleucine)	%	0.967	0.867	0.809	0.758	0.702
류신(leucine)	%	1.545	1.385	1.284	1.203	1.115
히스티딘(histidine)	%	0.534	0.479	0.440	0.412	0.382
페닐알라닌(phenylalanine)	%	0.910	0.815	0.749	0.702	0.650
페닐알라닌 + 트립토판 (phenylalanine + tryptophan)	%	1.661	1.488	1.367	1.281	1.187

Table 2-2. 체중별 육계 암컷의 영양소 요구량

		일 령				
		1~7	8~21	22~33	34~42	43-46
체중 범위 (weight range)	kg	0.04~ 0.18	0.21~ 0.81	0.87~ 1.64	1.72~ 2.31	2.38~ 2.59
평균체중(average weight)	kg	0.102	0.482	1.245	2.016	2.488
증체(gain)	g/일	21.1	47.4	70.3	73.9	69.0
사료섭취량(feed intake)	g/일	25.8	67.8	131.0	170.8	182.5
유효인	g/일	0.121	0.262	0.417	0.450	0.431
가소화 인	g/일	0.106	0.230	0.382	0.413	0.397
가소화 라이신	g/일	0.342	0.790	1.316	1.521	1.499
대사에너지 (metabolizable energy)	kcal/kg	2950	3000	3100	3150	3200
		영양소				
조단백질(crude protein)	%	21.80	20.40	19.00	17.50	17.00
칼슘(calcium)	%	0.920	0.809	0.683	0.566	0.506
유효인	%	0.470	0.386	0.319	0.264	0.236
가소화 인	%	0.395	0.339	0.292	0.242	0.217
칼륨(potassium)	%	0.590	0.560	0.555	0.550	0.540
나트륨(sodium)	%	0.220	0.200	0.195	0.185	0.180
염소(chlorine)	%	0.200	0.185	0.172	0.162	0.155
리놀산(linoleic acid)	%	1.090	1.060	1.040	1.020	1.000
		가소화 아미노산				
라이신(lysine)	%	1.326	1.165	1.005	0.892	0.822
메티오닌(methionine)	%	0.517	0.454	0.402	0.357	0.329
메티오닌 + 시스틴 (methionine + cytsine)	%	0.954	0.839	0.733	0.651	0.600
트레오닌(threonine)	%	0.862	0.757	0.653	0.580	0.534
트립토판(tryptophan)	%	0.225	0.198	0.181	0.161	0.148
아르기닌(arginine)	%	1.432	1.258	1.085	0.963	0.888

(계 속)

		일 령				
		1~7	8~21	22~33	34~42	43-46
글리신 + 세린 (glycine + serine)	%	1.949	1.713	1.346	1.195	1.101
발린(valine)	%	1.021	0.897	0.784	0.696	0.641
이소류신(isoleucine)	%	0.888	0.781	0.683	0.607	0.559
류신(leucine)	%	1.418	1.247	1.085	0.963	0.888
히스티딘(histidine)	%	0.490	0.431	0.372	0.330	0.304
페닐알라닌(phenylalanine)	%	0.835	0.734	0.633	0.562	0.518
페닐알라닌 + 트립토판 (phenylalanine+tryptophan)	%	1.524	1.340	1.155	1.026	0.945
총 아미노산						
라이신(lysine)	%	1.462	1.284	1.108	0.983	0.906
메티오닌(methionine)	%	0.556	0.488	0.432	0.383	0.353
메티오닌+시스틴 (methionine+cytsine)	%	1.053	0.924	0.809	0.718	0.661
트레오닌(threonine)	%	0.994	0.873	0.753	0.668	0.616
트립토판(tryptophan)	%	0.249	0.218	0.199	0.177	0.163
아르기닌(arginine)	%	1.535	1.348	1.163	1.032	0.951
글리신 + 세린 (glycine + serine)	%	2.193	1.926	1.518	1.347	1.241
발린(valine)	%	1.155	1.014	0.886	0.786	0.725
이소류신(isoleucine)	%	0.980	0.860	0.753	0.668	0.616
류신(leucine)	%	1.564	1.374	1.197	1.062	0.978
히스티딘(histidine)	%	0.541	0.475	0.410	0.364	0.335
페닐알라닌(phenylalanine)	%	0.921	0.809	0.698	0.619	0.571
페닐알라닌 + 트립토판 (phenylalanine+tryptophan)	%	1.681	1.477	1.274	1.130	1.042

Table 2-3. 육계에서 라이신 비율에 대한 각 아미노산 요구량 평가

아미노산(amino acids)		구 간(phases)			
		초기~전기		후 기	
		1~21 일		22~56일	
		가소화 아미노산	총 아미노산	가소화 아미노산	총 아미노산
라이신(lysine)	%	100	100	100	100
메티오닌(methionine)	%	39	38	40	39
메티오닌+시스틴 (methionine + cysine)	%	72	72	73	73
트레오닌(threonine)	%	65	68	65	68
트립토판(tryptophan)	%	17	17	18	18
아르기닌(arginine)	%	108	105	108	105
글리신 + 세린(glycine + serine)	%	147	150	134	137
발린(valine)	%	77	79	78	80
이소류신(isoleucine)	%	67	67	68	68
류신(leucine)	%	107	107	108	108
히스티딘(histidine)	%	37	37	37	37
페닐알라닌(phenylalanine)	%	63	63	63	63
페닐알라닌 + 트립토판 (phenylalanine + tryptophan)	%	115	115	115	115

Table 2-4. 대사에너지와 사료섭취량, 생산성에 대한 갈색 산란계 영양소 요구량

체중(body weight), kg		1.600		1.800		1.900	
증체(gain), g/일		2		1		0	
일 산란량, g/일		55		50		45	
대사에너지 요구량 (ME requirement), kcal/일		316		312		300	
사료 내 ME, kcal/kg		2900		2850		2800	
사료섭취량(feed intake), g/일		109		109		107	
조단백질(crude protein)	%	15.60		15.60		15.89	
칼슘(calcium)	%	3.85		3.85		3.93	
유효인	%	0.275		0.275		0.280	
가소화 인	%	0.248		0.248		0.252	
칼륨(potassium)	%	0.541		0.541		0.551	
나트륨(sodium)	%	0.211		0.211		0.215	
염소(chlorine)	%	0.193		0.193		0.196	
리놀산(linoleic acid)	%	1.110		1.110		1.131	
아미노산(amino acids)		가소화	총	가소화	총	가소화	총
라이신(lysine)	%	0.754	0.847	0.684	0.769	0.627	0.704
메티오닌(methionine)	%	0.377	0.415	0.342	0.377	0.314	0.345
메티오닌 + 시스틴 (methionine + cystine)	%	0.686	0.762	0.622	0.692	0.571	0.634
트레오닌(threonine)	%	0.573	0.669	0.520	0.607	0.477	0.557
트립토판(tryptophan)	%	0.173	0.195	0.157	0.177	0.144	0.162
아르기닌(arginine)	%	0.754	0.813	0.684	0.738	0.627	0.676
글리신 + 세린(glycine +serine)	%	0.580	0.678	0.527	0.615	0.483	0.564
발린(valine)	%	0.716	0.805	0.650	0.730	0.596	0.669
이소류신(isoleucine)	%	0.573	0.644	0.520	0.584	0.477	0.535
류신(leucine)	%	0.920	1.008	0.834	0.915	0.765	0.838
히스티딘(histidinc)	%	0.219	0.237	0.198	0.215	0.182	0.197
페닐알라닌(phenylalanine)	%	0.490	0.534	0.445	0.484	0.408	0.444
페닐알라닌 + 트립토판 (phenylalanine + tryptophan)	%	0.890	0.974	0.807	0.884	0.740	0.810

Table 2-5. 대사에너지와 사료섭취량, 생산성에 대한 육용종계 영양소 요구량

체중(body weight), kg		3.000		3.400		3.800	
증체(gain), g/일		6.0		2.0		1.0	
일 산란량, g/일		51.0		45.0		40.0	
대사에너지 요구량 (ME requirement), kcal/일		438		420		126	
사료 내 ME, kcal/kg		2750		2750		2750	
사료섭취량 (feed intake), g/day		159		153		155	
조단백질(crude protein)	%	13.21		13.73		13.55	
칼슘(calcium)	%	2.58		2.68		2.65	
유효인	%	0.252		0.261		0.258	
가소화 인	%	0.239		0.248		0.452	
칼륨(potassium)	%	0.440		0.458		0.645	
나트륨(sodium)	%	0.157		0.163		0.161	
염소(chlorine)	%	0.138		0.144		0.142	
리놀산(linoleic acid)	%	1.258		1.307		1.290	
아미노산(amino acids)		가소화	총	가소화	총	가소화	총
라이신(lysine)	%	0.574	0.645	0.505	0.567	0.456	0.512
메티오닌(methionine)	%	0.276	0.303	0.242	0.266	0.219	0.241
메티오닌 + 시스틴 (methionine + cystine)	%	0.499	0.555	0.439	0.488	0.397	0.440
트레오닌(threonine)	%	0.465	0.542	0.409	0.476	0.369	0.430
트립토판(tryptophan)	%	0.132	0.148	0.116	0.130	0.105	0.118
아르기닌(arginine)	%	0.660	0.703	0.581	0.618	0.524	0.558
글리신 + 세린 (glycine + serine)	%	0.585	0.684	0.515	0.601	0.465	0.543
발린(valine)	%	0.517	0.581	0.455	0.510	0.410	0.461
이소류신(isoleucine)	%	0.517	0.574	0.455	0.505	0.410	0.456
류신(leucine)	%	0.775	0.851	0.682	0.748	0.616	0.676
히스티딘(histidine)	%	0.201	0.219	0.177	0.193	0.160	0.174
페닐알라닌(phenylalanine)	%	0.419	0.464	0.369	0.408	0.333	0.369
페닐알라닌 + 트립토판 (phenylalanine+tryptophan)	%	0.758	0.839	0.667	0.737	0.602	0.666

Table 2-6. 육용종계 영양소 요구량(g/수/일)

조단백질(crude protein)	21.0					
칼슘(calcium)	4.10					
유효인	0.400					
가소화 인	0.380					
칼륨(potassium)	0.700					
나트륨(sodium)	0.250					
염소(chlorine)	0.220					
리놀산(linoleic acid)	2.000					
체중(body weight), kg	3.000		3.400		3.800	
증체(gain), g/일	6.0		2.0		1.0	
일 산란량, g/일	51.0		45.0		40.0	
아미노산(amino acids)	가소화	총	가소화	총	가소화	총
라이신(lysine)	0.912	1.025	0.773	0.869	0.707	0.794
메티오닌(methionine)	0.438	0.482	0.371	0.408	0.339	0.373
메티오닌 + 시스틴 (methionine+cystine)	0.793	0.882	0.673	0.747	0.615	0.683
트레오닌(threonine)	0.739	0.861	0.626	0.730	0.573	0.667
트립토판(tryptophan)	0.210	0.236	0.178	0.200	0.163	0.183
아르기닌(arginine)	1.049	1.117	0.889	0.947	0.813	0.865
글리신+세린(glycine+serine)	0.930	1.087	0.788	0.921	0.721	0.842
발린(valine)	0.821	0.923	0.696	0.782	0.636	0.715
이소류신(isoleucine)	0.821	0.912	0.696	0.773	0.636	0.707
류신(leucine)	1.231	1.353	1.044	1.147	0.954	1.048
히스티딘(histidine)	0.319	0.349	0.271	0.295	0.247	0.270
페닐알라닌(phenylalanine)	0.666	0.738	0.564	0.626	0.516	0.572
페닐알라닌 + 트립토판 (phenylalanine+tryptophan)	1.204	1.333	1.020	1.130	0.933	1.032

Table 2-7. 산란메추리 영양소 요구량(g/수/일)

영양소(nutrients)	산란메추리					
조단백질(crude Protein)	4.94					
칼슘(calcium)	0.768					
유효인	0.080					
가소화 인	0.073					
나트륨(sodium)	0.038					
리놀산(linoleic acid)	0.256					
체중(body weight), kg	0.165		0.175		0.189	
증체(gain), g/일	0.11		0.02		0.00	
일 산란량, g/일	10.00		10.85		10.32	
아미노산(Amino Acids)	가소화	총	가소화	총	가소화	총
라이신(lysine)	0.268	0.301	0.288	0.324	0.276	0.310
메티오닌(methionine)	0.121	0.133	0.130	0.143	0.124	0.136
메티오닌 + 시스틴 (methionine + cystine)	0.220	0.244	0.237	0.262	0.226	0.251
트레오닌(threonine)	0.161	0.190	0.173	0.204	0.166	0.195
트립토판(tryptophan)	0.056	0.063	0.061	0.068	0.058	0.065
아르기닌(arginine)	0.311	0.341	0.335	0.366	0.320	0.350
글리신 + 세린(glycine + serine)	0.306	0.359	0.328	0.386	0.315	0.369
발린(valine)	0.201	0.229	0.216	0.246	0.207	0.236
이소류신(isoleucine)	0.174	0.196	0.187	0.211	0.179	0.202
류신(leucine)	0.402	0.446	0.433	0.480	0.414	0.459
히스티딘(histidine)	0.113	0.124	0.121	0.133	0.116	0.127
페닐알라닌(phenylalanine)	0.199	0.220	0.213	0.104	0.204	0.226
페닐알라닌 + 트립토판 (phenylalanine + tryptophan)	0.362	0.401	0.389	0.431	0.373	0.412

Table 2-8. 생산성과 사료섭취량에 따른 산란메추리 영양소 요구량

체중(body weight), kg		0.165		0.177		0.189	
증체(gain), g/일		0.11		0.02		0.00	
일 산란량, g/일		10.00		10.85		10.32	
대사에너지 요구량 (ME requirement), kcal/일		69.38		73.59		73.93	
사료 내 ME, kcal/kg		2800		2800		2800	
사료섭취량(feed intake), g/day		24.78		26.28		26.40	
조단백질(crude protein)	%	19.94		18.80		18.71	
칼슘(calcium)	%	3.099		2.922		2.909	
유효인	%	0.323		0.304		0.303	
가소화 인	%	0.295		0.278		0.277	
나트륨(sodium)	%	0.155		0.146		0.145	
리놀산(linoleic acid)	%	1.033		0.974		0.970	
아미노산(amino acids)		가소화	총	가소화	총	가소화	총
라이신(lysine)	%	1.083	1.217	1.097	1.233	1.045	1.174
메티오닌(methionine)	%	0.487	0.535	0.494	0.543	0.470	0.517
메티오닌 + 시스틴 (methionine + cystine)	%	0.888	0.985	0.900	0.999	0.857	0.951
트레오닌(threonine)	%	0.650	0.766	0.658	0.777	0.627	0.740
트립토판(tryptophan)	%	0.227	0.255	0.230	0.259	0.220	0.247
아르기닌(arginine)	%	1.256	1.375	1.273	1.393	1.213	1.327
글리신+세린(glycine+serine)	%	1.235	1.448	1.251	1.467	1.191	1.398
발린(valine)	%	0.812	0.925	0.823	0.937	0.784	0.893
이소류신(isoleucine)	%	0.704	0.791	0.713	0.801	0.679	0.763
류신(leucine)	%	1.624	1.801	1.646	1.825	1.568	1.738
히스티딘(histidine)	%	0.455	0.499	0.461	0.506	0.439	0.482
페닐알라닌(phenylalanine)	%	0.801	0.888	0.812	0.900	0.774	0.857
페닐알라닌 + 트립토판 (phenylalanine+tryptophan)	%	1.462	1.618	1.481	1.640	1.411	1.562

Table 2-9. 육용종계 사료섭취량 (g/수/일)에 따른 에너지 요구량 (kcal ME/수/일)

체중, kg	3.000			3.400			3.800		
증체, g/수/일	6.0			2.0			1.0		
일 산란량, g/수/일	51.0			45.0			40.0		
평균 온도									
16℃	465.6	451.2	439.2	464.4	450	438	485.2	470.8	458.8
	(169.3)	(164.1)	(159.7)	(168.9)	(163.6)	(159.3)	(176.4)	(171.2)	(166.8)
21℃	431.4	417	405	426.8	412.4	400.4	444.4	430	418
	(156.9)	(151.6)	(147.3)	(155.2)	(150.0)	(145.6)	(161.6)	(156.4)	(152.0)
26℃	397.2	382.8	370.8	389.3	374.9	362.9	403.5	389.1	377.1
	(144.4)	(139.2)	(134.8)	(141.6)	(136.3)	(132.0)	(146.7)	(141.5)	(137.1)

<부록 Ⅲ> 친환경 축산과 동물복지 규정 요약

▶ 친환경 축산물과 동물복지

축산물 안전에 대한 소비자의 관심이 높아짐에 따라 국내에서 생산되고 있는 축산물의 생산 및 유통에 대한 안전성을 확보하기 위한 노력들이 다각도로 이뤄지고 있다. 국내 축산물에 대한 품질 인증은 1993년 말 국내에서 유기 및 무농약 재배 농산물을 시작으로 2007년 무항생제 축산물 및 재포장 과정 인증 시행으로 이어졌으며, 2013년에는 친환경농어업 육성 및 유기식품 등의 관리・지원에 관한 법률이 공표되어 축산물 자체에 국한된 관리가 아닌 축산업에 환경보전 기능을 증대시키고, 축산업에 의한 환경오염을 줄이는 등, 생산자와 소비자를 함께 보호하는 종합적인 친환경 축산업을 추구하는 법률적 기틀이 완성되었다.

1. 친환경 축산

1) 친환경 축산의 개요

(1) 친환경 축산의 개념

가. 친환경 축산은 생산자 입장에서 자연환경 및 생태계의 보전에 기초하여 자연정화와 물질의 자연순환을 통해 지속 가능한 축산업 영위함을 의미한다.

나. 또한 수질 및 토양 등의 주위 환경을 보전하고, 자원순환 및 동물복지 등을 고려하면서 지속가능한 축산업을 유지한다.

(2) 친환경 축산물

가. 친환경 축산물의 개념

- 축산물 생산과정에 합성농약, 화학비료, 항생제 및 항균제 등의 화학자재를 사용하지 않거나, 이를 최소 사용하고 농축임업부산물의 재활용을 통하여 농업생태계와 환경을 유지 보전하면서 생산된 안전한 축산물을 의미한다.

나. 친환경 축산물의 정의

a. 무항생제 축산물

- 축산물 생산과정에 번식호르몬을 처리하지 않으며 가축에게 항생제, 합성항균제, 성장촉진제, 호르몬제 등의 동물용 의약품을 처방하거나 사료에 첨가하지 아니하고, 가축의 생물적 및 행동적 요구를 만족시키는 환경과 밀도조건 속에

표 1. 관행 축산과 친환경 축산의 비교

구 분	분 야	관행 축산	무항생제 축산	유기축산
시설 및 환경	축사면적	밀집사육	사육밀도 기준 준수	사육밀도 기준 준수
	축사바닥	다 양	건 조	구조일 것
	분뇨관리	정화, 자원화 준한 처리시설 규정	자원화 근간처리, 분뇨를 완숙퇴비, 액비로 처리, 농경지 또는 사료포에 환원	근간으로 한 처리방법 분뇨를 완숙퇴비, 액비로 처리하여 농경지 또는 사료포에 환원
	축사시설	제한사육 가능	생물적, 행동적 요구 만족, 자유급이, 급수 시설 마련	생물적, 행동적 요구 만족, 개체우리 권장, 가금은 개방조건, 산란상자 마련, 자유급이, 급수시설 마련
	운동장	규정 없음	규정 없음	유기가축은 축사 면적의 2배 이상 또는 방목지 확보 권장, 돼지, 양계 규정 없음
가축 관리	전환기간	해당사항 없음	축종별 기간 준수	축종별 기간 준수
	가축번식	규정사항 없음	자연교배권장, 인공수정, 수정란이식 허용	자연교배권장, 인공수정 허용 수정란이식, 호르몬 불허용, 유전공학기법 불허용
	사료, 영양	비유기사료 급여 허용, 항생제, 성장촉진제, 호르몬제 허용	급여 항생제, 항균제, 성장촉진제, 호르몬제 허용 안 됨	유기사료 급여 GMO, 항생제, 항균제, 성장촉진제, 호르몬제 허용 안 됨. 합성, 유전자변형물질 불허용
	질병관리	구충제, 예방백신 허용, 정기적 약품투여, 성장촉진제, 호르몬제 허용	구충제, 예방백신 허용, 정기적 약품투여 불허용, 성장촉진제, 호르몬제 불허용	구충제, 예방백신 허용, 정기적 약품투여 불허용, 성장촉진제, 호르몬제 불허용, 단, 사슴은 녹용 생산을 위한 마취제 사용 허용
	사양관리	밀집사육, 격리사육 허용, Cage 사육 허용	밀집사육 불허용 허용	밀집사육, cage 사육 불허용 군사원칙, 산란계는 인공광 최대 사용기준(14시간) 준수

서 분뇨를 자원화 하여 농업생태계와 환경을 유지・보전하면서 안전한 축산물을 생산하는 것

b. 유기축산물

- 축산물 생산과정에서 수정란이식이나 유전자조작을 거치지 않은 가축에게 각종 화학비료와 농약 사용은 물론 유전자조작을 거치지 않은 식물을 사료원료로 급여하며, 질병치료 또는 예방을 목적으로 항생제・합성항균제・성장촉진제・호르몬제 등의 동물용 의약품을 처방하거나 사료에 첨가하지 아니하고, 운동이나 휴식 공간, 방목초지가 겸비된 환경 속에서 사육하며, 자연적 방법으로 분뇨를 자원화 하여 농업생태계와 환경을 유지・보전하면서 안전한 축산물을 생산하는 것.

(3) 친환경 인증제도

가. 친환경 축산물 인증제도의 종류

친환경 축산 종류	인증/지정	근거법령	기본 개념
친환경 축산물 (유기・무항생제)	인 증	친환경농업 육성법	자연환경 및 생태계 보전에 기초하여 자연 순환을 통해 지속 가능한 축산업 영위
농장 HACCP	지 정	축산물 위생관리법	가축 사육단계 과정의 위해요소 발생 가능성을 사전에 차단함으로써 위생 및 안전성 확보
환경친화 축산농장	지 정	가축분뇨의 이용 및 관리에 관한 법률	축사를 친환경적으로 관리하고 가축분뇨의 적정한 관리 및 이용에 기여하는 축산농가
동물복지 축산농장	인 증	동물보호법	동물의 건강·복지 수준을 증진시켜 안전하고 윤리적인 축산업 추구

나. 친환경 축산물 인증

a. 친환경 축산물을 생산 또는 수입하여 판매・취급하고자 하는 자는 친환경 농업육성법 인증기준에 따라야 한다.

b. 친환경 축산물의 유효기간은 2년이며, 유효기간 만료 전에 인증기관의 연장심사를 받아야 한다.

c. 친환경농산물 인증을 받은 자는 인증기준을 준수하여야 하며, 친환경 농산물 인증표시를 사용할 수 있다.

다. 인증 절차

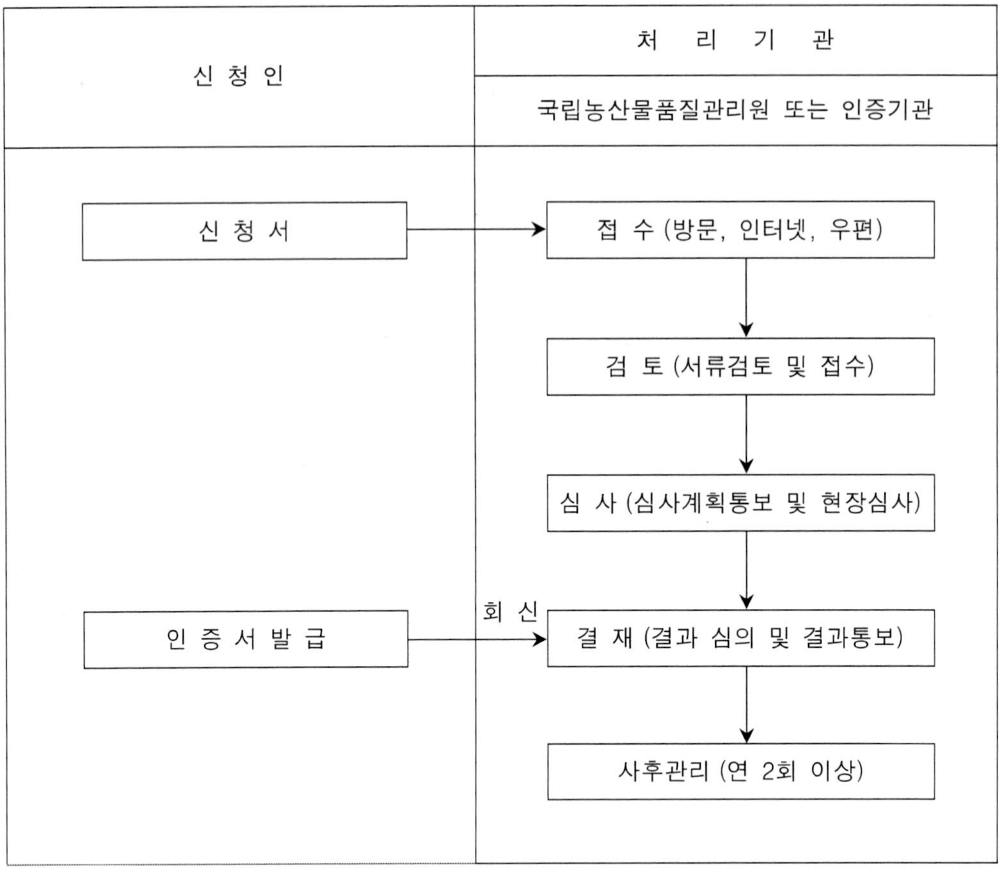

라. 인증 신청서(생산자용)

■ 농림축산식품부 소관 친환경농어업 육성 및 유기식품 등의 관리·지원에 관한 법률 시행규칙 [별지 제2호 서식]

인증신청서(생산자용)

※ 뒤쪽의 작성방법을 읽고 작성하시기 바라며, [ ]에는 해당되는 곳에 √표를 합니다.

(앞쪽)

접수번호	접수일자	처리기간 2개월 (국외심사에 소요되는 체류기간은 처리기간에서 제외)

신청인	신청단위	[ ] 개인, [ ] 법인, [ ] 단체		
	성명(단체명)		생산자 수	
	대표자 성명		사업자등록번호 (생년월일)	

	주소 (전화번호)

신청내용	인증구분 [ ] 유기농산물·유기임산물, [ ] 유기축산물, [ ] 무농약농산물, [ ] 무항생제축산물
	신청구분 [ ] 최초 신청, [ ] 갱신 신청, [ ] 유효기간 연장 신청
	사업장 소재지
	신청면적(㎡)
	신청품목

「친환경농어업 육성 및 유기식품 등의 관리·지원에 관한 법률」 제20조, 제21조(제34조) 및 「농림축산식품부 소관 친환경농어업 육성 및 유기식품 등의 관리·지원에 관한 법률 시행규칙」(이하 "규칙"이라 합니다) 제10조, 제16조, 제41조제1항에 따라 위와 같이 인증을 신청합니다.

년 월 일

신청인 (서명 또는 인)

국립농산물품질관리원장
인증기관의 장 귀하

첨부 서류	1. 규칙 별지 제4호서식의 인증품 생산계획서 또는 별지 제5호서식의 인증품 생산계획서 1부 2. 규칙 별표 4의 경영 관련 자료 1부 3. 사업장의 경계면을 표시한 지도 1부 4. 생산에 관련된 작업장의 구조와 용도를 적은 도면(작업장이 있는 경우에만 제출합니다) 1부	수 수 료 규칙 제71조 및 별표 19에 따른 수수료

동 의 서

1. 인증 업무처리를 목적으로 상기 신청인 정보와 신청내용을 인증유효기간 동안 수집·이용함에 동의합니다.

신청인
(서명 또는 인)

2. 인증품의 유통활성화를 목적으로 인증을 받은 자의 정보와 인증내용을 국립농산물품질관리원 홈페이지에 공개하고, 친환경농업 육성사업에 활용할 수 있도록 같은 내용을 해당 지방자치단체 등에 제공함에 동의합니다.

신청인
(서명 또는 인)

210mm×297mm[백상지 80g/㎡(재활용품)]

(4) 친환경 축산물 표시 기준

가. 유기식품 등의 유기표시 기준(친환경농어업 육성법 제18조제1항 관련)

a. 유기표시 도형

유기농산물, 유기축산물, 유기임산물, 유기가공식품 및 비식용유기가공품

인증기관명: Name of Certifying Body:
인증번호: Certificate Number:

b. 제1호 가목의 표시 도형 내부의 "유기농"의 글자는 품목에 따라 "유기식품", "유기농산물", "유기축산물", "유기가공식품", "유기사료", "비식용유기가공품"으로 표기할 수 있다.

나. 무농약 농산물 등의 표시 기준(친환경농어업 육성법 제45조제1항 관련)

a. 표시 도형

무농약 농산물

인증기관명: Name of Certifying Body:
인증번호: Certificate Number:

무항생제 축산물

인증기관명: Name of Certifying Body:
인증번호: Certificate Number:

2. 친환경 축산물 인증 기준 및 동물 복지

1) 무항생제 축산물

<table>
<tr><th>심사사항</th><th>구비요건</th></tr>
<tr><td>가. 경영관리 및 단체관리</td><td>1) 1년 이상의 경영 관련 자료를 기록·보관하고 국립농산물품질관리원장 또는 인증기관이 열람을 요구하는 때에는 이에 응할 수 있어야 한다.
(1) 가축입식 등 구입사항과 번식내용
(2) 사료의 생산·구입 및 급여내용
(3) 질병발생 및 예방관리계획
(4) 격리기간을 포함한 특정목적을 위하여 투여되는 처치·동물약품·첨가제·예방접종 등 약품 사용 미 질병관리의 내용
(5) 축산물의 생산량·출하량, 출하처별 거래내역 및 도축·가공업체 내용
(6) 퇴비·액비의 살포량 및 시용일자 등 가축분뇨의 자원화이용에 대한 내용

2) 국립농산물품질관리원장 또는 인증기관이 심사를 위하여 축산물의 생산과정 등을 기록한 인증품 생산계획서와 필요한 관련 정보를 요구하는 때에는 이를 제공할 수 있어야 한다.

3) 생산자 단체로 인증 받으려는 경우 인증신청서를 제출하기 전 다음 가)부터 라)까지의 요건을 모두 이행하고 관련 증명자료를 보관하여야 한다.
가) 소속 농가에게 인증기준에 적합하게 작성된 생산지침서를 제공하여야 한다.
나) 소속 농가에게 최신의 인증기준과 인증농가가 준수하여야 하는 사항에 대해 교육하여야 한다.
다) 소속 농가의 인증품 생산과정이 인증기준에 적합한지에 대한 예비심사를 하고 심사한 결과를 기록하여야 한다.
라) 가)부터 다)까지의 업무를 수행하기 위해 국립농산물품질관리원장이 정하는 자격을 갖춘 생산관리자를 1명 이상의 지정하여야 한다.</td></tr>
<tr><td>나. 축사 및 사육 조건</td><td>1) 축사 조건
가) 축사는 다음과 같이 가축의 생물적 및 행동적 요구를 만족시킬 수 있어야 한다.
(1) 사료와 음수는 접근이 용이할 것
(2) 공기순환, 온도·습도, 먼지 및 가스 농도가 가축건강에 유해하지 아니한 수준 이내로 유지되어야 하고, 건축물은 적절한 단열·환기시설을 갖출 것
나) 축사의 밀도와 관련된 사항은 국립농산물품질관리원장이 정하는 조건을 준수하여야 한다.</td></tr>
</table>

심사사항	구 비 요 건
	다) 축사·농기계 및 기구 등은 청결하게 유지하고 소독함으로써 질병 감염체의 증식을 억제하여야 한다. 라) 축사의 바닥과 깔짚은 청결 및 건조하여야 하며, 충분한 휴식공간을 확보하여야 한다. 2) 무항생제 사육 가축과 일반가축의 병행 생산은 다음 가)부터 다)까지의 조건을 모두 충족하는 경우에만 허용할 수 있다. 가) 무항생제 사육 농장의 가축은 일반가축과 같은 한 축사에서 사육되지 아니하여야 한다. 나) 무항생제 사육 가축, 사료 취급, 약품 투여 등은 일반가축과 구분하여 정확히 기록을 관리·보관하고 있어야 한다. 다) 무항생제 사육 가축은 일반 가축사료, 금지물질 저장, 사료 공급·혼합 및 취급지역에서 안전하게 격리되어야 하며 사육장 입구 등 잘 보이는 곳에 무항생제 축산물 사육장임을 알리는 표지판을 설치하여야 한다.
다. 가축의 입식 및 번식 방법	1) 교배는 종축을 사용한 자연교배를 권장한다. 2) 인공수정 및 수정란 이식기법을 허용할 수 있다. 다만, 번식호르몬 처리는 허용되지 아니한다. 3) 다른 농장에서 가축을 입식하려는 경우 해당 가축은 무항생제 인증기준에 맞게 사육된 가축이어야 한다. 다만, 이를 확보할 수 없는 때에는 다음 가)부터 다)까지의 어느 하나에 해당하는 경우에 한하여 국립농산물품질관리원장 또는 인증기관의 승인을 받아 일반 가축을 입식할 수 있다. 가) 이유 직후 또는 부화 직후의 가축인 경우(원유 생산용, 알 생산용과 녹용 생산용 가축의 경우 육성축 및 성축 입식 가능) 나) 번식용 수컷이 필요한 경우 다) 가축전염병 발생에 따른 폐사로 새로운 가축을 입식하려는 경우
라. 전환기간	일반 농가가 무항생제 축산으로 전환하거나 다목 3)의 단서에 따라 무항생제 가축이 아닌 가축을 무항생제 농장에 입식하여 무항생제 축산물을 생산·판매하려는 경우에는 별표 3 제3호 마목 1) 본문의 전환기간 이상을 이 호의 인증기준에 따라 사육하여야 한다.
마. 사료 및 영양 관리	1) 무항생제 축산물의 생산을 위한 가축은 항생제가 첨가되지 아니한 사료를 급여하여야 한다. 2) 무항생제 축산물 생산과정 중 심각한 천재지변, 극한 기후조건 등으로 인하여 1)에 따른 사료 급여가 어려운 경우는 국립농산물품질관리원장 또는

심사사항	구 비 요 건
	인증기관은 일정 기간 일반사료를 급여하는 것을 허용할 수 있다. 3) 다음에 해당되는 물질을 사료에 첨가하여서는 아니 된다. 가) 항생제・합성항균제・성장촉진제, 구충제, 항콕시듐제 및 호르몬제 나) 반추가축에게 포유동물에서 유래한 사료(우유 및 유제품을 제외)는 어떠한 경우에도 첨가하여서는 아니 된다. 4) 「지하수의 수질보전 등에 관한 규칙」 제11조에 따른 생활용수 수질기준에 적합한 신선한 음수를 상시 줄 수 있어야 한다.
바. 동물복지 및 질병관리	1) 가축의 질병은 다음과 같은 조치를 통하여 예방하여야 하며 질병이 없는데도 동물용 의약품을 투여하여서는 아니 된다. 가) 가축의 품종과 계통의 적절한 선택 나) 질병 발생 및 확산 방지를 위한 사육장 위생관리 다) 비타민 및 무기물 등 급여를 통한 면역기능 증진 2) 가축의 기생충 감염 예방을 위하여 구충제 사용과 가축전염병이 발생하거나 퍼지는 것을 막기 위한 예방백신을 사용할 수 있다. 3) 법정전염병의 발생이 우려되거나 긴급한 방역조치가 필요한 경우 우선적으로 필요한 질병예방 조치를 취할 수 있다. 4) 1)부터 3)까지에 따른 예방관리에도 불구하고 질병이 발생할 경우 수의사의 처방에 따라 질병 치료를 할 수 있다. 이 경우 동물용 의약품을 사용한 가축은(구충제를 사용한 가축을 포함한다)은 해당 약품 휴약기간의 2배가 지나야 무항생제 축산물로 인정할 수 있다. 5) 약초 및 천연물질을 이용하여 치료를 할 수 있다. 6) 생산성 촉진을 위해서 성장촉진제 및 호르몬제를 사용하여서 는 아니 된다. 다만, 호르몬 사용은 수의사의 처방에 따라 치료목적으로만 사용할 수 있다. 7) 4)에 따른 수의사의 처방에 따라 동물용 의약품을 사용하는 경우 「수의사법 시행규칙」 제11조에 따라 수의사가 발급하는 처방전 또는 이에 준하는 문서로 국립농산물품질관리원장이 인정하는 문서를 비치하여야 한다.
사. 운송・도축・가공 과정의 품질관리	1) 생축의 수송은 조용하고 상처나 고통을 최소화하는 방법으로 이루어져야 한다. 2) 가축의 도축은 오염방지 등을 위해 「축산물위생관리법」 제9조에 따른 위해요소중점관리기준(HACCP)을 적용하는 도축장에서 실시되어야 한다. 3) 도체 및 원유 등 해당 축산물은 가공공정의 오염방지를 위하여 「축산물

심사사항	구 비 요 건
	위생관리법」 제9조에 따른 위해요소중점관리기준(HACCP)을 적용(농가에서 직접 가공하는 경우는 제외)하는 축산물 가공장에서 가공되어야 하고, 일반적으로 생산된 원유와 별도 구분하여 집유 및 가공처리를 하여야 한다. 4) 생축의 저장 및 수송 시에는 청결을 유지하여야 하며, 외부로부터의 오염을 방지하여야 한다. 5) 무항생제 축산물로 출하되는 축산물에 동물용 의약품이 잔류되어 있어서는 아니 된다. 다만, 수의사 관리 하에 동물용 의약품을 사용한 경우에는 이를 허용하되 이 경우에도 식품의약품안전처장이 고시한 식품공전의 동물용 의약품의 잔류 허용기준의 10분의 1 이하여야 한다. 6) 유통 시 발생할 수 있는 무항생제 축산물의 변성이나 부패방지를 위하여 임의로 합성물질을 첨가할 수 없다. 다만, 물리적 처리나 천연제제는 무항생제 축산물의 화학적 변성이나 특성을 변화시키지 아니하는 범위에서 적절하게 이용할 수 있다. 7) 무항생제 축산물 포장재는 「식품위생법」의 관련 규정에 적합하고 가급적 생물 분해성, 재생품 또는 재생이 가능한 자재를 사용하여 제작된 것을 사용하여야 한다.
아. 가축 분뇨의 처리	가축분뇨의 처리는 별표 3 제3호 자 목1)부터 4)까지를 준용한다.

2) 유기축산물

심사사항	구 비 요 건
가. 일반원칙 및 단체관리	1) 1년 이상 기록한 다음의 경영 관련 자료를 기록·보관하고 국립농산물품질관리원장 또는 인증기관의 장이 열람을 요구하는 때에는 이에 응할 수 있어야 한다. (1) 가축입식 등 구입사항과 번식내용 (2) 질병발생 및 예방관리 계획 (3) 퇴비·액비의 살포량 및 사용일자 등 토양 관리상황 (4) 사료의 생산·구입 및 급여내용 (5) 격리기간을 포함한 특정목적을 위하여 투여되는 처치·동물약품·첨가제·예방접종 등 약품 사용 및 질병관리의 내용 (6) 축산물의 생산량·출하량, 출하처별 거래내역 및 도축·가공업체 내용 2) 초식가축은 목초지에 접근할 수 있어야 하고, 그 밖의 가축은 기후와 토양이 허용되는 한 노천구역에서 자유롭게 방사할 수 있도록 하여야 한다. 3) 가축 사육두수는 해당 농가에서의 유기사료 확보능력, 가축의 건강, 영양균형 및 환경영향 등을 고려하여 적절히 정하여야 한다. 4) 전통적인 사양체계의 농장구조가 초지에 접근이 용이하지 아니 할 경우에는 유기사료 제공으로 가축을 생산할 수 있다. 5) 가축의 생리적 요구에 필요한 적절한 사양관리 체계로 스트레스를 최소화하면서 질병예방과 건강유지를 위한 가축관리를 하여야 한다. 6) 가축 질병방지를 위한 적절한 조치를 취하였음에도 불구하고 질병이 발생한 경우에는 가축의 건강과 복지유지를 위하여 수의사의 처방 및 감독 하에 치료용 동물용의약품을 사용할 수 있다. 7) 국립농산물품질관리원장 또는 인증기관의 장이 심사를 위하여 축산물의 생산과정 등을 기록한 인증품 생산계획서와 필요한 관련 정보를 요구하는 때에는 이를 제공할 수 있어야 한다. 8) 생산자 단체로 인증 받으려는 경우에는 인증신청서를 제출하기 전에 다음 각 호의 요긴을 모두 이행하고 관련 증명자료를 보관하여야 한나. 가) 소속 농가에게 인증기준에 적합하게 작성된 생산지침서를 제공하여야 한다. 나) 소속 농가에게 최신의 인증기준과 인증농가가 준수하여야 하는 사항에 대해 교육하여야 한다. 다) 소속 농가의 인증품 생산과정이 인증기준에 적합한지에 대한 예

심사사항	구 비 요 건
	비심사를 하고 심사한 결과를 기록하여야 한다. 라) 가)부터 다)까지의 업무를 수행하기 위해 국립농산물품질관리원장이 정하는 자격을 갖춘 생산관리자를 1명 이상 지정하여야 한다.
나. 사육장 및 사육 조건	1) 사육장 및 사료작물 재배지는 주변으로부터의 오염 우려가 없는 지역으로서 「토양환경보전법 시행규칙」 별표 3에 따른 1지역의 토양오염 우려 기준을 초과하지 아니하여야 한다. 2) 축사 및 방목에 대한 세부요건은 다음과 같다. 가) 축사 조건 (1) 축사는 다음과 같이 가축의 생물적 및 행동적 욕구를 만족시킬 수 있어야 한다. (가) 사료와 음수는 접근이 용이할 것 (나) 공기순환, 온도·습도, 먼지 및 가스농도가 가축건강에 유해하지 아니한 수준 이내로 유지되어야 하고, 건축물은 적절한 단열·환기시설을 갖출 것 (다) 충분한 자연환기와 햇빛이 제공될 수 있을 것 (2) 축사의 밀도조건은 다음 사항을 고려하여 국립농산물품질관리원장이 정하는 사육두수를 유지하여야 한다. (가) 가축의 품종·계통 및 연령을 고려하여 편안함과 복지를 제공할 수 있을 것 (나) 축군의 크기와 성에 관한 가축의 행동적 욕구를 고려할 것 (다) 자연스럽게 일어서서 앉고 돌고 활개 칠 수 있는 등 충분한 활동공간이 확보될 것 (3) 축사·농기계 및 기구 등은 청결하게 유지하고 소독함으로써 교차감염과 질병감염체의 증식을 억제하여야 한다. (4) 축사의 바닥은 부드러우면서도 미끄럽지 아니하고, 청결 및 건조하여야 하며, 충분한 휴식공간을 확보하여야 하고, 휴식공간에서는 건조깔짚을 깔아 줄 것 (5) 번식돈은 임신 말기 또는 포유기간을 제외하고는 군사를 하여야 하고, 자돈 및 육성돈은 케이지에서 사육하지 아니할 것. 다만, 자돈 압사 방지를 위하여 포유기간에는 모돈과 조기 이유한 자돈의 생체중이 25킬로그램까지는 케이지에서 사육할 수 있다. (6) 가금류의 축사는 짚·톱밥·모래 또는 야초와 같은 깔짚으로 채워진 건축공간이 제공되어야 하고, 가금의 크기와 수에 적합한 홰의 크기 및 높은 수면공간을 확보하여야 하며, 산란계는 산란상자를 설치하여야 한다.

심사사항	구 비 요 건
	(7) 산란계의 경우 국립농산물품질관리원장 또는 인증기관의 장이 부여한 시간의 범위에서 자연일조시간을 인공광으로 연장할 수 있다. 나) 방목조건 (1) 포유동물의 경우에는 가축의 생리적조건 · 기후조건 및 지면조건이 허용하는 한 언제든지 방목지 또는 운동장에 접근할 수 있어야 한다. 다만, 수소의 방목지 접근, 암소의 겨울철 운동장 접근 및 비육 말기에는 예외로 할 수 있다. (2) 가금류의 경우에는 다음 조건을 준수하여야 한다. (가) 가금은 개방조건에서 사육되어야 하고, 기후조건이 허용하한 야외 방목장에 접근이 가능하여야 하며, 케이지에서 사육하지 아니할 것 (나) 물오리류는 기후조건에 따라 가능한 시냇물 · 연못 또는 호수에 접근이 가능할 것 3) 유기가축과 비유기 가축의 병행사육은 다음 가)부터 다)까지의 조건을 모두 갖춘 경우에만 할 수 있다 가) 유기축산물 인증을 받을 농장의 가축은 일반가축(무항생제육 가축 포함)과 동일 축사 내에서 사육되지 아니하여야 한다. 나) 유기가축, 사료취급, 약품투여 등은 비유기 가축과 구분하여 정확히 기록 관리하고 보관하여야 한다. 다) 인증가축은 비유기 가축사료, 금지물질 저장, 사료공급 · 혼합 및 취급 지역에서 안전하게 격리되어야 하며, 사육장 입구 등 잘 보이는 곳에 유기축산물 사육장임을 알리는 표지판을 설치하여야 한다.
다. 자급 사료 기반	1) 초식가축의 경우에는 국립농산물품질관리원장이 정하는 목초지 또는 사료작물 재배지(답리작 사료작물 재배지를 포함한다. 이하 같다)를 확보하여야 한다. 2) 국립농산물품질관리원장 또는 인증기관의 장은 축종별 가축의 생리적 상태, 지역 기상조건의 특수성 및 토양의 상태 등을 고려하여 유기적으로 재배 · 생산된 조사료를 구입하여 급여하는 것을 인정할 수 있다. 3) 목초지 및 사료작물 재배지는 유기농산물의 재배 · 생산기준에 맞게 생산하여야 한다. 다만, 멸강충 등 긴급 병충해 방제를 위하여 일시적으로 유기합성농약을 사용할 수 있으며, 이 경우 국립농산물품질관리원장 또는 인증기관의 장의 사전승인 또는 사후보고 등의 조치를 취하여야 한다. 4) 가축분뇨 퇴 · 액비를 사용하는 경우에는 완전히 부숙시켜서 사용하

심사사항	구 비 요 건
	여야 하며, 이의 과다한 사용, 유실 및 용탈 등으로 인하여 환경오염을 유발하지 아니하도록 하여야 한다. 5) 산림 등 자연상태에서 자생하는 사료작물은 유기농산물 허용물질 외의 물질이 3년 이상 사용되지 아니한 것이 확인되고, 비식용유기가공품(유기사료)의 기준을 충족할 경우 유기사료작물로 인정할 수 있다.
라. 가축의 선택, 번식 방법 및 입식	1) 가축은 유기축산 농가의 여건 및 다음 사항을 고려하여 사육하기 적합한 품종 및 혈통을 골라야 한다. 가) 산간지역 · 평야지역 및 해안지역 등 지역적인 조건에 적합할 것 나) 축종별로 주요 가축전염병에 감염되지 아니하여야 하고, 특정 품종 및 계통에서 발견되는 스트레스증후군 및 습관성 유산 등의 건강상 문제점이 없을 것 다) 품종별 특성을 유지하여야 하고, 내병성이 있을 것 2) 교배는 종축을 사용한 자연교배를 권장하되, 인공수정을 허용할 수 있다. 3) 수정란 이식기법이나 번식호르몬 처리, 유전공학을 이용한 번식기법은 허용되지 아니한다. 4) 다른 농장에서 가축을 입식하려는 경우 해당 가축은 이 호에 따른 유기축산의 기준에 맞게 사육된 가축이어야 한다. 다만, 이를 확보할 수 없는 때에는 다음의 어느 하나에 해당하는 경우에 한하여 국립농산물품질관리원장 또는 인증기관의 장의 승인을 받아 일반 가축을 입식할 수 있다. 가) 이유 직후 또는 부화 직후의 가축인 경우(원유 생산용 · 알 생산용 및 녹용 생산용 가축의 경우 육성축 및 성축 입식 가능) 나) 번식용 수컷이 필요한 경우 다) 가축전염병 발생에 따른 폐사로 새로운 가축을 입식하려는 경우
마. 전환기간	1) 일반 농가가 유기축산으로 전환하거나 라목 4) 단서에 따라 유기가축이 아닌 가축을 유기농장으로 입식하여 유기축산물을 생산 · 판매하려는 경우에는 아래의 전환기간 이상을 유기축산물 인증기준에 따라 사육하여야 한다. 2) 방목지 · 노천구역 및 운동장 등의 사육여건이 잘 갖추어지고 유기사료의 급여가 100퍼센트 가능할 때 국립농산물품질관리원장 또는 인증기관의 장은 위 전환기간 10퍼센트 내에서 기간을 단축할 수 있다.

<table>
<tr><th>심사사항</th><th>구 비 요 건</th></tr>
<tr><td></td><td>

축 종	생산물	최소 사육기간
한우・육우	식육	입식 후 출하 시까지(최소 12개월 이상)
	송아지 식육	6개월령 미만의 송아지 입식 후 6개월
젖 소	시유	착육우는 90일, 미경산우는 6개월
산 양	식육	입식 후 출하 시까지(최소 5개월)
	시유	착유양은 90일, 미경산양은 6개월
돼 지	식육	입식 후 출하 시까지(최소 5개월 이상)
육 계	식육	입식 후 출하 시까지(최소 3주 이상)
산란계	알	입식 후 3개월
오 리	식육	입식 후 출하 시까지(최소6주이상)
	알	입식 후 3개월
메추리	알	입식 후 3개월
사 슴	식육	입식 후 출하 시까지(최소 12개월)
	녹용	녹용 성장기간 4개월

3) 1)에 전환기간이 설정되어 있지 아니한 축종은 해당 축종과 생육기간 및 사육방법이 비슷한 축종의 전환기간을 적용한다. 다만, 생육기간 및 사육방법이 비슷한 축종을 적용할 수 없을 경우 국립농산물품질관리원장이 별도 전환기간을 설정한다.

4) 동일 농장에서 가축・목초지 및 사료작물 재배지가 동시에 전환하는 경우에는 현재 사육되고 있는 가축에게 자체 농장에서 생산된 사료를 급여하는 조건 하에서 목초지 및 사료작물 재배지의 전환기간은 1년으로 한다. 이 경우 목초지 및 사료작물 재배지에서 생산된 사료는 1)의 해당 전환기간 동안만 급여하여야 한다.
</td></tr>
<tr><td>바. 사료 및 영양 관리</td><td>

1) 유기축산물의 생산을 위한 가축에게는 100퍼센트 비식용유기가공품(유기사료)을 급여하여야 한다.

2) 유기축산물 생산과정 중 심각한 천재・지변, 극한 기후조건 등으로 인하여 1)에 따른 사료급여가 어려운 경우는 국립농산물품질관리원장 또는 인증기관의 장은 일정기간 동안 유기사료가 아닌 사료를 일정 비율로 급여하는 것을 허용할 수 있다.

3) 반추가축에게 사일리지(silage)만 급여해서는 안 된다. 비반추 가축에게도 가능한 조사료(粗飼料) 급여를 권장한다.

4) 유전자변형 농산물 또는 유전자변형 농산물로부터 유래한 것이 함유되지 아니하여야 한다. 다만, 국립농산물품질관리원장이 정한 범위에서 비의도적인 혼입은 인정될 수 있다.
</td></tr>
</table>

심사사항	구 비 요 건
	5) 유기배합사료 제조용 단미사료 및 보조사료는 별표 1 제1호 나목의 물질만을 사용할 수 있다. 6) 다음에 해당되는 물질을 사료에 첨가해서는 아니 된다. 가) 가축의 대사기능 촉진을 위한 합성화합물 나) 반추가축에게 포유동물에서 유래한 사료(우유 및 유제품을 제외)는 어떠한 경우에도 첨가해서는 아니 된다. 다) 합성질소 또는 비단백태질소화합물 라) 항생제・합성항균제・성장촉진제, 구충제, 항콕시듐제 및 호르몬제 마) 그 밖에 인위적인 합성 및 유전자조작에 의해 제조・변형된 물질 7)「지하수의 수질보전 등에 관한 규칙」제11조에 따른 생활용수 수질기준에 적합한 신선한 음수를 상시 급여할 수 있어야 한다.
사. 동물복지 및 질병 관리	1) 가축의 질병은 다음과 같은 조치를 통하여 예방하여야 하며, 질병이 없는데도 동물용의약품을 투여해서는 아니 된다. 가) 가축의 품종과 계통의 적절한 선택 나) 질병발생 및 확산방지를 위한 사육장 위생관리 다) 비타민 및 무기물 급여를 통한 면역기능 증진 라) 지역적으로 발생되는 질병이나 기생충에 저항력이 있는 종 또는 품종의 선택 2) 가축의 기생충 감염 예방을 위하여 구충제 사용과 가축전염병이 발생하거나 퍼지는 것을 막기 위한 예방백신을 사용할 수 있다. 3) 법정전염병의 발생이 우려되거나 긴급한 방역조치가 필요한 경우 우선적으로 필요한 질병예방 조치를 취할 수 있다. 4) 1)부터 3)까지에 따른 예방관리에도 불구하고 질병이 발생한 경우 수의사의 처방에 따라 질병을 치료할 수 있다. 이 경우 동물용 의약품을 사용한 가축은(구충제를 사용한 가축을 포함한다) 해당 약품 휴약기간의 2배가 지나야 유기축산물로 인정할 수 있다. 5) 약초 및 천연물질을 이용하여 치료를 할 수 있다. 6) 생산성 촉진을 위해서 성장촉진제 및 호르몬제를 사용해서는 아니 된다. 다만, 호르몬 사용은 수의사의 처방에 따라 치료목적으로만 사용할 수 있다. 7) 가축에 있어 꼬리 부분에 접착밴드 붙이기, 꼬리 자르기, 이빨 자르기, 부리 자르기 및 뿔 자르기와 같은 행위는 일반적으로 해서는 아니 된다. 다만, 안전 또는 축산물 생산을 목적으로 하거나 가축의 건강과 복

심사사항	구 비 요 건
	지개선을 위하여 필요한 경우로서 국립농산물품질관리원장 또는 인증기관의 장이 인정하는 경우는 이를 할 수 있다. 8) 생산물의 품질향상과 전통적인 생산방법의 유지를 위하여 물리적 거세를 할 수 있다. 9) 4) 또는 6)에 따른 수의사의 처방에 따라 동물용 의약품을 사용하는 경우 「수의사법 시행규칙」 제11조에 따라 수의사가 발급하는 처방전 또는 이에 준하는 문서로서 국립농산물품질관리원장이 인정하여 고시하는 문서를 비치하여야 한다.
아. 운송·도축·가공 과정의 품질 관리	1) 생축의 수송은 조용하고 상처나 고통을 최소화하는 방법으로 이루어져야 하며, 전기 자극이나 대증요법의 안정제를 사용해서는 아니 된다. 2) 가축의 도축은 스트레스와 고통을 최소화하는 방법으로 이루어져야 하고, 오염방지 등을 위해 「축산물위생관리법」 제9조에 따른 위해요소중점관리기준(HACCP)을 적용하는 도축장에서 실시되어야 한다. 3) 도체 및 원유 등 해당 축산물은 가공공정의 오염방지를 위하여 「축산물위생관리법」 제9조에 따른 위해요소중점관리기준(HACCP)을 적용(농가에서 직접 가공하는 경우는 제외)하는 축산물 가공장에서 가공되어야 하고, 유기적 방법으로 생산된 원유는 별도 구분하여 집유 및 가공처리를 하여야 한다. 4) 생축의 저장 및 수송 시에는 청결을 유지하여야 하며, 외부로부터의 오염을 방지하여야 한다. 5) 유기축산물로 출하되는 축산물에 동물용 의약품이 잔류되어서는 아니 된다. 다만, 수의사 관리 하에 동물용 의약품을 사용한 경우 이를 허용하되, 식품의약품안전처장이 고시한 식품공전의 동물용 의약품 잔류허용기준의 10분의 1 이하여야 한다. 6) 유통 시 발생할 수 있는 유기축산물의 변성이나 부패방지를 위하여 임의로 합성물질을 첨가할 수 없다. 다만, 물리적 처리나 천연제제는 유기축산물의 화학적 변성이나 특성을 변화시키지 아니하는 범위에서 적절하게 이용할 수 있다. 7) 유기축산물 포장재는 「식품위생법」의 관련 규정에 적합하고 가급적 생물 분해성, 재생품 또는 재생이 가능한 자재를 사용하여 제작된 것을 사용하여야 한다.
자. 가축분뇨의 처리	1) 가축사육 시 발생하는 가축분뇨는 완전히 부숙시킨 퇴비 또는 액비로

심사사항	구 비 요 건
	자원화 하여 초지나 농경지에 환원함으로써 토양 및 식물과의 유기적 순환관계를 유지하여야 한다. 2) 가축의 운동장에서는 가축의 분뇨가 외부로 배출되지 아니하도록 청결히 유지·관리하여야 한다. 3) 가축분뇨의 배출시설과 처리시설의 설치 및 관리 등에 대해서는 「가축분뇨의 관리 및 이용에 관한 법률」 제11조 및 제17조를 준수하여야 한다. 4) 가축분뇨 퇴·액비는 표면수 오염을 일으키지 아니하는 수준으로 사용하되, 장마철에는 사용하지 아니하여야 한다.

3) 단위 면적당 적정 사육기준
(축산법 제14조 2항, 별표 1 축산업의 허가 및 등록기준, 2014)

(1) 한우·육우

(단위: m^2)

시설 형태	번식우	비육우	송아지
방사식	10.0	7.0	2.5
계류식	5.0	5.0	2.5

가. 성장단계별 마리당 가축 사육시설 면적

(비 고)
① 번식우: 번식에 활용되는 어미소(큰암소)
② 비육우: 고기소로 이용하기 위해 사육되는 소
③ 방사식: 축사 내 우방에서 여러 마리를 자유롭게 풀어서 사육하는 방식
④ 계류식: 한 마리씩 묶거나, 가두어 사육하는 방식

나. 마리당 가축 사육시설 면적 산정방법

① 육성우는 성우로 환산하여 계산함(성우 1마리 = 육성우 2마리)
② 송아지는 번식우와 함께 사육하지 않는 마릿수를 기준으로 함(젖을 떼지 않은 송아지는 마릿수에서 제외함)

③ 성장단계는 다음 기준을 적용하여 구분함

구 분	송아지	육성우	성 우
성장단계	6개월령 미만	6개월령 이상 14개월령 미만	14개월령 이상

(2) 젖 소

가. 성장단계별 마리당 가축 사육시설 면적

(비 고)

① 경산우: 송아지를 1회 이상 분만한 경험이 있는 소

② 착유우: 분만 이후 우유를 생산하는 소

③ 건유우: 임신 말기(분만 이전)에 일정기간 착유를 중단한 소

(단위: m^2)

시설 형태	경산우		미경산우 (12개월령 이상)	육성우 (6개월령 이상 12개월령 미만)	송아지 (3개월령 이상 6개월령 미만)
	착유우	건유우			
깔짚 방식	16.5	13.5	10.8	6.4	4.3
계류식	8.4	8.4	8.4	6.4	4.3
프리스톨방식 (free stall)	8.3	8.3	8.3	6.4	4.3

④ 미경산우: 분만 경험이 없는 12개월령 이상의 암소

⑤ 깔짚 방식: 한우·육우의 방사식과 같이 바닥에 깔짚을 깔고 풀어서 사육하는 방식

⑥ 프리스톨 방식: 주로 착유우를 수용하는 방식으로 사료와 물의 섭취 및 휴식을 자유롭게 할 수 있도록 사육하는 방식

나. 일관사육 시 마리당 가축 사육시설 면적

(단위: m^2)

시설 형태	깔짚 방식	계류식	프리스톨 방식
마리당 평균 면적	12.8	8.6	9.0

(비 고)

① 계류식: 착유·건유 우사는 계류식, 나머지는 깔짚인 경우를 포함한다.

② 프리스톨 방식: 착유 우사는 프리스톨, 나머지는 깔짚인 경우를 포함한다.

다. 마리당 가축 사육시설 면적 산정방법

① 가)와 나)의 기준 중 선택하여 적용함

② 송아지는 번식우와 함께 사육하지 않는 마릿수를 기준으로 함(젖을 떼지 않은 송아지는 마릿수에서 제외함)

(3) 돼지

가. 성장단계별 마리당 가축 사육시설 면적

(단위: m^2)

구 분	웅돈	번식돈				비 육			
		임신돈	분만돈	종부 대기돈	후보돈	새끼돼지		육성돈	비육돈
						초기	후기		
마리당 면적	6.0	1.4	3.9	1.4(스톨) 2.6(군사)	2.3(군사)	0.2	0.3	0.45	0.8

(비 고)

① 웅 돈: 성숙한 수퇘지(교배에 활용되는 수퇘지)

② 번식돈: 번식에 활용되는 어미돼지

③ 임신돈: 임신한 돼지

④ 분만돈: 돼지를 분만하여 젖을 먹이는 중인 암퇘지

⑤ 종부 대기돈: 임신, 분만 및 이유(離乳)를 거쳐 교배를 기다리는 암퇘지

⑥ 후보돈: 어미돼지로 활용하기 위한 미성숙된 암퇘지

⑦ 새끼돼지: 초기(젖먹이 돼지), 후기(젖뗀 돼지)

⑧ 육성돈: 성장이 빠르게 일어나는 시기의 돼지(20킬로그램에서 60킬로그램)

⑨ 비육돈: 육성돈 이후 고기생산을 목적으로 사육되는 돼지

나. 경영 형태별 마리당 가축 사육시설 면적

(단위: m^2)

일관경영	번식경영-1	번식경영-2	비육경영-1	비육경영-2
0.79	2.42	0.90	0.62	0.73

다. 마리당 가축 사육시설 면적 산정방법

① 가)와 나)의 기준 중 선택하여 적용함

② 새끼돼지는 번식돈과 함께 사육하지 않는 마릿수를 기준으로 함(젖을 떼지 않은 새끼돼지는 마릿수에서 제외함)

③ 성장단계는 다음 기준을 적용하여 구분함

구 분	새끼돼지		육성돈	비육돈
	초 기	후 기		
성장단계	20 kg 미만	20 kg 이상 30 kg 미만	30 kg 이상 60 kg 미만	60 kg 이상

④ 경영 형태는 다음 기준을 적용하여 구분함

구 분	경영 형태(유형)
일관경영	번식 → 분만 → 새끼돼지 → 비육
번식경영-1	번식 → 분만
번식경영-2	번식 → 분만 → 새끼돼지
비육경영-1	새끼돼지 → 비육
비육경영-2	비육

(4) 닭

가. 마리당 가축 사육시설 면적

구 분	시설 형태		면 적	비 고
산란계	케이지(cage)		0.05 m^2/마리	
	평사		0.11 m^2/마리	
산란 육성계	케이지		0.025 m^2/마리	100일령까지 사육
육 계	무창계사		39 kg/ m2	
	개방계사	강제환기	36 kg/ m^2	
		자연환기	33 kg/ m^2	
	케이지		0.046 m^2/마리	

나. 마리당 가축 사육시설 면적 산정방법

① 육성계와 병아리는 성계로 환산하여 계산함(성계 1마리 = 육성계 2마리 = 병아리 4마리)

② 토종닭은 육계 면적을 기준으로 함

③ 성장단계는 다음 기준을 적용하여 구분함

구 분	병아리	육성계	성 계
산란계・종계	3주령 미만	3주령 이상 18주령 미만	18주령 이상

(5) 오 리

가. 마리당 가축 사육시설 면적

구 분	마리당 면적	비 고
산란용 오리	0.333 m^2/마리	
육용 오리	0.246 m^2/마리	무창(無窓) 또는 고상식 시설은 0.15m^2/마리 적용

(비 고)

① 고상식 시설: 평상 형태로 바닥이 아닌 상층에서 사육하고 분은 아래로 떨어지게 만든 시설

나. 마리당 가축 사육시설 면적 산정방법

① 육성오리와 새끼오리는 성오리로 환산하여 계산함(성오리 1마리 = 육성오리 2마리 = 새끼오리 4마리)

② 성장단계는 다음 기준을 적용하여 구분함

구 분	새끼오리	육성오리	성오리
산란용 오리	3주령 미만	3주령 이상 18주령 미만	18주령 이상
육용 오리	3주령 미만	3주령 이상 6주령 미만	6주령 이상

4) 환경친화 축산농장 가축 사육밀도 기준(친환경축산 표준모델, 2008)

축 종	성장 단계별 또는 종류별	체중 및 단위	축사시설 면적 (m^2/두(수))	축사형태 기준
한·육우	육성(비육)우	400 kg 이상	7	깔짚 우사
	번식우	400 kg 이상	9.2	깔짚 우사
젖 소	육성우	450 kg 이하	6.4	깔짚 우사
	건유우	두 당	8.3	후리스톨 우사
			13.5	깔짚 우사
	착유우	두 당	8.3	후리스톨 우사
			16.5	깔짚 우사
돼 지	분만돈	두 당	3.9	분만틀 돈사
	육성(비육)돈	60 kg 이하	0.6	깔짚·슬러리 돈사

축 종	성장 단계별 또는 종류별	체중 및 단위	축사시설 면적 (m^2/두(수))	축사형태 기준
돼 지	비육돈	60 kg 이상	0.9	깔짚 · 슬러리 돈사
	임신(후보)돈	두 당	3.1	깔짚 · 슬러리 돈사
	웅 돈	두 당	9.7	깔짚 · 슬러리 돈사
닭	육 계	수 당	0.0042	케이지
			0.0046	깔짚 평사(무창)
			0.066	깔짚 평사(개방)
	산란 성계	수 당	0.042	케이지
			0.11	깔짚 평사
	산란육 성계	1.5 kg 이하	0.025	케이지
			0.066	깔짚 평사
	종 계	2.5 kg 이하	0.11	깔짚 평사

주[1)]: 「친환경농업육성법시행규칙」 제9조 별3표의 제5호에 의한 무항생제 축산물 생산을 위한 가축사육 밀도 기준

주[2)]: 환산기준

i) 성우 1두 = 육성우 2두
(송아지 : 6개월령 미만, 육성우 : 6～14개월령, 성우 : 14개월령 이상

ii) 성계 1수 = 육성계 2수 = 병아리 4수 ※ 토종닭은 산란계 평사기준

iii) 육성돈 1두 = 자돈 3두 ※ 자돈 : 1개월령 미만

※ 기타 사육밀도 환산과 관련된 사항은 축산법에 의한 「가축사육시설 단위 면적당 적정 사육기준」을 따른다.

◎ 친환경농어업 육성 및 유기식품 등의 관리 · 지원에 관한 법률
(농림축산식품부 친환경농업과, 발간등록번호11-1543000-000078-01, 2013년 7월)

◎ 친환경축산 표준모델(농림수산식품부, 2008)

◎ 축산법 시행령(농림축산식품부, 2014)

찾아보기

ㅎ

Index

O

P

R

S

가금 영양과 사양

2014년 3월 20일 초판 인쇄
2014년 3월 25일 초판 발행

공 저 : 강창원 · 강경래 · 권순관 · 김용란 · 김은집 · 남기택
심재민 · 안병기 · 유선종 · 임규섭 · 임호중 · 주용진

펴낸이 : 천 승 배
펴낸곳 : 도서출판 유한문화사

주소 : (157-801) 서울시 강서구 강서로76길 21(가양동)
전화 : 2668-2055~6
팩스 : 2668-2565
http://www.yuhansa.com
E-mail : yuhansa@hanmail.net
등록 : 제 5-31호. 1979. 3. 6.

값 25,000 원

ISBN : 978-89-7722-634-0 93520

이 도서의 국립중앙도서관 출판도서목록(CIP)은 e-CIP홈페이지
(http://www.nl.go.kr/ecip)에서 이용하실 수 있습니다.
(CIP제어번호 : CIP2014008805)